Optimal Designing and Operation for the Reverse Osmosis System

反渗透系统

优化设计与运行

第二版

靖大为 编著

化学工业出版社

·北京·

内 容 简 介

本书为反渗透及纳滤水处理系统设计与运行领域的工艺理论专著，共17章，主要介绍了膜元件特性参数、系统极限收回率、多项特殊工艺、膜堆基本结构、均衡通量、均衡污染、元件配置、管路结构及双恒量控制等系统工艺概念；明确了系统的脱盐率与工作压力的设计方案检验原则；涵盖了一级、两级、海水淡化、脱盐与分盐纳滤等系统工艺形式。

本次修订主要增加了内压与外压超微滤膜丝及膜组件的数学模型及其运行特性、分盐纳滤膜元件及系统的运行特性，以及分盐纳滤膜负脱盐现象的工作原理等内容。书中关于反渗透元件、膜壳、膜段、管路及系统数学模型的分析，以及膜元件的透盐与透水两系数的讨论，为深入研究反渗透系统运行规律及开发系统模拟软件奠定了基础。

本书具有较强的先进性、系统性与参考价值，可供水处理膜技术企业工程技术人员及管理人员、各类设计院的设计人员、业内理论研究人员参考，可作为分离膜水处理行业的员工技术培训教材，也可供高等院校环境科学与工程和市政工程与给排水等专业师生参阅。

图书在版编目（CIP）数据

反渗透系统优化设计与运行/靖大为编著．—2 版
．—北京：化学工业出版社，2023.12（2025.3 重印）
ISBN 978-7-122-43994-9

Ⅰ.①反…　Ⅱ.①靖…　Ⅲ.①反渗透膜-分离-化工
过程　Ⅳ.①TQ028.8

中国国家版本馆 CIP 数据核字（2023）第 153256 号

责任编辑：刘　婧　戴燕红　　　　　　文字编辑：郭丽芹
责任校对：宋　玮　　　　　　　　　　装帧设计：刘丽华

出版发行：化学工业出版社（北京市东城区青年湖南街 13 号　邮政编码 100011）
印　　装：北京虎彩文化传播有限公司
787mm×1092mm　1/16　印张 22　彩插 2　字数 537 千字　2025 年 3 月北京第 2 版第 3 次印刷

购书咨询：010-64518888　　　　　　　　　　售后服务：010-64518899
网　　址：http://www.cip.com.cn
凡购买本书，如有缺损质量问题，本社销售中心负责调换。

定　　价：**138.00 元**　　　　　　　　　　　　　版权所有　违者必究
京化广临字 2023——07

第二版前言

三十余年来，以反渗透及纳滤技术为核心的分离膜水处理技术得到了高速的发展，广泛应用于化工、冶金、电力、电子、造纸、纺织、印染、电镀、制药、食品、饮料及市政给排水等多个行业的水处理领域，已经成为海水及苦咸水淡化、纯水及高纯水制备、中水及污废水回用、浓盐水减排及分盐四大领域中的主体工艺技术。目前国内以反渗透及纳滤工艺技术为核心，已构成了相关产品及工程的投资、研发、设计、生产、销售、安装、运行与服务的完整产业链，形成了一个新兴且高速增长的分离膜水处理行业。

目前的水处理工艺已发展成生化法及物化法的前处理、超微滤的预处理、反渗透的基本脱盐、电去离子的深度脱盐、纳滤分盐及碟管式反渗透的浓盐水减排等涉及多项技术的膜集成工艺体系。工程规模已发展到目前工业系统的每小时数千吨以及市政系统的每天数十万吨级水平。

但是，由于反渗透及纳滤与超微滤技术发展的时间相对较短，行业发展迅速，水质条件恶化，工程对象各异，特别是相关的设计、制造、运行及服务等企业的专业技术水平参差不齐，致使不少工程存在各类问题。出现这些问题的原因：一是完整工艺理论及深入工艺研究的缺失；二是国内本专科院校未设相关专业及相关课程；三是系统设计及系统运行方面的书籍较少；四是相关专业技术培训的深度与广度不足。

为了弥补上述缺失，本书讨论的主要内容包括：传统的给水预处理工艺，超微滤膜组件运行特性，超微滤的运行数学模型，给水泵运行与调频特性，反渗透膜元件性能参数，反渗透膜系统典型工艺，反渗透膜系统特殊工艺，系统污染、故障与清洗，元件与系统的数学模型，系统、管路及通量优化，二级系统与超纯水制备，海水淡化系统与浓盐水减排，脱盐与分盐纳滤工艺以及系统运行模拟软件介绍。

本书关于超微滤工艺部分突出了测试得到的丝壁透水系数与丝程阻力系数，并根据流体力学原理与两项特性系数建立了内外压膜丝及膜组件的相关运行数学模型，进而得出了内外压膜丝的压力及通量分布特性、纯水通量特性及膜组件的容积率特性。

本书关于反渗透工艺部分强调了元件三项特性参数、系统两项极限回收率、系统设计八项指标、设计指标十大关系、六支段的膜堆结构、倒向运行等特殊工艺、均衡通量与均衡污染、不同性能元件配置优化、系统管路结构优化、泵特性与双恒量运行模式、单元数量与运行余量等工艺理论领域中的一系列重要概念；明确了"用高温、重污染、浓给水及低通量等条件检验系统的产水水质，用低温、重污染、浓给水及高通量等条件检验水泵的工作压力"的设计方案检验原则。从而形成了关于反渗透系统设计与运行的一套较为完整的工艺理论。

本书对反渗透膜工艺的分析主要包括系统技术指标、系统基本结构、系统设计优化及系统运行优化等几项内容，工艺分析的基本手段是系统运行模拟，运行模拟的基本工具是运行模拟软件，而模拟软件的核心部分是元件、膜堆、管路及系统的相关数学模型。本书给出了膜元件的理想数学模型，全面介绍了元件、膜壳、膜段、系统、管路、污染等一个完整体系的离散数学模型，深入讨论了膜元件的透水系数与透盐系数的求取方法，示出了与上述模型相应的"反渗透系统运行模拟软件"程序框图，从而为深入研究系统运行规律与深度开发系统模拟软件奠定了基础。

本书内容涉及水处理领域中以反渗透为代表的膜集成工艺的多项相关内容，介绍了相关基础理论，更注重各项实用技术。希望以此作为相关工程企业进行专业技术的培训教材，或作为高校相关专业教学的辅助资料，并为业内的设备操作人员、工程技术人员、工程管理人员甚至理论研究人员提供参考。

在本书的撰写过程中，天津城建大学环境与市政工程学院的几十位历届研究生同学做了大量深入细致且卓有成效的试验与研究工作，业界著名专家徐平博士，海德能公司贾世荣先生，苏伊士公司翟建文先生，哈尔滨乐普公司安静波先生，新界泵业公司茅建勇先生，润新机械公司伍先水先生，津安基环保科技公司李文静先生，天津工业大学张玉忠研究员与李建新教授，天津城建大学程方教授、员建教授与苑宏英教授，以及多位业界专家在本书撰写过程中给予了诸多指导与帮助，这里谨对他（她）们一并表示深深的谢意。

本书内容主要源于编著者的研究结果与工程经验，不甚成熟及疏漏之处在所难免，敬请业内的各位专家及广大读者予以批评指正。

编著者
2023 年 8 月

第一版前言

近20年以来，以反渗透技术为核心的分离膜水处理技术得到了高速的发展，广泛应用于化工、冶金、电力、电子、制药、食品、饮品、市政给水处理及市政污水处理等多个工业行业，已经成为海水及苦咸水淡化、纯水及高纯水制备、中水及污废水回用三大水处理领域中的主体工艺技术。目前在国内以反渗透工艺技术为核心，已经构成了相关产品的科研、开发、设计、生产、销售、安装、运行及服务的一个完整产业链条，形成了一个新兴的且高速增长的分离膜水处理行业。

20年前的分离膜水处理工艺，主要还是传统预处理加一级或两级反渗透系统。目前已经发展到了超滤或微滤的预处理工艺、反渗透与纳滤结合的主脱盐工艺、电去离子的淡水深度脱盐工艺以及膜蒸馏等的浓水减排工艺等涉及多项膜技术的综合工艺体系。工程规模也从20年前的每小时几吨或十几吨发展到了目前的每小时几千吨级水平。

近年来，国家及地方的科研立项向膜技术领域倾斜，膜技术原理及工程应用方面的专著大量出版。高等院校中给排水及环境工程专业的本科教学增加了膜技术相关内容，研究生的培养也向膜技术方向转移。这些变化对于反渗透膜技术及相关产业的发展均起到了巨大的推动作用。

但是，由于反渗透技术发展的时间较短，行业发展速度很快，原水水质条件恶化，工程对象要求各异，特别是相关的设计、制造、运行及服务等企业的专业技术水平参差不齐，致使不少工程存在各类设计与运行问题。出现这些问题的主要原因之一是缺乏完整的工艺理论及深入的工艺研究。虽然出版界关于膜技术的原理性著作已经很多，但对于系统设计及系统运行方面的工艺性质论著相对较少。

本书的编著旨在建立一整套较为完整的反渗透系统设计与系统运行的工艺理论，其中讨论的主要内容包括：

（1）各类预处理工艺及膜处理工艺的基本原理、基本工艺与基本参数。

（2）设计通量、设计收率、分段结构、双恒量模式等膜系统设计概念。

（3）反渗透及纳滤系统中膜堆的品种、数量、排列三大基本设计问题。

（4）膜系统中淡水背压、浓水回流、段间加压及淡水回流等特殊工艺。

（5）膜系统中膜壳、水泵、仪表、控制、清洗等辅助部分的典型设计。

（6）系统运行中的安装、调试、检测、诊断、应急、换膜及清洗过程。

（7）元件、膜堆及管路的运行数学模型与元件的透水系数及透盐系数。

（8）不同工作压力、脱盐率、膜压降三指标元件在系统中的优化排列。

（9）系统中给水、浓水及淡水管道或壳腔的结构、规格及流向的优化。

（10）原始系统及污染系统中沿流程的各项运行参数的分布及变化趋势。

（11）双级系统中提高脱盐率的工艺措施及保证脱盐率的最低元件性能。

（12）海水淡化工艺中工作压力、系统收率及膜堆结构等系统设计问题。

（13）纳滤膜系统脱盐及脱除有机物的特点与氧化纳滤膜的制备与应用。

（14）反渗透或纳滤系统运行模拟软件的基本功能、结构框图及其使用。

书中内容强调了：元件三项特性参数，系统两项极限收率，系统四大特殊工艺，系统设计八项指标，设计指标间十大关系，六支段膜堆结构，均衡通量与均衡污染，不同性能元件配置优化，系统管路结构参数优化，系统设计通量优化，双恒量与泵特性两类运行模式等系统工艺领域中的基本概念；明确了"高温度、重污染及浓给水三条件检验系统脱除盐率，低温度、重污染及浓给水三条件检验水泵工作压力"的设计方案检验原则；涵盖了两级、纳滤与海水淡化等系统工艺，从而形成了关于反渗透系统设计与运行的一套较为完整的工艺理论。

对于膜工艺的研究主要包括系统技术指标、系统基本结构、系统设计优化及系统运行优化等项内容。工艺研究的基本手段是系统运行模拟，运行模拟的基本工具是运行模拟软件，而模拟软件的核心部分是元件、膜堆、管路及系统的相关数学模型。目前，各膜厂商均已推出各自的设计软件中自然内含了相关模型，但欠缺的是软件功能不足与模型不公开透明，因此限制了系统计算的水平提高与系统研究的深入开展。针对目前现状，书中给出了膜元件的理想数学模型，全面介绍了元件、膜壳、膜段、管路、各类污染层、浓差极化度即一个完整系统的离散数学模型，深入讨论了膜元件的透水与透盐的理论与实用模型，示出了与上述模型相应的"系统运行模拟软件"程序框图，从而为深入研究系统运行规律与深度开发系统模拟软件奠定了基础。

本书关于膜元件及膜系统的特性分析及模型分析的内容，一方面旨在揭示膜工艺技术的内在规律，另一方面也是研究模拟软件过程中阶段性成果的展示，同时也希望这些内容能为更多学者及研究人员深入研究提供资料。

书中相关论述主要包括理论基础、数学模型、模拟计算及试验分析等四种模式，各章节力求由浅入深，旨在为不同技术水平的理论研究人员及工程技术人员提供参考。本书也可作为高等院校相关专业本科或研究生膜技术课程的教材，特别希望相关专业的硕士生及博士生将本书中尚未解得的相关数学模型及尚待改进的软件功能加以完善，使反渗透系统及纳滤系统的工艺研究成为一个更加完善且不断发展的研究方向。

在本书相关的研究过程中，天津城建大学环境与市政工程学院的徐腊梅、毕飞、夏罡、王春艳、孟凤鸣、贾丽媛、贾玉婷、罗浩、苏宏、江海、董翠玲、马晓丽、李宝光、崔旭丽、马孟、朱建平、苏卫国、严丹燕、罗美莲、杨小奇、孙浩、李肖清、李菁杨、韩力伟、杨宇星、翟燕、王文凤、王文娜、黄延平、张智超等研究生同学做了大量且有效的试验与研究工作；业界著名专家徐平先生、海德能公司贾世荣先生与仲怀明工程师、天津城建大学程方教授与苑宏英教授在本书编写过程中给予了诸多帮助；多年来《膜科学与技术》《水处理技术》《工业水处理》《供水技术》《天津城市建设学院学报》等国内专业杂志均给予了大力支持，并特请贾世荣先生作了本书的审核工作，这里一并表示衷心的感谢。

本书内容主要源于笔者的工程经验及研究成果，多有不甚成熟部分，不足之处在所难免，敬请相关专家及广大读者予以批评指正。

编著者
2015 年 3 月 15 日

目　录

第4章 超微滤系统设计与模拟　44

第5章 反渗透膜性能与膜参数　82

第8章 不同规模系统结构设计 164

第9章 反渗透系统的运行分析 179

第10章 系统污染、清洗与加药 198

第11章 元件及系统的数学模型　　223

第12章 元件、管路及通量优化　　242

第1章

反渗透与纳滤技术概论

1.1 膜工艺技术的定义

分离膜系指具有组分分离功能的半透膜。理想半透膜应能实现特定组分的绝对透过与其余组分的绝对截留，而工业领域中的半透膜均为仅能实现组分相对分离而非绝对分离的非理想半透膜。

水处理领域中的半透膜均为固态膜，被分离物质可以是单相的也可以是混相的，主要涉及悬浮物与水体的固液分离、溶解气体与水体的气液分离、溶解固体与水体（或溶剂与溶质）的液液分离。

膜分离技术是多学科交叉技术，膜材料与膜制备属于化工材料学科，膜分离过程属于化工传递学科，膜分离设备属于化工机械学科，膜分离的对象又涉及化学工程、电力工程、冶炼工程、环境工程、生物工程、制药工程、食品工程及市政工程等诸多相关工程领域。

按照物质选择透过膜的动力源划分，膜过程可分为两类：一类的动力源于被分离物质之内在能量，物质从高能位流向低能位；另一类的动力源于被分离物质之外的能量，物质从低能位流向高能位。膜过程按推动力性质也可以划分为压力梯度、浓度梯度与电势梯度三类，物质总是从高梯度值处向低梯度值处移动。

膜分离工艺与蒸馏、离心、混凝-沉淀、硅藻土、陶瓷玻璃及离子交换等其他过滤及分离工艺相比，具有常温度环境、低工作压力、无相变、无滤料溶出、高效、节能、环保、单元化、省空间等一系列特点，从而具有显著的市场竞争优势。在国内地价快速上涨形势下，膜工艺仅占地面积优势一项，就已大部抵消掉其价格偏高之劣势。

1.2 反渗透膜技术应用

近30年来，国内以反渗透为代表的分离膜水处理技术的应用得到了快速的推广。这一现象既得益于国家经济实力的提升、更高工业水平的需求、膜技术自身的进步，也受到水体污染与水源短缺等因素的促进。

由于微电子行业中需要低含盐量及低悬浮物的超纯水在电子芯片制备过程作冲洗之用，该行业成为反渗透膜技术的早期典型应用领域之一。随着反渗透脱盐工艺逐步替代多效蒸馏、离子交换及电渗析等早期工艺，目前其已经成为化工、电力、冶金、电子、制药、食品、饮品及直饮水等多个工业行业给水深加工或污废水回用处理的主流工艺，并开始进入市政给水处理及市政污水处理两大领域。甚至在高档花卉等种植业以及观赏鱼类等养殖业等新型农业行业也常采用反渗透工艺制成纯水，再配以相应的营养成分后加以使用。

以反渗透及纳滤为代表的膜工艺技术在纯水与超纯水制备、中水与污废水回用、海水与苦咸水淡化、零排与减排浓盐水等各个领域中得到广泛应用的同时，逐步形成了一个以反渗透膜技术为核心、高速发展的新型膜法水处理行业。

1.3 反渗透膜产品市场

半个世纪以来，世界范围内众多相关的科研机构、高等院校与生产企业广泛开展了膜技术的研究与膜产品的开发，其中包括制膜材料、制膜工艺、元件制备、系统设计、应用工艺、清洗工艺等多方面内容。但是 30 年前，世界范围内反渗透及纳滤膜的大型工业规模生产仅集中于美国、日本及韩国等少数国家的少数企业，其中最为著名的卷式反渗透膜厂商包括美国的 Dow/Filmtec（陶氏）、Nitto Denko/Hydranautics（海德能）、Koch（科氏）/Fluid system（流体）、GE/Osmonics/Desal（苏伊士），日本的 Toray（东丽）等几家企业。

回顾国内反渗透技术 30 年的发展历程不难发现，该技术的高速发展主要源于六大促进因素：一是反渗透膜技术自身拥有的技术先进性，使多效蒸馏、离子交换、电渗析等早期的脱盐工艺逐一让出了主流工艺位置；二是国内经济的持续高速发展，使国内膜技术市场呈现出迅猛的发展速度与巨大的发展潜力；三是国内水资源的日益短缺与水环境的日趋恶化，使膜法水处理的应用从给水深加工扩展到污废水的资源化处理；四是人民币汇率保持稳定、关税不断下调，有效提高了国内企业对于进口膜元件及其相关产品的购买力；五是反渗透工艺配套产品的国产化，使反渗透技术相关工程成本及膜处理工艺运行成本不断下降；六是国内不断引进及开发膜生产技术，反渗透膜产品国产化程度的大幅提高。

30 年前的反渗透膜产品市场几乎是 Filmtec 的一统天下。当时膜元件的价格不菲，绝大多数国内水处理工程用户不敢问津。随着 Hydranautics、CSM、Toray 等国外产品的大举进入，世界上具有工业规模的各大反渗透膜厂商的产品全面登陆国内市场。一些国外厂商在沿海地区纷纷建立保税库以缩短贸易周期，Nitto Denko/Hydranautics 公司率先于 2002 年在上海（松江）独家斥资建厂卷膜，日本 Toray 公司与国内蓝星公司合作在国内生产膜片及元件以降低生产成本。以时代沃顿公司为代表的国产膜厂商，先行引进技术设备，后续自主产品研发，迅速实现市场扩展，进一步加剧了市场多元格局的形成及竞争的激烈程度。膜产品价格战的激烈及市场信息的快捷使膜产品的研发、生产、销售、服务各环节已无暴利可言，而产品质量战的结果加速了膜产品性能的快速进步。

在反渗透工艺配套产品的发展历程中，早期是国外产品间的相互竞争，后期是进口产品国产化与国内产品争相出口。目前与反渗透工艺配套的高压泵、多路阀、检测仪表、压力容器、叠片式滤器、纤维过滤器、精密过滤器及各类管材等进口产品在国内产品面前已无过多优势。这一国产化过程中不仅催生了大量的国内专业企业，产出了各种国产化产品，也降低了此类产品的市场价格，促进了反渗透技术的广泛应用。

30 年来，国内市场对于反渗透技术及其产品经历了一个从陌生到熟悉，从缺乏购买力到逐步成为世界上发展最快、规模最大及最具潜力市场的演变过程。在国际贸易的内容方面，从成套设备进口、散件进口国内组装，到配套器件国产化、配套器件出口、元件产品出口以及成套设备出口，国内的分离膜水处理设备制造行业已经取得了长足的进步。

反渗透膜产品最早用于电子、医药及电力等行业的高纯水制备，并逐步用于其他工业及民用给水深加工。进入 21 世纪以来，国内水资源短缺及水污染形势的日趋严峻，使反渗透技术在给水深加工处理、污水资源化处理及海水淡化处理等领域的应用得到大幅扩展，且煤化工等行业浓盐污废水的减排及分盐技术也得到了快速发展。

1.4　反渗透技术的发展

随着反渗透技术应用领域的不断扩展、相关工程规模的不断增大，反渗透膜技术的自身水平也在不断地提高。该技术主要沿着加强膜分离功能、提高工艺水平、提高抗污染能力三条主线向前发展。加强膜分离功能主要包括提高脱盐率与膜通量等内容；提高工艺水平主要包括提高抗氧化能力、增大膜元件规格、增加元件面积、提高耐高压能力、降低元件压力损失等内容；提高抗污染能力主要包括增强材料亲水性、降低膜表面粗糙度、加大浓水隔网高度及膜表面电荷中性化等内容。

（1）膜材料与膜结构

目前反渗透膜基本上均采用芳香聚酰胺（PA）材料，其具有工作压力低、耐酸碱性强、耐生物污染、产水通量高及化学稳定性强等优点。聚酰胺复合膜结构的分离层与支撑层材料相异，有效分离层极薄，透水速率较高，工作压力较低，大大提高了膜工艺的效率。但是，目前日本东洋纺公司仍在海水淡化工艺中成功地采用中空结构的三醋酸纤维素膜。

近年来，采用聚哌嗪酰胺复合材料的纳滤膜进一步加大了对于一价、二价盐截留率的差异，促进了浓盐水分盐工艺的发展。

（2）元件结构的演化

反渗透膜元件的结构形式中，板式、中空及管式结构的市场相对狭窄。卷式膜结构因性价比高、对给水预处理要求低、应用领域广，而赢得了巨大的市场份额。目前，卷式膜因发展的高速及广阔的市场占有率，几乎成为反渗透膜的代名词。

（3）提高脱盐率

反渗透工艺的主要目的是脱除给水中的盐分，反渗透膜的重要技术指标之一是脱盐率。聚酰胺复合膜脱盐率一般可高达 99.5%，近年来各膜厂商相继推出了更高脱盐率的膜品种。高脱盐率膜品种不仅可提高产水水质，提高系统工作效率，减轻树脂交换床或电去离子技术等后处理工艺的负荷，甚至可使一级较高脱盐率膜系统的脱盐效果达到两级较低脱盐率膜系统水平，从而有效地简化了系统结构。

（4）降低膜工作压力

反渗透工艺是以膜两侧压差为工作动力，因此施于膜元件给浓水侧的工作压力水平成为重要的技术指标。早期芳香聚酰胺复合膜的工作压力为 1.5MPa，后期陆续面世的低压及超低压复合膜的工作压力降至 1.0MPa 及 0.7MPa。工作压力的降低既可降低水泵与管路的承压水平，改变了管路的材质，减少了设备投资；更可以直接降低膜工艺的电能损耗，尽显膜技术的低能耗优势。降低工作压力是以特定产水通量为基准，故其另一提法是在特定工作压力条件下提高产水通量。

当膜工作压力低于 1.0MPa 时，在高系统回收率、高给水温度、高给水含盐量及长系统流程工况下，将出现系统流程中各膜元件通量的严重失衡；特别是低工作压力膜的脱盐率随之降低。因此，超低压膜主要用于商用及民用小系统或低含盐量给水的特定系统环境。

（5）提高抗污染能力

膜污染是膜过程的伴生现象，增强膜材料的抗污染能力始终是膜制备技术发展的重要目标之一。提高反渗透膜的抗污染能力，主要是改善膜的粗糙程度、电荷性质、亲水性能等。

由于聚酰胺材质的固有特征，聚酰胺复合膜表面较为粗糙，易污染且难清洗，故各膜厂商竞相采取措施以降低膜表面的粗糙程度。一些公司的抗污染膜在原有的聚酰胺复合膜上再复合一层抗污染材料，以增强复合膜表面的平整度，增强膜表面的化学抗污染能力。一些公司的抗污染膜直接提高了聚酰胺复合膜表面的光滑度，即具有较强的物理抗污染性能。

聚酰胺复合膜表面一般带有少量负电荷，易于形成正电性胶体污染。为了同时降低膜表面的正负电性胶体污染，部分膜厂商推出电中性膜品种。此外，通过改性处理增强膜材料的亲水性可有效提高膜抗污染能力。

（6）提高抗氧化能力

在水处理工艺领域内，水体中氧化剂含量是一个重要指标，它是工艺流程中染菌或生藻的有效抑制物，也是高分子膜材料降解的主要影响因素。反渗透工艺流程中最佳的氧化剂分布是：在预处理工艺首端投放适量氧化剂，在各预处理工艺中保持氧化剂浓度，以维持工艺过程的无菌藻状态。如果反渗透膜具有一定的抗氧化性能，反渗透系统给浓水中的氧化剂可以防止系统的微生物污染。实现这一理想抑菌过程的重要一环是反渗透膜的高抗氧化性。

聚酰胺材料的抗氧化性较差，对给水中的游离氯含量一般只有 0.1mg/L 的耐受能力，即 2000h·mg/L 的总累计耐受量，而时代沃顿等厂商推出的抗氧化聚酰胺反渗透膜的抗氧化能力已达 0.5mg/L 的给水余氯浓度水平。

（7）提高耐高压能力

对于一般低含盐量水体，以节能为目的的膜工艺仅需要较低的工作压力，也仅需要反渗透膜具有较低的耐压能力。而对于高含盐量的海水淡化工艺及高盐浓度工业污废水的减排工艺，为克服水体的高渗透压，则需要反渗透膜具有很高的耐压能力。

一般海水淡化膜元件的工作压力高达 8.3MPa，而针对高盐浓度工业废水的减排工艺，杜邦/陶氏公司已开发出了耐压为 12MPa 的超高压反渗透膜元件品种。

（8）提高耐高温水平

反渗透水处理系统面对的海水、地表水、地下水及市政污水的温度多低于 45℃，故 45℃ 的最高给水温度工作条件可以满足绝大部分工程要求，但部分化工过程中的水体温度较高。美国 GE/Osmonics/Desal 苏伊士公司推出的工作温度为 70℃ 的反渗透膜产品，为高温特殊环境下反渗透技术的应用提供了条件。

（9）增大膜元件规格

一般而言，膜元件的规格越大，单位空间内的有效膜面积越大，单位膜面积的成本越低，系统配套管路越少，系统占用空间越小。由于不同的系统规模需要不同的元件规格与之匹配，随着反渗透系统规模的不断扩大，要求膜元件规格不断增长。

较大规格膜元件的制备具有较高的技术含量，元件规格的增长也存在一个发展过程。目前的主流规格为 8in（1in≈2.54cm，后同）膜元件，而各膜厂商还不断推出了 10in、12in 甚至 16in（158m^2 膜面积）膜元件。大规格膜元件的广泛应用将有效降低大型膜系统的元件成本、管路成本与空间成本，并可大幅提高系统可靠性。

（10）增加膜元件面积

除增大膜元件的规格之外，各厂商还通过优化相关的材料、结构与工艺，在特定元件规格范围内增加元件内的有效膜面积，进而提高特定规格膜元件的工作效率。30 年来，8040

规格元件的有效面积已经从早期的 34.0m² （365ft²）增长到 37.2m² （400ft²）、40.9m²（440ft²）甚至 47.5m²（510ft²）。时代沃顿还将 4040 规格元件的有效面积从普遍的 7.9m²（85ft²）提高到 8.4m²（90ft²）、9.3m²（100ft²）甚至 11.2m²（120ft²）。

（11）改变隔网的形式

卷式膜结构优于中空膜结构的主要原因是卷式膜结构具有更强的抗污染能力，该能力也体现在由浓水隔网形成的可迂回流道及较大的流道即隔网的高度。较大的隔网高度不仅可以防止污染物堵塞流道，还可以降低流道阻力。在特定规格元件内，以保持有效膜面积为基础，不断提高浓水隔网高度是膜元件制备技术的又一发展方向。早期膜元件的浓水隔网高度仅有 28mil（1mil 为千分之一英寸，即 0.0254mm），目前已将该高度提升到 34mil，因而具有了更好的抗污染能力与更小的膜压降指标。

各膜厂商元件浓水隔网的结构形式不尽一致。部分厂商使用方形隔网，部分厂商使用菱形隔网，其目的均是形成更好的抗污染能力与更小的膜压降指标。此外，一些厂商还采用具有抑菌性能的隔网材料，以有效抑制给浓水流道中微生物的滋生，降低微生物污染的速度。

（12）增加膜袋的数量

以膜两侧压力差为推动力的反渗透工艺中，降低膜元件的淡水背压可有效降低工作压力与工艺能耗。构成淡水背压的各因素中，元件淡水流道压降占据一定比例。提高元件淡水流道的高度受到元件内膜面积容积率的限制；而膜袋数量越少，淡水流道越长，淡水背压越高。因此，各厂商不断增加膜元件中膜袋的数量，以有效降低膜元件的淡水背压。

（13）改进膜元件端板

一般 8in 膜元件的端板呈环形平面，串联膜元件之间只有很小的缝隙。在初装系统的启动过程中，膜壳与元件间的空气通过端板缝隙被逐步压入元件给浓水流道，并随元件浓水排出系统。由于元件间的缝隙狭窄，空气排出速度较慢，致使系统启动过程较长。海德能公司在元件端板处设置了排气槽，使串联膜元件之间形成了较大间隙，可加快系统启动时膜壳与元件间气体的排出速度，有效减少系统的启动时间。

（14）提高膜压降限值

目前多数厂商膜产品的元件给浓水两侧压差的上限为 70kPa（10psi），一些厂商提高了元件的机械强度，将膜压降上限提高到 105kPa（15psi），使元件的纳污能力大幅提高。

（15）改变膜安装形式

目前的 4in 及 8in 膜元件多采用卧式排布与安装模式，叠高可达 10 层之多。但是，16in 直径的膜壳开始使用立式排布与安装模式，以适应大直径膜元件安装的需要。而且，膜壳的立式安装形式，有利于系统中的气体向上排放与水体向下排放。日产淡水 62.7 万立方米的以色列 Sorek 海水淡化厂，采用了 16in 规格膜元件与 7 支装膜壳，并相应地采取了立式安装形式。

（16）元件的连接方式

多数 8in 膜元件的连接采用内插连接器方式，该连接方式缩小了产水管直径，增加了产水背压，且当连接器断裂时难以更换。杜邦/陶氏公司将 8in 元件的连接方式改为端面自锁方式，从而保证了产水管直径一致，既降低了淡水流道压降，又避免了连接器折断现象发生。

1.5　纳滤膜技术的进步

纳滤与反渗透同属脱盐性质的分离膜，纳滤膜的孔径范围为纳米量级，故称为纳滤膜。

纳滤膜具有两个显著特征：一是切割分子量介于反渗透膜和超滤膜之间，约为 $200\sim2000$；二是纳滤膜表面分离层由聚电解质构成。纳滤的应用领域与反渗透膜也有很大差异，反渗透膜几乎对无机盐全谱系呈现无选择高截留，纳滤膜对无机盐呈现有选择截留，即对高价盐具有高截留率而对低价盐具有低截留率，对于分子量大于 200 的有机物具有很高截留率。

纳滤膜工艺除具有低脱盐率，还会降低膜两侧的渗透压差，降低工作压力与工艺能耗，并可有效截留病毒、细菌、氨氮、杀虫剂、除草剂、三卤代烷前驱物等多类有机物质，从而可有效降低 BOD、TOC 及色度等指标。

各类纳滤膜基于道南定律，对于硫酸镁均具有高于 98％ 的截留率。聚酰胺材料的纳滤膜对氯化钠的截留率在 80％～90％ 之间，可称为脱盐纳滤；聚哌嗪酰胺材料的纳滤膜对氯化钠的脱截留率低至 10％～50％，可称为分盐纳滤。两种甚至更多种类型纳滤膜的开发与应用，有效拓宽了纳滤膜产品的性能范围，其应用涉及化工、制药、食品、饮料、直饮水等诸多领域，并在市政给水与污水处理、海水淡化、减排与零排等领域存在巨大的应用潜力。

目前，耐酸、耐碱与耐有机溶剂的特种纳滤膜技术的开发与应用成为又一热点。以色列 AMS 公司耐酸膜的运行 pH 值范围达 0～12，耐碱膜的运行 pH 值范围达 3～14，耐有机溶剂膜的运行 pH 值范围达 2～12。国内部分纳滤膜厂商也在大力开发相关纳滤膜产品。特种纳滤膜技术的发展将有力地促进酸或碱等无机化合物与醇类及烷类等有机化合物的提纯与回收。

1.6　反渗透的相关技术

随着反渗透膜技术的发展，以反渗透工艺为核心衍生出了一系列相关技术与工艺，主要包括能量回收、超微滤预处理、膜生物反应器、电去离子装置、高浓盐水的减排与分盐工艺、压力容器制造等多项技术。

（1）压力容器制造技术

反渗透膜组件由膜元件与压力容器（又称膜壳）组成，为满足强度、耐压、平直及成本等要求，膜壳多采用玻璃钢（FRP）材质。目前，哈尔滨乐普实业有限公司等企业的膜壳压力有 150psi（$1\text{psi} \approx 6894.757\text{Pa}$，后同）、300psi、450psi、600psi、800psi、1000psi、1200psi 等多个等级，端口即连接分为端联与侧联两种方式，8in 膜壳侧联的端口直径有 1.5in、2.0in、2.5in、3.0in 及 4.0in 五个系列，从而使膜系统的管路从管道形式改为壳联形式，从而为降低系统造价创造了有利条件。

国产玻璃钢膜壳的规模化生产及价格不断降低，其用途从早期的高压反渗透及纳滤系统配套设备，扩展到低压的超微滤甚至超低压的精滤配套设备，促进了水处理成套设备的集成化与模块化。

早期的 4in 膜壳均为玻璃钢材质，20 世纪末期开始出现用不锈钢有缝装饰管加工出的翻边式膜壳。目前更为流行的是不锈钢无缝管经翻边制成的膜壳，因其价格低廉、性能优良，而成为 4in 膜壳的主流形式。

（2）超微滤预处理

反渗透系统的预处理工艺目前面临着两大局面：一是提高预处理工艺水平以保证反渗透工艺的运行稳定性；二是环境污染造成预处理系统的原水水质在不断恶化。随着国内水资源短缺现象的加剧，反渗透工艺一改以地表水或地下水为水源的给水深加工为主要目标的历史面目，转为以以市政与工业污废水为水源的污废水资源化回用为主要目标的全新形象。

面对水源水质的不断恶化，以絮凝-砂滤为主的传统预处理工艺的产水水质，已难以满足反渗透工艺的给水水质要求，而超微滤工艺则显现出作为反渗透预处理工艺的优越性。该工艺不仅改变了反渗透系统的预处理工艺模式，充分发挥出了膜集成工艺技术的优势，甚至引起了反渗透膜系统设计与运行领域的一系列变化。

超微滤工艺不仅拓宽了反渗透处理水源范围，消减了反渗透膜系统的污染负荷，延长了膜元件的清洗周期与更换周期，甚至提高了反渗透工艺的设计通量，从而降低了反渗透系统的设备投资。美国 Koch 公司提出的使用传统预处理工艺与超滤预处理工艺对于反渗透膜产水通量影响的具体数值见表 1.1。

表 1.1　不同预处理工艺对应的反渗透膜系统设计通量　　单位：L/(m² · h)

水源类型	絮凝-砂滤预处理工艺	超微滤预处理工艺
市政废水	13～17	20～22
工业废水	13～20	17～23
地表水	20～27	28～33
浅井水	22～28	30～37

（3）膜生物反应器

随着水资源短缺形势的日益严重，对于污废水的生化处理已不再只是以达标排放为最终目标，而是成为污废水资源化回收处理的中间环节。在污废水的生物降解处理与反渗透的资源化处理全过程中，膜生物反应器（MBR）技术促进了两者的有机结合。

在生化反应工艺中，膜生物反应器较传统活性污泥法具有污泥浓度高、水力停留时间长、抗冲击负荷能力强、无污泥膨胀现象及出水水质稳定等优点。随着膜生物反应技术的日臻成熟，其与反渗透技术已构成市政及工业污水资源化处理领域的典型集成技术。

（4）能量回收技术

反渗透膜系统的输入功率为给水压力与给水流量的乘积，系统的功率损耗主要包括系统产水功耗与浓水释放功耗。在高工作压力及低系统回收率的海水淡化系统中，由浓水释放的功率几乎占到输入功率的 1/2，故海水淡化工艺的经济性主要取决于对浓水释放能量的回收。目前，反渗透系统的能量回收有柱塞与涡轮两种形式。

美国 Energy Recovery 公司开发的正位移柱塞式能量回收装置可使系统浓水释放功耗回收约 97%，从而使海水淡化工艺的电耗指标降至 $2.4 \mathrm{kW \cdot h/m^3}$。但是，柱塞式装置属于等流量及等压力回收，所以还需要补充流量及增加压力与之配合。

涡轮式能量回收装置由同轴的水轮机与离心泵组成，其发展历史更加久远，对系统浓水释放功耗的回收率仅约 70%，但可以将苦咸水淡化系统的浓水排放功耗回收后，用于两段结构中的段间加压，以平衡两段通量。

（5）电去离子技术

电渗析技术与离子交换技术结合而成的电去离子技术（简称 EDI），作为离子交换复床的替代技术，更高效地解决了从 $10 \mu \mathrm{S/cm}$ 电导率至 $15 \mathrm{M\Omega \cdot cm}$ 电阻率水平的高纯水制备过程。该技术因具有性能稳定、维护量低、节能环保及自动再生等优势，已经成为对一级或两级反渗透系统产水进行深度除盐的成熟工艺技术。

（6）离子交换技术

离子交换技术的发展先于电渗析及反渗透技术，其主要缺点是酸碱耗量较大，且再生工艺复杂，受环保限制严重。但是，对于电导率低于一定水平的系统给水而言，采用离子交换工艺较采用反渗透工艺生产高纯水的投资与运行成本更低。

而且，无论采用电渗析、反渗透及电去离子等何种前级脱盐工艺，欲使产水电阻率达到 $18.2M\Omega \cdot cm$ 的极限水平，即使工业用超纯水制备水平达到极致程度，最后一道工艺也必须采用抛光树脂混床的离子交换工艺。

（7）减排、零排技术

目前国内反渗透系统的规模已越 $2000m^3/h$ 量级，加之水源短缺严重，大型系统中约25%排放浓盐水的进一步回收利用也成为水处理领域中的典型问题。卷管式反渗透（STRO）与碟管式反渗透（DTRO）已成为浓盐水及其他高含盐量高浓度有机物污废水减排处理的有效工艺。

甚至在采用纳滤技术分盐后，采用机械式蒸汽再压缩（MVR）技术对不同成分的高浓盐水进行蒸馏，最终可制成纯净成分的不同盐化工原料，即将水处理行业的产业链延伸到了盐化工原料生产领域。

（8）膜清洗与保运

随着反渗透技术应用的推广、工程规模的扩大及膜清洗的普遍需求，早期由工程企业或业主企业分散完成的膜清洗作业，已开始转由少数专业的膜清洗企业集中完成，从而大幅提升了清洗的效率及效果。而且，一些专业清洗企业不仅承担业主系统的药剂供应与专业的在线清洗与离线清洗，甚至发展出保运业务。以保运年费形式收取服务费，负责业主系统的药剂、清洗、换膜及运行指导，甚至直接参与运行管理。

专业清洗企业及保运企业的出现，标志着膜工艺服务行业的诞生，不仅更加细分了膜工业行业，也有效提高了膜工程系统的运行水平、维护水平与清洗水平，提高了系统运行的连续性与可靠性，是膜法水处理行业走向成熟的重要标志。

正是由于膜技术与其相关技术的不断发展与进步，降低了工艺设备成本，提高了产水水质，提高了系统运行效率，为充分发挥反渗透技术优势创造了良好的环境，加快了膜技术的推广速度，扩展了膜技术的应用领域。

1.7 膜集成水处理工艺

如果将各类生活污水、市政污水及工业污水统称为污废水源，将各类地表水、地下水及自来水统称为自然水源，则经过反渗透等相关膜与非膜工艺处理后将形成含盐量极低的超纯水以及含盐量极高的浓盐水。超纯水可作为高压锅炉的补给水或用于集成电路的生产用水，浓盐水可经纳滤分盐工艺及蒸馏形成盐化工产品。

如果将微滤、超滤、纳滤、反渗透、电除盐等包括多项膜工艺构成的完整水处理工艺称为膜集成工艺，超微滤工艺的清洗水可以回流至砂滤之前位置，反渗透工艺的清洗水可以回流至超微滤之前位置，这样可有效提高整个水集成工艺的利用率。则通过图1.1大致示出的膜集成水处理典型工艺流程，可知反渗透及分盐纳滤工艺在整个工艺流程中的地位。

这里，对一级反渗透系统产水再进行反渗透工艺处理称为二级反渗透，对于一级反渗透系统浓水再进行反渗透工艺处理的称为二次反渗透。前者的目的是二次脱盐，后者的目的是二次浓缩。二次反渗透可以采用高压反渗透也可以采用碟管式或卷管式反渗透。

图1.2示出分置结构形式超微滤膜系统，图1.3示出管道结构形式给浓水母管的反渗透膜系统，图1.4示出壳联结构形式给浓水母管的反渗透膜系统。

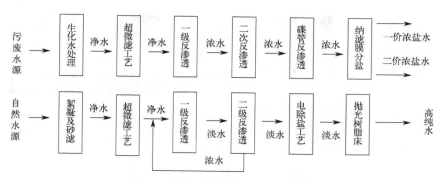

图 1.1　膜集成水处理典型工艺流程

图 1.2　分置结构形式的超微滤膜系统

图 1.3　管道结构形式给浓水母管的反渗透膜系统

图 1.4　壳联结构形式给浓水母管的反渗透膜系统

第 2 章

传统预处理的系统工艺

包括混凝砂滤、活性炭过滤、离子交换树脂软化及精密保安过滤等工序在内的反渗透系统传统预处理工艺，是 20 世纪末期国内外广泛采用处理自然水源（包括自来水、地下水、地表水）的工艺形式。国内大量的早期投运项目多为此工艺，目前部分新上项目也在沿用此工艺，而传统工艺中某些工序也常成为超微滤预处理工艺中的前处理部分。

2.1 预处理工艺分类

反渗透或纳滤整体水处理系统流程如图 2.1 所示。这里，需要处理的自然水源、工业及市政污水等总称为系统原水，经预处理系统加工处理产出的水体称为预处理系统出水或膜处理系统进水，经反渗透或纳滤膜系统加工处理后产出的水体称为系统产水。

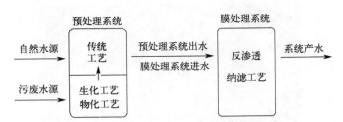

图 2.1　反渗透或纳滤整体水处理系统流程

系统原水中可能存在大量的泥沙与悬浮物，藻类、霉菌及真菌等微生物，碳酸盐、硫酸盐及硅酸盐等难溶盐，铁、锰、铜、镍及铝等金属的氧化物，各类天然或合成的有机物，余氯或其他氧化剂等各类污染物或致损物。用膜系统对其进行直接处理时，这些污染物或致损物将使膜体在短时间内受到严重的污染或损伤，将破坏系统长期稳定运行。因此，没有预处理或预处理较弱的膜系统，在经济上成本高，在技术上不可行。为防止系统被污染或损伤，保证系统安全稳定运行，需要在膜系统之前对系统原水进行有效的预处理。

由于反渗透或纳滤膜系统对进水水质的要求基本一致，预处理系统所采用的工艺及参数主要取决于系统原水的水体性质与水质参数。针对自然水体，预处理工艺主要是砂滤、炭滤、软化及精滤等传统预处理工艺。针对工业或市政污水，首先需要采用生化处理工艺，包括格栅、初沉、气浮、厌氧、缺氧、好氧及二沉等典型的污水处理工艺，使其出水水质达到某级污水排放标准；其后再采用传统预处理工艺，以期达到膜系统的进水水质要求。本章只集中讨论传统预处理工艺，以区别于第 4 章关于超微滤的新型预处理工艺。

传统预处理工艺的进水，无论是自来水体、自然水体或是生化工艺的二沉池出水，其水质条件一般不劣于表 2.1 所列的某类污水排放标准，而预处理工艺的出水均应达到表 2.2 所列的膜系统的进水要求。针对特定的膜系统进水条件及一般预处理系统出水要求，传统预处理系统应配置相应的工艺项目、工艺流程及工艺参数。

表 2.1　污水处理厂出水标准部分指标　　　　　　　　　　　　　　　单位：mg/L

项目	一级标准	二级标准
悬浮物（SS）	20	30
生物需氧量（BOD）	20	30
化学需氧量（COD）	60	120

表 2.2　反渗透膜系统进水水质指标

项目	指标	项目	指标	项目	指标
浊度（NTU）	<1	BOD/（mg/L）	<10	铁/（mg/L）	<0.05
污染指数（SDI）	<5	COD_{Cr}/（mg/L）	<15	锰/（mg/L）	<0.1
pH 值	3～10	TOC/（mg/L）	<3	水温/℃	5～45
表面活性剂	检不出	游离氯/（mg/L）	<0.1	油污	检不出

反渗透系统的预处理工艺一般由砂滤、炭滤、软化、精滤、氧化、还原、调温等多项工序构成。国内较为流行的传统预处理工艺如图 2.2 所示。

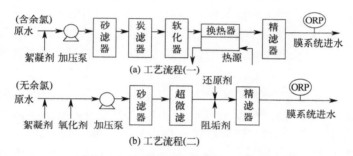

图 2.2　反渗透预处理系统工艺流程

2.2　砂滤与炭滤工艺

传统预处理工艺中混凝砂滤与活性炭滤是两个基本工艺。

2.2.1　混凝砂滤工艺

砂滤工艺中，不用混凝剂且滤速在 0.1～0.3m/h 范围内的称为慢滤。慢滤机理主要是附着在滤料上的生物膜对悬浮物及胶体的吸附截留。慢滤的滤料粒径小，过滤流速慢，设备效率低，一般不用于工业过程。在工业水处理过程及反渗透预处理系统中常用 8～20m/h 滤速的混凝与砂滤合成快滤工艺。

（1）混凝沉淀工作原理

水体中的杂质按照粒径划分为悬浮物与胶体。悬浮物系指粒径为 1mm～100nm 的微粒，包括泥沙、黏土、藻类及原生动物。胶体系指粒径为 1～100nm 的微粒，包括铁、铝、硅化合物等无机胶体与腐殖质等有机胶体。去除水体中悬浮物与胶体的有效方法之一就是混凝沉淀。混凝沉淀工艺使用有机或无机混凝剂，使水中悬浮物与胶体形成凝聚和絮凝，即生成较大颗粒而沉淀。再用砂滤工艺将沉淀物滤出即构成了混凝砂滤的完整工艺。

混凝与砂滤的合成工艺中，砂滤的截留效果主要是依靠脱稳的悬浮物与胶体在滤料中的筛分及黏附等作用。当滤料粒径较小且为单层结构时，过滤作用主要发生在滤层表面，过滤机理主要是筛分与架桥，可称为表层过滤。当滤料粒径较大或为多层结构时，过滤作用主要发生在滤层中间，过滤机理主要是混凝及吸附，可称为深层过滤。

预处理系统使用的混凝剂包括硫酸铝、偏铝酸钠等铝盐，硫酸亚铁、三氯化铁等铁盐，聚合铝、聚合铁等无机高分子混凝剂，以及众多有机高分子混凝剂。影响混凝效果的因素主要包括水体温度、pH 值、悬浮物浓度、混凝剂种类与浓度、混合效果与反应时间等。

（2）砂层过滤

产生混凝沉淀现象后，需用砂层过滤方法将沉淀物滤除。砂滤工艺按滤层的数量分为单层、双层及三层过滤。

① 单层滤料砂滤工艺。单层砂滤的滤料一般为石英砂，砂料粒径为 0.5～1.2mm，滤层厚度为 0.70～0.75m。

由于反冲洗时会造成滤料膨胀分层，表层滤料颗粒小，比表面积大，过滤孔隙窄，截留效果好，而下层滤层则相反。因此，单滤层砂滤器的容污量沿滤层深度成指数下降，下层滤料的截留效果明显降低，总容污量有限。单层砂滤在理论上虽属深层过滤，但实际上表现为类表层过滤。单层过滤的优势为砂层简单，劣势为容污量小且易产生泄漏。

② 多层滤料砂滤工艺。为实现真正意义的深层过滤，应采用双层或三层滤料的多介质过滤。双层或三层滤料过滤器中，上层滤料一般为相对的大粒径低密度滤料，下层滤料为相对的小粒径高密度滤料。常用的上层滤料为无烟煤，密度 1.5～1.8kg/L、粒径 1.0～1.8mm；中层滤料为石英砂，密度 2.6～2.7kg/L、粒径 0.5～1.2mm；当存在最下层滤料时，可以是石榴石或磁铁矿砂，密度 5～6kg/L、粒径 0.25～0.8mm。滤层厚度应采取上层厚度大于下层厚度的原则，总滤层厚度应保持在 0.70～0.75m 水平。

深层过滤在反洗过程中将使每个滤料层均形成小粒径表层，致使砂滤器的总容污量加大，形成相对的深层过滤。深层过滤的砂层复杂，但容污量大且不易产生泄漏。因此，砂滤工艺应尽量采取深层过滤方式，其容污量一般是表层过滤方式容污量的 1 倍以上。

（3）滤速、压降与截面积

① 砂滤器运行过程中，滤速是重要的设计参数之一。滤速过慢或过快都将减弱颗粒的迁移与黏附作用，使过滤效率下降。单、双及三层滤器的滤速应分别控制在 8～10m/h、10～14m/h 与 18～20m/h 的范围之内。

② 滤层的压力损失是滤料粒径、滤料形状、滤料层数、滤层厚度、过滤速度、水体温度及污染程度的函数。在 8～20m/h 滤速范围内，滤层的压力损失与滤速成线性关系。在 0.70～0.75m 层高的一般砂滤器中，滤速每增加 1m/h，清洁滤料的压力损失将增加 0.45～0.50kPa。滤层污染后的压力损失将随污染程度增加而增加。

③ 砂滤器及滤层的截面积 S 是产水流量 Q 与滤层滤速 V 的比值：

$$S(m^2) = Q(m^3/h)/V(m/h) \tag{2.1}$$

在滤层厚度基础上增加 30% 的滤层膨胀余量，即可得到砂滤器的高度。根据滤层的截面积，即可得到砂滤器的直径，从而得到了砂滤器的规格。

（4）滤料及其级配曲线

砂滤器用滤料的一个重要指标是所谓的级配曲线，用不同孔径的筛网筛分料样将得到如

图 2.3 所示滤料中不同粒径的累计概率曲线，即滤料的级配曲线。

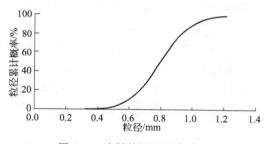

图 2.3　滤料的级配示意曲线

滤料级配曲线中累计概率为 50％点处对应的粒径（如图 2.3 中的 0.8mm）为滤料的平均粒径，即商品滤料的标称粒径。累计概率为 10％点处对应的粒径（如图 2.3 中的 0.6mm）为滤料的有效粒径，是决定滤料实际过滤精度的滤料粒径。称其为有效粒径是因为经反冲洗后，滤料层顶部形成表面有效滤层的粒径一般是整个滤料累计概率为 10％所对应的粒径。累计概率为 80％所对应的粒径与有效粒径的比值称为滤料的不均匀系数 K_{80}。多介质过滤器中各层滤料级配曲线越窄，滤料的粒径越一致，滤层的深层截留效果越显著，容污量越大。

为避免滤料成为新的污染源，应保证滤料的化学稳定性。对于呈中性或酸性的水源，一般使用石英砂为主要滤料；对于碱性水源，一般使用大理石、无烟煤或白云石为主要滤料。

2.2.2　砂滤工艺过程

砂滤工艺存在正向产水运行过程和反向清洗（反洗）、正向清洗（正洗）两个清洗过程。

（1）产水运行过程

砂滤工艺的产水运行过程中，原水径流从上端进入砂滤器，经布水器均匀地从滤层上端流向下端。原水经滤层滤清后，过隔砂板或水帽脱离滤层，在砂滤器下端形成净水径流。

一些小型系统中，不投放混凝剂的砂滤器，其过滤效果很差，只能截留较大粒径的悬浮物。投放混凝剂时，为实现混凝剂与原水的有效混合需要一个混合器，当混凝剂投放点在加压泵前时可用加压泵作混合器。混凝剂从投放至矾花形成需要一定的时间，对于特定流速系统，矾花形成时间表现为混凝剂投放点与滤层的流程时间。流程时间过长，会使矾花形成于砂滤之前，在滤层表面形成截留层，降低深层过滤效果。流程时间过短，会使矾花形成于砂滤之后，不仅失去砂滤作用，还会污染后续工艺，甚至威胁膜系统。最佳的流程时间应使矾花形成于滤层前与滤层中上部，从而构成典型的深层过滤。

在产水运行过程中，滤料层不断截留悬浮物与胶体，形成滤层的污染，滤层压力损失在洁净滤料压力损失的基础上不断增长。当滤层压差过高而产生滤层泥膜破裂时，产水水质突然下降。砂滤工艺应在恒流状态下的工作压差上升到 50～60kPa 水平时，中止运行并进行砂层的清洗。

（2）反向清洗过程

反洗过程是将反洗径流从滤料层下端引入，使被压实的滤料层松动与膨胀以达到流动状态。在水流剪切力与滤料颗粒间碰撞摩擦力的双重作用下，黏附在滤料表面的悬浮物与胶体逐步脱落，并随反洗径流从砂滤器上端排出，以达到清淤的目的。反洗过程的效果与反洗流速、反洗时间、反洗水源及反洗方式有关。

反洗效果首先与反洗流速密切相关。流速过低时，滤料层膨胀不足，水流剪切力与碰撞摩擦力较小，清洗效果较差。流速过高时，滤料层过度膨胀，水流剪切力与碰撞摩擦力也会下降，清洗效果仍差。反洗的流速一般大于过滤流速，反洗压力大于过滤压力。单、双及三层滤器的反洗流速应分别控制在 $43\sim54m/h$、$46\sim58m/h$ 与 $58\sim62m/h$ 范围，反洗时间分别控制在 $5\sim7min$、$6\sim8min$ 与 $5\sim7min$ 范围。由于滤料的吸附作用，滤料表面常有黏稠的附着胶体，可能条件下反洗径流中应混入 $10\sim20L/(s\cdot m^2)$ 的气流，实现对滤料的气水擦洗，以提高反洗效率。

反洗用水采用正常运行时的砂滤工艺产水为佳，采用系统原水时切忌含有混凝剂。反洗过程中排出的污水夹杂着大量的矾花与污染物质，一般应直接排放而不宜回用。

（3）正向清洗过程

反洗过程结束时，整个砂层呈疏松状态，砂层的顶部或中部尚未形成污物滤饼及混凝体层，即无法截留污染物。特别是整个滤料层内充斥的水体均为反洗水，直接进入过滤运行方式则产出水质必然很差，因此反洗过程结束后应持续一定时间的正洗过程。

正洗过程的给水径流方向与工作产水径流方向一致，但正洗水一般也作污水排出。正洗流量一般低于产水流量，目的仅在于将滤器内污水有效排出，恢复产水过程的滤料层形，且初步形成滤料表面上的污物滤饼及滤层中的混凝体层，逐步提高排放水质，为恢复产水过程奠定基础。

（4）砂滤工艺特征

混凝砂滤工艺产水的污染指数（SDI 值）可达 $4\sim5$，基本满足反渗透膜系统的进水水质要求。预处理工艺中承压式砂滤器结构的成本低廉、运行操作简便，易于和后续的承压式炭滤、软化、精滤等设备结构相连接，无需缓冲水箱调节流量。封闭承压式砂滤器结构较敞开式快滤池结构占地面积小、便于控制，因此广泛用于各类规模的反渗透预处理工艺。

混凝砂滤工艺与超微滤工艺相比产水 SDI 值偏高，提高产水水质的潜力有限。尽管砂滤器的运行控制简便，但混凝剂投放效果的影响因素过多，最佳投放控制较难，且反洗时间较长，连续运行时的清洗备用容量比例较大，其效率与稳定性不及超微滤工艺。

2.2.3 活性炭滤工艺

活性炭是由无烟煤、褐煤或果壳在缺氧条件下加温炭化与活化制成的黑色多孔颗粒。活性炭表面布满平均直径为 $(20\sim30)\times10^{-10}m$ 的微孔，具有 $500\sim1500m^2/g$ 的比表面积，颗粒状活性炭的粒径为 $1\sim4mm$，填充密度约为 $0.5kg/L$。活性炭可吸附 $60\%\sim80\%$ 的胶体，吸附 $50\%\sim70\%$ 的有机物，还原几乎全部游离氯等氧化剂，对降低总有机碳（TOC）也存在一定功效，并可有效去除水体的色度与异味。

活性炭工艺的设计参数一般为：过滤流速 $8\sim20m/h$，炭层厚度 $1.2\sim1.5m$，接触时间 $10\sim20min$，反洗流速 $28\sim33m/h$，反洗时间 $4\sim10min$。由于炭滤与砂滤的工作原理不同，炭滤反洗仅能部分洗掉炭粒表面的污染物，而不可能洗掉吸附在炭粒内孔中的大量污染物。因活性炭难以再生，当炭粒内孔吸附饱和时，中小型系统只能换炭，仅有超大型系统的活性炭再生才具有实际经济价值。

2.3　硬水的软化工艺

反渗透系统浓水中的硬度物质可能在排出系统之前已经超过饱和极限，在给浓水区膜表面析出结垢，形成膜污染。为防止硬度物质对膜系统的污染，预处理系统需要用软化工艺去除钙镁等硬度物质成分。

2.3.1　树脂软化工作原理

自然水体中的无机盐以多种阴阳离子形式存在，阳离子主要包括 Ca^{2+}、Mg^{2+}、Na^+、K^+，阴离子主要包括 CO_3^{2-}、HCO_3^-、SO_4^{2-}、Cl^-、NO_3^-。当系统给水被浓缩时，$CaCO_3$、$CaSO_4$ 等难溶盐首先饱和析出。软化工艺是用离子交换树脂中的 Na^+ 置换出原水中构成难溶盐的 Ca^{2+}、Mg^{2+}，以防止难溶盐的饱和析出，进而提高系统的难溶盐极限回收率。

水处理用离子交换树脂是由空间网状结构母体与附属在母体上的活性功能团构成的不溶性高分子化合物。带有酸性功能团的交换树脂称为阳离子交换树脂，当活性功能团的可交换离子为 Na^+ 时，树脂称为钠型阳离子交换树脂。交换树脂的置换反应遵循如下两项原则。

① 在各离子浓度相等的低含盐量水体中，阳离子交换树脂置换阳离子的选择性次序为：

$$Fe^{3+}>Al^{3+}>Ca^{2+}>Mg^{2+}>K^+>NH_4^+>Na^+>H^+ \tag{2.2}$$

② 水体中各离子浓度不相等时，高浓度离子将被优先置换。

由于一般系统原水中 Ca^{2+}、Mg^{2+} 浓度远大于 Fe^{3+}、Al^{3+} 浓度，Ca^{2+}、Mg^{2+} 等硬度物质离子将优先进行置换反应，故该离子交换工艺称为软化工艺。用钠离子交换树脂进行软化处理的过程是使原水径流通过钠型阳离子交换树脂，让水中高浓度 Ca^{2+}、Mg^{2+} 与树脂中高浓度 Na^+ 相置换，从而降低水中的 Ca^{2+}、Mg^{2+} 浓度，以实现水体的软化。

如以 R 表征树脂母体即树脂的网状结构，以 RNa 表征树脂中活性基团的可置换离子 Na 与钠型树脂，则式(2.3)表征了离子交换的互逆反应过程。软化运行过程中，因树脂中的 Na^+ 浓度高，反应向式(2.3)右侧转移。钠离子交换树脂对 Ca^{2+}、Mg^{2+} 置换饱和后，为恢复置换功能所进行的再生处理中，再生盐液中的 Na^+ 浓度高，反应向式(2.3)左侧转移：

$$2RNa+Ca^{2+}(Mg^{2+}) \Longleftrightarrow R_2Ca(Mg)+2Na^+ \tag{2.3}$$

树脂的置换反应以 mmol/L 为单位，$\frac{1}{2}Ca^{2+}$、$\frac{1}{2}Mg^{2+}$、Na^+ 的质量浓度分别为 20.0mg/L、12.1mg/L、23.0mg/L，因 $\frac{1}{2}Ca^{2+}$、$\frac{1}{2}Mg^{2+}$ 的质量浓度低于 Na^+ 的质量浓度，故等物质的量浓度的置换过程中，水体总含盐量将略有上升。

2.3.2　树脂软化工艺过程

树脂软化工艺多采用动态固定式单层床结构，软化器运行时水流自上至下流经树脂层。在固定床中交换树脂分层参与置换，且分层置换饱和。含 Ca^{2+}、Mg^{2+} 的原水从上至下流经树脂层时，水中的 Ca^{2+}、Mg^{2+} 首先与床体上层树脂中的 Na^+ 进行置换，并使床体上层树脂首先饱和失效，形成失效层（或称饱和层）。形成失效层后，原水透过失效层，在其下方的工作层（或称置换层）中继续进行 Ca^{2+}、Mg^{2+} 与 Na^+ 的置换。工作层下方树脂未曾进行置换，故称为未工作层（或称保护层）。

树脂床的理想工作过程就是工作层自上而下的平行运动过程。工作层底部到达软化器底部时，软化器出水 Ca^{2+}、Mg^{2+} 浓度即出水硬度开始上升，工作层顶部到达软化器底部时，软化器完全失效。图 2.4(a) 示出软化器出水硬度与累计产水量的关系曲线。

一般认为，进水硬度低于 50mg/L（$CaCO_3$）为软水，50～150mg/L 为中度硬水，150～300mg/L 为硬水，大于 300mg/L 为高度硬水。一级软化工艺的进水硬度应不高于 6.5mmol/L，二级软化工艺的进水硬度应不高于 10mmol/L。在该进水条件下，软化工艺产水的硬度指标可小于 0.03mmol/L。

图 2.4(b) 所示的树脂软化器中的工作层厚度随下列因素而变化。

① 运行流速：水体通过树脂层的流速越快，工作层越厚。

② 原水水质：出水质量标准一定时，原水中要去除的离子浓度越高，工作层越厚。

③ 树脂粒径：树脂的粒径越大，水流温度越低，置换反应的速度慢，工作层越厚。

与反渗透系统的单元结构形式、连续或间歇运行方式等特点相配合，软化工艺一般采用单一固定床的间歇运行方式，或一开一备、多开一备等多固定床的连续运行方式。

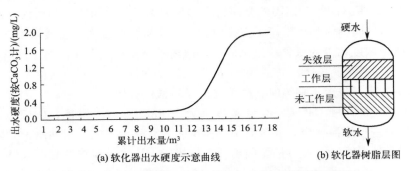

(a) 软化器出水硬度示意曲线　　(b) 软化器树脂层图

图 2.4　软化器累计出水量的出水硬度特性与树脂层示意

2.3.3　树脂再生工艺过程

当软化器中的树脂置换饱和时，需要进行再生处理，以恢复树脂的置换能力。树脂的再生过程依再生盐液的流向分为顺流再生与逆流再生。再生盐液流向与原水流向相同时称为顺流再生，与原水流向相反时称为逆流再生。软化器的再生过程包括反洗、再生、置换、补水及正洗等主要工序。

（1）反洗工序

树脂失效后首先需要用反洗水对树脂自下而上进行反洗。反洗过程可以清除树脂层截留的悬浮物和破碎树脂等杂质，可以打破树脂的板结，使树脂松动以便再生盐液在树脂层中均匀分布。反洗水最好用软化处理过的软水，用系统原水进行反洗的效果较差。反洗流速约为 10m/h，反洗时间为 10～15min。

（2）再生工序

反洗工序结束后，进入再生工序。树脂的再生过程遵循等物质置换原则，1mol NaCl 可以恢复交换树脂的 1mol 交换容量。国产 001×7 的湿态树脂按照全交换量 2.0mol/L 与湿视密度 0.85kg/L 计算，再生每千克强酸性阳离子交换树脂，理论上需（58.5×2/0.85）g＝137.65g NaCl，而欲达到较好再生效果的实际盐耗约为理论盐耗的 2.0～3.5 倍，即每千克树脂耗盐 275～482g。顺流再生盐耗较高应取其高值，逆流再生盐耗较低可取其低值。每

mol 树脂的 NaCl 耗量即食盐比耗与树脂再生程度间的关系示于图 2.5。再生过程中，再生盐液浓度应保持在 5%～10%，再生液流速应控制在 6～8m/h。再生效果对再生液的硬度十分敏感，应尽量用软化处理过的软水作再生液，特别应避免用高硬度原水。

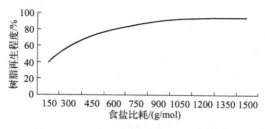

图 2.5　树脂再生程度的食盐比耗特性

（3）水体置换

水体置换是再生工序的延续步骤。再生工序结束及停止进盐后，交换器上部及树脂内还有未参与再生的盐液，为充分利用这部分盐液，且排出软化器中的再生盐液及再生产物，应继续以再生液的流向和流速向树脂床注入软水，使交换器内的再生液在进一步再生树脂的同时被排出软化器。一般置换水量为 0.5～1 倍树脂体积。

（4）盐箱补水

再生盐液一般是从盐箱中吸出，当盐箱中的再生盐液被吸空后，应向盐箱中补充再生所需水量。25℃工况条件下，1L 水体溶解 360g 盐时达到饱和程度（浓度为 26.4%）。为使盐箱中的盐液达到饱和，应确保溶解时间大于 6h，且盐箱中存留足够的固体盐。

（5）正洗工序

水体置换结束后或备用交换器开始投运前，为排出软化器中的再生盐液及再生产物，尽量用软化水按原水运行流向进行正向清洗，直至出水硬度合格，方为树脂正洗结束。一般正洗水量为 3～6 倍的树脂体积。

（6）顺流再生

顺流再生时，再生盐液从上而下穿过树脂层时首先接触上端树脂，因再生盐液中的钠离子浓度很高，水中钙镁离子浓度很低，上端树脂将得到很好的再生效果。当再生盐液到达树脂底端时，再生盐液中的钠离子浓度下降，水中钙镁离子浓度上升，下端树脂得不到很好的再生效果。软化运行过程中，当再生效果好的上端树脂已失效而将再生效果差的下端树脂作为工作层或未工作层时，将产生一定程度的硬度泄漏，致使产水水质下降。如欲使下端树脂得到较好的再生效果，则要延长再生时间、增加再生盐液用量，使再生过程的经济性下降。但由于顺流再生的工艺与设备简单，一些中小型软化系统仍常采用顺流再生工艺。

（7）逆流再生

逆流再生时，再生盐液从下而上穿过树脂层首先接触下端树脂，下端树脂的再生效果好，上端树脂的再生效果差。由于软化出水最后接触的是被彻底再生的下端树脂，产水水质可以得到很好保证。未彻底再生时，上端树脂仍然有交换作用，至多是上端树脂的失效周期相应缩短。逆流再生的产水水质较好，再生成本较低，但为克服特有的乱层现象，逆流再生的工艺与设备较为复杂，且易造成树脂混层。图 2.6 给出了顺流再生与逆流再生工艺中产水硬度的运行时间特性。

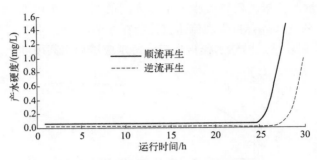

图 2.6　软化工艺中再生方式效果示意

2.3.4　软化工艺设计参数

软化工艺设计应遵循以下基本数值关系。

（1）树脂层高

离子交换器中树脂层高 H_1 应为 $0.60\sim0.75\mathrm{m}$，为使反洗时树脂具有充分的膨胀空间，树脂层上部空间高度 H_2 应为树脂层的 $50\%\sim100\%$。交换器高度 H 应为树脂层高 H_1 与层上部空间高度 H_2 之和：

$$H=H_1+H_2\,(\mathrm{m}) \tag{2.4}$$

（2）交换流速

交换流速 v 应在 $20\sim30\mathrm{m/h}$ 范围内，水体硬度较高时，流速应取低值。

（3）容器直径

在系统产水量 Q 已知条件下，交换器直径 L 应为：

$$L=2\sqrt{\frac{S}{\pi}}=2\sqrt{\frac{Q}{v\pi}}\,(\mathrm{m}) \tag{2.5}$$

式中，软化容器截面积 $S=\pi L^2/4\,(\mathrm{m}^2)$。树脂装填量 $U=SH_1\,(\mathrm{m}^3)$。

（4）树脂交换量

国产 001×7 的湿态树脂的全交换量为 $2.0\mathrm{mol/L}$，湿视密度为 $0.85\mathrm{kg/L}$，工作交换量指数为 0.8。因此，树脂交换量为 $(2.0\times0.8/0.85)\mathrm{mol/kg}=1.88\mathrm{mol/kg}$。

（5）周期制水量

软化器设计中的一个基本关系是：

树脂装填量（m^3）×树脂交换量（$\mathrm{mmol/m}^3$）＝周期制水量（m^3）×原水硬度（$\mathrm{mmol/m}^3$）

$$\tag{2.6}$$

在已知树脂装填量、原水硬度及树脂交换量条件下，运用式（2.6）可得周期制水量即软化累计产水量，考虑不完全再生等因素的影响，设计实用的软化累计产水量还应乘以 0.8 的安全系数。

（6）软化产水指标

当原水总硬度小于 $5\mathrm{mmol/L}$ 时，经过一级软化工艺的产水硬度可降至 $0.03\mathrm{mmol/L}$（以 CaCO_3 计）以下。当原水总硬度大于 $5\mathrm{mmol/L}$ 而小于 $10\mathrm{mmol/L}$ 时，应采用两级软化工艺。

2.4 自动控制多路阀

一般而言，40m³/h 以上规格的砂滤器与炭滤器以防腐内衬金属罐为主体并配五个阀门加以控制，40m³/h 以上规格的软化器以防腐内衬金属罐为主体并配七个阀门加以控制。目前，国内 40m³/h 以下规格的砂滤器、炭滤器及软化器多为由一台多路阀控制的玻璃钢容器构成。

美国 Osmonics 及 Pentair 公司早期推出的多路阀与美国 Park 及 Structural 公司推出的单孔（或多孔）玻璃钢容器，合成了"自控多路阀-单孔（或多孔）玻璃钢容器"型砂滤、炭滤及软化工艺设备。该设备的单元式结构、简易管路形式、连续运行方式等特点与中小型反渗透膜系统特点实现了完美的结合。

过滤用玻璃钢容器具有玻璃钢材质与上部单孔结构两大特征。玻璃钢材质减轻了设备质量、降低了设备成本、满足了防腐要求。中心管、上部单孔、上布水器、下集水器等部件相配合替代传统过滤器的上下开孔方式，并为简化玻璃钢容器的成型工艺奠定了基础。近年来，温州市润新机械制造有限公司推出的各类多路阀及众多国内公司推出的单孔（或多孔）玻璃钢容器，占领了大部分国内市场。

2.4.1 过滤用多路阀

润新的过滤用多路阀体带有多个通孔或盲孔并具有高平面度的动静两阀片（或多阀片）。动阀片所用陶瓷材料为刚玉陶瓷，其 Al_2O_3 含量超过 95%；其经过注浆或干压与 1680℃ 超高温烧结成型，硬度 HRA 大于 85°；再利用金刚石研磨膏，采用双面研磨技术抛光，制成高精度光学镜面。静阀片采用与动阀片不同的高强度复合材料，也具有耐磨及耐腐蚀的优良性能。

润新多路阀控制流体通道主要依据端面密封工作原理，具有高平面度的动静两阀片（或多阀片）平面相贴合，通过电机带动动阀片旋转位移，可实现多流道的转换，即实现多路阀各工序流程之间的转换。

图 2.7 所示过滤用润新自控多路阀由控制器与多路阀组成。控制器由微电脑、直流减速电机、驱动组件、定位组件组成，以定时间或定流量的方式控制运行周期。

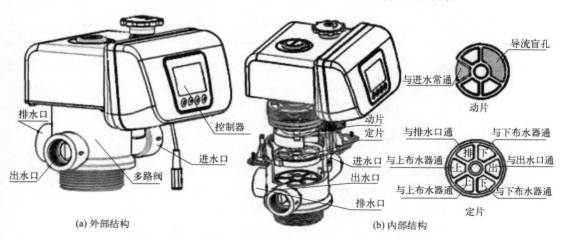

(a) 外部结构　　　　　　　　　　(b) 内部结构

图 2.7　过滤用润新自控多路阀的内外结构

多路阀过滤器结构的主要特点如下：

① 用一个多路阀替代传统过滤器附属的阀门组及配套管路，结构简单，安装方便。

② 集成的陶瓷阀片具有高硬度、耐磨损及耐腐蚀等特性，性能更稳定，可带压操作。

③ 定时间或定流量程序的控制电路替代传统继电器对阀门组控制，使用维护极简单。

多路阀控制的砂滤器与炭滤器，因其集成度高、结构简单、成本低廉、安装方便、运行可靠等优势条件，成为国内外中小规模给水处理工艺的典型设备，也成为反渗透系统预处理工艺的主选设备，有力地促进了反渗透工艺技术的快速发展。

针对反渗透系统的连续运行要求，自控多路阀可以由互锁程序构成多组多路阀及相关过滤器的并联互锁运行，实现轮流反洗及不间断供水的工作方式。润新多路阀对应砂滤器及炭滤器的规格如表2.3及表2.4所列。

表 2.3　润新公司手动过滤阀的结构性能和使用环境

型号	原型号	进/出水口管径	排水口管径	基座	中心管	运行流量/(m³/h)	反洗流量/(m³/h)	配套罐体尺寸/in
51104	F56A	1″F	1″F	2.5″-8NPSM	1.05″OD	4	4	6～12
51106	F56F	1″F	1″F	2.5″-8NPSM	1″D-GB	6	6	6～14
51110	F56D	2″F	2″F	4″-8UN	1.5″D-GB	10	10	10～24
51215	F77BS	2″M	2″M	4″-8UN	1.5″D-GB	15	18	14～30
51230	F78BS	DN65	DN65	DN80（上下布）	—	30	38	24～42

注：1in≈2.54cm，″指英寸，后同。

表 2.4　润新公司自动过滤阀的结构性能和使用环境

型号	原型号	进/出水口管径	排水口管径	基座	中心管	运行流量/(m³/h)	反洗流量/(m³/h)	配套罐体尺寸/in
53502	F71B1	3/4″M	3/4″M	2.5″-8NPSM	1.05″OD	2	2	6～10
53504	F67B	1″F	1″F	2.5″-8NPSM	1.05″OD	4	4	6～12
53506S	F67B-A	1″F	1″F	2.5″-8NPSM	1.0″D-GB	6	6	6～14
53510	F75A1	2″M	2″M	4″-8UN	1.5″D-GB	10	10	10～24
53518	F77B1	2″M	2″M	4″-8UN	1.5″D-GB	15	18	14～36
53520	F95B	2″M	2″M	2″M（上下布）		20	25	18～36
53520	F111B	2″M	2″M	1.5″D-GB		20	25	18～36
53530	F112B	DN65	DN65	DN80（上下布）		30	40	24～42
53540	F96B	DN80	DN80	DN100（上下布）		40	50	24～48

由于多路阀中阀片式结构的紧密性，多路阀内部流道相对狭窄，较常规阀体结构存在更高的压力损失。该压降在预处理设备的设计与运行过程中应予以重视，各多路阀的流量压降特性曲线可参考相关产品说明。

2.4.2　软化器多路阀

软化器多路阀在砂滤及炭滤器多路阀基础上增加的功能包括：

①在控制器上可实现运行时间或累计流量两种再生周期的控制方式；

②多路阀体上增加了吸盐与盐水回灌两个工序以满足软化工艺要求；

③采用可调的虹吸方式吸盐，从而减少了注盐泵设备及其控制装置。

软化器的再生周期控制存在累计时间与累计流量两种方式，图2.8所示软化器多路阀系统对外共有原水、软水、排污、盐水四个水口。根据多路阀组位置的时序变化，构成了如图2.9所示，由软化、反洗、再生、置换、回灌及正洗六个工序形成的顺流与逆流的工作与再生循环。表2.5列出了部分润新自动软化阀的规格。随着在线硬度监测技术的不断进步，在线实时监测软化器出水硬度逐渐成为现实。如图2.6所示，软化器出水硬度的上升不是跃变过程，因此可以采用硬度实时监测与双树脂罐体结构相配合，在保证出水硬度指标的同时实现双树脂罐体的及时切换，从而使交换树脂的交换容量得以充分利用，并减少再生液的用量。

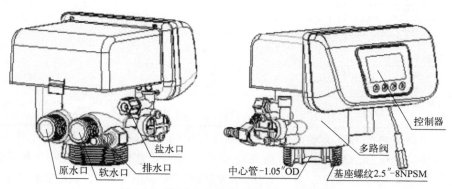

图 2.8 润新 F63 软化器多路阀外形结构

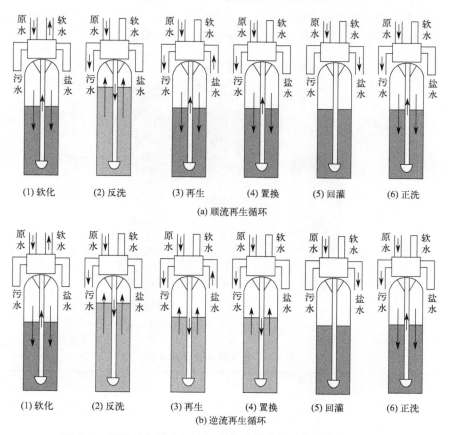

图 2.9 润新软化器的顺流再生与逆流再生的工作与再生循环

表 2.5　润新公司软化器多路阀的结构性能

型号	再生与控制方式	进/出水口管径	排水口	吸盐口	基座	中心管	最大产水量 /(m³/h)	配套罐体尺寸/in
63502	时间,顺流	3/4″F	1/2″M	3/8″M	2.5″-8NPSM	1.05″OD	2	6～12
63602	流量,顺流							
73504S	时间,逆流	1″M	1/2″M	3/8″M	2.5″-8NPSM	1.05″OD	4	6～18
73604S	流量,逆流							
63510	时间,顺流	2″M	1″M	1/2″M	4″-8UN	1.5″D-GB	10	10～30
63610	流量,顺流							
63518	时间,顺流	2″M	1.5″M	3/4″M	4″-8UN	1.5″D-GB	15	14～40
63618	流量,顺流							
63520	时间,顺流	2″M	1.5″M	3/4″M	4″-8UN	1.5″D-GB	20	14～42
63620	流量,顺流							
63540	时间,顺流	DN65	DN65	3/4″M	DN80（上下布水）	—	40	24～60
63640	流量,顺流							
63550	时间,顺流	DN65	DN80	3/4″M	DN100（上下布水）	—	50	24～63
63650	流量,顺流							

　　润新软化器多路阀具有单罐、双罐与三罐三种结构形式。单阀单罐形式针对可以间接式运行的工作环境；单阀双罐形式针对需要连续式运行的工作环境，其中一个树脂罐运行制水，而另一树脂罐再生后备用。图 2.10 所示为单阀三罐式用于两级软化连续式运行的工作环境，其中两个树脂罐串联运行进行两级软化，另一树脂罐再生后备用；当运行至第一级罐失效时，自动将第二级罐切换为第一级罐，后备罐切换为第二级罐，失效罐切换为再生后备用。表 2.6 示出 GB/T 18300—2011 规定的软化器相关使用条件。

图 2.10　单阀三罐式两级软化器结构

表 2.6　软化器相关使用条件

工作条件	工作压力	0.2～0.6MPa
	进水温度	5～50℃
进水水质	浊度值	顺流再生＜5NTU，逆流再生＜2NTU
	游离氯	＜0.1mg/L
	铁含量	＜0.3mg/L
	耗氧量（COD_{Mn}）	＜2mg/L

2.5 除铁及除锰工艺

我国地下水中的铁含量一般为 $5 \sim 15 mg/L$（有时高达 $20 \sim 30 mg/L$），锰含量一般为 $0.5 \sim 2.0 mg/L$。原水中铁锰含量超过 $0.1 mg/L$ 即可造成反渗透系统的胶体污染，因而预处理工艺中常用曝气法及锰砂过滤器去除铁锰。

地下水中的铁常以 $Fe(HCO_3)_2$ 形式存在，当水体升至地面时，Fe^{2+} 遇氧会被氧化成 Fe^{3+}，形成的红棕色沉淀物 $Fe(OH)_3$ 可经过滤去除，其反应式为：

$$4Fe^{2+} + O_2 + 10H_2O \longrightarrow 4Fe(OH)_3 \downarrow + 8H^+ \tag{2.7}$$

曝气法一般用于铁含量在 $5 \sim 15 mg/L$ 范围的原水，处理后铁含量可降至 $0.3 mg/L$ 以下。

锰砂过滤器工序中，仍然需要水中有足够的溶解氧，故常将曝气与锰砂过滤工艺相结合。补入空气的方法是在水体进入锰砂过滤器之前设置一个气水混合器（可用水喷射器吸入空气），使水体先充氧，再经过锰砂催化，最后用滤层截留沉积物。

2.6 精滤器与换热器

2.6.1 精密过滤器

在水体的净水及除浊领域中，除了混凝砂滤之外，还存在盘滤、线滤、布滤、毡滤、硅藻土及特种陶瓷等众多类型过滤工艺，因其截留粒径均在 $1 \sim 100 \mu m$ 之间，故统称为精密过滤工艺。反渗透预处理领域中涉及的主要是线滤工艺，目的是截留悬浮物与有机物，并截留砂滤、炭滤及软化装置的漏料，故也称为保安过滤。

线滤系指用聚丙烯纤维纺成的多股线，分多层紧密缠绕在筒状多孔聚丙烯注塑骨架之上，形成筒状线绕滤芯，再由多个线绕滤芯串并联组装成精密过滤器。工作方式是靠水压将筒状滤芯外侧原水压过纤维滤层达到筒状滤芯内侧，从而将水中的悬浮物截留于滤芯外侧及纤维体之中。

聚丙烯线绕滤芯具有诸多优势：a. 聚丙烯材料的化学稳定性极高，避免了工艺过程中的滤材溶出；b. 纤维长丝及多股结构避免了工艺过程中的纤维脱落；c. 纤维细密而具有较高的过滤精度；d. 缠绕紧密程度可控，可形成不同的过滤精度；e. 多层缠绕形成深层过滤，具有较高的容污量；f. 具有骨架支撑，能承受较高工作压力；g. 滤芯长度可控，易组装成不同规格的精滤器。图 2.11(a) 示出线绕滤芯的外形。

与线绕滤芯功能相近的是所谓熔喷滤芯。在塑料挤出机中将聚丙烯粒料加热至熔融状态，在通过喷头细孔挤出的同时，用细孔两侧排出的热风将其吹拉成长纤维，并形成筒状滤芯结构。熔喷滤芯中相互熔接的多层缠绕纤维具有一定强度，故无需内侧骨架进行支撑。图 2.11(b) 所示为熔喷滤芯的外形。因其熔喷工艺简单及成本低廉，多数环境下已成为线绕滤芯的替代产品。聚丙烯熔喷滤芯的一般规格为 $1m$ 长，过滤精度 $5 \sim 10 \mu m$，设计产水流量 $1.0 \sim 1.5 m^3/h$，初始工作压差 $50 kPa$，最高工作压差 $150 kPa$。

精密过滤器的滤芯组，一般配有上下两个圆形密封尖环与带外螺纹的中心拉杆，当相应的螺母将上下圆形密封尖环压入滤芯端部时，可以使滤芯将给水区与净水区分隔。当对给水

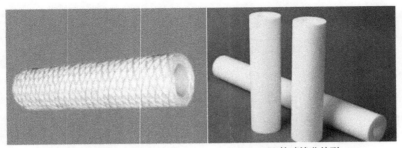

(a) 线绕滤芯外形　　　　　　　　(b) 熔喷滤芯外形

图 2.11　精滤滤芯外形结构

区加压时，水体穿过滤芯被压入净水区，水中的悬浮物及胶体被阻滞于滤芯外侧部位，从而实现精密过滤的目的。

　　精密过滤器的典型结构是每支滤芯配备一套拉杆与螺母，以防止滤芯的给水区与净水区之间短路。目前国内一些精密过滤器结构并非为每支滤芯配备一套拉杆与螺母，因此经常出现过滤器中给水与净水的短路现象。

2.6.2　板式换热器

　　反渗透系统的进水温度与工作压力及产水水质密切相关。为稳定膜系统的工作压力与产水水质，必要时可对预处理系统的出水进行温度调节。水的比热容 [1cal/(g·℃)]，即 $4.2×10^3$ J/(kg·℃)] 高居各类物质之首，系统进水用电加温的理论电耗高达 1.167kW·h/(m^3·℃)，而进水温升使膜系统节电仅约 0.012kW·h/(m^3·℃)，故通过电加温的方法将造成巨大的系统能耗。仅在进水温度极低或火力发电厂及大型化工厂等具有廉价余热的环境下，可采用热交换器对水体加温。

　　水体温度调节的主要设备是板式换热器。板式换热器内的水体在两侧波纹板之间呈高湍流状态，传热系数高、设备质量轻、占地面积小、液体滞留少。图 2.12 所示的板式换热器由多层波纹板组合而成，组合的波纹板数量可根据流量要求与温差条件而增减。地表水用波纹板材质可为 304，地下水用波纹板材质可为 316L，海水用波纹板材质可为钛合金。

图 2.12　板式换热器解剖结构图

　　设热媒的进口温度为 t_{Hi}、出口温度为 t_{Ho}，冷媒的进口温度为 t_{Ci}、出口温度为 t_{Co}，对流换热时的端部最大温差为 $\Delta t_{max} = t_{Hi} - t_{Co}$、端部最小温差为 $\Delta t_{min} = t_{Ho} - t_{Ci}$，则热交换量 Q （W）、传热系数 K [W/(m² · ℃)] 及换热面积 A （m²）成如下关系：

$$Q = 0.8KA(\Delta t_{max} - \Delta t_{min})/\ln\frac{\Delta t_{max}}{\Delta t_{min}} \tag{2.8}$$

式中，水/水的传热系数 K 为 2900~4650W/(m² · ℃)，气/水的传热系数 K 为 28~58W/(m² · ℃)。

出于提高换热效率的目的，热水从换热器上端进下端出，冷水从换热器下端进上端出，从而形成对流交换形式。对流换热方式运行的高效板式换热器可以使换热器的端部最小温差达到 1℃，热回收率高达 95%。

2.7　给水离心加压泵

预处理系统及反渗透系统一般采用离心泵提供所需压力。离心泵根据叶轮数量分为单级加压离心泵与多级加压离心泵，又根据安装形式有立式与卧式之分。

2.7.1　多级加压离心泵

丹麦格兰富（Grundfos）卧式及立式多级离心泵是国内早期反渗透工艺配套水泵市场的主流产品。近十余年来国内泵业中崛起的南方、新界、粤华及天河星等著名品牌的产品占据了国内大量市场份额。

格兰富的卧式多级离心泵分为多个系列，主要区别在于泵体材质与调速功能，表 2.7 列出了格兰富多级离心泵部分类型的主要差异。卧式泵系列多用于预处理系统，立式泵系列多用于反渗透系统。E 型泵具有变频恒压调速功能，多用于反渗透系统产水的输水泵。

表 2.7　格兰富多级离心泵各类型主要差别

水泵型号	CHI	CHIE	CR	CRN	CRE	CRNE
水泵类型	卧式多级	卧式多级	立式多级	立式多级	立式多级	立式多级
变频控制	无	有	无	无	有	有
叶轮、腔体、外筒部件的不锈钢材料	304	304	304	316	304	316

多级离心泵除上述类型的区别之外，还按流量与扬程划分为不同规格。格兰富立式多级离心泵的旧式规格 "CRN10-18" 中，10 表示 10m³/h 的额定流量，18 表示水泵具有 18 级叶轮，每级叶轮增压约 0.08MPa。对于立式多级离心泵，额定流量对应着泵体的直径，额定压力（或扬程）取决于叶轮的级数即泵体的高度；多级泵的流量压力特性是单级叶轮的流量压力特性与叶轮级数的乘积。

（1）离心泵最大吸上高程

图 2.13 所示的水泵吸上高程是重要的水泵参数，决定了水箱水位与水泵入口之间的距离、位差、管径等参数。离心泵最大吸上高程 H （m）与大气压力 H_b （m）、气蚀余量 NPSH （m）、管路阻力损失 H_f （m）、饱和蒸气压 H_y （m）及安全余量 H_s （>0.5m）成下式关系：

$$H = H_b - NPSH - H_f - H_y - H_s \tag{2.9}$$

式中，气蚀余量 NPSH （m）（也称净吸高程 H_p）是离心泵的固有参数，是为了不产生

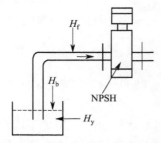

图 2.13　离心泵吸上高程参数

气蚀而要求水泵进口必须具有防止水体气化的压力；大气压力 H_b（m）与水泵安装位置的海拔高度相关；管路阻力损失 H_f（m）与取水管路的材质、管径、长度及管线结构相关；饱和蒸气压 H_y（m）与水温相关。式（2.9）中相关参数的特性曲线示于图 2.14～图 2.17。

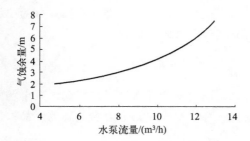

图 2.14　CRN10 水泵气蚀余量的流量特性

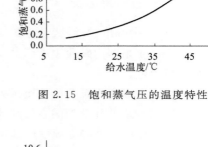

图 2.15　饱和蒸气压的温度特性

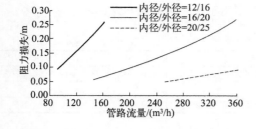

图 2.16　管路阻力损失的流量特性

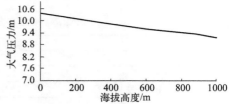

图 2.17　大气压力的海拔高度特性

　　根据式（2.9），实际吸入高程大于最大吸上高程时，离心泵不能正常工作，需要调整水箱与水泵间的位差与距离，或调整输水管路直径，使实际吸入高程小于 H 值。

　　图 2.16 中曲线反映出的 UPVC 塑料管压力损失 ΔP 可表示为：

$$\Delta P = 9.15 \times (1.04 - 0.004T)Q^{1.774}/D^{4.774} \quad (\text{Pa/m}) \quad (2.10)$$

式中，Q 为管路流量，m^3/s；D 为管路内径，m；T 为进水温度，℃。

　　（2）离心泵流量压力特性

　　离心泵的重要特性之一是其流量压力特性，即为输出流量与输出压力间的固有关系。水泵的输出流量与输出压力必然位于特性曲线之上的某一位置，即水泵的输出流量与输出压力之间的关系必然与特性曲线保持一致。泵中每级叶轮具有相似的流量压力特性曲线，图 2.18 所示 CRN10 各级泵的流量压力特性曲线几乎是单级曲线与叶轮级数的乘积。由于离心泵叶片多采用后弯式结构，其流量压力特性呈上凸抛物线形式，从而使相应的电机输入功率曲线及水泵效率曲线呈图 2.19 形式。

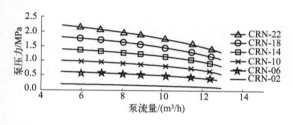

图 2.18　CRN10 系列泵流量压力特性曲线

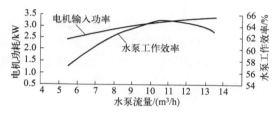

图 2.19　CRN10 泵单级效率与功耗曲线

尽管水泵具有额定流量与额定扬程参数，而实际的流量却是一个较宽范围，相应的扬程即工作压力也在一定范围变化。根据图 2.19 所示效率曲线，水泵流量远离额定流量时，水泵效率大幅下降。因此，尽管离心泵的理论流量压力特性包括了零压力与零流量部分，但实际上应运行在特性曲线的高效区段，而不应长期运行在低效区段。

（3）离心泵的规格与节能

图 2.19 曲线表明，离心泵对应不同流量的工作效率为一上凸曲线，每一规格水泵均存在最高效率区间，其最高效率值称为水泵的额定效率。图 2.20 示出的水泵系列中单级叶轮的额定效率与额定流量间的对应曲线表明，额定流量大的水泵，额定效率也高，这也是大型系统能耗较低的重要原因。

从水泵自身的经济性出发，应尽量运行在最高效率区间，甚至最高效率工作点。由于水泵的实际工作点与系统的流量压力特性相关，一般不能运行于最高效率工作点。因每一规格离心泵的工作流量范围较宽，额定流量接近的两种规格水泵可能同时满足系统设计要求的工作流量范围与工作压力范围。在此情况下则存在一个水泵规格的优选问题。

例如，系统要求水泵的流量与压力分别为 10m^3/h 及 1.4MPa，而 CRN8-18 与 CRN16-10 两规格水泵均可满足该流量与压力要求。查阅水泵数据可知，两规格水泵在 10m^3/h 流量及 1.4MPa 压力下的单级输出功率分别为 $P_8 = 0.37$kW 与 $P_{16} = 0.62$kW，水泵输出功率分别为 $P_{8-18} = P_8 \times 18 = 6.66$kW 与 $P_{16-10} = P_{16} \times 10 = 6.20$kW。根据系统节能原则，选 CRN16-10 规格水泵的输出功率较低。虽然 CRN16-10 型泵较 CRN8-18 型泵的价格略高，但长期的运行电耗优势更为明显。图 2.21 示出格兰富立式及卧式多级离心泵的外形图。

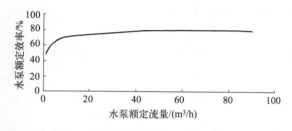

图 2.20　离心泵额定效率的流量特性

图 2.21　立式及卧式多级离心泵

2.7.2　单级加压离心泵

以滨特尔为代表的单级离心泵与多级离心泵相比，一重要特点是其叶轮直径较大，单级叶轮产生的输出压力较高，可以满足反渗透系统的工作要求。图 2.22 示出滨特尔卧式单级离心泵。

单级离心泵与多级离心泵的相同之处是，两类泵的额定流量均取决于泵体的直径；两者不同的是，后者的额定压力取决于叶轮的级数，前者的额定压力取决于叶轮的直径。图 2.23 示出 PWT-100-65-315S 型水泵在额定转速 2900r/s 条件下，不同叶轮直径的扬程流量特性曲线。

图 2.22　滨特尔卧式单级离心泵

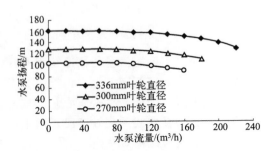

图 2.23　PWT-100-65-315S 型水泵的扬程流量特性

2.8 预处理系统流程

预处理系统中的杀菌、砂滤、炭滤、软化、还原及超微滤各工艺过程之间为串联关系，不同工艺的前后位置涉及各工艺功能的相互配合与协调。

（1）砂滤与超微滤工艺位置

以混凝砂滤为核心的预处理系统中，混凝砂滤工艺的滤料成本最低、滤料损失很少，工艺效果明显，不存在性能衰减问题，自然成为预处理系统处理的首端工艺。

以超微滤为核心的预处理系统中，其功能与混凝砂滤工艺相接近。但因超微滤的过滤精度较混凝砂滤更高、工艺成本更高、污染后性能衰减严重，对于高浊度、高 COD 原水，一般需要盘式过滤或纤维过滤等 $100\mu m$ 过滤精度的高效前处理工艺，甚至需要混凝砂滤工艺为超微滤的前处理工艺。

以自来水为水源时，因水中含余氯浓度，砂滤与超微滤工艺前均无需投加杀菌剂。以地表水为水源时则需投加杀菌剂，以使砂滤器与超微滤系统免于菌藻污染。由于价格低廉与效果显著，预处理工艺中所用杀菌剂几乎均为次氯酸钠等氧化性杀菌剂。

（2）炭滤与杀菌工艺位置

砂滤工艺之后如设炭滤工艺，则活性炭将氧化性杀菌剂全部还原。如果后续具有超微滤工艺，则在超微滤前还需再次投加杀菌剂。因此，在后续具有超微滤工艺时，一般不设炭滤工艺。

（3）精滤器与阻垢剂的位置

砂滤、炭滤及软化等工艺中均为粒状滤料。系统运行过程中始终存在滤料碎屑泄漏现象，特别是存在砂滤事故泄漏的威胁；混凝剂的过量投放也可能构成对膜系统的威胁；超微滤系统有可能出现断丝或产水水箱可能受到二次污染。为此，预处理系统与反渗透膜系统之间均需设置精滤工艺，即设置保安过滤器。

精滤工艺在此处的正常负荷较小，如果出现精密过滤器的污染速度很快，说明预处理系统的其他工艺效果不佳。

（4）投放阻垢剂的工艺位置

在中小型系统中处理硬度物质多采用树脂软化工艺，而大型系统则多采用阻垢剂工艺。一般而言，软化器工艺的效果优于阻垢剂工艺，但前者运行成本较高。阻垢剂的投放点一般设在精滤工艺之前。在此位置投放，避免了有效药剂被砂滤等工艺截留，可利用精滤截留药液中的杂质，并借用精滤做彻底的药液混合。

预处理系统水源复杂、工艺多样，各工艺间的相对位置与具体的原水条件及膜系统要求密切相关，故各工艺次序的设计具有一定的灵活性。

2.9　系统运行工作点

预处理系统的给水流量与压力称为其运行工作点，或称为系统的水泵阀门组工作点。根据系统出水的流量与压力受阀门或变频器的控制与否分为非控与受控运行方式，不同运行方式的系统工作点的变化规律亦不同。

2.9.1　非控系统的工作点

（1）开放式结构压力动态平衡

预处理各工艺之间均设水箱时，各工艺成开放式结构。开放式结构的各工艺加压泵具有独立的流量压力特性，其运行工作点取决于加压泵的规格与工艺负荷。随着工艺污染程度的加重，即工艺负荷的增高，加压泵的运行工作点将不断偏移。图 2.24 示出特定工艺的流量与压力工作点的偏移过程，图中水泵特性与工艺特性曲线的焦点即为特定工况下的运行工作点。

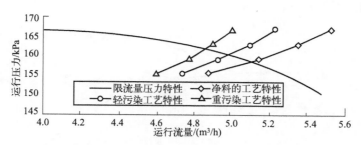

图 2.24　因污染的工作点迁移过程示意

（2）封闭式结构压力动态平衡

预处理各工艺之间不设水箱时，各工艺成封闭式结构。在封闭式结构的洁净滤料条件下，特定流量对应的各工艺压降之和等于特定流量对应的系统压降；各工艺的流量压力特性叠加为系统流量压力特性。图 2.25 示出了砂滤、炭滤、软化、精滤各工艺封闭串联系统的流量压力特性曲线。该预处理系统的流量压力曲线与系统加压泵的流量压力曲线的交点即为水泵与系统的实际运行工作点。工作点对应的系统流量则为各串联工艺共同的工作流量。

随系统运行时间的延续，系统中各工艺将受不同程度的污染。受污染后的系统运行工作点将沿水泵流量压力特性前移，致使压力增高且流量下降。

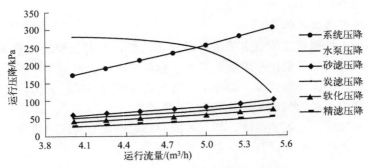

图 2.25 多工艺系统压力流量特性示意

2.9.2 受控系统的工作点

预处理及膜系统的控制可以分为分散方式与联动方式，开放系统结构对应分散控制方式，封闭系统结构对应联动控制方式。分散控制方式是对各级工艺设备的流量、压力及启停分别进行控制，其中的启停控制除手动操作之外，还包括前部水箱低限水位及后部水箱高限水位的停运控制，以及前部水箱高限水位及后部水箱低限水位的启动控制。

预处理系统控制还可以分为液位方式与恒流方式。液位控制方式中，不对水泵进行流量或压力控制，仅根据前后水箱的极限液位对水泵进行启停控制；恒流控制方式中，还在前后部水箱的高低极限水位之间时，对水泵进行恒流量控制。液位控制的水泵启停频繁，恒流控制的变频及控制设备成本较高。

（1）**恒流控制的系统特性**

离心泵的控制存在恒压力与恒流量两种方式。预处理系统一般采用恒流量控制方式，图2.26 示出变频调速恒流量控制的动态过程。

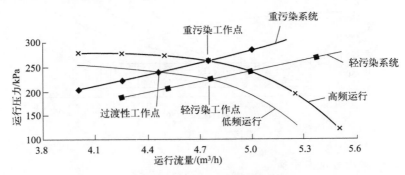

图 2.26 变频调速恒流量控制过程示意

系统处于低污染状态时，加压泵工作频率较低，系统负荷与低频水泵的两条流量压力特性曲线交汇于 225kPa 与 4.8m³/h 的"轻污染工作点"处。系统污染加重时，系统负荷的压力上升流量下降，系统运行工作点转至"过渡性工作点"。届时，在流量传感器的低流量信号驱动下，变频器输出供电频率上升，加压泵转速提高，系统负荷与高频水泵的流量压力特性曲线交汇于 270kPa 与 4.8m³/h 的"重污染工作点"处，由此实现了水泵恒流量 4.8m³/h 的控制过程。

反渗透膜系统的给水泵变频控制过程与预处理系统的给水泵变频控制过程完全一致。

（2）基频向下的调速方式

需要指出的是，电机在变频调速时所表现出的转矩及功率特性决定了电动机的输出功率。基频向下变频调速方式的电机呈恒转矩特性；基频向上变频调速方式的电机呈恒功率特性。给水泵总是基频向下调速，即变频器的最高输出频率为 50Hz。

封闭式预处理系统的水泵规格以及变频器容量应按预处理系统最高流量与最高压力选型。图 2.27 与图 2.28 示出 CHIE4-40 型卧式多级离心泵在输入频率为基频的各百分数时，水泵的流量压力特性与输入功率流量特性。两组特性曲线表明，基频向下调频时，电机输入功率下降，水泵流量压力范围变窄。

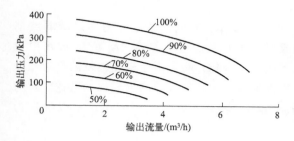

图 2.27　CHIE4-40 型变频泵流量压力特性　　　图 2.28　CHIE4-40 型变频泵输入功率特性

（3）泵阀联动的控制方式

进行预处理系统设计时，应为各类滤料污染留有增压余度，即应按照最严重污染的情况选择水泵输出压力，同时采用基频向下的变频方式控制水泵实时工作压力。一些中小系统仅采用手动阀门控制方式调节水泵输出压力，图 2.29 示出了变频与阀门控制的相关设备。

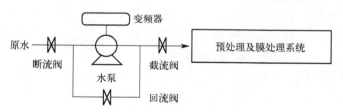

图 2.29　水泵运行的阀门控制方式示意

值得指出的是，图 2.29 所示回流阀与截流阀在过水时存在压降，故有能量损失。该能量损失从机械能转化为热能即产生阀门温升；该温升除少量向周围空气扩散外，主要由水体吸收而转换为水温上升。同时，水泵叶片与水体的摩擦同样产生热量，也主要由水体吸收而转换为水温上升。一般情况下，由于水量较大且水的比热容很高，水体的温升十分有限。

但是，对于清洗泵而言，因清洗液循环使用，且清洗液体积较小，加之一些药液与污染物的化学反应放热，将在循环清洗时逐步抬高清洗液温度，甚至使其超过反渗透膜的 45℃ 运行限值。关于水泵阀门组控制更详尽的内容见本书 9.8 节。

减小断流阀门开度，可以降低水泵的输出压力与流量，但是以水泵供水不足为代价，极易造成水泵运行失稳或气蚀。实际工程中应尽量避免采用本方式进行调节，断流阀存在的意义只是与截流阀配合，用于水泵的检修或更换。

2.10 系统的常用药剂

膜工艺技术领域中除了各类分离膜的截留过程，也需不同品种的各类辅助药剂，主要包括混凝剂、阻垢剂、杀菌剂、还原剂以及各类清洗剂。关于清洗药剂内容见本书 10.6.3 部分。

2.10.1 混凝剂与助凝剂

（1）混凝剂

向水中加入某种电解质，使胶体的扩散层变薄，胶体颗粒间的静电斥力随之减弱或消失，在胶体颗粒相互接触时易于通过吸附作用聚结成大颗粒的过程称为"凝聚"。向水中投加一定量的高分子物质或高价金属盐类（能水解生成聚合物）时，由于悬浮颗粒的吸附和高分子物质的架桥作用，破坏了胶体的稳定性，逐渐形成棉絮状的沉淀物（俗称"矾花"）的过程称为"絮凝"。胶体脱稳过程中，往往是凝聚作用与絮凝作用同时发生，所以统称为"混凝"。具有混凝作用的药剂称为"混凝剂"。

常用的混凝剂多为聚合氯化铝、聚合硫酸铁、硫酸亚铁、硫酸铝、三氯化铁等阳离子型无机类物质。投加混凝剂之前，需要先将其加水溶解，并根据所需药液浓度，采用计量装置将药液注入给水管路中的混合器，或直接注入给水泵前，即以水泵叶轮代替混合器。投药浓度一般为 $3 \sim 5 mg/L$。

（2）助凝剂

在预处理过程中，有时单一投加混凝剂不能得到很好的效果，还需投加助凝剂以提高混凝效果。助凝剂的作用是加快混凝过程，加大凝絮颗粒的密度和质量，使其加速沉淀。

常用的助凝剂分为有机与无机两类。有机类包括丙烯酰胺、骨胶及海藻酸钠等；无机类包括 CaO、$Ca(OH)_2$、Na_2CO_3 及 $NaHCO_3$ 等。

混凝剂与助凝剂的投放位置一般在砂滤器之前，必要时也在超微滤前予以投放，以增强砂滤器与超微滤对悬浮物及胶体等的截留效果。

2.10.2 杀菌剂与还原剂

（1）氧化性杀菌剂

由于非氧化杀菌剂的价格不菲，包括超微滤等预处理工艺中的灭菌一般采用次氯酸钠等氧化性杀菌剂，其投加量一般为 $3 \sim 5 mg/L$。

（2）余氯与还原剂

次氯酸钠等氧化杀菌剂在杀灭水中各类细菌、藻类及有机物之后，所残留的游离态氯称为"余氯"。在预处理工艺中投加氧化性杀菌剂时，必须在反渗透系统的保安过滤器之前投加亚硫酸氢钠作还原剂，以防止反渗透系统给水中的余氯超标。

反渗透工艺前 $1.0 mg/L$ 游离氯，需对应添加亚硫酸氢钠 $1.8 \sim 3.0 mg/L$。

2.10.3 阻垢剂与分散剂

防止反渗透系统无机结垢的基本方法是树脂软化或阻垢剂投加。

由于耗盐量及运行成本较高，树脂软化工艺一般用于中小规模系统，且一般只对去除硬度物质效果明显，而对去除其他无机污染物无效。因此，大规模的反渗透系统多采用阻垢剂工艺。

国外的阻垢剂产品有清力及贝迪等品牌，国内的阻垢剂产品则很多。各类阻垢剂一般可以对碳酸钙、硫酸钙、硫酸锶、硫酸钡、氟化钙及二氧化硅等一般难溶盐具有较好的阻垢功效，一些阻垢剂对特定难溶盐具有更好的阻垢功效。

一般而言，反渗透膜厂商在相应的设计软件计算过程中，对于阻垢剂作用的估计值较低，而药剂厂商对于其估计值较高。例如，海德能公司设计软件设定投加阻垢剂后，系统浓水中的难溶盐饱和度上限分别为：碳酸钙的朗格利尔指数（LSI）小于 1.8，硫酸钙浓度小于 230%，硫酸锶浓度小于 800%，硫酸钡浓度小于 6000%，二氧化硅浓度小于 100%。但是，清力公司的 PTP-0100/2000/1100 系列阻垢剂/分散剂的阻垢功效认为投加适当浓度药剂时，系统浓水中的难溶盐饱和度上限分别为：碳酸钙（LSI）小于 2.8，总铁（mg/L）小于 8，二氧化硅（mg/L）小于 290，硫酸钙浓度小于 10 倍溶度积，硫酸钡浓度小于 2500 倍溶度积，硫酸锶浓度小于 1200 倍溶度积。

清力公司建议加药箱中阻垢剂标准溶液体积：

$$U = \frac{aQV}{1000\rho x} \quad (\text{L}) \tag{2.11}$$

式中，a 为加药量，mg/L；Q 为系统进水流量，m³/h；V 为加药箱有效容积，L；ρ 为阻垢剂标准溶液密度，kg/L；x 为计量泵的加药流量，L/h。

由于清力公司各品种阻垢剂的用途及效果各异，应该使用其加药软件确定所用药剂品种及药剂用量。该软件包括系统信息界面、给水水质界面、药剂计算界面与加药结果界面等多个界面。

反渗透系统中阻垢剂的投加量一般为 2～6mg/L。未达到其坎值的过低投加浓度起不到阻垢效果，过高的投加量不仅阻垢效果饱和，而且会在系统中形成药物污染或促成真菌的生长。

因此，将分离膜技术称为环保技术仅属相对而言。在制膜过程中需用各类有机溶剂，在预处理过程中需用絮凝剂、杀菌剂与还原剂，在系统运行过程中需用阻垢剂，在系统清洗过程中需用酸碱与表面活性剂。这些药剂均在一定程度上对环境产生污染，故尽量少用药剂、对污染水体进行有效处理、药剂的回收利用，也是膜工艺技术领域中的重要问题。

2.10.4　系统的加酸加碱

由于碳酸钙在高 pH 值条件下易结垢，常要在一级反渗透系统给水处加酸调低 pH 值，以防止系统中碳酸钙结垢。

由于反渗透系统对于水中的二氧化碳气体的截留效果极差，故一级系统产水中二氧化碳气体的含量较高，虽然水中的二氧化碳气体不影响水体的总固含量（TDS），但会增加水体的电导率，进而会影响二级反渗透系统按照电导计算的脱盐率。因此常在二级给水处加碱调高 pH 值，以降低一级产水中的二氧化碳气体含量。

关于 pH 值与碳酸盐的关系见本书 5.4.4 部分中关于"膜过程的碳酸盐平衡"问题。

第3章

分离膜工艺的技术基础

3.1 膜分离的性能

由于分离膜对被分离两组分的非理想半透性，特定的膜分离过程存在三个主要参数表征其性能：一是两组分过膜的透速比，二是透过组分过膜的透速率，三是两组分的分辨率。

透速比系指两组分透过膜体的速率之比，因具有高透速比，分离过程才具有明显的分离效果。透速率系指透过组分透过膜体的绝对速率，因具有高透速率，膜分离过程才具有实际的工业价值。分辨率系指被分离两组分间，粒径、分子量、化合价等参数的接近程度，分辨参数越接近，膜分离过程的分辨率就越高，分离物具有越高的工业品质。

对于多个膜品种构成的膜分离体系，衡量体系完整性的指标是该体系分离范围的广谱性。以水为被分离物系时，如水中的悬浮物、无机物及有机物等各类物质以粒径进行划分，则理想的膜分离体系应具有大量分离膜品种，任意不同粒径物质间的分离均存在特定的膜品种与之对应时，则称膜分离体系具有理想的广谱性。

由于实际被分离物系中的物质成分十分丰富，理想的膜分离体系应具有众多的膜品种，且各膜品种具有理想的透速比、透速率与分辨率。尽管目前的膜分离体系中已存在着微滤、超滤、纳滤、反渗透及电渗析等膜种类，每一种类中又具有多个不同处理精度的膜品种。但

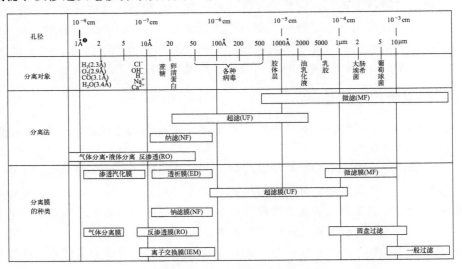

图 3.1 按处理精度划分的膜分离工艺分类

---

❶ $1\text{Å} = 0.1\text{nm} = 10^{-10}\text{m}$。

因每一膜品种均不具备理想性能，且整个体系中不同处理精度的膜品种数量远不够多，故目前的膜分离体系尚未达到理想的广谱性。尽管图 3.1 示出了按处理精度划分的膜过程分类，但该覆盖范围仅为一个概念，并非在覆盖范围内密布着稳定成型的工业膜产品。

从某种意义上讲，膜分离技术的进步过程，就是膜分离体系从非理想状态向着理想状态的趋近过程，就是透速比、透速率、分辨率以及广谱性指标的理想化过程。

3.2 膜分离的分类

因衡量标准的差异，膜分离技术存在着不同的分类方式。

（1）按提取物的分类

根据所需分离产物不同，膜分离过程可划分为提纯、浓缩、分离及提取四类。以透过物为产物的称为提纯；以截留物为产物的称为浓缩；透过物与截留物均作为产物的称为分离；用两不同截留精度的膜分离组合过程，得到两个截留精度之间物质的称为提取。

（2）按制膜材料分类

根据膜材料的区别，分离膜可以分为有机膜、无机膜与金属膜。有机膜主要为聚砜、聚丙烯、聚丙烯腈、聚偏氟乙烯、聚醚砜、醋酸纤维素、芳香聚酰胺及聚哌嗪酰胺等多种高分子膜；无机膜主要有陶瓷、玻璃等硅酸盐类膜；金属膜主要为各类金属氧化物膜。有机膜制备工艺简单、膜元件容积率高、价格低廉、工作压力低，但化学稳定性差、耐温性差、机械强度差、耐清洗能力差；无机膜与金属膜则相反。

有机膜与无机膜两大分支技术均在自身优势基础之上，不断完善自身性能，并向着对方的优势靠拢。目前，反渗透膜材料中仅芳香聚酰胺达到了工业生产规模，而纳滤膜、超滤膜与微滤膜材料具有较多的材料种类。

（3）按膜推动力划分

如表 3.1 所列，根据分离膜的不同作用机理，其推动力分为跨膜压差、纯驱动压差、渗透压差、浓度差、电位差及温度差等不同类别。

表 3.1 按照膜过程推动力划分的膜品种

膜品种	膜过程推动力	传质机理	膜透过物
微滤	跨膜压差	孔径筛分	水/溶解性物质
超滤	跨膜压差	分子量筛分	水/溶解性物质
纳滤	纯驱动压差	道南效应/筛分效应	水/低价离子
反渗透	纯驱动压差	离子筛分/溶解扩散	水
正渗透	渗透压差	离子筛分/溶解扩散	水
扩散渗析	浓度差	离子交换	阴离子/阳离子
电渗析	电位差	离子交换	阴离子/阳离子
树脂床电渗析	电位差	离子交换	阴离子/阳离子
膜蒸馏	温度差	蒸汽压差	水蒸气

（4）按分离精度分类

根据分离精度的不同，水处理分离膜可分为微滤、超滤、纳滤、电渗析、反渗透、树脂床电渗析（也称 EDI 或电去离子）及膜蒸馏等。微滤膜的截留精度为 $0.01 \sim 10 \mu m$，工作压力 $0.1 \sim 0.2 MPa$；超滤膜的切割分子量为 2000～200000 道尔顿，工作压力 $0.1 \sim 0.2 MPa$；纳滤膜的脱盐率为 $5\% \sim 95\%$，工作压力 $0.3 \sim 0.6 MPa$；反渗透膜的脱盐率为 99.0%～

99.8%，最低产水含盐量约为 1mg/L，工作压力 0.7～12.0MPa。

电渗析产出的淡水不透过膜体，最低产水含盐量与反渗透接近，工作压力 0.1～0.2MPa，脱盐率可根据流程长度及电场强度在 0～98% 范围内调整。在电渗析的淡水流道中填充阴阳离子交换树脂即形成树脂床电渗析。当进水电导率低于 10μS/cm 时，树脂床电渗析的产水电阻率可达到 10～15MΩ·cm 水平。表 3.2 示出了各种除盐膜分离工艺的特征及参数。

表 3.2 各种除盐膜工艺的特征参数

特征参数	电渗析	树脂床电渗析	纳滤	反渗透
径流过膜	不过膜	不过膜	淡水过膜	淡水过膜
pH 值	不变	不变	淡水降、浓水升	淡水降、浓水升
给水指标	浊度<1	SDI<1	SDI<5	SDI<5
脱盐率	0～98%	产水 5～15MΩ·cm	0～95%	95.0%～99.9%
难溶盐析出	超饱和运行	不涉及	饱和析出	饱和析出
回收率	50%	90%	<80%	<80%
可再生性	冲洗、药洗、拆洗	电再生、拆洗	冲洗、药洗	冲洗、药洗

（5）按膜体结构划分

根据膜体有孔或无孔的区别，分离膜可以分为多孔膜与致密膜，多孔膜中有过膜的大量透孔，致密膜则不存在透孔。根据膜体结构均匀与否，多孔膜与致密膜各自又可再分为均质膜与非均质膜，均质膜的膜体结构在膜表面垂向上均匀一致，非均质膜的膜体结构在膜表面垂向上不均匀。

微滤膜为多孔的非均质膜，膜孔在透过膜体时的孔径无规律性变化，截留效率主要取决于平均孔径与孔隙率指标。超滤膜为多孔的非均质膜，膜体的给水侧具有一个相对致密层，致使给水侧孔径较小，净水侧孔径较大，以减小过膜阻力。

典型的致密均质膜是用于电渗析的均相离子交换膜，其透水率有限，而阳离子或阴离子的透过率极高。反渗透膜是典型的致密非均质膜，它是在高透速率的较厚支撑多孔膜上复合一层低透速率与高透速比的极薄反渗透膜。反渗透膜的结构在各方向上均匀一致，但由于透速率过低一般不独立成膜，而多为复合膜的致密层。图 3.2 示出各类膜结构的示意。

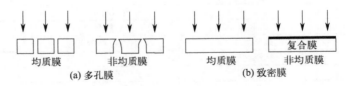

（a）多孔膜　　　　　　　　　　（b）致密膜

图 3.2 膜结构分类示意

（6）按元件结构分类

所谓膜元件是将片状膜或丝状膜与相应的结构件配合形成的膜工作单元。根据结构的区别，膜元件可划分为折叠式、板式、管式、中空、卷式等不同形式。各类膜结构在容积面积、径流方式、压力支撑、清洗条件等方面各有优劣。表 3.3 示出各膜元件结构的性能。

① 折叠式结构可由超微滤膜构成折叠式滤芯，依靠折叠结构增加容积面积，并用骨架与膜体自身形成背压支撑与导水通道。折叠式膜因设备简单、操作方便等优势，多用于小规模低污染的工艺终端水处理环境。

表 3.3　各种膜结构的性能比较一览表

膜结构	容积面积	运行方式	压力支撑	清洗方式	系统设备
折叠	中	全流	半自支撑	无	简单
板式	小	全流	自支撑	正洗	简单
管式	小	错流	外支撑	正洗	复杂
中空	大	错流/全流	自支撑	正洗、反洗	复杂
卷式	中	错流	自支撑	正洗	复杂

② 板式结构的超微滤膜的容积面积小，但结构坚固、不易断裂、运行稳定，多用于膜生物反应器之中。

③ 管式结构可以是微滤、超滤、纳滤甚至反渗透膜，成内压工作方式，膜内径 $10\sim15mm$。管式膜无法反冲、容积面积小、设备成本高、工艺效率低；但可进行彻底的正向冲洗，甚至正向擦洗，适合于高黏度及高浊度的液体处理，是特殊料液浓缩及工业废液处理的良好膜结构形式。

④ 中空结构可以是微滤、超滤、纳滤及反渗透膜，膜内径 $25\sim1200\mu m$，膜外径 $50\sim2000\mu m$。中空膜按压力方向可分为内压式与外压式，内压膜的容积面积较小、容污量小、便于水力冲洗，对进水水质要求高，可采用错流方式或全流方式运行。外压膜的容积面积较大、容污量大、不便于水力冲洗、对进水水质要求低，多采用全流方式运行，难以形成错流径流。中空膜具有的高容积面积，为其他膜结构无法比拟，且具有良好的正反冲洗性能。早期中空膜丝的机械强度有限，断丝现象成为中空结构的重要问题，目前因材料与结构的改进，断丝问题已经基本解决。

⑤ 卷式结构主要用于纳滤与反渗透膜，近年来也有卷式超微滤膜面世。该结构的容积面积适中，具有承受工作压力高、给水质要求低、容污量大、便于错流及正向冲洗等优势。卷式膜给水流道横切面可视为一个等高的环形通道，该结构允许局部的污堵，具有较高的容污量；但不易对每个局部形成良好的冲洗效果，易形成局部污堵。此外，卷式复合膜不能进行反冲洗，清洗效果较差，因膜污染造成的性能衰减成为卷式结构的重要问题，特定运行期内的性能衰减程度成为膜寿命的重要标志。

（7）按亲疏水性分类

膜材料分为亲水性膜与疏水性膜。除浊或除盐用膜的亲水性越强，越容易被水浸润，透水性能越好，越不易被污染，因此是水处理膜的首要性能。疏水性材料制成水处理用膜时需要进行亲水改性处理。疏水性膜在水处理领域中，多用于脱除水体中的二氧化碳等气体。

（8）按正负电性分类

一般的聚酰胺复合膜表面呈负电性，一些膜厂商还推出膜表面呈正电性与电中性的膜品种。表面呈负电性膜对阴离子的截留率较高，表面呈正电性膜对阳离子的截留率较高。一般纳滤膜表面呈较强的负电性，故对于高价阴离子具有很强截留效果。

（9）渗析与渗透差异

一般认为溶剂透过半透膜的现象称为渗透，而溶质透过半透膜的现象称为渗析。电渗析是在直流电场与离子交换膜的共同作用下，使淡室水体中的阴阳离子透过离子交换膜，从而产生纯水径流；反渗透是在外界压力与反渗透膜的共同作用下，使给水中的纯水成分透过反渗透膜，从而产生纯水径流。

3.3 膜过程的机理

半透膜结构及性质的不同，膜分离过程的机理不同，解释膜过程的理论亦不同。

3.3.1 多孔膜的筛分理论

超微滤膜体上具有穿透膜体的孔隙，从而形成多孔膜。多孔膜过程的机理可用筛分理论解释，粒径小于膜孔的颗粒可透过膜孔，粒径等于膜孔的颗粒可堵塞膜孔，粒径大于膜孔的颗粒被膜体截留。此外，带电颗粒在膜表面及膜孔中的吸附截留，小于孔径的颗粒在孔口处的架桥截留，也具有一定的截留作用。

衡量多孔膜的性能有孔隙率、截留孔径与孔径分布三大指标。孔隙率指膜面中各孔面积之和与整个膜面积的比值，孔隙率的高低决定着透速率的高低。为保证高的透速率则要求尽可能高的孔隙率，但为保持膜的机械强度，膜的孔隙率也受到一定限制。因材料及工艺的制约，超微滤膜的孔径不可能完全一致，必然成某种数学分布，膜孔分布的方差大小反映着孔径分布的集中程度，决定着透过粒径与截留粒径的分辨率。

图 3.3 所示多孔膜孔径的概率分布曲线表明，由于孔径的差异，透过粒径缺乏严格分界。膜孔径的均值是多孔膜的重要指标，表征透过粒径的平均值，但分离工艺更关心的是透过粒径的最大值或截留粒径的最小粒径。通常将截留率达到 95% 的物质粒径称为膜的截留粒径，将透过率达到 5% 的物质粒径称为膜的透过粒径。多孔膜用于提纯工艺时应参考透过物标称最大粒径，用于浓缩工艺时应参考截留物的标称最小粒径。

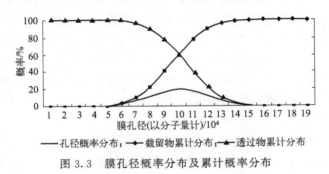

图 3.3 膜孔径概率分布及累计概率分布

3.3.2 致密膜的溶扩理论

反渗透膜属于典型的致密膜，其膜过程机理可用溶解扩散理论解释。溶质与溶剂溶入膜表面的溶解速率不同，在膜体内的扩散速率不同，溶出膜体时的速率也不同。当溶剂的溶解与扩散速率远大于溶质的速率时，溶质在原液侧富集，溶剂在透过液侧富集，从而实现了溶质与溶剂的相对分离。

反渗透膜对于无机盐具有很高的截留功能。

（1）阳离子的截留

对低价阳离子的截留率低于对高价阳离子的截留率，即有以下截留率的顺序：

$$Al^{3+} > Fe^{3+} > Mg^{2+} > Ca^{2+} > Na^+$$

对于同价阳离子，截留率随离子水合半径的增大而上升，即有以下顺序：

$$Ca^{2+}<Sr^{2+}<Ba^{2+} \text{ 及 } Li^+<Na^+<K^+<Rb^+<Cs^+$$

（2）阴离子的截留

对阴离子的截留率顺序为：

$$B_4O_7^{2-}<NO_3^-<CN^-<F^-<PO_4^{3-}<Cl^-<OH^-<CO_3^{2-}<SO_4^{2-}<IO_3^-<BrO_3^-<ClO_3^-$$

（3）各项径流的电荷守恒

分离膜在依一定规律截留各阴阳离子的同时，还需保证截留侧与透过侧水体阴阳离子的电荷守恒规律，即实际截留的是阴阳离子对而不是单个离子。因此，反渗透膜的脱盐是一个复杂过程，其脱盐率指标是对水体总固含量（TDS）指标的衡量。

反渗透膜对分子量大于 100 的有机物截留率很高；对于分子量小于 100 的有机物截留率较低，对溶于水中的氨气、氯气、氧气、二氧化碳等气体分子的截留率极低。

因此，膜厂商表征其膜产品的脱盐率指标时，必须指明测试液的化学成分、水体温度甚至 pH 值。某反渗透膜在特定工况下对不同离子的透过率指标示于图 3.4。影响反渗透膜截留效果的主要因素还有溶质的解离度、荷电性、水合度及分子的支链程度。某反渗透膜在特定工况下对不同化合物的截留率指标示于表 3.4。

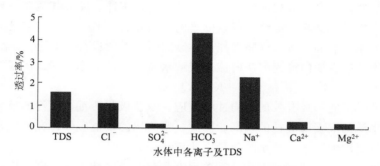

图 3.4　反渗透膜对不同离子的透过率

表 3.4　反渗透膜对部分溶质的截留率

溶质名称	分子量	截留率/%	溶质名称	分子量	截留率/%	溶质名称	分子量	截留率/%
氟化钠	42	99	硫酸铜	160	99	氯化钙	111	99
氰化钠	49	97	甲醛	30	35	硫酸镁	120	99
氯化钠	58	99	甲醇	32	25	硫酸镍	155	99
二氧化硅	60	98	乙醇	46	70	葡萄糖	180	98
碳酸氢钠	84	99	异丙醇	60	90	蔗糖	342	99
硝酸钠	85	97	尿素	60	70	乳酸（pH=2）	90	94
氯化镁	95	99	杀虫剂		99	乳酸（pH=5）	90	99

3.4　全流与错流运行方式

分离膜水处理工艺根据水体的径流方式不同分为全流（或称全量或死端）方式与错流方式，两者具有不同的工艺特征与应用范围。全流方式工艺简单、回收率高、间歇式运行；错流方式工艺复杂、回收率低、连续式或间歇式运行。径流的全流及错流方式示于图 3.5。

系统运行的重要指标之一是原水利用率即系统回收率指标，设系统的原水流量为 Q_f、透水流量为 Q_p、浓水流量为 Q_c，则系统回收率 R_e 为透水流量 Q_p 与原水流量 Q_f 之比：

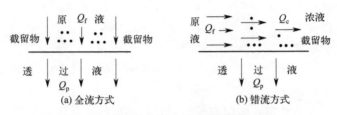

图 3.5　径流的全流方式及错流方式示意

$$R_e = Q_p / Q_f \tag{3.1}$$

错流运行方式的回收率恒小于 1；全流运行方式在不计清洗水量时的回收率恒等于 1。

全流运行方式下，透过径流垂直透过膜面，截留物滞留在原液侧膜表面，形成对膜体的污染。错流运行方式下，透过径流与膜面成法线方向；浓液径流与膜面成切线方向，对聚集于膜表面的截留污染物起到冲刷作用。因此在错流方式下，截留物对膜的污染现象与错流径流对膜的清污现象同时发生。自清洗功能可减缓膜污染的速度。

全流与错流两种运行方式下，膜污染的速度不同，但同样需要对膜污染进行清洗，全流方式的清洗周期较短，错流方式的清洗周期较长。通过正冲、反冲甚至药洗等清洗工艺可以在一定程度上完成对污染物的清洗，以恢复膜的分离能力。通过清洗工艺已无法完成膜性能的恢复时，称为膜性能的衰减；当膜性能严重衰减时，需要进行膜的更换。

错流方式中，存在切向流速与法向流速或浓水流量与透水流量的比值即错流比 K_q：

$$K_q = Q_c / Q_p \tag{3.2}$$

错流比过低时不能形成有效的切向冲刷效应，浓差极化严重，清污的效果较差。错流比过高时会造成水源的浪费及能耗的增高。因此，错流比的量值应保持在一定范围之内，如卷式反渗透膜元件要求的浓水与淡水径流量之比应高于 5:1。

决定膜系统全流或错流运行方式的重要因素是截留物的性质与浓度，以及膜结构的可清洗性质。超微滤膜截留的悬浮物、胶体及大分子有机物易形成污染也易清洗，其多孔结构适于反向冲洗，故超微滤工艺可采用错流运行方式也可采用全流运行方式。反渗透膜对各类盐分截留的同时也实现了对难溶盐的浓缩，一旦膜表面的难溶盐浓度超过其饱和度极限，将在膜表面析出结垢。因难溶盐垢层难以清洗，加之复合膜结构缺乏反冲洗能力，故反渗透膜只能采用错流运行方式。

3.5　浓差极化现象

由于分离膜对溶质的截留作用，错流运行方式下的膜表面溶质浓度会相应提高，从而形成浓差极化现象。图 3.6 示出了错流运行方式下侧向渗透流体系中的浓差极化现象。

3.5.1　浓差极化的数学模型

反渗透膜的给水侧溶液径流在膜表面的流态既有湍流也有层流，靠近膜面处的为层流内层，中间的为缓冲层或过渡层，外层的为湍流主体。在膜两侧压力差的驱动下，部分溶剂透过膜体形成渗透流，溶质被截留并在膜表面汇集，整个流道中溶液浓度 C 在膜表面的垂线方向上变化。

由于湍流能有效地实现溶质的扩散，湍流层中溶液浓度 C_f 可视为均匀。如视膜透过液

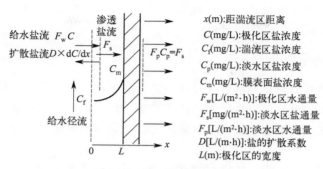

图 3.6　浓差极化现象示意

侧溶液浓度 C_p 为恒定，则仅有给水侧层流层中的溶液浓度 C 存在一个梯度，并在膜表面达到最高值 C_m。所谓浓差极化度 β 为给水侧膜表面溶液浓度 C_m 与湍流层溶液浓度 C_f 之比：

$$\beta = C_m/C_f \tag{3.3}$$

根据传质理论，对于浓差极化区内与湍流区距离 x 的任何一个平面，以对流形式前向流入该平面的盐通量 F_wC 等于以对流形式前向流出该平面的盐通量 F_s 与以扩散形式反向流出该平面的盐通量 $D \times dC/dx$ 之和：

$$F_wC - D \times dC/dx - F_s = 0 \tag{3.4}$$

如将与湍流区距离 x 的平面扩展为图 3.6 中虚线所示平行的两个平面，则浓差极化区内左平面的前向盐通量 F_s 等于淡水区右平面流出的盐通量 F_pC_p：

$$F_s = F_pC_p \tag{3.5}$$

故式（3.4）可改写为：

$$F_wC - D \times dC/dx - F_pC_p = 0 \tag{3.6}$$

即

$$D\,dC = (F_wC - F_pC_p)dx \text{ 且 } F_w = F_p \tag{3.7}$$

或

$$dC/(C - C_p) = F \times dx/D \tag{3.8}$$

对式（3.8）两侧求积分，且积分边界条件：$x = 0$ 时，$C = C_f$；$x = L$ 时，$C = C_m$，

则有积分式：

$$\int_{C_f}^{C_m} \frac{dC}{C - C_p} = \int_0^L \frac{F_p\,dx}{D} \tag{3.9}$$

积分的结果为：

$$\ln[(C_m - C_p)/(C_f - C_p)] = F_p \times L/D \tag{3.10}$$

如设传质系数 $k = D/L$，则有：

$$(C_m - C_p)/(C_f - C_p) = \exp(F_p/k) \tag{3.11}$$

如定义膜的盐透过率 S_P 为：

$$S_P = C_p/C_m \tag{3.12}$$

且定义膜的盐截留率 S_R 为：

$$S_R = 1 - S_P = 1 - C_p/C_m \tag{3.13}$$

如将 $C_p = (1 - S_R)C_m$ 代入式（3.11）并经变换将得到：

$$\beta = C_m/C_t = \frac{\exp(F_p/k)}{S_R + (1 - S_R)\exp(F_p/k)} \tag{3.14}$$

因为膜对盐的截留率 $S_R \approx 1$，则式（3.14）可简化为：

$$\beta = C_m/C_f \approx \exp(F_p/k) \tag{3.15}$$

这里，如将溶质设为无机盐，则所指浓差极化适于反渗透膜过程；如将溶质设为悬浮物，则所指浓差极化适于超微滤膜过程。

3.5.2 浓差极化的系统影响

浓差极化仅使膜表面截留物浓度临时性提高，是可逆过程，并不直接产生膜污染。但正是由于浓差极化现象的存在，膜表面截留物质浓度的相应提高，或加速了微滤与超滤等多孔膜表面凝胶层的形成，或加速了反渗透与纳滤等致密膜表面难溶盐的饱和析出，即将加剧各类膜的污染。

对于微滤与超滤等多孔膜，被截留物在膜表面形成的浓差极化层，对有机物具有一定的截留作用，在一定程度上提高产水水质的同时，也将增加水的透过阻力和工作压力。对于纳滤与反渗透等致密膜，浓差极化现象将提高给水侧无机盐浓度，增加给水侧渗透压，即增加产水阻力和工作压力；且因无机盐的透过率正比于膜两侧的盐浓度差，浓差极化现象还将提高无机盐的透过率，降低产水水质。

3.6 分级工艺处理

一般膜工艺所处理的各类水体中，悬浮物、有机物、无机物与微生物等杂质的成分十分丰富，每一水体中各种杂质的粒径呈图 3.7 所示特定的概率分布。

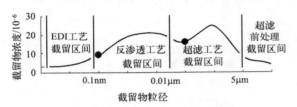

图 3.7 膜系统截留物粒径分布示意曲线

膜分离体系中不同膜种类具有不同的截留粒径。例如，精滤截留 $\geqslant 5\mu m$ 粒径物质（可截留悬浮物）、微滤截留 $\geqslant 0.1\mu m$ 粒径物质（可截留细菌）、超滤截留 $\geqslant 0.01\mu m$ 粒径物质（可截留病毒）、纳滤截留 $\geqslant 1nm$ 粒径物质（可截留硬度物质）、反渗透截留 $\geqslant 0.1nm$ 粒径物质（可截留热源及各类无机盐）。

如果反渗透工艺直接用各类水体制备纯水，则水体中的各类杂质必然造成膜系统的严重污染，破坏工艺系统的正常运行，即便使用超微滤进行预处理，超微滤膜也常被迅速污染而无法运行。因此，严格遵循生化预处理、传统预处理、超微滤预处理及最后的反渗透膜处理的分级处理工艺原则，合理设计各级膜与非膜处理工艺及其先后次序，是维持膜处理工艺正常运行的必要措施。

分级处理的实质是由不同截留精度的不同工艺，分段截留全部截留物谱系中的特定粒径区段。分级处理的效果：一是保证各工艺的正常运行，实现技术方案的可行；二是实现各工艺运行负荷的合理分布，实现经济指标的优化。如果认为反渗透是全系统的最末端工艺，则预处理系统中各工艺的基本设计思想即为分级优化设计。

分级处理的另一基本理念是特殊物质的特殊处理。各膜工艺面对的负荷除一般截留物之外，还有氧化剂与难溶盐等特殊物质，特殊物质在图 3.7 中以圆点●表征。这些特殊物质的污染不同于一般截留物污染性质，故应采用特殊工艺方法加以处理，包括针对氧化剂的炭滤工艺或还原剂投放工艺，以及针对难溶盐的软化工艺或阻垢剂投放工艺。

　　高截留精度工艺的设备及运行成本一般高于低截留精度工艺成本，故各级截留工艺精度最优设置的基本原则应为：a. 低成本工艺在前，高成本工艺在后；b. 低成本工艺重载，高成本工艺轻载。

　　根据该基本原则进行的优化设计，将使自系统始端至系统末端同时形成各工艺间的截留精度梯度、工艺负载梯度与处理成本梯度。按精度、负载与成本的分级处理理念是反渗透系统全套工艺设计的基本理念之一。图 3.8 示出反渗透系统各相关工艺的精度、负载及成本的优化分布示意关系。

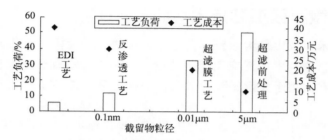

图 3.8　膜系统截留成本与截留负荷分布示意

 超微滤系统设计与模拟

4.1 超微滤膜工艺技术

超微滤在膜技术领域中最为活跃，其应用范围之广、规模之大均超过了其他的膜工艺技术。目前，超微滤技术广泛应用于工业给水深加工、市政给水提标、污废水回用等诸多领域，特别是普遍用于大型反渗透系统预处理之后，进一步扩大了超微滤工艺应用规模。

与传统的混凝-砂滤工艺相比，超微滤工艺具有操作简单、运行灵活、产水水质好、水质稳定、设备集成度高等诸多优势，在世纪之交的短短4～5年内迅速取代传统的混凝-砂滤工艺，一举成为反渗透预处理系统的主导工艺。目前国内多数新装反渗透系统，特别是大中型系统均采用了以超微滤为核心的预处理工艺。

超微滤预处理工艺的引入，有效地提高了预处理系统产水即反渗透系统给水的水质，促进了反渗透膜系统的长期稳定运行，甚至提高了反渗透系统的设计通量与工艺效率。

在一定意义上，水处理的主要功能一是除浊、二是除盐，如果认为反渗透是典型而有效的除盐工艺，则超微滤就是典型而有效的除浊工艺。超微滤膜工艺在水处理领域既可独立用于除浊的主体工艺，也可用于反渗透除盐的预处理工艺。在一定意义上，超滤与微滤在结构、材料、性能等多个方面没有严格的界限，从本章开始将它们统称为超微滤加以描述。超微滤膜分离的材料各异、形式多样、用途广泛，本章内容仅涉及作为反渗透系统预处理工艺的浸没式与分置式（也称压力式）超微滤，而不包括膜生物反应器的内容。

（1）膜材料及膜丝结构

超微滤膜材料的品种繁多，水处理领域使用的超微滤膜主要由聚偏氟乙烯（PVDF）、聚醚砜（PES）、聚丙烯（PP）、聚乙烯（PE）、聚砜（PS）、聚丙烯腈（PAN）等多种有机材料构成。制备工艺主要分为溶致相法（或称湿法 NIPS）与热致相法（或称热法 TIPS）。

超微滤膜主要分为板式、管式与中空式的结构，作为反渗透预处理的主要是图 4.1 所示中空式结构，而中空膜丝又分为内压与外压形式。超微滤膜的截面结构分为致密层与支撑层，内压膜的致密层在膜丝内侧，水体流向从内向外；外压膜的致密层在膜丝外侧，水体流向从外向内。

中空膜丝的内径与外径规格多为 0.5mm/0.8mm、0.6mm/1.1mm、0.7mm/1.2mm、0.8mm/1.4mm，即内外径比约为 0.58，截流分子量一般在 5000～200000 范围，孔隙率一般在 50%～80% 范围。

中空超微滤膜的使用方式分为浸没式与分置式两类。浸没式将膜丝制成膜束固定在框架之上，并将框架置于水体之中，运行时丝内为负压。分置式将膜丝固定在膜壳之内制成膜组

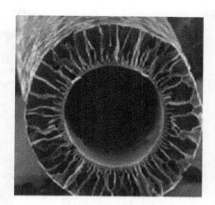

图 4.1　内压式中空膜断面结构

件，膜组件与中空膜丝又分为内压结构和外压结构。

（2）膜组件结构与分类

分置式中空超微滤膜组件是用环氧树脂将中空丝束封装在筒形容器之中，封装用环氧树脂在筒形容器两端被固化与切割，进而形成膜桶。将膜桶两端各加装一个封帽即可形成直立式组件，将特定规格的膜桶直接装入类似于反渗透用膜壳时将组成平卧式组件。

平卧式膜组件的占地面积小、组件规格小、构成的膜堆集成度高，适用于大型规模系统；荷兰诺瑞特（Norit）等公司的 8060 规格卧式膜桶长 1.5m，四支膜桶可装入长 6m 的压力容器内形成膜组件；由于膜桶内部流道采用了特殊结构，6m 长膜组件中的 4 支膜桶实际上是并联运行。直立式膜组件的直径可以更大（如 10in、12in、16in 甚至 18in），长度一般为 1.5～2.0m，但组件间的安装空隙较大，系统占地面积较大。

图 4.2 中示出轴向与径向两类产水模式的立式内压中空超微滤组件结构；径向产水组件不设中心管，轴向产水组件设置中心管。中心管壁上密布产水孔，以收集膜丝沿程产水径流。图 4.3 所示浸没式超微滤膜组件（也称膜束）为立式安装，其外压膜丝的下端封闭而上端出水。设备运行时在膜组件上端采用真空泵或虹吸形成负压运行方式。浸没式组件的长度一般为 1.5～2.0m。

水处理领域中的超微滤膜组件之间为并联方式，而非串联方式。由于超微滤工作压力较低，而流道内的压力损失相对较大，组件过长将造成组件进水侧与浓水侧膜通量的严重失衡，进而造成膜丝污染速率及性能衰减速率的严重失衡。这是超微滤工艺与反渗透工艺在系统结构方面的重要差异。正由于超微滤系统的短流程特征，无论是浸没式还是分置式，超微滤膜系统的实际流程仅为单支组件长度。

（3）内外压组件及回收率

分置式超微滤组件中，内压膜结构的有效膜面积较小、进水流道较窄、污染速度较快，清洗频率较高，易正向冲洗而不易反向冲洗，错流运行时的浓水流量较小；外压膜结构的有效膜面积较大、进水流道较宽、污染速度较慢，清洗频率低，不易正向冲洗而易反向冲洗，错流运行时的浓水流量较大。

内压组件与全流运行主要针对较为洁净的水源，外压组件与错流运行主要针对污染较重的水源。错流运行时的浓水回流至原水水箱，全流与错流运行组件的正反向冲洗水及各类药剂清洗水均直接外排，故全流与错流运行组件的回收率均接近 95%。

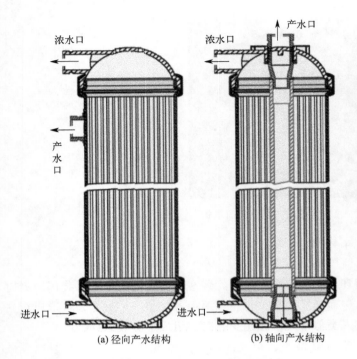

图 4.2 分置式内压中空超滤膜组件的两类结构

（a）径向产水结构　　（b）轴向产水结构

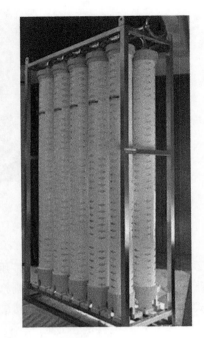

图 4.3 浸没式中空超微滤膜组件

值得指出的是，错流运行可将部分截留污染物随浓水径流排出膜组件，防止了膜组件的快速污染；但因含污染物浓水又回到进水储箱，也增加了膜组件的进水污染物浓度。全流（死端）运行虽将截留污染物全部滞留于膜组件之内，加速了膜组件的快速污染；但因没有含污染物浓水回到进水储箱，使膜组件的进水污染物浓度始终保持在较低水平。

（4）膜组件的安装方式

除了占地面积的区别之外，超微滤膜组件的立式与卧式两类安装方式，在污染速度与清洗力度方面也各不相同。

超微滤组件易形成膜污染，特别是污染物易在承托水体侧膜表面沉积。如果膜组件立式安装，则不存在承托水体侧的膜表面，部分污染物将悬浮于膜组件的水体之中，或随浓水径流排出。届时，膜组件的污染速度较慢，清洗频率较低，清洗力度较轻。

而且，超微滤膜组件清洗的重要方式之一是气水擦洗。由于气体是向上流动，膜组件立式安装时，从组件下端向上端流动的清洗水流与清洗气流，易形成气水两相流对膜表面进行有效的切向擦洗。

此外，超微滤系统运行启动之前，常有大量气体存蓄在组件的给浓水流道中。由于亲水性超微滤膜透水不透气，如存蓄的气体不能全部排出，将使存气部分的膜丝不能产水。如膜组件立式安装，则在系统启动初期的排气过程中，存蓄的气体易从组件上方排出。

再则，每次系统的化学清洗完毕时，甚至每次酸与碱交替清洗过程之间，均需将组件内的残留药液排空，而膜组件的立式安装自然有利于残留药液的排空过程。

与上述现象相反，膜组件卧式安装时，将造成污染速度快，排气及排药速度慢，气水擦洗难度大，整个运行过程必然费水且费时。

考虑到卧式安装占地较少而立式安装占地较大，因此在一定意义上，卧式安装是以运行成本换取空间成本，立式安装是以空间成本换取运行成本。故选择超微滤组件立式或卧式安装形式时，应参考具体工程的环境、规模与水质等各项条件。

（5）超微滤膜工艺性能

超微滤预处理工艺的主要截留物是悬浮物、有机物、胶体、细菌、病毒等水中杂质，虽不能有效去除氨氮，但可有效降低浊度、色度、COD、TOC 及 SDI（污染指数）等指标。表 4.1 示出某国外公司 1 万及 10 万切割分子量超滤产品的截留效果指标，表 4.2 示出北京中环公司部分超滤膜产品的技术数据。

表 4.1　某国外公司超滤膜的截留率与产水指标

截留物	1 万切割分子量膜组件	10 万切割分子量膜组件
胶体硅	99.8%	99.0%
胶体铁	99.8%	99.0%
胶体铝	99.8%	99.0%
总有机碳（TOC）	70.0%	30.0%
微生物	99.9999%	99.999%
浊度	<0.1NTU	<0.1NTU
污染指数（SDI）	<1.0	<1.0

表 4.2　北京中环公司超滤膜系列技术参数

项目	1060-A	1060-B	1060-C	0960-T	0980-T	0960-S	0980-S
膜材料	PES，NIPS 法			PVDF，TIPS 法		PVDF，TIPS 法，加筋	
运行模式	内压模式			外压模式		外压模式	
内外直径/mm	1.2/1.8	0.8/1.4	1.0/1.6	0.7/1.3		0.7/1.4	
有效面积/m²	40	55	70	52	78	52	75
截留精度	100000～150000（按分子量计）			0.1μm		0.02μm	
设计产水通量/[L/(m²·h)]	50～200			50～150		400～200	
运行 pH 值	1～13			1～13		1～12	
CEB 余氯浓度/(mg/L)	100～200			1000～3000		1000～3000	
操作温度/℃	0～50			0～45		0～45	
最高进水压力/MPa	0.5			0.5		0.5	
最高跨膜压差/MPa	0.2			0.3		0.3	
最高进水浊度/NTU	200	100		300		300	
单膜气洗强度/MPa				4～12		4～12	
最高进气压力/MPa				0.2		0.2	

4.2　超微滤的系统结构

超微滤工艺可分为分置式与浸没式两种结构。

（1）分置式超微滤系统

分置结构系指超微滤膜组件与原水池的分置，加压泵将原水从池内抽出，并向超微滤装置提供工作压力。该结构是给水深加工领域常用的工艺结构，也是以海水、地下水、地表水、自来水为水源的反渗透系统中超微滤预处理工艺的主要形式。如图 4.4 所示，以分置结构超微滤工艺为核心的反渗透系统预处理工艺流程中，新型的混凝-超微滤工艺取代了传统的混凝-砂滤工艺，并以 $20\sim100\mu m$ 精度的叠片过滤器（或称盘式过滤器）或纤维过滤器作为超微滤工艺的前处理。为强化叠片过滤器或纤维过滤器的截留效果，常在其前部投放混凝剂。

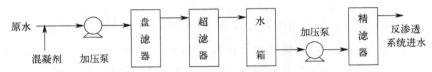

图 4.4　反渗透系统分置式超滤预处理工艺流程

（2）浸没式超微滤系统

根据不同的水处理工艺，浸没式超微滤膜组件具有不同的结构形式。如图 4.5 所示污水处理厂的膜生物反应器中，超微滤膜组件多浸没于好氧池后面的膜池中。其中，好氧池中曝气的气泡直径较小而有利于对水体充氧，膜池中曝气的气泡直径较大而有利于对膜丝清污。

浸没式超微滤的产水动力或源于液位差及虹吸，或源于离心泵的吸程。

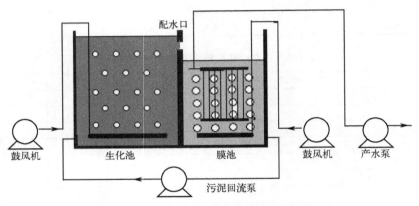

图 4.5　浸没式超滤预处理工艺

4.3　超微滤系统前处理

（1）前处理必要性

超微滤工艺面对的进水水质条件较为宽泛，恶劣水质对超微滤系统形成了严重污染。图 4.6 示出以浊度为代表的进水水质对于恒通量运行超微滤系统压力上升过程的影响。对于恒流量运行超微滤系统，运行压力均随运行时间即污染程度呈加速上升趋势。

解决超微滤系统污染问题有加强膜清洗与增加前处理两种基本方式。过多强化前处理工艺的功能，将增加系统工艺成本，降低整个系统的经济性。过弱的前处理工艺，将增加超微滤膜清洗的频率与强度、降低系统工作效率、增加清洗剂耗量甚至缩短膜的运行寿命。

超微滤前处理与反渗透预处理有所不同，前者只是截留较大粒径的悬浮物、胶体或有机污染物，目的只是为超微滤减负；后者将截留几乎全部悬浮物、胶体或有机污染物，目的是要污染指数（SDI）达标。

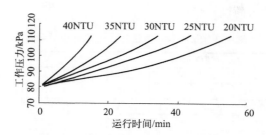

图 4.6　超微滤系统工作压力的渐进过程

（2）叠片式过滤器

典型的叠片式过滤器为以色列 Arkal 公司的产品，国内外也有类似产品。叠片式过滤器中的过滤部件是以颜色划分的具有不同沟槽精度的环形叠片。叠片的蓝、黄、红、黑、绿、灰共六个颜色分别代表聚丙烯材质叠片的 $400\mu m$、$200\mu m$、$130\mu m$、$100\mu m$、$55\mu m$、$20\mu m$ 共六个过滤精度。当多片相同精度的叠片叠放在一起并被弹簧压紧时，叠片之间的沟槽交叉形成具有多个过滤沟道的深层过滤单元，将该单元装入滤筒内即可形成叠片式过滤器。

过滤器运行过程中，叠片被弹簧和水压压紧，过滤单元内外压差越大，压紧力越强，从而形成自锁式压紧方式。过滤器进水由叠片单元外缘通过沟槽流向叠片单元内缘，水体流经由过滤沟道形成的每层 18～32 个过滤点，构成深层过滤结构。

当过滤器运行一定时间后，因污染物的截留而使叠片单元内外缘压差达到较高水平时，过滤器转换为反冲洗过程。反冲洗时，控制器控制阀门组的开闭组合，改变水流方向，由反冲洗的水压拉开弹簧使叠片间形成较大间距。滤筒壁上的三组喷嘴沿切线方向喷水，可使叠片旋转并相互摩擦，从而冲洗掉截留在叠片上的污染物。

反冲洗结束后，靠弹簧的压力可自动恢复叠片的压紧状态，并重新进入过滤工序。图 4.7 示出了 Arkal 公司叠片式过滤器的工作示意。叠片式过滤器仅有进、出两个水口，为有效实现运行与冲洗功能，在进、出水口上需各加装一个三通阀，并进行相应控制。

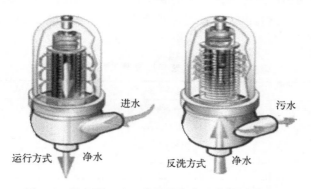

图 4.7　以色列 Arkal 公司叠片式过滤器工作示意

将多个叠片过滤器组合成一个完整的过滤器组时，可以在多数过滤器处于运行状态时，对某一过滤器进行反冲洗。因各过滤器交替完成反冲洗，系统可实现连续运行。一个叠片过滤器的反冲洗仅需 7～20s 时间，反冲洗水流量仅为 $10m^3/h$，故可以用过滤器组的滤过水体进行特定过滤器的反洗，而无须专用反洗水箱。表 4.3 示出 Arkal 公司不同直径 Spin klin

型自动反冲洗叠片式过滤器的设计参数。

表 4.3 Spin klin 型叠片式过滤器设计参数

项目		2in 过滤单元			3in 过滤单元			4in 过滤单元			
系统单元数量/个		2	3	4	3	4	5	3	4	5	6
最大工作压力/MPa		1.00	1.00	1.00	1.00	1.00	1.00	1.00	1.00	1.00	1.00
最小反冲压力/MPa		0.28	0.28	0.28	0.28	0.28	0.28	0.28	0.28	0.28	0.28
过滤面积/cm²		1760	2640	3520	5280	7040	8800	13200	17600	22000	26400
最大流量/(m³/h)	$100\sim400\mu m$	40	60	80	90	120	150	300	400	500	600
	$55\mu m$	26	40	53	60	80	100	150	200	250	300
	$20\mu m$	15	23	32	30	40	50			125	150

叠片式过滤器因其特定的机械结构，对大于过滤孔径的悬浮物具有较好的截留效果，但对于小于截留孔径悬浮物造成的浊度几乎无作用，对于 COD、色度则全无效果。因此叠片式过滤器更适用于高悬浮物且低 COD 浓度水体的超微滤前处理工艺。

（3）纤维束过滤器

与粒状过滤材料相比，纤维过滤材料的比表面积较大，有更大的界面截留有机物与悬浮物。纤维较柔软，在过滤时能够实现密度调节或沿水流方向过滤孔径逐渐变小的合理过滤方式，较好地实现了深层过滤，使设备出水水质、截污能力、运行流速等得到大幅度提高。

纤维式过滤器的形式多样，较为流行的有纤维球过滤器、胶囊挤压式过滤器、压力板式过滤器与自压式过滤器等多种形式。各类纤维过滤器的共同原理是在过滤器中填充长短纤维束，过滤运行时依靠水体压力、胶囊压力或压板压力挤压纤维束，使纤维密度增加并形成有效滤层；清洗时释放挤压压力，使纤维密度降低并用反向水流清污。

4.4 超微滤的设计导则

超微滤与反渗透同属以压力为推动力的膜工艺，但两者除工作原理、处理精度与压力数值的明显区别外，表 4.4 还列出了两者在材料特征、工艺特征及工艺参数等方面存在的诸多差异。

表 4.4 超微滤工艺与反渗透工艺的差异比较

比较项目	反渗透	超微滤
膜材料品种与膜性能差异	品种单一,性能差异小	品种众多,性能差异大
进水水质状况	相对简单	相对复杂
产水水质状况	随条件变化	相对稳定
清洗周期	三个月	30min
年性能衰减率	低	高
系统结构	串并联,长流程	并联,短流程
径流形式,回收率	错流,回收率低	错流或全流,回收率高

针对超微滤工艺的上述特征，各膜厂商均提供了相应的设计导则作为系统设计的基本原则与计算依据。表 4.5 所列某公司超微滤膜系统设计导则中，运行产水通量为两次膜清洗间隔期内的实际膜产水通量，设计产水通量为计及清洗时间的平均膜产水通量。

表 4.5　某公司超微滤膜系统设计导则

原水类型	原水浊度/NTU	运行产水通量/[L/(m²·h)]		设计产水通量/[L/(m²·h)]		运行周期/min		回收率/%		加药反洗频率			化学清洗周期/d
										加氯/(次/d)	加酸	加碱	
		最低	最高	最低	最高	最低	最高	最低	最高	CEB1	CEB2	CEB3	CIP
自来水	<0.5	120	145	112	139	60	600	98	99				90
	0.5~1.0	100	120	91	113	45	120	96	98		7d 一次		90
地下水	<0.5		120		112	60	60		98	<4			90
	0.5~1.0		110		92	45	45		98	<4	7d 一次		90
	1.0~5.0		100		89	30	30		96	<4	2d 一次		90
地表水有预处理	<0.5	120	144	106	130	45	60	95	99	1~4	7d 一次		60~90
	0.5~1.0	100	120	90	112	30	60	94	98	1~4	4d 一次		45~90
	1.0~2.0	90	100	80	92	30	45	93	97	1~4	2d 一次		30~90
地表水无预处理	<0.5	100	120	85	108	30	60	92	93	1~4	2d 一次		30~60
	0.5~1.0	90	100	76	88	30	45	92	92	1~4	2d 一次		30~60
	1.0~2.0	80	90	70	76	30	30	90	91	1~4	2d 一次		30~60
	2.0~5.0	70	80	56	69	20	30	85	90	1~4	1d 一次		20~30
	5.0~15.0	60	70	44	60	15	40	74	91	1~4	1d 一次		15~30
海水	<2.0	95	110	83	99	30	45	92	95	>1			60
	2.0~5.0	80	95	60	80	20	30	82	90	>1			60
	5.0~10.0	60	80	35	60	15	20	67	82	>1			30
三级废水	<2.0	65	70	36	56	20	30	75	85	>1			20~30

表 4.5 所列导则的数据表明，超微滤系统设计具有如下特征：

①不同进水类型及浊度，对应着不同的运行通量、设计通量、运行周期甚至回收率。

②不同进水类型及不同进水浊度，对应着不同化学清洗药剂、清洗频率与清洗时间。

③对于相同的进水浊度，而不同的进水类型，也存在着不同的运行参数与清洗参数。

浊度仅是进水水质众多指标之一，尽管具有一定的代表性，但尚有诸多水质内容未能表征。例如，浊度指标达到 2NTU 的三级废水中的有机物、微生物含量远高于经过预处理后浊度为 2NTU 的地表水中的有机物、微生物含量。尽管设计导则中并未列出浊度之外的其他水质指标，但进水类型已在一定程度上间接暗示了进水中的其他成分。因此出现了同为 2NTU 的地表水与三级废水的运行通量分别为 100L/(m²·h) 与 70L/(m²·h) 的区别。

超微滤工艺的设计导则与反渗透工艺的设计导则比较，进水水质条件更加恶劣，膜性能指标更不确定，清洗工艺在设计导则中的地位十分明显。

4.5　组件的运行与清洗

由于超微滤膜组件的并联运行模式，膜组件的运行特性即可视为膜系统的运行特性。

4.5.1　超微滤膜的跨膜压差

超微滤膜元件与反渗透膜元件的工作动力均为膜两侧的压力差。反渗透膜过程还要克服膜两侧的渗透压差，故反渗透膜元件的工作动力为涉及给浓水压力 $\bar{P}_{fc}$、产水压力 P_p、给浓水渗透压 $\bar{\pi}_{fc}$ 及产水渗透压 π_p 的纯驱动压 $NDP = (\bar{P}_{fc} - P_p) - (\bar{\pi}_{fc} - \pi_p)$［见式（5.4）］。超微滤膜过程中不存在渗透压现象，故超微滤膜元件的工作动力从纯驱动压 NDP 蜕化为仅涉及进浓水压力 $\bar{P}_{fc}$ 与产水压力 P_p 的跨膜压差 TMP：

$$TMP=(\bar{P}_{fc}-P_p)=(P_f+P_c)/2-P_p \tag{4.1}$$

式中，P_f 为元件进水侧压力；P_c 为元件浓水侧压力；P_p 为元件产水侧压力。

在跨膜压差作用之下，超微滤膜的产水指标包括产水水质与产水通量两大内容。产水水质主要取决于膜丝的切割分子量，基本不随跨膜压差等运行参数变化，甚至随膜污堵的加重产水水质还有向好趋势。产水通量 F_p 或产水流量 Q_p 主要取决于跨膜压差 TMP 与透水系数 A：

$$Q_p=S\times F_p=A\times S\times TMP=A\times S\times[(P_f+P_c)/2-P_p] \tag{4.2}$$

式中，S 为膜元件中的膜面积。

因超微滤膜为有机高分子材料，且水的表面张力与黏度及温度相关，故超微滤膜的透水系数与进水温度密切相关；且因超微滤膜有孔，其透水系数与膜孔的污堵状况密切相关，即随进水浊度及运行时间而变化。

4.5.2 超微滤膜的清洗方式

超微滤膜污染主要源于悬浮物、有机物及微生物。膜污染不仅以吸附、堵塞与截留等形式出现，在膜表面还会形成凝胶层及滤饼层，甚至产生微生物的大量繁殖。

减缓膜污染的措施主要包括：加强前处理工艺以降低超微滤工艺负荷、投加混凝剂以增大污染物粒径、投加杀菌剂以抑制膜内微生物的滋生、增加清洗频率以防止深度污染。

基于超微滤膜的多孔及中空结构与耐酸、耐碱、耐氧化剂等特性，中空膜组件具有多种清污方式，主要包括在线清洗与离线清洗。清洗方式又分为正反冲洗、正反药洗、气水混合洗等。

表 4.6 示出某厂商超微滤膜组件的运行、冲洗及药洗等工序的径流模式与工艺参数。超微滤膜的水力反向冲洗工艺中，存在顶部反洗与底部反洗的区别。如表 4.6 中附图所示，顶部反洗是将反洗水经 C 口压入，从顶部的 B 口排出；底部反洗是将反洗水经 C 口压入，从底部的 A 口排出。分别进行顶部与底部的反冲洗，可分别加强对顶部及底部膜丝的反洗效果。

表 4.6　某厂商分置式内压超微滤膜组件的运行参数

操作模式		径流方向	运行参数	附图
过滤工艺	全量过滤	A→C，关 B	$60\sim145L/(m^2\cdot h)$	
	错流	A→C	$60\sim145L/(m^2\cdot h)$	
	过滤	A→B	单组件 $3.0\sim9.0m^3/h$	
在线水力冲洗	正向冲洗	A→B，关 C	单组件 $5.0\sim9.0m^3/h$	
	顶部反洗	C→B，关 A	$240\sim300L/(m^2\cdot h)$	
	底部反洗	C→A，关 B	$240\sim300L/(m^2\cdot h)$	
	全部反洗	C→A，C→B	$240\sim300L/(m^2\cdot h)$	
	气反洗 排水放空	开 A，B 进气	无油压缩空气	
	气反洗 空气保压	闭 A，B 进气	$0.07\sim0.10MPa$	
	气反洗 水反冲洗	先 C→B，后 C→A	$240\sim300L/(m^2\cdot h)$	
停机化学清洗	膜面清洗	A→B，关 C	单组件约 $4.0m^3/h$	
	透膜	A→B	单组件约 $4.0m^3/h$	
	清洗	A→C	约 $50L/(m^2\cdot h)$	

超微滤装置不但可以正反冲洗、采用酸碱清洗，而且可以进行氧化剂杀菌。但是，中空超微滤膜的过度清洗也会产生断丝，严重影响运行寿命。

　　超微滤组件呈并联运行形式，如进行反冲洗，部分组件洗通时其他组件尚未洗通，所以超微滤系统需要离线清洗。有孔的超微滤膜在反洗时，大孔的受力较大而阻力较小，小孔的受力较小而阻力较大，因此大孔易洗通。所以反洗时的主要参数是反洗压力而非反洗流量。

4.6　膜丝与组件的特性

　　如第 11 章内容所述，与反渗透系统的流程长度相比，反渗透膜元件的长度相对较短，故可用每支较短元件的离散参数（平均压力、平均流量及平均水质等）构建较长流程反渗透系统的离散运行模型，进而了解并掌握反渗透系统的运行规律。中空超微滤膜丝及组件以其独有的低工作压力、短流程长度、高流道阻力与无渗透压强等特征，产生了与反渗透元件及系统完全不同的运行特性，而只有了解并掌握超微滤的运行规律，建立相应的运行数学模型，编制运行模拟软件并进行相关模拟分析，方可有效指导膜丝结构、膜组件结构甚至膜系统结构的优化设计。

　　超微滤膜丝、膜组件及膜系统运行特性分析的基础是单支膜丝的运行特性分析。中空膜丝存在制膜材料、制备工艺、内外丝径、亲水性质、膜孔径及孔隙率等多个要素，又有内压与外压、全流与错流、单端进水与双端进水的差异，还有纯水与污水等处理水质的区别。因此，研究中空超微滤膜丝的运行，就要关注不同类型膜丝与不同运行方式的膜丝运行特性。

　　对膜丝运行特性的分析，既可直接测试整丝的运行参数分布，也可首先测试膜丝的特性系数，再推演膜丝的运行参数分布。膜丝的特性差异，不仅表现于不同膜丝之间，还表现于相同膜丝的不同丝段之间，故直接测试整丝的运行参数分布，即使进行大量试验也很难得出有价值的结论；而采用后一种方式仅需较少试验，就可推演出不同类型膜丝的运行特性。

　　实际上，无论中空膜丝的制备工艺、性能参数及运行方式如何变化，中空丝壁的透水性能总可以用单位压力差值及单位膜丝面积的产水量即"膜壁透水系数"加以表征，中空流道的沿程阻力总可以用单位膜丝长度阻力即"丝程阻力系数"加以表征。反之，上述两项特性系数的任何变化及其组合总可以在膜丝的制备工艺、性能参数及运行方式等方面找到相应的背景依据。

　　本章以下部分内容，从测试膜丝的丝壁透水系数与丝程阻力系数入手，以膜丝及膜组件运行的微分方程模型为基础，逐项模拟分析内外压膜丝的运行特性、纯水通量特性，以及膜组件的容积率特性，从而揭示中空膜丝与膜组件的内在运行规律。其中，纯水通量是膜丝及组件用纯水进行试验的性能指标，运行特性是针对特定的污染状态，容积率特性试图给出膜组件的经济容积率。

　　为简化文字本章以下各节中均将超微滤简称超滤，且无论内压膜丝或外压膜丝，统一采用内径 0.8mm、外径 1.4mm、切割分子量 65000、孔隙率 85% 等参数的"特定膜丝"加以计算分析。

4.7　内压膜丝运行特性

4.7.1　内压膜丝的特性试验

相同的中空膜丝结构及水力学原理构成了表征中空膜丝运行的相同数学方程，不同的中空膜丝仅具有不同的透水与阻力两项特性系数，相同数学方程与不同特性系数的结合即可确立不同膜丝的数学模型，进而得到不同膜丝特有的运行规律。

欲得到膜丝的透水系数与阻力系数，需要进行特定试验及数据分析。如果膜丝较长，则膜丝的沿程压力将有较大变化，因测试丝壁透水系数需在沿程压力恒定条件下进行，故丝壁透水系数试验采用了图 4.8(a) 所示 0.1m 丝长的亲水性短膜丝及相关装置。

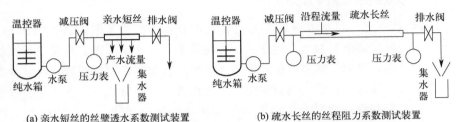

(a) 亲水短丝的丝壁透水系数测试装置　　　(b) 疏水长丝的丝程阻力系数测试装置

图 4.8　内压中空超滤膜丝特性系数测试装置

如果膜丝透水，则膜丝的沿程流量将有较大变化，因测试丝程阻力系数需在沿程流量恒定条件下进行，故丝程阻力系数试验采用了图 4.8(b) 所示 0.3m 丝长的疏水性长膜丝及相关装置。所谓疏水膜丝只是对亲水膜丝进行疏水处理即可，且测试过程中忽略了疏水处理前后膜丝的结构与性能参数的相应变化。

图 4.8 中试验膜丝水平放置，丝外压力为零，膜丝内水体没有高程压差。无论工程实际运行的膜丝直立或平卧放置，膜丝内外水体的高程压差相互抵消。因此，该图所示试验方式可以反映膜丝的工程实际运行方式。

4.7.2　内压膜丝的数学模型

（1）亲水短丝的丝壁透水系数

以压力驱动的中空内压超滤亲水短丝的产水流量如式（4.3）所示：

$$\Delta\theta = A\Delta sp = A(T,p)\pi d\Delta l_s p \tag{4.3}$$

式中，$\Delta\theta$ 为产水流量，m^3/s；Δs 为短膜丝内壁面积，m^2；Δl_s 为短膜丝长度，m；d 为膜丝内径，m；T 为进水温度，℃；p 为进水压力，Pa；$A(T,p)$ 为与温度 T 及压力 p 相关的丝壁透水系数，m/(Pa·s)。

因为丝壁透水系数 $A(T,p)$ 受进水温度及进水压力的影响，可将其表征为温度 T 及压力 p 的幂函数多项式。多项式中的各项常数可通过在不同温度 T 及压力 p 条件下的两变量五水平亲水短丝正交试验以及相关数值拟合算法求取。对特定亲水短丝的试验与拟合所得出丝壁透水系数 $A(T,p)$ 的幂函数多项式可用式（4.4）表征：

$$A(T,p) = -5.34\times10^{-10} + 9.34\times10^{-11}\times T + 1.47\times10^{-15}\times p$$
$$+ 3.71\times10^{-17}\times T\times p - 1.58\times10^{-12}\times T^2 - 4.72\times10^{-21}\times p^2 \tag{4.4}$$

由于该幂函数中单变量的一次项常数均为正值，而二次项常数均为负值，丝壁透水系数随水温或压力的上升而不断增大，但增大的幅度均随温度或压力的持续上升略趋饱和。透水系数随温度与压力的变化趋势示于图 4.9。

随着温度上升，丝壁透水系数增大的原因包括水的黏度系数降低、水的表面张力减小、膜的内表面积增大及膜孔扩张；随着压力上升，丝壁透水系数增大的原因包括膜的内表面积增大及膜孔扩张。随着温度或压力的持续上升，丝壁透水系数趋于饱和的原因是，当透水系

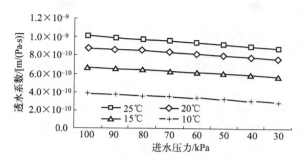

图 4.9　特定膜丝的丝壁透水系数

数增大时，透膜流速增大，透膜阻力相应增大。

（2）疏水长丝的沿程阻力系数

根据流体力学理论，在圆管流道中，流速低于临界雷诺数即呈层流状态时，沿程压降与流速呈一次方关系；流速高于临界雷诺数即呈紊流状态时，沿程压降与流速呈二次方关系。疏水长丝的试验数据表明，尽管丝内的径流速低于临界雷诺数，但因膜丝非标准圆管，丝径非一致，膜丝非刚性，故膜丝的沿程压降 Δp 与径流速的一次方及二次方均有一定关系：

$$\Delta p = \mu(T) \times \frac{128\Delta l_1}{\pi d^4} \times (e_1 q + e_2 q^2) \tag{4.5}$$

式中，$\mu(T) = (1.72 - 0.0457T + 0.0005T^2) \times 10^3$ 为与温度相关的水体黏滞系数，Pa·s；q 为沿程流量，$\mathrm{m^3/s}$；Δl_1 为长膜丝长度，m；e_1 与 e_2 为沿程压降与沿程流量的一次方及二次方的相关系数。

对丝程压降 Δp 中的流量 q 进行五水平试验，并将试验数据进行数值拟合处理，即可得到复式丝程阻力系数 $E = (e_1, e_2)$ 中的 e_1 与 e_2 两常数：

$$e_1 = 0.60; e_2 = 1.39 \times 10^6 \tag{4.6}$$

（3）内压膜丝的运行数学模型

根据内压膜丝的结构及参数，单端进水运行方式下，中空内压超滤膜丝运行参数间的关系如图 4.10 所示。

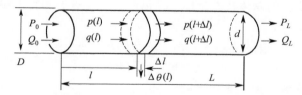

图 4.10　内压中空超滤膜丝单端给水运行方式微分参数

图中，L 为膜丝长度，l 为流程位置，$p(l)$ 为 l 位置的沿程压力，$q(l)$ 为 l 位置的沿程流量，$\Delta\theta(l)$ 为膜丝在 Δl 长度范围内的产水流量，d 为膜丝内径，P_0 与 P_L 为进水与浓水侧压力，Q_0 与 Q_L 为进水与浓水流量。

根据质量守恒原理与式（4.3），膜丝沿程流量 $q(l)$ 对膜丝流程位置 l 的导数为：

$$\frac{\mathrm{d}q(l)}{\mathrm{d}l} = \lim_{\Delta l \to 0} \frac{q(l+\Delta l) - q(l)}{\Delta l} = \lim_{\Delta l \to 0} \frac{-\Delta\theta(l)}{\Delta l} = -A[T, p(l)]\pi d p(l) \tag{4.7a}$$

根据动量守恒原理与式(4.5)，膜丝沿程压力 $p(l)$ 对膜丝流程位置 l 的导数为：

$$\frac{\mathrm{d}p(l)}{\mathrm{d}l}=\lim_{\Delta l \to 0}\frac{p(l+\Delta l)-p(l)}{\Delta l}=-\mu(T)\times\frac{128}{\pi d^4}\times[e_1 q(l)+e_2 q(l)^2] \qquad (4.7b)$$

式(4.7)的边界条件分别为膜丝进水压力 P_0 与膜丝浓水流量 Q_L，即：

$$q(L)=Q_L \quad 与 \quad p(0)=P_0 \qquad (4.8)$$

如果进水温度 T、膜丝长度 L、膜丝内径 d、透水系数 A 及阻力系数 E 为给定参数，则式(4.7)的两个微分方程中，流程位置 l 为变量，有沿程流量 $q(l)$ 与沿程压力 $p(l)$ 两个函数，再加上式(4.8)的两个边界条件，则该方程组可解。

4.7.3 内压膜丝的纯水通量

（1）内压膜丝的纯水通量模型

根据国家及行业标准，反映中空内压超滤膜丝性能的重要技术指标是在标准测试条件下的膜丝纯水平均通量（简称"纯水通量"）。内压中空膜丝的标准测试条件主要包括进水温度 25℃、跨膜压差 0.1MPa 及死端运行方式三项内容。由于测试时的膜丝外侧产水压力为 0，故跨膜压差仅为膜丝的进水及浓水两端压力的均值，纯水通量则为膜丝产水流量与膜丝内壁面积之比。

基于式(4.7)以及标准测试条件，内压膜丝的纯水通量模型可表征为：

$$\begin{cases} \dfrac{\mathrm{d}q(l)}{\mathrm{d}l}=\lim\limits_{\Delta l \to 0}\dfrac{q(l+\Delta l)-q(l)}{\Delta l}=\lim\limits_{\Delta l \to 0}\dfrac{-\Delta\theta(l)}{\Delta l}=-A[p(l)]\pi d p(l) \\[3mm] \dfrac{\mathrm{d}p(l)}{\mathrm{d}l}=\lim\limits_{\Delta l \to 0}\dfrac{p(l+\Delta l)-p(l)}{\Delta l}=-\mu\times\dfrac{128}{\pi d^4}\times[e_1 q(l)+e_2 q(l)^2] \end{cases} \qquad (4.9a)$$

$$q(L)=0 \ 与 \ [p(0)+p(L)]/2=0.1 \qquad (4.9b)$$

运用式(4.9a)与式(4.9b)的微分方程组可以求得标准测试条件下膜丝的丝内沿程压力 $p(l)$。而且根据定义，标准测试条件下内压膜丝的纯水通量指标 F_m 可表征为：

$$F_m=\frac{q(0)}{\pi d L} \qquad (4.9c)$$

膜丝运行规律的重要参数是膜丝沿程的压力分布 $p(l)$ 与产水通量分布 $F(l)$：

$$F(l)=A[p(l)]p(l) \qquad (4.10)$$

此外，评价膜丝运行的总体技术指标主要包括运行效率 J 和首末端通量比 k（表征通量均衡程度）：

$$J=q(0)/p(0) \qquad (4.11)$$

$$k=F(0)/F(L) \qquad (4.12)$$

（2）内压膜丝的纯水通量特性

根据式(4.4)，在标准温度 25℃ 条件下，内压膜丝的丝壁透水系数将蜕变为压力 p 的单变量函数：

$$A(p)=8.14\times10^{-10}+2.40\times10^{-15}p-4.72\times10^{-15}p^2 \qquad (4.13)$$

因此，1.5m 长、0.8mm 内径及式(4.4)所示透水系数表征的特定膜丝，在标准测试条件下具有纯水通量 344.5L/(m²·h)、给水压力 111kPa、产水流量 1.30L/h、有效面积 3770mm²。该条件下的丝内的流量、通量、压力及压降的分布曲线见图 4.11 与图 4.12。

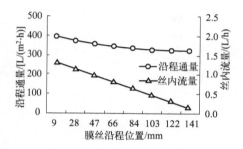

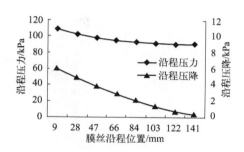

图 4.11　标准测试条件下的丝内流量分布　　　图 4.12　标准测试条件下的丝内压力分布

根据式（4.9）给出的内压膜丝纯水通量函数表达式，在进水温度及跨膜压差等标准测试条件下，中空内压膜丝的纯水通量 F 是丝长 L、丝径 d 及系数 A 的函数，而透水系数 A 的大小可以用所谓承压增量 Δp 表征，即将式（4.13）中的 p 改为 $p+\Delta p$。Δp 为正值的膜丝呈低压膜或高通量膜的特征，Δp 为负值的膜丝呈高压膜或低通量膜的特征。

如果以某组丝长 L、丝径 d 及系数 A（即压力 p）为基数，而需预测丝长 L、丝径 d 及系数 A（即压力 p）的增量对于纯水通量的影响，运用式（4.9）的膜丝纯水通量数学模型，可以计算出丝长增量 ΔL、丝径增量 Δd 及承压增量 Δp 对于膜丝纯水通量的特性函数 $F(\Delta L，\Delta d，\Delta p)$：

$$F(\Delta L，\Delta d，\Delta p)=a_0+a_1\Delta L+a_2\Delta d+a_3\Delta p+a_4\Delta L\Delta d+a_5\Delta L\Delta p$$
$$+a_6\Delta d\Delta p+a_7\Delta L^2+a_8\Delta d^2+a_9\Delta p^2 \qquad (4.14)$$

为求取式（4.14）中的各项因子 a_i（$i=0，1，2，\cdots，9$），可运用式（4.9）的膜丝纯水通量模型，分别计算 ΔL、Δd 及 Δp 的 25 组正交数值对应的纯水通量增量 $F(\Delta L，\Delta d，\Delta p)$，并用所得数据进行回归计算，可得出表 4.7 所列式（4.14）中的各项因子，即可得出丝长增量 ΔL、丝径增量 Δd 及承压增量 Δp 对应的纯水通量 $F(\Delta L，\Delta d，\Delta p)$。具体算法参考本书 17.1 节。

表 4.7　特定内压膜丝纯水平均通量特性函数多项式中的各因子数值

a_0	a_1	a_2	a_3	a_4	a_5	a_6	a_7	a_8	a_9
343.0	-28.85	47.20	0.5000	163.8	-0.5800	-0.8530	15.05	-4.000	0.0010

根据已知各相关系数的式（4.14）函数，可以绘出图 4.13～图 4.15 各相关曲线，即以图线形式表征内压膜丝纯水通量 $F(\Delta L，\Delta d，\Delta p)$ 分别与丝长增量 ΔL、丝径增量 Δd 及承压增量 Δp 的数值关系。

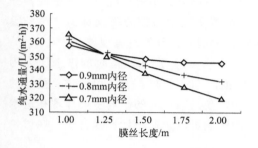

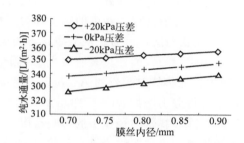

图 4.13　不同丝长与内径的膜丝纯水通量　　　图 4.14　不同内径与压力的膜丝纯水通量
　　　　　（0kPa 压差）　　　　　　　　　　　　　　（1.5m 丝长）

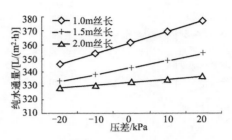

图 4.15　不同压差与丝长的纯水通量（0.8mm 内径）

图 4.13 所示曲线表明，较长膜丝（$L=2.00$m）的纯水通量较低，较短膜丝（$L=1.00$m）的纯水通量较高。其原因是膜丝的沿程压降与沿程流量具有二次方关系。随着膜丝加长，膜丝前端的流速较高，沿程压力的降速加快，虽然两端的平均压力未变，但沿程的平均压力降低，致使全丝的平均通量下降。

而且，较粗内径膜丝（$d=0.9$mm）的沿程阻力较小，较细内径膜丝（$d=0.7$mm）的沿程阻力较大；故较粗内径膜丝通量的沿程降幅较小，较细内径膜丝通量的沿程降幅较大。特别是膜丝长度约为 1.25m 时，无论膜丝内径的粗细，膜丝的纯水通量均保持在约 353L/（m² · h）水平。

图 4.14 所示曲线表明，在标准跨膜压差条件下，高压膜（$\Delta p = -20$kPa）因透水系数较小，纯水通量较低；低压膜（$\Delta p = +20$kPa）因透水系数较大，纯水通量较高。

图 4.15 所示曲线再次表明，在标准跨膜压差条件下：高压膜的纯水通量较低，低压膜的纯水通量较高；短膜丝纯水通量较高，长膜丝纯水通量较低。

总之，标准跨膜压差条件下的纯水通量是衡量膜丝总体性能的简易且有效的技术指标，但未能明确反映膜丝各规格与性能参数对于纯水通量的影响。而纯水通量对各参数的特性函数揭示了丝长、丝径及承压（即透水系数）等参数与纯水通量指标间的相互关系。运用膜丝纯水通量的特性函数 $F(\Delta L, \Delta d, \Delta p)$ 显示出单一参数增量对于纯水通量的影响，可以有效地指导膜丝材料、膜丝结构或制膜工艺的优化。

4.7.4　内压膜丝的运行特性

（1）内压膜丝的不同运行状态

本书 4.7.1 部分的亲水短丝与疏水长丝测得的丝壁透水系数与丝程阻力系数，为无污染的"洁净膜丝"特性系数。超滤膜的运行过程中，膜丝的污染分为不可清洗与可清洗两种程度，只有不可清洗程度污染的膜丝称为"稳定膜丝"，可清洗程度污染的膜丝称为"污染膜丝"。膜丝在初次运行时，从洁净状态快速变为稳定状态为超滤膜丝的特有现象。

运用式（4.7）的计算表明，"洁净膜丝"形成 60L/（m² · h）产水通量时的进水压力为 31.7kPa；如将特定膜丝的 A、d 及 E 参数分别变为原值的 50%、90% 及 150% 时，膜丝的进水压力将分别增加 80%、13.3% 及 3.5%。由此可知，膜污染造成的影响主要体现在透水系数的下降，膜丝内径变小的影响有限，而阻力系数的影响可以忽略不计。换言之，在讨论膜丝污染时，可主要讨论透水系数 A 的衰减。

如设"稳定膜丝"运行通量 60L/（m² · h）时的进水压力为 50kPa，则膜丝的透水系数 A 衰减了 58%，即"稳定膜丝"的透水系数为 $0.42A$。本节专题讨论"稳定膜丝"的温度、通量等各项运行特性。

（2）不同平均通量的运行特性

图 4.16 示出"稳定膜丝"在不同膜丝平均通量条件下的沿程通量分布曲线，表 4.8 示出其运行参数。图表数据表明，不同平均通量膜丝的沿程通量分布曲线几乎是上下平移。

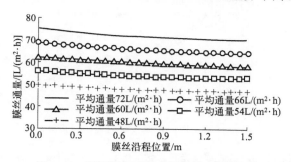

图 4.16　不同平均通量的膜丝的通量分布

表 4.8　不同平均通量膜丝的运行参数（0.42A，1.5m，0.8mm，15℃，100%）

平均通量/[L/(m² · h)]	72	66	60	54	48
端通量比	1.067	1.066	1.064	1.062	1.061
工作压力/kPa	77.76	71.91	66.12	60.39	54.28
运行效率/[mL/(h · kPa)]	3.491	3.460	3.421	3.371	3.334

（3）不同进水温度的运行特性

图 4.17 示出"稳定膜丝"在不同水体温度条件下的沿程通量分布曲线，表 4.9 示出其运行参数。图表数据表明，随着水体温度的升高，膜丝的工作压力随之下降，而下降幅度随温度的升高而趋于平缓；且膜丝沿程通量分布越发失衡，而失衡程度也随温度的升高而趋于饱和。

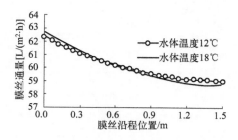

图 4.17　不同水体温度的膜丝通量分布

表 4.9　不同水体温度的内压膜丝运行参数 [0.42A，60L/(m² · h)，1.5m，0.8mm，100%]

水体温度/℃	12	15	18	21	24
端通量比	1.056	1.064	1.069	1.071	1.070
工作压力/kPa	84.57	66.12	56.07	49.94	46.33
运行效率/[mL/(h · kPa)]	3.098	3.421	4.034	4.529	4.882

（4）不同产水回收率的运行特性

超滤膜丝的运行分为全流与错流方式。图 4.18 与表 4.10 示出"稳定膜丝"在不同膜丝回收率条件下的沿程通量分布曲线及运行参数。图表数据表明，在膜丝平均产水流量不变条件下，膜丝回收率越低，给水流量越大，丝内沿程阻力越大，膜丝的给水压力越高，沿程通量均衡程度越差，运行效率越低。

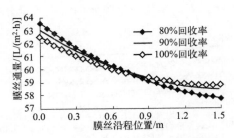

图 4.18　不同产水回收率的膜丝通量分布

表 4.10　不同产水回收率的内压式膜丝运行参数 [0.42A，60L/(m² · h)，1.5m，0.8mm，15℃]

产水回收率/%	80	85	90	95	100
端通量比	1.101	1.089	1.080	1.072	1.064
工作压力/kPa	67.11	66.92	66.66	66.46	66.12
运行效率/[mL/(h·kPa)]	3.371	3.380	3.393	3.404	3.421

（5）不同膜丝内径的运行特性

根据式（4.3）规律，如膜丝内径减小，则膜丝面积及膜丝产水量减小，而丝内流量减小将导致丝内压降减小；但根据式（4.5）规律，如丝径减小，将使丝内阻力增大即丝内压降增大；两者对于膜丝沿程通量均衡程度的影响相反。图 4.19 与表 4.11 示出"稳定膜丝"在不同内径膜丝的沿程通量分布曲线及运行参数。

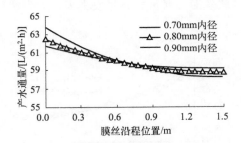

图 4.19　不同内径膜丝的沿程通量分布

表 4.11　不同内径膜丝的运行参数 [0.42A，60L/(m² · h)，1.5m，15℃，100%]

膜丝内径/mm	0.70	0.75	0.80	0.85	0.90
端通量比	1.095	1.078	1.064	1.054	1.046
工作压力/kPa	67.32	66.66	66.12	65.79	65.46
运行效率/[mL/(h·kPa)]	2.940	3.181	3.421	3.653	3.887

图表数据表明，膜丝平均通量不变条件下，膜丝内径越小，膜丝沿程通量均衡程度越差，运行效率越低。因此，在一定范围内，对于膜丝沿程通量均衡而言，丝径减小对丝内阻力增大的作用大于其对丝内流量减小的影响。

（6）不同膜丝长度的运行特性

图 4.20 与表 4.12 示出不同长度膜丝的相关运行特性。图表数据表明，2.0m 长膜丝的后 1.0m 位置仍有一定产水通量，故长膜丝前部的沿程流量较大及沿程压降较大。因此，长丝沿程的给水压力较高，通量均衡程度较差。但是，长膜丝的有效面积大，运行效率高。

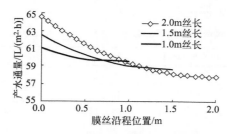

图 4.20　不同长度膜丝的沿程通量分布

表 4.12　不同长度膜丝的运行参数 [0.42A, 60L/(m² · h), 0.8mm, 15℃, 100%]

膜丝长度/m	1.0	1.25	1.5	1.75	2.0
端通量比	1.028	1.044	1.064	1.089	1.119
工作压力/kPa	64.80	65.46	66.12	67.11	68.09
运行效率/[mL/(h·kPa)]	2.327	2.880	3.421	3.932	4.429

图 4.21 与图 4.22 所示两组曲线表明，在相同的通量、温度及回收率条件下，膜丝越长或膜丝越细，膜丝的工作压力越高；膜丝越长或膜丝越粗，单位工作压力的膜丝产水量越大。特别是，相同长度膜丝的工作压力随丝径的减小而加速上升。

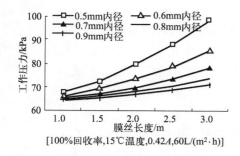

[100%回收率,15℃温度,0.42A,60L/(m²·h)]

图 4.21　不同丝径及丝长的膜丝进水压力

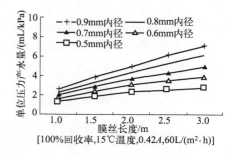

[100%回收率,15℃温度,0.42A,60L/(m²·h)]

图 4.22　不同丝径及丝长的产水量/进水压力

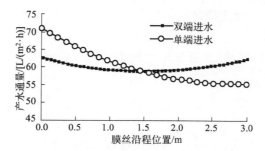

图 4.23　单双端进水膜丝的沿程通量分布

（7）双端给水方式的运行特性

超滤膜的运行模式基本为单端进水，但从图 4.23 与图 4.20 膜丝的沿程通量曲线的比较可知，双倍长度膜丝双端给水时的沿程通量曲线正好是单倍长度膜丝单端给水时的沿程通量曲线的对折镜像。

图 4.23 与表 4.13 数据表明，双端进水条件下，膜丝的进水压力明显降低，通量均衡程度与运行效率明显提高。但是，与单端进水方式相比，双端进水方式膜组件与膜系统的结构与控制较为复杂，成本有所增加。

表 4.13　单双端进水膜丝运行参数 [0.42A，60L/(m² · h)，3m，0.8mm，15℃，100%]

进水方式	进水压力/kPa	端通量比	运行效率/[mL/(h · kPa)]
单端进水	73.91	1.289	6.121
双端进水	66.12	1.064	6.842

4.8　内压组件与容积率

本书 4.7 节讨论的是单支内压膜丝的各项运行特性，它们也可以理解为低容积率（或填充率）条件下内压膜组件的各项运行特性。超滤膜组件的"容积率"为超滤膜筒内总膜丝体积与膜筒内体积之比。

膜组件的容积率越高，膜丝数量越多，单位能耗条件下产水流量越大，膜组件效率越高。而当膜组件的容积率较低时，因丝外空间较大，丝外径流阻力较小，容积率的变化对于膜组件单位产水能耗指标的影响不大。当膜组件的容积率达到某个水平后，因为丝外空间迅速变小，丝外径流阻力急剧上升，单位产水能耗急剧上升。单位产水能耗上升速度拐点处的容积率水平可称为"经济容积率"。

因实际检测组件的运行效率与容积率之间关系的难度很大，故本节试图运用本书 4.7.2 部分给出的内压"特定膜丝"的透水与阻力两个系数，以及内压膜组件理想结构对应的内压膜组件运行数学模型，模拟计算内压组件的运行效率与容积率之间的函数关系。

4.8.1　内压组件的数学模型

图 4.24 示出内压膜组件膜丝内外的剖面结构与参数。图 4.24(a) 中，$p(l)$ 与 $q(l)$ 为 l 位置的丝内沿程的压力与流量，$P(l)$ 与 $Q(l)$ 为 l 位置的丝外沿程的压力与流量，$\Delta\theta(l)$ 为 l 位置膜丝在 Δl 长度范围内的产水流量，d 与 D 为膜丝内径与外径。图 4.24(b) 中将膜组件径向剖面中的各膜丝假设为蜂窝状均匀排布，各膜丝外径之间距离为 $L_外$，每相邻 3 支膜丝外部的截面面积为 $S_外$。

当计及丝外沿程压力 $P(l)$ 对膜丝运行的影响时，膜丝内部运行模型的式(4.7)与式(4.8)将转变为：

$$\begin{cases} \dfrac{dq(l)}{dl} = -A[T, p(l)-P(l)]\pi d[p(l)-P(l)] & q(L)=0 \\ \dfrac{dp(l)}{dl} = -\mu(T) \times \dfrac{128}{\pi d^4} \times [e_1 q(l)+e_2 q(l)^2] & p(0)=p_0 \end{cases}$$

$$(4.15)$$

式中，$A[T, p(l)-P(l)]$ 为与进水温度 T 及膜丝内外压差 $p(l)-P(l)$ 相关的丝壁透水系数。

而且，膜壁透水系数的式(4.4)也转变为：

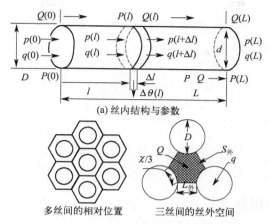

图 4.24　中空内压膜组件的丝内外结构与参数

$$
\begin{aligned}
A\{T,[p(l)-P(l)]\}=&-5.34\times10^{-10}+9.34\times10^{-11}\times T+1.47\times10^{-15}\times[p(l)-P(l)]\\
&+3.71\times10^{-17}\times T\times[p(l)-P(l)]-1.58\times10^{-12}\times T^2\\
&-4.72\times10^{-21}\times[p(l)-P(l)]^2
\end{aligned}
\tag{4.16}
$$

在图 4.24(b) 中的丝外截面面积 $S_{外}$ 为：

$$
S_{外}=\frac{\sqrt{3}(L_{外}+D)^2}{4}-\frac{\pi D^2}{8}
\tag{4.17}
$$

该截面面积的湿周 $\chi_{外}$，即丝外径流与相邻三膜丝的接触周长之和为膜丝外周长的一半：

$$
\chi_{外}=\pi D/2
\tag{4.18}
$$

三支相邻膜丝产出并流入该截面的产水量 $\Delta\theta_{外}(l)$ 等于每支膜丝产水量 $\Delta\theta(l)$ 的一半：

$$
\Delta\theta_{外}(l)=\Delta\theta(l)/2
\tag{4.19}
$$

据流体力学关于非圆管的当量直径概念，三支膜丝间截面的水力半径 $R_{外}=S_{外}/\chi_{外}$，而该截面的当量直径 $d_{外}$ 为水力半径 $R_{外}$ 的 4 倍：

$$
d_{外}=4R_{外}=\frac{4S_{外}}{\chi_{外}}=\frac{\sqrt{3}(L_{外}+D)^2-\pi D^2}{\pi D}
\tag{4.20}
$$

如果将丝内的沿程阻力系数 $E(e_1,e_2)$ 用作丝外沿程阻力系数，则丝外流量 $Q(l)$ 及丝外压力 $P(l)$ 两参数沿流程位置 l 的变化规律可用微分方程数学模型予以表征：

$$
\begin{cases}
\dfrac{\mathrm{d}Q(l)}{\mathrm{d}l}=A[T,p(l)-P(l)]\pi d[p(l)-P(l)] & Q(0)=0\\[2mm]
\dfrac{\mathrm{d}P(l)}{\mathrm{d}l}=-\mu(T)\times\dfrac{128}{\pi d_{外}^4}\times[e_1Q(l)+e_2Q(l)^2] & P(L)=0
\end{cases}
\tag{4.21}
$$

至此，如果进水温度 T、膜丝长度 L、膜丝内径 d、膜丝外径 D、膜丝间距 $L_{外}$、透水系数 A 及阻力系数 E 为已知参数，则上述式(4.15) 与式(4.21) 的四个微分方程中，以沿程位置 l 为变量，具有丝内沿程流量 $q(l)$、丝内沿程压力 $p(l)$、丝外沿程流量 $Q(l)$ 及丝外沿程压力 $P(l)$ 共 4 个函数及相应的 4 个边界条件，故该方程组可解。

解得丝内压力 $p(l)$ 与丝外压力 $P(l)$ 后，可求得膜丝的沿程产水通量 $F(l)$ 为：

$$F(l)=A[T,p(l)-P(l)][p(l)-P(l)] \tag{4.22}$$

值得指出的是，由于立式膜组件的膜丝内外均为满水状态，故以上各式中的压力值中，均不包含不同高度形成的高程压力。

所谓膜组件的容积率 k_m，应为膜组件中各膜丝所占体积之和与组件腔内体积之比的百分数，约等于单支膜丝外径截面积 S_m 与丝外正六边形面积 $S_六$ 之比的百分数。

$$k_m=\frac{S_m}{S_六}\times100\%=\frac{\pi D^2}{4}\times\frac{2}{\sqrt{3}(D+L_外)^2}\times100\%=\frac{\pi D^2}{2\sqrt{3}(D+L_外)^2}\times100\% \tag{4.23}$$

如膜丝间距 $L_外=\infty$，则容积率为 0%；如膜丝间距 $L_外=0$，则容积率为其最大值 90.7%。

4.8.2　各参数与组件容积率

这里，分析不同的给水温度、透水系数、膜丝通量、组件长度、膜丝内径及组件回收率等条件下，不同容积率内压膜组件的运行规律。由于组件内各膜丝均假设为蜂窝状均匀排布，故本节分析只与组件的长度相关而与直径无关。

（1）给水温度与容积率

图 4.25 示出内压组件对于不同给水温度及不同容积率的产水能耗。该图曲线表明，如果膜丝通量恒定，无论给水温度如何变化，组件容积率超过 70% 后的产水能耗均将急剧上升，即组件的运行效率急剧下降。图 4.26 示出容积率为 70% 条件下随给水温度变化的组件运行压力变化过程。

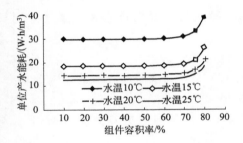

图 4.25　不同温度及容积率的产水能耗

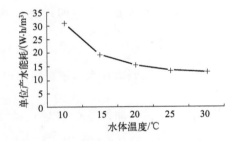

图 4.26　容积率 70% 不同水温的产水能耗

表 4.14 所列数据进一步表明，如果膜丝通量保持恒定，组件的容积率将与膜丝数量及产水流量同步增长，而容积率超过 70% 后，膜组件的单位产水能耗将加速上升。换言之，低于 70% 容积率的组件主要是以膜丝成本换取产水量，而超过 70% 容积率的组件是以膜丝成本及更高能耗换取产水量。因此，在特定运行条件下，膜组件的经济容积率约为 70%。

表 4.14　不同容积率膜组件的产水流量及产水能耗 [200mm，1.5m，0.8mm，60L/(m² · h)，42%A，15℃]

膜组件容积率/%	60	65	70	75	80
组件内膜丝数/支	12245	13265	14286	15306	16327
组件产水流量/(m³/h)	2.77	3.00	3.23	3.46	3.69
组件产水功率/W	51.41	56.39	62.64	72.88	96.78
单位产水能耗/(W · h/m³)	18.57	18.80	19.38	21.04	26.20

　　图 4.27 与图 4.28 分别示出 70％的高容积率条件下，给水温度为 15℃及 25℃时，膜组件中丝的内外压力与膜丝通量的沿程分布。由于丝内的前端流量及压降大于后端，故丝内的压力曲线呈下凹形状；由于丝外的前端流量及压降小于后端，故丝外压力曲线呈上凸形状；膜丝内外的压差即通量曲线自然也就呈下凹形态。

　　因此，高组件容积率条件下，内压膜组件的通量在组件中段部分的通量出现最低值。该结论与本书 4.7.4 部分所示各沿程通量曲线形式截然不同。可想而知，容积率越低的沿程通量曲线越接近 4.7.4 部分所示各曲线，容积率越高的沿程通量曲线越接近图 4.27 与图 4.28 所示曲线。

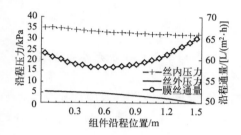
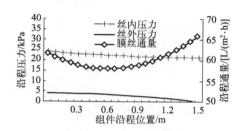

图 4.27　15℃及 70％的组件沿程参数　　　　　图 4.28　25℃及 70％的组件沿程参数

（2）透水系数与容积率

　　不同的膜丝透水系数代表着膜丝的不同污染程度，图 4.29 示出不同透水系数及不同容积率条件下的组件产水能耗。图示数据有两点值得关注：一是无论膜丝即组件的污染程度如何，只要膜丝通量保持不变，组件的经济容积率仍然约为 70％；二是随组件污染程度的线性增长，组件产水能耗呈非线性增长。

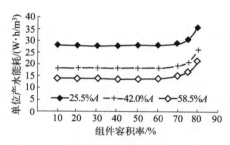

图 4.29　不同污染及容积率的产水能耗

（3）膜丝通量与容积率

　　不同的膜丝设计通量一般与给水水质及系统运行方式有关，图 4.30 示出不同膜丝通量及容积率条件下的组件产水能耗。该图数据除说明仍应保持约 70％容积率之外，膜丝通量的线性增减也将导致组件产水能耗近乎线性变化。

（4）组件长度与容积率

　　随着制膜材料与制膜工艺的进步，膜丝强度不断增加，膜组件的规格也随之加长，从而使组件及系统的成本降低而运行效率提高。图 4.31 曲线表明，随着组件规格的加长，丝内沿程阻力加大，相同通量等条件下的组件产水能耗随之上升。而且，随着组件规格的加长，组件的产水总量增大，组件的丝内外流量与能耗上升，致使长组件产水能耗曲线的拐点出现在较低容积率位置。如图 4.31 所示，如果认为 1.5m 较短组件的经济容积率为约 70％，则

2.5m 较长组件的经济容积率应降至约 65%。

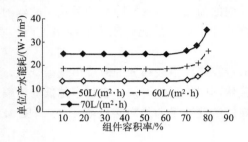

图 4.30　不同通量与容积率的产水能耗

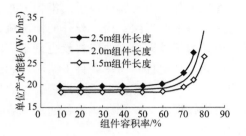

图 4.31　不同长度与容积率的产水能耗

（5）膜丝内径与容积率

计算表明，膜丝内径在 0.7～0.9mm 变化时，相同容积率条件下的产水能耗差异不大，经济容积率均约为 70%。表 4.15 所列容积率 70% 的组件运行参数表明，同样容积率条件下，减小膜丝内径可增加膜丝数量，而最终只增加了有限的组件内有效膜面积与产水流量（设膜组件内径 200mm）。但是，由于减小膜丝内径，增加了丝内径流阻力，将使组件的直接运行功耗及单位产水量功耗均有所上升。

表 4.15　不同膜丝内径组件的运行参数［1.5m，60L/（m² · h），70%，42%A，15℃］

膜丝内径/mm	组件内膜丝数量/支	组件有效膜面积/m²	运行压力/kPa	产水流量/（m³/h）	产水能耗/（W · h/m³）
0.7	16568	54.65	71.5	3.280	19.86
0.8	14286	53.86	69.8	3.233	19.38
0.9	12444	52.78	68.6	3.168	19.05

（6）组件回收率与容积率

内压膜组件在不同回收率工况条件下，因丝内流量及丝内压降不同，低回收率工况的单位产水能耗远大于高回收率工况。

（7）经济容积率问题

本节是以膜丝在组件内均匀分布为假设条件。当达到 70% 的经济容积率时，膜丝外壁间的平均距离不足 0.2mm，接近环氧树脂的有效封装的最小间距。此外，膜丝在膜筒内不可能均匀分布，故组件的实际容积率还要更低。总之，70% 是内压超滤膜组件容积率的上限。

4.8.3　内压组件的纯水通量

与内压膜丝的纯水通量测试相仿，内压膜组件是在 25℃ 给水温度、全流运行方式、进水与浓水两端的平均压力 0.1MPa 条件下测得其纯水通量。内压膜组件纯水通量的数学模型为：

$$\begin{cases} \dfrac{dq(l)}{dl}=-A[p(l)-P(l)]\pi d[p(l)-P(l)] & q(L)=0 \\[2mm] \dfrac{dp(l)}{dl}=-\mu\times\dfrac{128}{\pi d^4}\times[e_1 q(l)+e_2 q(l)^2] & [p(0)+p(L)]/2=0.1 \end{cases} \tag{4.24a}$$

$$\begin{cases} \dfrac{\mathrm{d}Q(l)}{\mathrm{d}l}=A[p(l)-P(l)]\pi d[p(l)-P(l)] & Q(0)=0 \\ \dfrac{\mathrm{d}P(l)}{\mathrm{d}l}=-\mu\times\dfrac{128}{\pi d_{外}^{4}}\times[e_1Q(l)+e_2Q(l)^2] & P(L)=0 \end{cases} \tag{4.24b}$$

$$F_{\mathrm{m}}=Q(L)/S_{\mathrm{d}} \tag{4.24c}$$

式中，S_{d} 为组件内单支膜丝的内壁面积；q 与 Q 分别为组件中单支膜丝的内外流量；F_{m} 为组件内单支膜丝的纯水通量，也就是膜组件的平均通量。

值得指出的是，内压膜组件与内压膜丝不同，组件内的丝外压力不为 0 值（见图 4.27 与图 4.28），内压膜组件跨膜压差中的丝外压力理论上也应不为 0 值。但是，由于丝外压力相对较低、沿程变化且难以检测，故实际工作中常以产水出口压力即 0 值作丝外压力处理。

4.9 外压膜丝运行特性

4.9.1 外压膜丝的特性试验

与内压膜丝相仿，要掌握外压膜丝的运行规律，首先需要掌握外压膜丝的丝壁透水系数与丝程阻力系数，同样需要进行图 4.32 所示的亲水短丝与疏水长丝试验，只是届时为膜丝的外压透水试验。

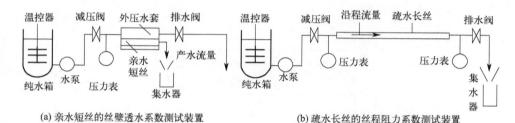

(a) 亲水短丝的丝壁透水系数测试装置　　(b) 疏水长丝的丝程阻力系数测试装置

图 4.32　外压中空超滤膜丝特性系数测试装置

图 4.32(a) 与图 4.8(a) 的测试装置不同，在图 4.32(a) 中，带压测试水体注入外压水套，膜丝被置于外压水套之中，亲水外压短膜丝的一端密封，另一端将产水流量引出水套。图 4.32(b) 与图 4.8(b) 中的疏水长丝测试装置相同。

根据亲水短丝试验，可以得到中空外压超滤亲水短丝的产水流量 $\Delta\theta$：

$$\Delta\theta=A\,\Delta SP=A(T,P-p)\pi D\Delta l_{\mathrm{s}}P \tag{4.25}$$

式中，$\Delta\theta$ 为短膜丝产水流量，m^3/s；ΔS 为短膜丝外壁面积，m^2；Δl_{s} 为短膜丝长度，m；D 为短膜丝外径，m；T 为进水温度，$℃$；P 为丝外压力，Pa；p 为丝内压力，Pa；$A(T,P-p)$ 为与温度 T 及膜丝内外压力差 $P-p$ 相关的丝壁透水系数，$\mathrm{m/(Pa\cdot s)}$。

根据疏水长丝试验，可以得到中空外压超滤疏水长丝的沿程压降 Δp：

$$\Delta p=\mu(T)\times\frac{128\Delta l_1}{\pi d^4}\times(e_1q+e_2q^2)$$

式中，$\mu(T)=(1.72-0.0457T+0.0005T^2)\times10^3$ 为与温度相关的水体黏滞系数，$\mathrm{Pa\cdot s}$；q 为沿程流量，m^3/s；Δl_1 为长膜丝长度，m；e_1 与 e_2 为沿程压降与沿程流量的一次方及二次方的相关系数。

值得指出的是，即使图 4.8 内压膜丝与图 4.32 外压膜丝的制膜材料、制备工艺、亲水性能、膜丝直径、膜丝壁厚、膜孔径及孔隙率等参数完全一致，内外压膜丝的透水与阻力系数也不尽相同。虽然温度的变化对于内压或外压膜丝的直径及孔径的影响可能十分接近，但是在压力作用下：内压膜丝的直径及孔径均将趋于增大，透水系数增大，阻力系数减小；外压膜丝的直径及孔径均将趋于减小，透水系数减小，阻力系数增大。

尽管如此，不同膜丝之间两项系数的差异，远大于同一膜丝因压力方向不同造成两项系数的差异。因此，采用不同膜丝分别进行内压与外压试验得出透水系数的差异，表现出来的将主要是两膜丝的差异，而非内外压运行方式的差异。

基于上述分析，本书 4.9 节与 4.10 节的外压膜丝及膜组件的各项分析，仍然采用本书 4.7.2 部分中式（4.4）与式（4.6）给出的特定内压膜丝的透水与阻力两项系数，以便比较内外压膜丝运行特性。因此，"特定膜丝"外压运行的透水与阻力系数分别为：

$$A(T, \bar{P}-p) = -5.34 \times 10^{-10} + 9.34 \times 10^{-11} \times T + 1.47 \times 10^{-15} \times (\bar{P}-p)$$
$$+ 3.71 \times 10^{-17} \times T \times (\bar{P}-p) - 1.58 \times 10^{-12} \times T^2$$
$$- 4.72 \times 10^{-21} \times (\bar{P}-p)^2 \tag{4.26}$$

$$e_1 = 0.60; e_2 = 1.39 \times 10^6 \tag{4.27}$$

4.9.2 外压膜丝的运行模型

根据中空外压超滤膜丝的结构特点，图 4.33 示出外压膜丝中的微分参数。

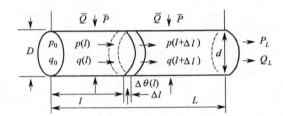

图 4.33 中空外压膜丝运动微分参数

图 4.33 中，L 为膜丝长度，l 为流程位置，$p(l)$ 与 $q(l)$ 为 l 位置的丝内沿程压力与丝内沿程流量，$\Delta\theta(l)$ 为膜丝在 Δl 长度范围内的产水流量，D 与 d 为膜丝的外径与内径。这里，假设外压膜丝的丝外压力为与膜丝沿程位置无关的恒定压力 $\bar{P}$。根据图示结构及超滤膜过程关系，外压膜丝在 Δl 长度范围内的产水流量 $\Delta\theta(l)$ 可表征为：

$$q(l) - q(l+\Delta l) = \Delta\theta(l) = A[T, \bar{P}-p(l)]\pi D \Delta l [\bar{P}-p(l)] \tag{4.28}$$

根据图 4.33 所示膜丝结构，外压膜丝的丝内沿程压降与丝内流量间的关系与内压膜丝相同，即仍可用式（4.7）加以表征。因此，根据膜过程原理与流体力学原理，中空外压膜丝的运行数学模型可表征为：

$$\begin{cases} \dfrac{dq(l)}{dl} = \lim_{\Delta l \to 0} \dfrac{q(l+\Delta l) - q(l)}{\Delta l} = \lim_{\Delta l \to 0} \dfrac{\Delta\theta(l)}{\Delta l} = A[T, \bar{P}-p(l)]\pi D[\bar{P}-p(l)] \quad q(0)=0 \\ \dfrac{dp(l)}{dl} = \lim_{\Delta l \to 0} \dfrac{p(l+\Delta l) - p(l)}{\Delta l} = -\mu(T) \times \dfrac{128}{\pi d^4} \times [e_1 q(l) + e_1 q(l)^2] \quad\quad\quad p(L)=0 \end{cases}$$

$$\tag{4.29}$$

如果进水温度 T、膜丝长度 L、膜丝外径 D、膜丝内径 d、透水系数 A 及阻力系数 $E(e_1, e_2)$ 为给定参数，则式（4.29）的两个微分方程中，流程位置 l 为变量，有沿程流量 $q(l)$ 与沿程压力 $p(l)$ 两个函数，且有两个边界条件，故该方程组可解，即可以得到沿程流量 $q(l)$ 与沿程压力 $p(l)$ 的数值解。

将式（4.29）与式（4.7）进行比较将会发现，外压膜丝运行过程的重要特点之一，是外压膜的产水过程具有来自丝内的产水背压，而内压膜丝运行过程中没有来自丝外的产水背压。这一特点将贯穿外压膜丝的纯水通量与运行特性两部分内容，但不包括容积率的相关分析，因为在膜组件中，内压与外压膜丝的产水均存在产水背压现象。

4.9.3　外压膜丝的纯水通量

根据国家标准及行业标准，反映中空外压超滤膜丝性能的重要技术指标是在标准测试条件下的外压膜丝纯水平均通量（简称"纯水通量"）。外压中空膜丝的标准测试条件主要包括进水温度 25℃、跨膜压差 0.1MPa 及死端运行方式三项内容。所谓中空外压膜丝的跨膜压差系指，膜丝外侧给水压力与膜丝内侧始末两端压力均值之差。

由于测试时的膜丝内侧末端的压力为 0 值，故跨膜压差为膜丝的丝外压力与丝内始端压力一半的差值。所谓纯水通量系指标准跨膜压差条件下，膜丝的产水流量与膜丝的外壁面积之比。

基于式（4.29）以及标准测试条件，外压膜丝的纯水通量模型可表征为：

$$\begin{cases} \dfrac{dq(l)}{dl} = \lim_{\Delta l \to 0} \dfrac{q(l+\Delta l) - q(l)}{\Delta l} = \lim_{\Delta l \to 0} \dfrac{\Delta \theta(l)}{\Delta l} = A[\bar{P} - p(l)]\pi D[\bar{P} - p(l)] \\ \dfrac{dp(l)}{dl} = \lim_{\Delta l \to 0} \dfrac{p(l+\Delta l) - p(l)}{\Delta l} = -\mu \times \dfrac{128}{\pi d^4} \times [e_1 q(l) + e_2 q(l)^2] \end{cases}$$ (4.30a)

$$q(0) = 0 \quad 与 \quad \bar{P} - p(0)/2 = 0.1$$ (4.30b)

运用式（4.30）微分方程可以求得标准测试条件下膜丝的丝内沿程压力 $p(l)$。且根据定义，标准测试条件下外压膜丝的纯水通量指标 F_m 可表征为：

$$F_m = \frac{q(L)}{\pi D L}$$ (4.31)

膜丝运行规律的重要参数是膜丝沿程的压力分布 $p(l)$ 与产水通量分布 $F(l)$：

$$F(l) = A[\bar{P} - p(l)][\bar{P} - p(l)]$$ (4.32)

此外，评价膜丝运行的总体技术指标主要包括运行效率 J 与首末端通量比 k（表征通量均衡程度）：

$$J = q(L)/\bar{P}$$ (4.33)

$$k = F(0)/F(L)$$ (4.34)

根据式（4.26），在标准温度 25℃ 条件下，外压膜丝的丝壁透水系数将蜕变为压力差 $\bar{P} - p(l)$ 的单变量函数：

$$A[\bar{P} - p(l)] = 8.14 \times 10^{-10} + 2.40 \times 10^{-15} \times [\bar{P} - p(l)] - 4.72 \times 10^{-15} \times [\bar{P} - p(l)]^2$$ (4.35)

因此，1.5m 长、1.4mm 外径及式（4.35）所示透水系数表征的特定膜丝，在标准测试条件下具有纯水通量 325.8L/(m² · h)，给水压力 121kPa，产水流量 2.15L/h，有效面积 6597mm²。该条件下的丝内的流量、通量、压力及压降的分布曲线见图 4.34 与图 4.35。

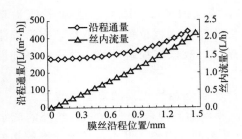

图 4.34　标准测试条件下的丝内流量分布

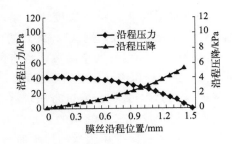

图 4.35　标准测试条件下的丝内压力分布

与本书 4.7 节给出的同等规格（即内径、外径与长度）的内压膜丝相比，外压膜丝与内压膜丝的相关参数见表 4.16。由此可知，相同规格膜丝在标准测试条件下，外压的膜丝面积虽增加了 75%，给水压力也增加了 9%，但产水通量只增加了 65.5%，而平均通量甚至降低了 5.4%。究其原因，主要是膜丝面积与产水流量的增加，也加大了膜丝内部的沿程压力与压降，即增加了膜丝的产水背压，从而减小了平均通量。换言之，外压膜丝较内压膜丝所增加的膜丝面积，并未使其产水通量得到同等比例的增加。

表 4.16　相同规格内外压膜丝在标准测试条件下的纯水通量相关参数

相关参数	膜丝面积/mm²	给水压力/kPa	产水流量/(L/h)	平均通量/[L/(m²·h)]
外压膜丝	6597	121	2.15	325.8
内压膜丝	3770	111	1.30	344.5
参数比值	1.750	1.090	1.655	0.946

比较图 4.34 与图 4.11 将会发现，在纯水通量的标准测试条件下，外压膜丝的有效面积较大，丝内流量均大于内压膜丝，且前者单调上升，而后者单调下降。此外，比较图 4.35 与图 4.12 将会发现，外压膜丝的丝内压力沿程变化趋势与内压膜丝相反，而且远小于内压膜丝，其原因是相差一个透膜压差。

根据式（4.30）给出的外压膜丝产水通量的数学模型，外压膜丝的纯水通量 F_m 是丝长 L 与外径 D 及系数 A 的函数。而透水系数 A 的大小可以用所谓承压增量 $\Delta \bar{P}$ 表征，即将式（4.35）中的丝外压力 $\bar{P}$ 改为 $\bar{P} + \Delta P$。$\Delta \bar{P}$ 为正值的膜丝呈低压膜或高通量膜的特征，$\Delta \bar{P}$ 为负值的膜丝呈高压膜或低通量膜的特征。

如果以某组丝长 L、丝径 D 及系数 A［即压力 $\bar{P} - p(l)$］为基数，而需预测丝长 L、丝径 D 及系数 A［即压力 $\bar{P} - p(l)$］的增量对于纯水通量的影响，运用式（4.30）的外压膜丝纯水通量数学模型，可以计算出丝长增量 ΔL、丝径增量 ΔD 及承压增量 ΔP 对于外压膜丝纯水通量的特性函数 $F(\Delta L, \Delta D, \Delta P)$：

$$F(\Delta L, \Delta D, \Delta P) = a_0 + a_1 \Delta L + a_2 \Delta D + a_3 \Delta P + a_4 \Delta L \Delta D + a_5 \Delta L \Delta P$$
$$+ a_6 \Delta D \Delta P + a_7 \Delta L^2 + a_8 \Delta D^2 + a_9 \Delta P^2 \tag{4.36}$$

为求取式（4.36）中的各项因子 a_i（$i = 0, 1, 2, \cdots, 9$），可运用式（4.30）的膜丝纯水通量数学模型，分别计算 ΔL、ΔD 及 ΔP 的 25 组正交数值对应的纯水通量 $F(\Delta L, \Delta D, \Delta P)$，并用所得数据进行回归计算，可得出表 4.17 所列式（4.36）中的各项因子，即可得出丝长增量 ΔL、丝径增量 ΔD 及承压增量 ΔP 对应的纯水通量 $F(\Delta L, \Delta D, \Delta P)$。具体算法参考本书 17.1 节。

表 4.17　特定外压膜丝纯水平均通量特性函数多项式中的各因子数值

a_0	a_1	a_2	a_3	a_4	a_5	a_6	a_7	a_8	a_9
327.58	−48.06	120.62	0.39	−4.21	0.468	1.486	−41.24	−342.3	−0.004

根据已知各相关系数的式（4.36）函数，可以绘出图 4.36～图 4.38 各相关曲线，即以图线形式表征外压膜丝纯水通量 $F(\Delta L，\Delta D，\Delta P)$ 分别与丝长增量 ΔL、丝径增量 ΔD 及承压增量 ΔP 的数值关系。

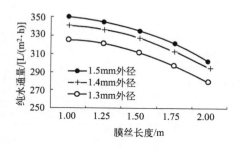

图 4.36　不同丝长与外径的膜丝纯水通量
（0kPa 压差）

图 4.37　不同外径与压力的膜丝纯水通量
（1.5m 丝长）

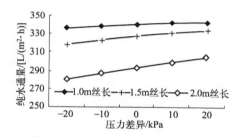

图 4.38　不同压差与丝长的纯水通量（1.4mm 外径）

图 4.36 至图 4.38 所示曲线分别表明，高压膜的纯水通量较低，大外径膜丝通量的沿程降幅较小，长膜丝的纯水通量较低。

总之，纯水通量对各参数的特性函数揭示了丝长、丝径及承压等参数与纯水通量指标间的相互关系。纯水通量对单一及混合参数增量的特性分析，可以在未做测试条件下预计单一及混合参数变化时的外压膜丝纯水通量，甚至可有效地指导膜丝材料、膜丝结构或制膜工艺的优化。

4.9.4　外压膜丝的运行特性

内压膜丝运行时，总是假设丝外空间无限大，不存在丝外压力的变化及其影响；外压膜丝运行时，丝内空间有限，必须考虑丝内压力的变化及其影响。

（1）不同污染程度的运行特性

这里分别设 $58.5\%A$、$42\%A$ 及 $25.5\%A$ 的透水系数为轻度、中度及重度污染膜丝。图 4.39 与表 4.18 示出在 $60L/(m^2 \cdot h)$ 平均通量条件下，不同污染程度膜丝的沿程通量分布曲线及相关参数。图示曲线表明，外压膜丝的产水通量沿流程单调上升。而且，膜污染越重，膜丝透水系数越小，膜丝沿程通量就越均衡，端通量比就越小；但是，膜丝的工作压力及运行功耗就越大，膜丝的运行效率就越低。但是，无论膜污染程度高低，在平均通量不变的条件下，丝内压力单调下降的趋势线变化不大。

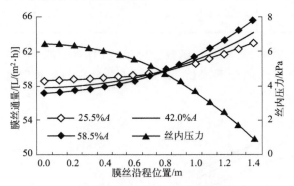

图 4.39　不同污染程度的膜丝通量分布

表 4.18　不同污染程度外压膜丝的运行参数〔60L/(m² · h)，1.5m，1.4mm，15℃，100%〕

透水系数	100%A	58.5%A	42.0%A	25.5%A
端通量比	1.236	1.148	1.073	1.073
工作压力/kPa	33.72	52.07	68.25	102.71
运行效率/[mL/(h · kPa)]	11.74	7.60	5.80	3.85

（2）不同平均通量的运行特性

图 4.40、图 4.41 与表 4.19 示出在 0.42A 透水系数等条件下，不同膜丝平均通量的沿程通量分布曲线及相关参数。图表数据表明，不同平均通量膜丝的沿程通量分布曲线几乎是上下平移。在相同透水系数条件下，随着膜丝平均通量的升高，膜丝的工作压力与运行效率线性增长，且膜丝产水量、丝内流量及丝内压力随之上升。

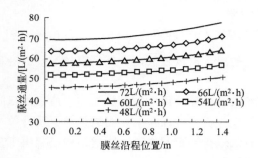

图 4.40　不同平均通量的膜丝通量分布　　　　图 4.41　不同平均通量的丝内压力分布

表 4.19　不同平均通量外压膜丝的运行参数（0.42A，1.5m，1.4mm，15℃，100%）

平均通量/[L/(m² · h)]	48	54	60	66	72
端通量比	1.105	1.109	1.112	1.116	1.119
工作压力/kPa	55.9	62.12	68.25	74.29	80.25
运行效率/[mL/(h · kPa)]	5.67	5.74	5.80	5.86	5.92

（3）不同进水温度的运行特性

图 4.42、图 4.43 与表 4.20 示出在 0.42A 透水系数等条件下，不同水体温度的沿程通量分布曲线及相关参数。图表数据表明，随着水体温度的升高，膜丝的工作压力随之下降，运行效率上升，而沿程通量失衡的程度越发严重。

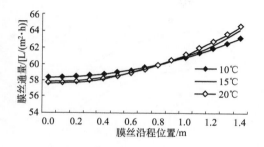

图 4.42　不同进水温度的膜丝通量分布　　　图 4.43　不同进水温度的丝内压力分布

表 4.20　不同水体温度的外压膜丝运行参数 ［0.42A，60L/(m²·h)，1.5m，1.4mm，100%］

水体温度/℃	12	15	18	21	24
端通量比	1.098	1.112	1.120	1.123	1.123
工作压力/kPa	86.70	68.25	57.93	51.71	47.93
运行效率/[mL/(h·kPa)]	4.57	5.80	6.83	7.66	8.26

（4）不同膜丝外径的运行特性

如果膜丝外径减小，根据式(4.28)关系，则膜丝面积及膜丝产水量减小，即丝内流量减小导致丝内压降减小；但根据式(4.29)关系，则随丝径减小将使丝内阻力增大即丝内压降增大，两者对于膜丝沿程通量均衡程度的影响相反。

图 4.44、图 4.45 及表 4.21 所示数据表明，随着膜丝外径的增加，产水流量及运行效率相应上升，丝内压力下降、沿程通量趋于平衡。因此，在一定范围内，对于膜丝沿程通量均衡而言，丝径增大对丝内阻力减小的作用大于其对丝内流量增大的影响。

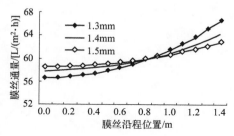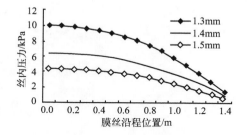

图 4.44　不同膜丝外径的膜丝通量分布　　　图 4.45　不同膜丝外径的丝内压力分布

表 4.21　不同外径膜丝的运行参数 ［0.42A，60L/(m²·h)，1.5m，15℃，100%］

膜丝外径/mm	1.2	1.3	1.4	1.5	1.6
端通量比	1.307	1.178	1.112	1.075	1.053
工作压力/kPa	75.16	70.67	68.25	66.83	65.98
运行效率/[mL/(h·kPa)]	4.51	5.20	5.80	6.35	6.86

（5）不同膜丝长度的运行特性

图 4.46、图 4.47 及表 4.22 所示数据表明，短膜丝的产水流量小、丝内压力低、丝内通量均衡度高，但膜丝运行效率低，且组件与系统制造成本高。

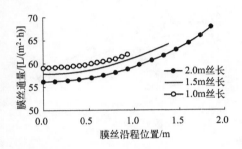

图 4.46　不同膜丝长度的膜丝通量分布

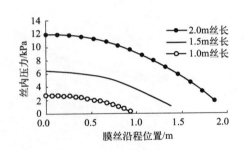

图 4.47　不同膜丝长度的丝内压力分布

表 4.22　不同长度膜丝的运行参数 $[0.42A，60L/(m^2 \cdot h)，1.4mm，15℃，100\%]$

膜丝长度/m	1.00	1.25	1.50	1.75	2.00
端通量比	1.047	1.0757	1.112	1.157	1.212
工作压力/kPa	65.71	66.84	68.25	69.95	71.96
运行效率/[mL/(h·kPa)]	4.016	4.936	5.801	6.603	7.336

（6）不同出水方式的运行特性

图 4.48 所示曲线表明，当外压膜丝的产水径流分别由膜丝两侧流出时，丝内的压力将更加均衡，沿程产水通量也更加均衡。而且，单端出水的给水压力为 71.95kPa，运行效率为 5.50mL/(h·kPa)；双端出水的给水压力为 65.71kPa，运行效率为 6.02mL/(h·kPa)。由此可见，外压膜丝双端出水的运行方式具有明显优势。

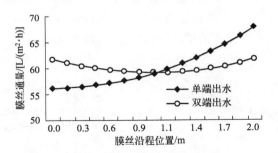

图 4.48　不同出水方式的膜丝通量分布

4.10　外压组件与容积率

本书 4.9.4 部分讨论的是单支外压膜丝的各项运行特性，它们也可以理解为低容积率（或填充率）条件下外压膜组件的各项运行特性。

本节试图运用本书 4.9.1 部分给出的外压"特定膜丝"的透水与阻力两系数，以及外压膜组件理想结构对应的外压膜组件运行数学模型，模拟计算外压组件的运行效率与容积率间的函数关系。

4.10.1　外压组件的数学模型

图 4.49 示出外压膜组件膜丝内外的径向剖面结构与参数。图 4.49(a) 中，$p(l)$ 与 $q(l)$ 为 l 位置的丝内沿程压力与流量，$P(l)$ 与 $Q(l)$ 为 l 位置的丝外沿程压力与流量，$\Delta\theta(l)$ 为 l

位置膜丝在 Δl 长度范围内的产水流量，d 与 D 为膜丝内径与外径。图 4.49(b) 中将膜组件径向剖面中的各膜丝假设为蜂窝状均匀排布，各膜丝外径之间距离为 $L_{外}$，每相邻 3 支膜丝外部的截面面积为 $S_{外}$。

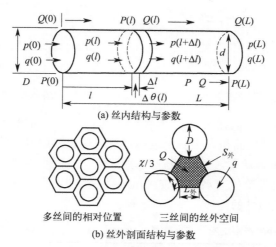

(a) 丝内结构与参数

多丝间的相对位置　　三丝间的丝外空间

(b) 丝外剖面结构与参数

图 4.49　中空外压膜组件的丝内外结构与参数

当计及丝外沿程压力 $P(l)$ 对膜丝运行的影响时，外压膜组件运行模型为：

$$\begin{cases} \dfrac{\mathrm{d}q(l)}{\mathrm{d}l}=A[T,P(l)-p(l)]\pi D[P(l)-p(l)] & q(0)=0 \\[2mm] \dfrac{\mathrm{d}p(l)}{\mathrm{d}l}=-\mu(T)\times\dfrac{128}{\pi d^4}\times[e_1 q(l)+e_2 q(l)^2] & p(L)=0 \end{cases} \quad (4.37\mathrm{a})$$

$$\begin{cases} \dfrac{\mathrm{d}Q(l)}{\mathrm{d}l}=-A[T,P(l)-p(l)]\pi D[P(l)-p(l)] & Q(L)=0 \\[2mm] \dfrac{\mathrm{d}P(l)}{\mathrm{d}l}=-\mu(T)\times\dfrac{128}{\pi d_{外}^4}\times[e_1 Q(l)+e_2 Q(l)^2] & P(0)=P_0 \end{cases} \quad (4.37\mathrm{b})$$

外压组件中膜丝的沿程产水通量 $F(l)$ 为：

$$F(l)=A[T,P(l)-p(l)][P(l)-p(l)] \quad (4.38)$$

由于膜组件的容积率 k_{m} 定义为膜组件中各膜丝所占体积之和与组件腔内体积之比的百分数，故外压膜组件的容积率与内压膜组件的容积率相同，仍按照式(4.23)计算。

4.10.2　各参数与组件容积率

这里，分析不同的给水温度、透水系数、膜丝通量、组件长度、膜丝外径及组件回收率等条件下，不同容积率外压膜组件的运行规律。由于组件内各膜丝均假设为蜂窝状均匀排布，故本节分析结论只与组件的长度相关而与直径无关。

（1）给水温度与容积率

图 4.50 示出外压组件对于不同给水温度及不同容积率的产水能耗。该图曲线表明，如果膜丝通量恒定，无论给水温度如何变化，组件容积率超过 70% 后的产水能耗均将急剧上升，即组件的运行效率急剧下降。图 4.51 示出容积率为 70% 条件下随给水温度变化的组件产水能耗变化过程。

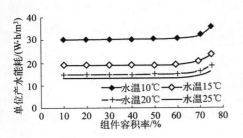

图 4.50　不同温度与容积率的产水能耗

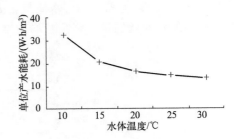

图 4.51　容积率 70％不同水温的产水能耗

比较表 4.23 与表 4.14 数据可知，尽管外压与内压组件的最佳容积率均约为 65％～70％，但因外压组件的膜丝面积大于内压组件，故外压组件的产水流量与产水功率均高于内压组件。且 70％容积率条件下，外压组件产水流量较内压组件高出 （5.66－3.23)/3.23×100％＝75％，而外压组件单位产水能耗较内压组件仅高出 (20.78－19.38)/19.38×100％＝7.2％，由此显示出外压组件的优势。

表 4.23　不同容积率膜组件的产水流量及产水能耗 ［200mm，1.5m，1.4mm，60L/(m²·h)，42％A，15℃］

膜组件容积率/％	60	65	70	75	80
组件内膜丝数/支	12245	13265	14286	15306	16327
组件产水流量/(m³/h)	4.85	5.25	5.66	6.06	6.46
组件产水功率/W	93.4	103.4	117.5	143.8	208.7
单位产水能耗/(W·h/m³)	19.27	19.70	20.78	23.73	32.30

（2）透水系数与容积率

图 4.52 示出不同透水系数及容积率条件下的组件产水能耗。图示数据有两点值得关注：一是无论膜丝即组件的污染程度如何，只要膜丝通量保持不变，组件的经济容积率仍然约为 70％；二是随组件透水系数的线性衰减，组件产水能耗呈非线性增长。

（3）膜丝通量与容积率

不同的膜丝设计通量一般与给水水质有关，图 4.53 示出不同膜丝通量及容积率条件下的组件产水能耗。该图数据除说明仍应保持约 70％容积率之外，膜丝通量的线性增减也将导致组件产水能耗的近线性变化。

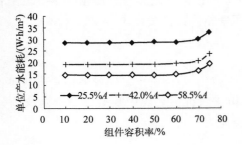

图 4.52　不同污染与容积率的产水能耗

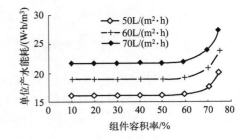

图 4.53　不同通量与容积率的产水能耗

（4）组件长度与容积率

图 4.54 曲线表明，随着组件规格的加长，丝内沿程阻力加大，相同通量等条件下的组件产水能耗也将随之上升。而且，随着组件规格的加长，组件的产水总量增大，组件的丝内外流

量与能耗上升，致使长组件产水能耗曲线的拐点出现在较低容积率位置。如图所示，如果认为 1.5m 较短组件的经济容积率为约 70%，则 2.5m 较长组件的经济容积率应降至约 62%。

（5）膜丝外径与容积率

图 4.55 曲线表明，膜丝外径在 1.3～1.5mm 范围内时，经济容积率均约为 70%。表 4.24 所示容积率 70% 的组件运行参数表明，同样容积率条件下，膜丝外径从 1.5mm 降至 1.3mm 时，膜丝数量增加了 33%，组件内有效膜面积与产水流量增加了 15%，单位产水能耗只增加了 9%（设膜组件内径为 200mm）。从而说明，减小膜丝直径可以增加单位产水能耗为代价，有效提高组件的产水流量。

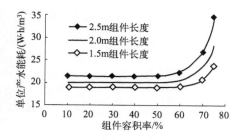

图 4.54　不同长度与容积率的产水能耗 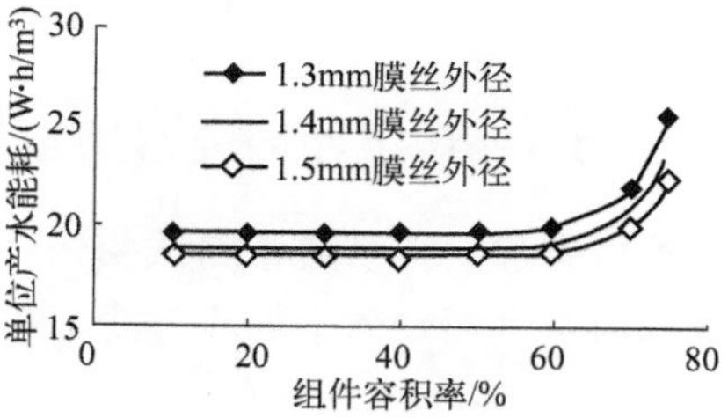　　　　图 4.55　不同膜丝外径与容积率的产水能耗

表 4.24　不同膜丝外径组件的运行参数［1.5m，60L/(m² · h)，70%，42%A，15℃］

膜丝外径/mm	膜丝数量	有效面积/m²	产水流量/(m³/h)	运行功率/W	产水功耗/(W · h/m³)
1.3	16568	101.50	6.091	133.44	21.91
1.4	14286	94.25	5.656	117.50	20.78
1.5	12444	87.96	5.278	105.83	20.05

（6）组件回收率与容积率

如图 4.56 所示，外压膜组件在不同回收率工况条件下，因丝外流量及丝外压降不同，低回收率工况的单位产水能耗远大于高回收率工况。

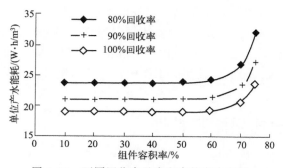

图 4.56　不同回收率及容积率的产水能耗

（7）通量分布与容积率

图 4.57 与图 4.58 分别示出不同容积率外压组件中的沿程参数。图示曲线表明，容积率较低时，丝内外压力均近线性单调下降，致使丝内沿程通量从低至高单调上升，即膜丝末端产水负荷最重。容积率较高时，丝内外流量加大，丝外压力呈下凹曲线单调下降，丝内压力呈上凸曲线单调下降，故丝内外压差使沿程通量呈下凹曲线，甚至膜丝首端通量大于末端。换言之，容积率的变化会引起膜丝沿程通量形态变化，使膜丝的重负荷与轻负荷的位置前后迁移。

该现象在内压组件中也同样存在。

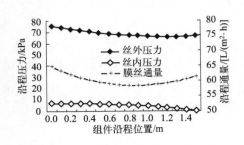

图 4.57　容积率 70％的组件沿程参数

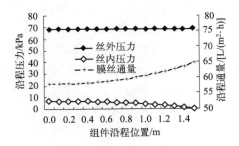

图 4.58　容积率 50％的组件沿程参数

4.10.3　外压组件的纯水通量

与外压膜丝的纯水通量测试相仿，外压膜组件是在 25℃给水温度、全流运行方式、膜组件进水与浓水两端的平均压力 0.1MPa 条件下测得其纯水通量。外压膜组件纯水通量的数学模型为：

$$\begin{cases} \dfrac{dq(l)}{dl} = -A[P(l)-p(l)]\pi d[P(l)-p(l)] & q(L)=0 \\[3mm] \dfrac{dp(l)}{dl} = -\mu \times \dfrac{128}{\pi d^4} \times [e_1 q(l)+e_2 q(l)^2] & p(L)=0 \end{cases} \tag{4.39a}$$

$$\begin{cases} \dfrac{dQ(l)}{dl} = A[P(l)-p(l)]\pi d[P(l)-p(l)] & Q(0)=0 \\[3mm] \dfrac{dP(l)}{dl} = -\mu \times \dfrac{128}{\pi d_{外}^4} \times [e_1 Q(l)+e_2 Q(l)^2] & [P(0)+P(L)]/2=0.1 \end{cases} \tag{4.39b}$$

$$F_m = q(L)/S_D \tag{4.39c}$$

式中，S_D 为组件中单支膜丝的外壁面积；q 与 Q 分别为组件内单支膜丝的内外流量；F_m 为组件中单支膜丝的纯水通量也就是膜组件的平均通量。

值得指出的是，外压膜组件与外压膜丝不同，组件内的丝内压力不为 0 值（见图 4.57 与图 4.58），外压膜组件跨膜压差中的丝内压力理论上也应不为 0 值。但是，由于丝内压力相对较低、沿程变化且难以检测，故实际工作中常以产水出口压力即 0 值作丝内压力处理。

4.11　浸没式超滤膜特性

浸没式超滤膜丝一般为附有内筋或内网的结构，并在独立膜池中直立安装，图 4.59 示出浸没式超滤膜丝运行的微分结构。由于膜丝内外均为满水状态，故仍不计膜丝内外高程压差的影响。

图 4.59 所示浸没式膜丝与图 4.33 所示中空外压式膜丝相比，产水动力同样是丝外与丝内的压差，产水通量 $\Delta\theta(l)$ 同样是由丝外向丝内渗透，但浸没式膜丝的外侧可视为标准大气压，而丝内为真空泵或虹吸产生的负压。

由于浸没式膜组件中各膜丝间的距离较远，该膜丝的运行规律即可视为膜组件的运行规律。因此式（4.40）既是浸没式膜丝的运行模型，也是浸没式组件的运行模型：

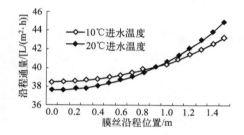

图 4.59　中空浸没式膜丝运动的微分参数

$$\begin{cases} \dfrac{\mathrm{d}q(l)}{\mathrm{d}l}=A[T,-p(l)]\pi D[-p(l)] & q(0)=0 \\[3mm] \dfrac{\mathrm{d}p(l)}{\mathrm{d}l}=-\mu(T)\times\dfrac{128}{\pi d_{外}^{4}}\times[e_{1}Q(l)+e_{2}Q(l)^{2}] & p(L)=-p_{0} \end{cases} \tag{4.40}$$

（1）不同水温与不同丝径的通量分布

图 4.60 示出特定膜丝的进水温度分别为 10℃ 与 20℃ 时的膜丝沿程通量分布曲线。图示曲线表明，如平均通量相同，进水温度越高，则通量均衡程度越差，抽吸压力越低。图 4.61 示出特定膜丝的外径分别为 1.4mm、1.3mm 和 1.2mm 时的膜丝沿程通量分布曲线。图示曲线表明，在平均通量相同条件下，膜丝直径越细，通量均衡程度越差，抽吸压力也就越高。

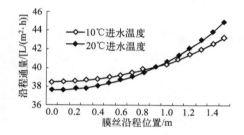

图 4.60　不同温度浸没式膜丝的通量分布

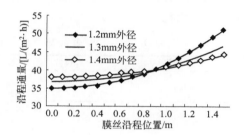

图 4.61　不同膜丝外径浸没式膜丝的通量分布

（2）不同通量与不同污染的通量分布

图 4.62 示出特定膜丝的平均通量分别为 30L/(m² · h)、40L/(m² · h) 和 50L/(m² · h) 时的膜丝沿程通量分布曲线。图示曲线表明，平均通量越高，通量均衡程度越差，产水流量越高，抽吸压力也就越高。图 4.63 示出特定膜丝的透水系数分别为 52%A、72%A 和 92%A 时，膜丝的沿程通量分布曲线。图示曲线表明，透水系数越低即膜丝污染越重，通量均衡程度越好，抽吸压力也就越高。

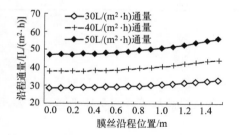

图 4.62　不同通量浸没式膜丝的通量分布

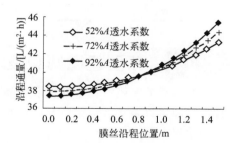

图 4.63　不同污染浸没式膜丝的通量分布

（3）不同丝长的通量分布

图 4.64 示出特定膜丝的长度分别为 1.5m、2.0m 和 2.5m 时的膜丝沿程通量分布曲线。图示曲线表明，膜丝越长，通量均衡程度越差，抽吸压力越高，膜丝运行能耗也就越高。

（4）不同出水方式的通量分布

图 4.65 示出特定膜丝的单端出水与双端出水时膜丝沿程通量分布曲线。图示曲线表明，如果浸没式超滤膜丝及膜组件能够从上端与下端同时出水，且端口负压相同，则不仅运行压力即运行能耗降低，膜丝的沿程通量均衡程度也将大幅提高。

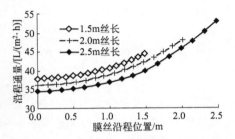

图 4.64 不同长度浸没式膜丝的通量分布

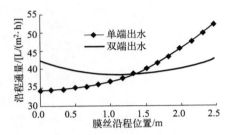

图 4.65 不同出水浸没式膜丝通量分布

表 4.25 示出多项运行状态及参数变化时，对应特定浸没式膜丝的产水流量、抽吸压力及单位产水能耗。

表 4.25 浸没式膜丝的各项运行参数表

参数		膜丝产水流量/(L/h)	膜丝抽吸压力/kPa	单位产水能耗/(W·h/m³)
进水温度/℃	10	0.2639	−51.22	14.227
	20	0.2639	−22.98	6.384
膜丝直径/mm	1.2	0.2262	−34.30	9.527
	1.3	0.2451	−31.52	8.755
	1.4	0.2639	−29.99	8.331
平均通量/[L/(m²·h)]	30	0.1979	−22.88	6.357
	40	0.2639	−29.99	8.331
	50	0.3299	−36.96	10.266
透水系数/%	52	0.2639	−39.35	10.931
	72	0.2639	−29.99	8.331
	92	0.2639	−24.27	6.741
膜丝长度/m	1.5	0.2639	−29.99	8.331
	2.0	0.3519	−32.24	8.954
	2.5	0.4389	−35.05	9.737
丝长/m	单端出水 2.5	0.4389	−35.05	9.737
	双端出水 2.5	0.4389	−29.21	8.115

4.12 新型超微滤膜技术

由于超微滤的制膜材料、处理水质及工艺形式的多样性，不断涌现出多种新型技术。以下两种新型膜可以更有效地截留有机物甚至硬度，可有效提高后续反渗透工艺或蒸发器工艺的预处理水平。

（1）聚四氟乙烯膜

膨体聚四氟乙烯膜材料（e-PTFE）具有极强的化学稳定性（耐受强酸、强碱、强氧化剂及耐有机溶剂）、耐老化、耐高温、耐摩擦、抗拉伸、表面光滑等特点。美国的戈尔公司及北京的利得膜技术公司开发出了袋式、管式及柱式膜产品。

图 4.66 所示袋式膜及其组件为 $0.2\mu m$ 孔径，$150\sim1000L/(m^2 \cdot h)$ 通量、0.1MPa 最大跨膜压差，产水的浊度小于 5NTU、硬度小于 6mg/L、硅含量小于 10mg/L。可与传统的化学混凝反应相结合，用于除浊、除硬、除硅、除重金属。适用于高盐、高硬、高硅、高悬浮物等废水处理，可用于"零排放"的预处理工艺。

图 4.66　膨体聚四氟乙烯袋式膜

（2）有机物分离膜

针对工业高浓度有机物水体的净化工艺，美国的 GE 公司及浙江的美易膜科技公司开发出了只截留有机物与色度，而几乎不脱盐的有机物分离膜。表 4.26 示出美易公司 PE 系列的主要卷式膜品种。

表 4.26　PEUF 及 PRNF 系列有机物分离膜性能参数

膜元件品种	切割分子量	运行通量/ $[L/(m^2 \cdot h)]$	运行压力/MPa	运行 pH 值	最高耐受 NaClO/(mg/L)	$MgSO_4$ 截留率/%	NaCl 截留率/%
PEUF-2K	2000	10~30	0.3~0.8	3~10	0.1		
PEUF-2K-Plus	2000	10~30	0.3~0.8	3~11	0.1		
PENF-1K	1000	10~30	0.3~1.5	3~11	0.1	10~20	10~20
PENF-70	500	10~30	0.3~1.5	2~11	10	50~60	20~30

这里，PEUF-2K-Plus 的膜表面具有强负电性，对于带负电荷有机物的截留率更高；虽然 PENF 的单支膜元件具有一定的脱盐效果，但组成串联结构时的脱盐效果极低，故仍可归于超微滤膜的范畴。

该 PE 系列膜主要可用于：

① NF、RO 及 DTRO 的预处理，以避免其有机物污染，降低其清洗频率。

② 截留 RO 浓水的 COD，以避免蒸发器污染，减少外排母液量。

③ "生化＋MBR"产水的深度处理（出水的 COD<50mg/L）。

PEUF 膜系统结构多为 3-1/3，PENF 膜系统结构多为 3-1/4，系统回收率为 90%～95%，浓水含盐量没有提高，其系统浓水可以回流到前端的生化工艺进行再次生化处理，即无浓水排放。

第 5 章 ┈┈▶ **反渗透膜性能与膜参数**

从本章开始将出现大量关于反渗透膜元件或膜系统中相关数据的图表，图表中除示出了相关的运行参数之外，还给出了相应的运行条件。一般的运行条件包括给水含盐量（mg/L）、给水电导率（μS/cm）、给水温度（℃）、运行年份（a）、膜品种（CPA3）、回收率（%）、膜通量 [L/(m^2·h)]、pH 值（无量纲）、产水量（m^3/h）等内容。

为简化对于运行条件的表述，且由于各项运行条件的量纲之间存在明显差异，本书后续图表中的运行条件常省略文字说明，只保留相应的数字与量纲，例如：[1000mg/L，15℃，3a，CPA3，75%，20L/(m^2·h)，7.0，15m^3/h] 代表给水含盐量 1000mg/L、给水温度 15℃、运行年份 3a、膜品种 CPA3、回收率 75%、膜通量 20L/(m^2·h)、pH 值 7.0、产水量 15m^3/h 等一组特定的运行条件。

5.1 反渗透膜工艺原理

5.1.1 半透膜与渗透压强

渗透现象是自然界中普遍存在的物理现象之一，而工业过程中的反渗透工艺具有特定的内涵。图 5.1 所示实验中，在开放式容器中间放置一张隔膜，膜两侧分别放入浓度不等的溶液。当放置的隔膜为理想全透膜时，根据物质的扩散规律，高浓度溶液中的溶质及低浓度溶液中的溶剂将分别透过隔膜向对方溶液扩散。尽管两类扩散的速度不尽一致，而当扩散过程结束时隔膜两侧溶液浓度最终相等，届时隔膜两侧溶液的液位相等。

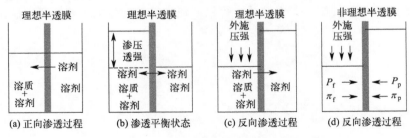

图 5.1　渗透与反渗透现象示意

当放置的隔膜为只透过溶剂而不透过溶质的理想半透膜时，因低浓度溶液中的溶剂浓度较高，低浓度溶液中的溶剂可透过隔膜向高浓度溶液扩散，而高浓度溶液中的溶质向低浓度溶液的扩散趋势被半透膜阻断。低浓度溶液中的溶剂透过半透膜向高浓度溶液扩散的传质现象称为正渗透。

　　渗透过程中高浓度溶液中的溶质被不断稀释，液面逐渐升高；低浓度溶液中的溶质被不断浓缩，液面逐渐降低。不断增长的隔膜两侧液位差形成了渗透过程的阻力，当液位差阻力与溶剂扩散力相等时达到渗透平衡。平衡状态下浓淡溶液两侧的液位差称为平衡态下两侧溶液的渗透压差。如果低浓度溶液为纯水，平衡状态下高浓度溶液与纯水两侧的液位压差称为稀释后溶液（而非初始浓溶液）的渗透压强（或渗透压）。渗透压强也可理解为溶液受到来自半透膜另一侧纯水的外施扩散压强。

　　如在高浓度溶液一侧施加一个压强，其值等于渗透压差（即等于液位差）时，渗透现象停滞；其值高于渗透压差（即高于液位差）时，高浓度溶液中的溶剂将向低浓度溶液侧反向渗透，这一现象称为反渗透或逆渗透。

　　根据热力学理论，低含盐量水体的渗透压与水体温度成正比，且与水体中各类离子的物质的量浓度之和成正比，如水体中存在 n 种离子，则水体的渗透压为：

$$\pi = RT \sum_{i=1}^{n} c_i \tag{5.1}$$

　　式中，π 为溶液的渗透压，kPa；c_i 为溶质中离子 i 的物质的量浓度，mol/L；T 为热力学温度，K；R 为气体常数，8.308kPa·L/(mol·K)。

　　在 1000mg/L 浓度及 25℃ 温度条件下：Na_2SO_4 溶液的渗透压为 43.7kPa，NaCl 溶液的渗透压为 79.2kPa，$MgSO_4$ 溶液的渗透压为 31.2kPa，$MgCl_2$ 溶液的渗透压为 71.4kPa。

　　该渗透压公式表明，在相同水温及相同质量浓度条件下，分子量较大盐分的物质的量浓度较低，其渗透压较低；分子量较小盐分的物质的量浓度较高，其渗透压较高。

　　理想半透膜对溶质具有 100% 的截留率，而工业过程中的半透膜均为非理想半透膜，既对溶质具有很高的截留率，但也存在一定的透过率。而且，对于高价离子的透过率相对较低，对于低价离子的透过率相对较高，对于气体分子的透过率为 100%。

5.1.2　反渗透膜过程原理

　　一般认为反渗透膜属于无孔膜，也有观点认为膜孔径约为 0.5nm。对于反渗透膜的传质过程存在多种理论，能够提供较为有力解释的是溶解扩散理论，而氢键理论、优先吸附-毛细孔流理论等也在一定程度上被接受。

　　根据溶解扩散理论，在图 5.1 所示反渗透膜过程中，透过半透膜的透水流量与透盐流量遵循下列规律：

$$Q_p = AS \text{NDP} = AS[(P_f - P_p) - (\pi_f - \pi_p)] \tag{5.2}$$

$$Q_s = BS(C_f - C_p) \tag{5.3}$$

　　式中，Q_p 为膜的透水流量，mol/h；Q_s 为膜的透盐流量，mol/h；A 为膜的水透过系数，mol/(m²·h·MPa)；B 为膜的盐透过系数，L/(m²·h)；P_f 为膜给水侧的水体压力，MPa；P_p 为膜透水侧的水体压力，MPa；π_f 为膜给水侧水体渗透压，MPa；π_p 为膜透水侧水体渗透压，MPa；C_f 为膜给水侧的盐浓度，mol/L；C_p 为膜透水侧的盐浓度，mol/L；NDP 为纯驱动压强，MPa；S 为膜面积，m²。

　　这里，透过系数 A 与 B 受膜材质、膜结构、给水盐浓度及运行条件等因素影响。式（5.3）表明，反渗透膜对于特定盐分的透盐流量正比于膜两侧该盐分物质的量浓度的差值。对于相同质量浓度的不同盐分而言，因物质的量浓度不同，分子量较小盐分的透盐量较大，分子量较大盐分的透盐量较小。

在式（5.2）中，膜的透水流量正比于膜两侧水力压差与渗透压差的差值，该差值称为纯驱动压强 NDP：

$$\text{NDP} = (P_f - P_p) - (\pi_f - \pi_p) \tag{5.4}$$

据式（5.2）所示，反渗透膜的透水流量与膜两侧水体中各种盐分的浓度之和相关；据式（5.3）所示，反渗透膜对某种盐分的透盐流量与膜两侧水体中该种盐分的浓度相关。因此，膜的透水流量只有一个，而膜的透盐流量的个数与膜两侧盐分种类数相等，即对于具有 n 种盐分的混合水体有 n 个不同的透盐系数及 n 个不同的透盐流量。

因反渗透膜对各类盐分的透过系数均极低，尚可将各类盐分以其浓度总和加以近似处理。而纳滤膜对各类盐分的透过系数存在很大差异，故只能按照多种盐分分别处理。

这里的式（5.2）与式（5.3）描述的不仅是反渗透现象的基本规律，也可用于反映膜元件中无限小局部微元上所发生的反渗透微观膜过程规律。

因一般反渗透膜的给水侧盐浓度远高于透水侧盐浓度，且反渗透膜的透水侧压力远低于给水侧压力，因此式（5.2）与式（5.3）一般可简化为：

$$Q_p \approx AS(P_f - \pi_f) \tag{5.5a}$$
$$Q_s \approx BSC_f \tag{5.5b}$$

即膜的透盐流量近似与给水盐浓度成正比，透水流量近似为给水压与渗透压的差值。

因为反渗透膜截留了包括难溶盐在内的各类无机盐，不可能以全流方式运行，而只能采取错流方式运行，而错流方式的伴生现象之一为浓差极化。计及图 5.2 表示的浓差极化度 β 时，反渗透膜的透水流量与透盐流量表达式应改为：

$$Q_p = AS[(P_f - P_p) - (\beta\pi_f - \pi_p)] \tag{5.6a}$$
$$Q_s = BS(\beta C_f - C_p) \tag{5.6b}$$
$$\beta = C_m / C_f \tag{5.7}$$

式（5.6）进一步表征了反渗透膜系统流程中某截面微元内盐流量与水流量的基本解析关系，也反映了反渗透膜元件及膜系统运行的宏观规律。

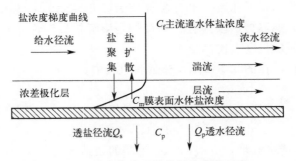

图 5.2 错流模式及浓差极化现象示意

图 5.2 所示反渗透膜错流过程中，膜的透盐率 S_p 可表示为产水含盐量 C_p 与给水含盐量 C_f 的比值：

$$S_p = C_p / C_f \tag{5.8}$$

膜的脱盐率 S_r 可表示为：

$$S_r = 1 - S_p = (C_f - C_p) / C_f \tag{5.9}$$

透盐流量 Q_s 与透水流量 Q_p 之比为产水侧水体的含盐量 C_p：

$$C_p = Q_s / Q_p \tag{5.10}$$

值得指出的是，工程界多使用脱盐率指标，学术界多使用透盐率指标，在一定程度上透盐率较脱盐率更加精确。例如，99.0％脱盐率与99.5％脱盐率相差0.5％，而相应的透盐率为1.0％与0.5％相差50％。因此，本书多采用透盐率指标表征膜元件及膜系统的脱盐效果。

5.1.3　膜片及膜元件结构

目前流行的反渗透膜是由聚酯无纺布衬托层、聚砜超滤膜支撑层及聚酰胺反渗透分离层组成的三层结构复合膜；其中无纺布厚度约120μm，超滤层厚度约40μm，反渗透膜厚度约0.2μm，该复合膜结构见图5.3。

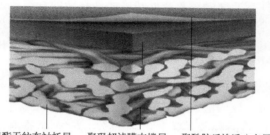

聚酯无纺布衬托层　　聚砜超滤膜支撑层　　聚酰胺反渗透分离层

图 5.3　反渗透复合膜结构示意

工业用反渗透膜元件为中空或卷式结构。基于抗污染性、高容积率等目的，目前流行的膜元件主要是卷式结构。如图5.4所示，卷式元件由膜片叠制成的膜袋、浓水隔网、淡水隔网、淡水导流中心管、元件端板、玻璃钢封装层及浓水V形密封圈等部件构成。

卷式膜元件的给水从元件端板处进入多层浓水隔网形成的给浓水流道。产出淡水在纯驱动压作用下透过膜袋进入由淡水隔网形成的淡水流道，并通过中心管汇集后由端板处的淡水口流出膜元件。元件给水从一侧端板流入，经过给浓水流道，浓水从另一侧端板流出。

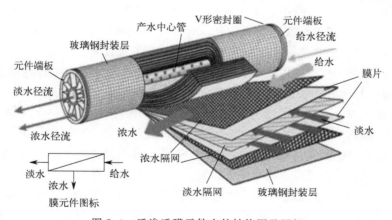

图 5.4　反渗透膜元件内外结构图及图标

工业用卷式膜元件的规格一般有8040与4040两种，分别表示8in直径40in长度与4in直径40in长度。最常见的8040膜元件的有效面积可达365ft²（33.9m²）或400ft²（37.2m²）甚至440ft²（40.9m²）。反渗透膜产品的特点之一是在全球范围内各个厂商产品的规格统一，具有极高的互换性。

膜元件运行参数之一是淡水流量 Q_p 与给水流量 Q_f 之比，称为元件回收率：

$$R_e = Q_p / Q_f \qquad (5.11)$$

因反渗透膜具有截留难溶盐的功能，为防止难溶盐过饱和，反渗透系统的运行只能是连续的错流方式。

5.2 膜元件的主要参数

5.2.1 膜元件的标准性能参数

表 5.1 示出的膜元件标准性能参数是反映膜元件性能的基本数据。表中的数据分为性能参数与测试条件两栏，性能参数一栏给出膜元件的脱盐率与产水量指标，其为在相应标准测试条件下的实测统计结果；标准测试条件一般包括测试液浓度、测试液温度、测试压力及测试回收率。

为避免各无机盐成分的渗透压与截留率不同造成的测试数据差异，测试条件一般采用具有典型意义的氯化钠溶液，该溶液一般采取反渗透产出淡水配以工业纯氯化钠的方式制备。测试液的含盐量与相应的膜品种及其工作环境相关，海水膜的测试液浓度为 32000mg/L、苦咸水膜为 1500～2000mg/L、自来水膜为 500mg/L。

针对膜品种的不同应用环境，标准测试压力采用不同数值。海水膜的测试压力为 5.5MPa，苦咸水膜为 1.05～1.55MPa，自来水膜为 0.7MPa。各膜厂商的测试液温度均采用 25℃、测试元件回收率均为 15%，测试液 pH 值为 6.5～7.0。

膜元件的性能参数主要表现为脱盐率、产水量与膜压降三大指标，并具有如下特点：

① 膜元件的性能参数，既是产品标准，又是系统设计与系统运行的参考依据。

② 膜元件的性能参数与特定的标准测试条件一一对应。

③ 因不同品种元件测试时给水含盐量及给水压力不同，其产水量与脱盐率指标不可比。

④ 膜厂商提供的性能参数中，脱盐率指标存在标准脱盐率与最低脱盐率之分。最低脱盐率是其保守数值，一般低于实际性能参数。对于对脱盐率水平仅有一般要求的系统而言，参考标准脱盐率即可。对于要求严格的系统而言，以参考最低脱盐率为宜。

⑤ 由于膜片生产工艺条件的限制，膜元件的产水量指标仅为测试数据的期望值或标称值。湿膜与干膜产品实际产水量的误差范围分别为标称值的 ±15% 与 ±20%。

⑥ 卷式反渗透膜元件的第三个性能指标是在标准测试条件下元件给水侧与浓水侧的压力差值，也称膜压降。该性能指标一般不在膜厂商的元件性能指标表中示出。

⑦ 各膜厂商生产的膜元件有干膜与湿膜的区别。湿膜产品出厂时全部进行例行测试，并被真空封装于 0.95% 亚硫酸氢钠（$NaHSO_3$）与 1.0% 丙二醇的保护溶液中，干膜产品出厂时并无液体保护。湿膜需在储存与运输过程中防止保护液的泄漏与冻结，但可在初始运行 30min 时间内使膜元件运行指标达到正常与稳定。干膜便于储存与运输，但在运行初期需要一个润湿过程，一般需要运行 300min 或更长时间才能使膜元件运行指标达到正常与稳定。

⑧ 膜元件标准测试条件的主要用途是标定膜元件的性能指标，与膜元件的实际设计或运行条件存在很大差距。例如，膜元件的设计流量或运行流量应参考设计导则，其数值约为标准测试流量的 50%，新膜元件的实际运行压力约为标准测试压力的 60%。

表 5.1 国内外在分膜厂商的反渗透及纳滤膜测试条件与性能参数(测试溶液成分为 NaCl)

时代沃顿公司反渗透及纳滤膜

	参数	LP21-8040	LP22-8040	ULP12-8040	ULP22-8040	ULP32-8040	ULP21-8040	ULP11-4040	ULP21-4040	ULP31-4040	SW22-8040
规格	膜面积/m²	34	37	37	37	37	34	8.4	8.4	8.4	35.2
标准测试条件	测试液浓度/(mg/L)	2000	2000	1500	1500	1500	1500	1500	1500	1500	32800
	测试压力/MPa	1.55	1.55	1.03	1.03	1.03	1.03	1.03	1.03	1.03	5.50
	测试液温度/℃	25	25	25	25	25	25	25	25	25	25
	测试回收率/%	15	15	15	15	15	15	15	15	15	8
性能参数	(标准脱盐率/%)/(最低脱盐率/%)	99.5/99.3	99.5/99.3	98.0/97.5	99.0/98.5	99.5/99.0	99.0/98.5	98.0/97.5	99.0/98.5	99.4/99.0	99.7/99.5
	产水量/(m³/d)	36.3	39.7	49.9	45.7	39.7	41.6	10.6	9.1	7.2	22.7

美国海德能公司反渗透及纳滤膜

	参数	ESNA-LF1	ESNA-LF2	ESPA1	ESPA2	ESPA3	ESPA4	CPA2	CPA3	CPA4	LFC1	LFC2
规格	膜面积/m²	37.2	37.2	37.2	37.2	37.2	37.2	33.8	37.2	37.2	37.2	33.8
标准测试条件	测试液浓度/(mg/L)	500	500	1500	1500	1500	500	1500	1500	1500	1500	1500
	测试压力/MPa	0.52	0.52	1.05	1.05	1.05	0.70	1.55	1.55	1.55	1.55	1.55
	测试液温度/℃	25	25	25	25	25	25	25	25	25	25	25
	测试回收率/%	15	15	15	15	15	15	15	15	15	15	15
性能参数	脱盐率/%	81.0	70.0	99.3	99.6	98.5	99.2	99.5	99.7	99.7	99.5	95.0
	产水量/(m³/d)	28.0	30.9	45.4	34.1	53.0	45.4	37.9	41.6	41.6	41.6	41.6

美国杜邦/陶氏公司反渗透及纳滤膜

	参数	NF270-400	NF200-400	BW30-365FR	BW30-400FR	XLE-440	BW30LE-440	BW30-365	BW30-400	SW30HR-380	SW30HR-320	SW30-380
规格	膜面积/m²	37.2	37.2	34.0	37.2	41.0	41.0	34.0	37.2	35.0	35.0	35.0
标准测试条件	测试液浓度/(mg/L)	500(CaCl₂)	500(CaCl₂)	2000	2000	500	2000	2000	2000	32000	32000	32000
	测试压力/MPa	0.48	0.48	1.55	1.55	0.69	1.05	1.55	1.55	5.52	5.52	5.52
	测试液温度/℃	25	25	25	25	25	25	25	25	25	25	25
	测试回收率/%	15	15	15	15	15	15	15	15	8	8	10
性能参数	脱盐率/%	40~60	50~65	99.5	99.5	99.0	99.0	99.5	99.5	99.70	99.75	99.40
	产水量/(m³/d)	55.6	30.3	36.0	40.0	48.0	44.0	36.0	40.0	23.5	23.0	34.0

蓝星东丽公司反渗透及纳滤膜

	参数	TMH20-370	TMH20-400	TMH20-430	TMG20-400	TMG20-430	TM720-370	TM720-400	TM720-430	TML20-400	TML20-400	TM820-370
规格	膜面积/m²	34.0	37.2	40.0	37.2	40.0	37.2	37.2	40.0	34.0	37.2	34.0
标准测试条件	测试液浓度/(mg/L)	500	500	500	500	500	2000	2000	2000	2000	2000	32000
	测试压力/MPa	0.70	0.70	0.70	0.75	0.75	1.55	1.55	1.55	1.55	1.55	5.50
	测试液温度/℃	25	25	25	25	25	25	25	25	25	25	25
	测试回收率/%	15	15	15	15	15	15	15	15	15	15	8
性能参数	脱盐率/%	99.4	99.4	99.4	99.5	99.5	99.7	99.7	99.7	99.7	99.7	99.8
	产水量/(m³/d)	44	48	52	39	42	36	39	42	36	39	23

5.2.2　标准参数与现场测试值

水处理领域中的膜元件用户与膜生产厂商之间就元件性能合格与否时常发生异议。除个别元件确实存在质量问题之外，大量异议发生的原因是用户对于标准性能指标的理解有误：

①　膜厂商的给水含盐量、盐的成分、给水温度、元件回收率及给水 pH 值等标准测试条件，一般与用户的现场测试条件存在较大差异，测试所得性能指标自然不同。

②　膜厂商生产的膜元件性能本身即存在一定差异，产水量＋20％元件与－20％元件的产水量相差 50％。脱盐率指标也有一定差异。

③　在运行过程中受到各类污染后，一般元件的产水量与脱盐率均会有所下降。

④　当相同膜元件串联组成系统时，在相同的温度、压力甚至回收率条件下，膜系统的产水量与脱盐率总是低于膜元件。

⑤　无论干膜或湿膜元件，首次使用时，其性能达到稳定之前，性能指标往往欠佳。

总之，膜产品用户在工程现场的非标准测试条件下测得的性能指标，与膜厂商技术手册公布的标准测试条件下的性能指标，不可直接相比。

5.2.3　元件给水水质限制参数

反渗透膜元件的给水水质具有诸多限值参数，主要包括温度、pH 值、余氯、浊度、污染指数（SDI）及有机物浓度等：

①　给水温度过低会使水的黏度提高、膜的透水性降低、工艺运行效率下降。给水温度过高也会使复合膜的机械强度降低，易造成元件材料及元件结构的破坏。元件的给水温度应在 5～45℃之间。

②　长期运行过程中，给水 pH 值过低或过高均会对膜材料产生化学性损伤，使得透盐率上升，故给水 pH 值一般限定在 3～10 之间。由于膜元件的短时清洗过程中必须使用较高浓度的酸碱，故清洗过程中清洗液的 pH 值一般放宽至 2～12 之间。

③　反渗透膜为聚酰胺材料，其抗氧化能力较差，遭氧化后的产水量与透盐率均有增加。因此，给水的余氯指标一般要求低于 $0.1mg/L$［可承受 $2000mg/(L \cdot h)$ 余氯总量］。近年来各膜厂商不断推出抗氧化的膜品种，其给水余氯指标或可提高至 $0.5mg/L$。

④　给水浊度限值一般为 1.0NTU，浊度超标将形成严重膜污染，妨碍元件稳定运行。

⑤　污染指数（即 SDI）是悬浮物、有机物及胶体等污染物浓度的综合参数，反渗透膜的给水污染指数一般应控制在 5 以下。该指标严格意义上是 $0.45\mu m$ 以上粒径污染物的综合检测参数，并不包含 $0.45\mu m$ 以下粒径污染物的检测参数。因此，即使污染指数足够低，也不能完全避免 $0.45\mu m$ 以下粒径污染物对反渗透膜的污染。

⑥　对于给水中易造成膜污染的金属氧化物的上限要求，一般为 $Fe^{2+}<0.3mg/L$、$Fe^{3+}<50\mu g/L$、$Mn^{3+}<50\mu g/L$。

⑦　因有机物的成分复杂，给水的有机物指标很难量化，一般要求 TOC（以 C 计）$<5mg/L$、COD（以 O_2 计）$<15mg/L$、BOD（以 O_2 计）$<10mg/L$。

⑧　给水中的难溶盐是反渗透膜工艺的截留对象，一般对其含量并无具体的限制，但其含量过高将形成较快且严重的膜污染，轻则造成运行效率降低，重则造成运行失稳。

膜元件给水的极限参数就是膜系统给水的极限参数，故对膜系统限值参数不再赘述。

5.2.4 膜元件的运行极限参数

膜厂商在给出各类元件标准性能参数的同时也给出了各类元件的极限运行参数。该类参数为临界破坏性参数，元件及系统的设计参数与运行参数均应与极限参数保持一定距离。表5.2 示出时代沃顿公司膜元件的极限运行参数。

表 5.2 时代沃顿反渗透膜元件的极限运行参数

膜型号	SW22-8040	LP22-8040	ULP22-8040	XLP11-4040	VNF1-8040
最高给水压力/MPa	6.9	4.14	4.14	4.14	4.14
最高给水流量/(m³/h)	17	17	17	3.6	17
最低浓水流量/(m³/h)	2.3	2.3	2.3	0.6	2.3
最高给水温度/℃	45	45	45	45	45
最高元件压降/MPa	0.1	0.1	0.1	0.1	0.1

（1）膜元件的最高给水压力

膜元件"给水压力"也称膜元件"工作压力"。表5.2所示极限参数中并未给出膜元件的产水量上限，而且也确无此上限参数。理论上讲，膜元件的给水压力越高，其产水量越大；但是，过高的给水压力将使复合膜片产生形变，造成运行异常甚至产生结构破坏。膜元件根据不同用途，设计出不同的复合膜片与不同的淡水隔网，因此具有不同水平的最高给水压力的限值。例如，海水膜的最高给水压力为8.5MPa，苦咸水膜为4.5MPa。

就系统流程位置而言，无段间加压系统的前段特别是前段首端元件的给水压力最高；有段间加压系统也可能其后段首端元件的给水压力最高。

由于元件的给浓水流道内侧与元件的封装层外侧基本属于等压区域，较高的给水压力一般不会使元件的玻璃钢封装层产生爆裂。只有在元件给浓水流道内被严重污堵，且在给水侧施加的压力很高且很急时才可能产生封装层的爆裂。

（2）膜元件的最高压力损失

膜元件的压力损失也称膜元件给浓水两端之间的元件压降（或膜压降）。狭窄的给浓水流道及流道中浓水隔网的存在，对给浓水径流形成阻力，给浓水流量越大，膜压降越高。卷式元件结构中，膜袋及隔网仅在中心管处进行粘接，多层膜袋及隔网之间只是相互层压，过高的膜压降会使膜袋及隔网产生位移与变形即破坏元件结构，使膜元件的各项性能指标恶化。

洁净系统中，各元件给浓水流道阻力相等，各段前端元件的给浓水流量大于后端元件，最高膜压降一般出现在系统首端元件之上。污染膜元件给浓水流道阻力加大，最高膜压降可能出现在系统末端元件之上。膜压降限值实质上是针对元件及系统污染后运行状态的限制指标。

（3）膜元件的最高给水流量

以错流运行方式为特征的反渗透系统中，产水流量给定时，给水流量越大，错流效果越好。所以存在给水流量的限值，是由于给水流量与膜压降相关，即最高给水流量限值是最高压力损失限值的另一表现形式。

由于给浓水流道沿程阻力的存在，回收率与产水量是影响给水流量的两大因素。如图5.5曲线所示，当元件回收率给定时，产水流量与给水流量越大，元件给浓水两端的压力差越大。如图5.6曲线所示，当元件产水流量给定时，元件回收率越低，给水流量越大，元件给浓水两端的压力差越大。图5.5与图5.6中给浓水两端压力之差即为膜压降。

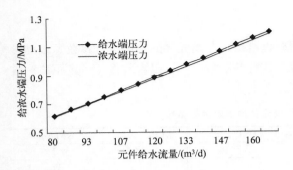

图 5.5   膜元件膜压降的给水流量特性

（1000mg/L，150℃，3a，ESPA2，15%）

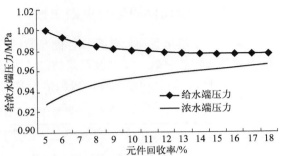

图 5.6   膜元件膜压降的回收率特性

（1000mg/L，15℃，3a，ESPA2，20m³/d）

（4）膜元件的最低浓水流量

膜元件中浓水流量的作用有两个：一是将浓缩的给水外排以防止难溶盐结垢；二是在给浓水流道中形成紊流以对膜表面进行清污。所以，膜元件的最低浓水流量不允许过低。

（5）膜元件最低浓淡流量比

元件中的浓水流量 Q_c 与产水流量 Q_p 之比 K_{cp} 称为浓淡水流量比（简称浓淡比或错流比），浓淡比还可以表征为回收率 R_e 的函数：

$$K_{cp} = \frac{Q_c}{Q_p} = \frac{1-R_e}{R_e} \tag{5.12}$$

式（5.7）所示膜元件的浓差极化度 β 也可表征为回收率 R_e 的指数函数：

$$\beta = \exp(kR_e) \tag{5.13}$$

式中，k 为特定常数。

值得指出的是，各膜厂商给出 5 : 1 的浓淡比限值属于近似值，在海德能公司等系统设计软件中实际限值体现在浓差极化度的限值。因为浓差极化度 β 的上限值为 1.2，相应的回收率上限值约为 17%，严格的浓淡比为 4.4 : 1。

5.3   膜元件的运行特性

膜元件运行过程中存在多项运行条件，通过对各个单项条件变化范围内的运行参数进行分析，可以更加全面深入地了解膜元件的性能。这里称工作压力、透盐率、膜压降三项外在参数为运行参数，称给水温度、产水通量、给水含盐量及元件回收率等为运行条件，膜元件各运行参数分别与各运行条件的函数关系称为膜元件的运行特性。

本节相关数据源于时代沃顿公司设计软件及以 ULP21、ULP22、ULP32 等膜品种为背景进行计算分析，其他厂商及其元件品种的运行特性与之相似。

5.3.1   膜元件给水温度特性

膜元件的给水温度特性系指其他运行条件不变时，膜元件的给水压力及透盐率分别与给水温度的函数关系。

图 5.7 曲线表明，随着给水温度的线性增长，元件的给水压力呈下降趋势。一般而言，在恒定给水压力条件下，给水温度每上升 1℃ 时，产水流量增长约 3%；或在恒定产水通量

条件下，给水温度每上升 1℃时，给水压力下降约 3％。图 5.8 曲线表明，元件透盐率随着给水温度的上升而增长。各膜品种元件在给水温度每上升 1℃时，元件透盐率增长约 9％，而且低压膜品种对于温度的变化更加敏感。

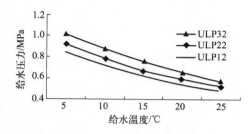

图 5.7　膜元件给水压力的给水温度特性

[20L/(m² · h)，15％，1000mg/L，0.85 污染系数]

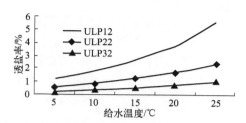

图 5.8　膜元件透盐率的给水温度特性

[20L/(m² · h)，15％，1000mg/L，0.85 污染系数]

5.3.2　膜元件产水通量特性

膜元件的产水通量特性系指其他运行条件不变时，膜元件的给水压力及透盐率分别与产水通量的函数关系。

图 5.9 曲线表明，随着产水通量的增长，元件的给水压力呈线性上升趋势，且产水通量每增长 1L/(m² · h)，则给水压力上升约 4.5％；或元件的给水压力每增长 0.01MPa，则产水通量上升约 2.0％。图 5.10 曲线表明，随着产水通量的增长，元件的透盐率逐步下降，且产水通量每增加 1L/(m² · h)，元件透盐率下降约 4.5％。

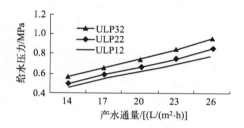

图 5.9　膜元件给水压力的产水通量特性

（15％，1000mg/L，15℃，0.85 污染系数）

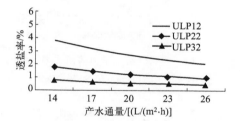

图 5.10　膜元件透盐率的产水通量特性

（15％，1000mg/L，15℃，0.85 污染系数）

5.3.3　膜元件给水含盐量特性

膜元件的给水含盐量特性系指其他运行条件不变时，元件的给水压力及透盐率分别与给水含盐量的函数关系。

图 5.11 曲线表明，随着给水含盐量的增长，元件的给水压力呈线性上升趋势，且给水含盐量每增长 1000mg/L，给水压力上升约 15％。图 5.12 曲线表明，给水含盐量在 500～2500mg/L 范围内，随着给水含盐量的增长，元件的透盐率逐步上升，但上升幅度渐缓。

5.3.4　膜元件的回收率特性

膜元件的回收率特性系指其他运行条件不变时，元件的给水压力及透盐率分别与元件回收率的函数关系。

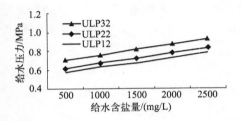

图 5.11 膜元件给水压力的给水含盐量特性
[20L/(m² · h)，15%，15℃，0.85 污染系数]

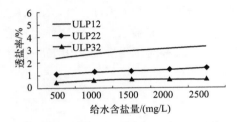

图 5.12 膜元件透盐率的给水含盐量特性
[20L/(m² · h)，15%，15℃，0.85 污染系数]

元件回收率较低时，给水流量较大，膜压降较大，给水压力较高；随着元件回收率的上升，给水流量下降，元件压降减小，给水压力下降。元件回收率较高时，给浓水的平均浓度较高，给浓水渗透压及浓差极化增加，元件的给水压力也将有所上升。图 5.13 中膜元件给水压力与元件回收率间的关系曲线表明，膜元件在 8%～12% 回收率条件下的给水压力较低，而低于或高于该回收率范围时的给水压力均会有所增加。

如图 5.14 曲线所示，对于恒定通量条件下，在膜元件回收率不断提高的过程中，给浓水的平均浓度不断提高，元件透盐率不断上升。

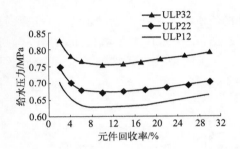

图 5.13 膜元件给水压力的回收率特性
[20L/(m² · h)，15℃，0.85 污染系数]

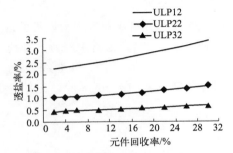

图 5.14 膜元件透盐率的回收率特性
[20L/(m² · h)，15℃，0.85 污染系数]

5.3.5 膜元件压降影响因素

由于膜压降参数仅与给浓水平均流量相关，故元件回收率与产水通量的变化均会使膜压降产生相应变化。如图 5.15 所示，当恒定元件回收率一定而产水通量上升时，元件的给浓水流量上升，膜压降也随之上升。但是，当回收率较低时，同样的产水通量增幅，将造成较高的给浓水流量增幅，进而产生较大的膜压降增幅。图 5.16 为图 5.15 特征的更换坐标的表现形式，前者重点表征膜压降与产水通量的关系，后者重点表征膜压降与回收率的关系。

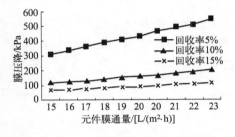

图 5.15 膜压降的膜通量特性

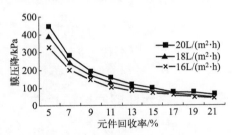

图 5.16 膜压降的回收率特性

5.4　膜元件的参数特性

除上述反渗透膜元件的运行特性外，元件性能还有参数特性，且均未被各膜厂商提供的设计软件所表征。所谓参数特性系指给水含盐量、给水温度、给水通量及给水 pH 值对元件的透盐率、产水 pH 值及浓水 pH 值的影响。

基于系统设计与系统运行的实际需要，本节给出特定膜元件的实验数据。由于实验环境及元件样本的局限，本节实验数据仅对应海德能公司的 ESPA4-4040 膜品种及氯化钠为主要成分的给水水质，其他元件品种的参数特性可参照本节数据加以估计。

5.4.1　膜元件的透盐率特性

膜元件的透盐率除受到回收率的影响之外，还受给水电导率（或给水含盐量）、给水温度、给水 pH 值及膜通量的影响。图 5.17～图 5.20 示出元件透盐率的给水 pH 值特性，其中也包含了给水温度及给水电导率的影响因素。该 4 幅图所示曲线表明：

① 给水 pH 值为 7 附近区域内的元件透盐率达到最低值。

② 低给水电导率时，透盐率在给水 pH 值偏低区域的敏感性低于其偏高区域。

③ 高给水电导率时，透盐率在给水 pH 值偏低区域的敏感性高于其偏高区域。

④ 给水温度越高，元件透盐率对给水 pH 值及给水电导率的变化越敏感。

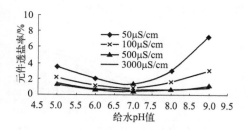

图 5.17　透盐率与给水 pH 值关系曲线
［给水温度 5℃，回收率 15％，膜通量 30L/(m² · h)］

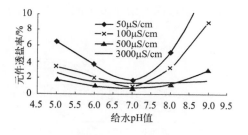

图 5.18　透盐率与给水 pH 值关系曲线
［给水温度 25℃，回收率 15％，膜通量 30L/(m² · h)］

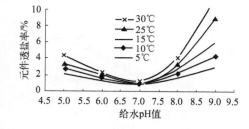

图 5.19　透盐率与给水 pH 值关系曲线
［给水电导率 100μS/cm，回收率 15％，膜通量 30L/(m² · h)］

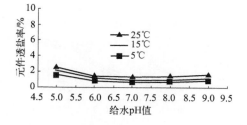

图 5.20　透盐率与给水 pH 值关系曲线
［给水电导率 3000μS/cm，回收率 15％，膜通量 30L/(m² · h)］

图 5.21 与图 5.22 给出的元件透盐率的通量特性表明：低通量时透盐率对给水温度及给水电导率变化的敏感度较高，而高通量时的敏感度较低。

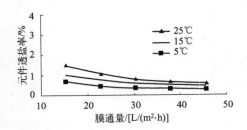

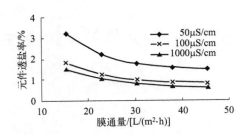

图 5.21　透盐率与膜通量关系曲线

（给水电导率 1000μS/cm，给水 pH 值 7，回收率 60%）

图 5.22　透盐率与膜通量关系曲线

（给水温度 25℃，给水 pH 值 7，回收率 60%）

5.4.2　膜元件产水 pH 值特性

膜元件产水的 pH 值除受到回收率的影响之外，还受给水电导率、给水温度、给水 pH 值及膜通量的影响。图 5.23～图 5.26 示出的元件产水 pH 值与给水 pH 值的关系曲线表明：

① 在给水 pH 值从 5～9 的较大范围内，产水 pH 值基本上低于给水 pH 值。

② 一般而言，产水 pH 值随给水 pH 值上升而上升。其中，在给水 pH 值的 5～6 与 8～9 范围内产水 pH 值的变化较缓，在给水 pH 值的 6～8 范围内产水 pH 值的变化较快，因此产水 pH 值与给水 pH 值的关系呈 S 形曲线。

③ 对于相同的给水 pH 值水平，给水电导率越低，则产水 pH 值越偏低。

④ 对于相同的给水 pH 值水平，给水的温度越低，则产水 pH 值越偏低。

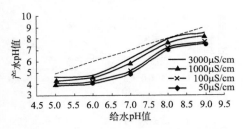

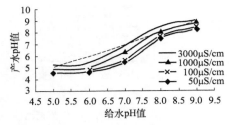

图 5.23　产水 pH 值与给水 pH 值关系曲线

[给水温度 5℃，回收率 15%，膜通量 30L/(m² · h)]

图 5.24　产水 pH 值与给水 pH 值关系曲线

[给水温度 25℃，回收率 15%，膜通量 30L/(m² · h)]

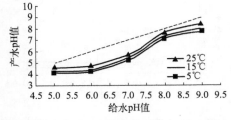

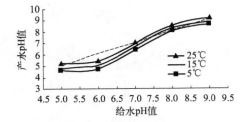

图 5.25　产水 pH 值与给水 pH 值关系曲线

[给水电导率 100μS/cm，回收率 15%，膜通量 30L/(m² · h)]

图 5.26　产水 pH 值与给水 pH 值关系曲线

[给水电导率 3000μS/cm，回收率 15%，膜通量 30L/(m² · h)]

图 5.27～图 5.28 分别示出的元件产水 pH 值的膜通量特性曲线表明：

① 随着膜通量的上升，产水的 pH 值呈下降趋势。

② 给水温度越低，则产水 pH 值越低；给水电导率越低，则产水 pH 值越低。

③ 相同膜通量条件下，对于等差变化的给水温度产水 pH 值也约呈等差变化。

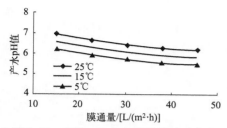

图 5.27 产水 pH 值与膜通量关系曲线

（给水电导率 1000μS/cm，给水 pH 值 7，回收率 60%）

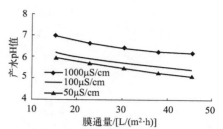

图 5.28 产水 pH 值与膜通量关系曲线

（给水温度 25℃，给水 pH 值 7，回收率 60%）

5.4.3 膜元件浓水 pH 值特性

由于每支膜元件的回收率低于 18%，浓水比给水只浓缩了 22%，膜元件浓水 pH 值与给水 pH 值之间的差异不大。为了反映高回收率系统浓水的 pH 值特性，本节实验单支元件回收率为 60% 的元件浓水 pH 值与给水电导率、给水温度、给水 pH 值及膜通量的对应关系。图 5.29～图 5.32 分别示出的系统浓水 pH 值特性曲线表明：

① 给水 pH 值在 7.3 附近范围内时，浓水的 pH 值与给水 pH 值基本相等。给水 pH 值低于 7.3 时，浓水 pH 值较高；给水 pH 值高于 7.3 时，浓水 pH 值较低。

② 一般而言，浓水 pH 值随给水 pH 值上升而上升。其中，给水 pH 值在 5.0～6.5 与 8.0～9.0 范围内时，浓水 pH 值的变化趋急；给水 pH 值在 6.5～8.0 范围内时，浓水 pH 值的变化趋缓；因此浓水 pH 值的给水 pH 值特性曲线呈 Z 形。

③ 相同给水 pH 值条件下，给水温度越低，则浓水 pH 值越高。

④ 相同给水 pH 值条件下，给水电导率越低，则浓水 pH 值越高。

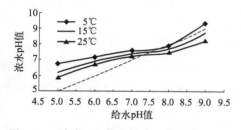

图 5.29 浓水 pH 值与给水 pH 值关系曲线

[给水电导率 100μS/cm，回收率 60%，膜通量 30L/(m² · h)]

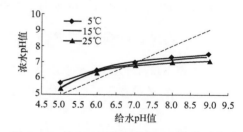

图 5.30 浓水 pH 值与给水 pH 值关系曲线

[给水电导率 3000μS/cm，回收率 60%，膜通量 30L/(m² · h)]

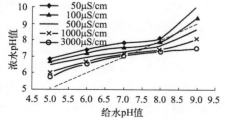

图 5.31 浓水 pH 值与给水 pH 值关系曲线

[给水温度 5℃，回收率 60%，膜通量 30L/(m² · h)]

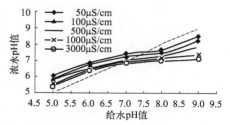

图 5.32 浓水 pH 值与给水 pH 值关系曲线

[给水温度 25℃，回收率 60%，膜通量 30L/(m² · h)]

图 5.33 与图 5.34 分别示出的系统浓水 pH 值的膜通量特性曲线表明：

① 随着膜通量的上升，产水的 pH 值呈下降趋势。

② 给水温度越低，则浓水 pH 值越高；给水电导率越低，则浓水 pH 值越高。

③ 相同膜通量条件下，等差给水温度产生等差的浓水 pH 值。

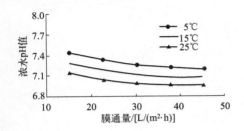

图 5.33 浓水 pH 值与膜通量关系曲线

（给水电导率 1000μS/cm，给水 pH 值 7，回收率 60%）

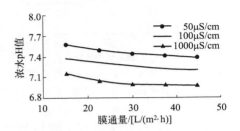

图 5.34 浓水 pH 值与膜通量关系曲线

（给水温度 25℃，给水 pH 值 7，回收率 60%）

比较元件的产水特性与浓水特性会发现，两类曲线的变化呈相反趋势或称呈镜像关系。

本节示出的各膜元件特性曲线主要突出了两项内容，一是 pH 值参数特性，二是各参数的低给水电导率特性。这两项也正是目前各膜厂商提供设计软件的最大计算误差来源。降低此两项参数的误差，将有效提高系统设计与系统模拟的精度水平。

值得指出的是，本节关于给水 pH 值与产水或浓水 pH 值的关系仅局限于单支膜元件。在长流程反渗透系统中，沿流程各元件的给水 pH 值、给水含盐量及产水通量均在不断变化，系统浓水的 pH 值是不断变化的最终结果，系统产水的 pH 值近乎为沿程各元件产水 pH 值的加权平均值。

因系统的浓水 pH 值影响着各类难溶盐的结垢趋势，而系统的产水 pH 值是膜工艺产品的重要参数，所以反渗透系统浓水与产水的 pH 值是系统设计与运行的重要技术指标。

5.4.4 膜过程的碳酸盐平衡

反渗透膜系统中给水、产水及浓水的 pH 值之间的关系取决于水体中各碳酸盐体系的平衡关系与膜过程对各碳酸盐成分的不同透过率。式（5.14）给出了水溶液中碳酸盐的平衡方程：

$$H_2CO_3 \rightleftharpoons H^+ + HCO_3^- \rightleftharpoons 2H^+ + CO_3^{2-} \rightleftharpoons H_2O + CO_2 \qquad (5.14)$$

根据图 5.35 所示水溶液中碳酸盐体系平衡与 pH 值之间的关系曲线：pH 值大于 8.2 时，水中的二氧化碳与碳酸氢根开始转化为碳酸根；pH 值大于 12.5 时，水中的碳酸盐完全转化为碳酸根；pH 值小于 8.2 时，水中的碳酸根与碳酸氢根开始转化为二氧化碳；pH 值小于 4.0 时，水中的碳酸盐完全转化为二氧化碳。

由于反渗透膜对于碳酸氢根与碳酸根的透过率较低，故给水 pH 值大于 4.0 时，浓水中的碳酸氢根浓度上升即浓水的 pH 值上升，产水中的碳酸氢根浓度下降即产水的 pH 值下降。因为碳酸氢根的水化半径大于碳酸根，故对碳酸氢根脱除率高于碳酸根。当水体 pH 值为 8.2 时，水中只有碳酸氢根存在，届时的反渗透膜对整体碳酸盐的脱除率最高。

由于高 pH 值水体易产生碳酸钙结垢，故常在一级系统给水前加酸降低其 pH 值，以防

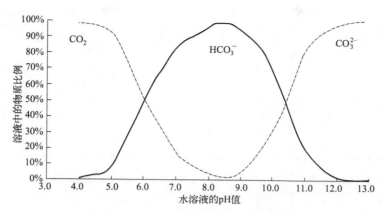

图 5.35　水溶液中碳酸盐体系的平衡

止一级系统中的碳酸钙结垢。

虽然水中的二氧化碳气体不是总固含量的成分，但却有效提高了低含盐量水体的电导率；因反渗透膜对于二氧化碳气体的截留率极低，故常在二级系统给水处加碱以提高其 pH 值，来降低二级系统给水中的二氧化碳浓度，进而降低二级系统产水的电导率。

5.5　膜元件浓差极化度

在本书 3.5 节讨论了理想膜过程中的浓差极化现象，实际膜元件的给浓水流道两个侧面是两个膜表面，形成的是双侧渗透流与双侧浓差极化。式(3.14) 严格定义了浓差极化度为层流层膜表面盐浓度 C_m 与紊流层平均盐浓度 C_f 之比，即 $\beta = C_m/C_f$，但该定义属于局部膜微元性质，而实际膜元件中各微元位置的平均浓差极化度约等于元件内膜表面平均盐浓度 $\bar{C}_m$ 与元件内给浓水平均盐浓度 $\bar{C}_{fc}$ 之比，具有整体膜元件均值性质：

$$\beta = \bar{C}_m/\bar{C}_{fc} \tag{5.15}$$

膜元件的浓差极化度与元件给水含盐量、给水温度、产水量、透盐率、回收率及膜污染等多项因素相关。目前只有海德能等公司的设计软件中明确标示了各元件的浓差极化度指标，其他公司的软件并无明确标示。而海德能软件中忽略了其他因素的影响，其浓差极化度只表征为元件回收率或浓淡比的函数。

5.6　各类物质的透过率

尽管对于反渗透膜过程的传质机理具有溶解-扩散、优先吸附-毛细孔流、氢键、扩散-细孔流及自由体积等多种理论，但尚无一种理论能够全面、完整并准确地解释各种工况条件下对于各类有机物与无机盐的膜过程。

实际的反渗透膜过程中，对分子量大于 100 有机物的透过率极低，对分子量小于 100 有机物的透过率较高；对于高价离子的透过率较低，而对于低价离子的透过率较高。表 5.3 及表 5.4 示出东玺科公司 BE 与 BN 系列膜元件对于各类溶质或离子的透过率。

表 5.3　韩国东玺科（TCK）公司 BE 与 BN 系列反渗透膜对各类溶质的透过率

名称	分子量	透过率/%	名称	分子量	透过率/%	名称	分子量	透过率/%
NaF	42	1	CaCl$_2$	111	1	异丙醇	60	8
NaCN	49	2	MgSO$_4$	120	1	尿素	60	30
NaCl	58	1	NiSO$_4$	155	1	葡萄糖	180	6
SiO$_2$	60	1	CuSO$_4$	160	1	蔗糖	342	1
NaHCO$_3$	84	1	甲醛	30	65	BOD		5
NaNO$_3$	85	3	甲醇	32	75	COD		3
MgCl$_2$	95	1	乙醇	46	30			

表 5.4　韩国东玺科（TCK）公司 BE 与 BN 系列反渗透膜对各类离子的透过率

名称	分子量	透过率/%	名称	分子量	透过率/%	名称	分子量	透过率/%
Na$^+$	23.0	3	Cu^{2+}	63.5	1	Cl$^-$	35.5	1
Ca^{2+}	40.1	1	Ni^{2+}	58.7	1	HCO$_3^-$	61.0	2
Mg^{2+}	24.3	1	Zn^{2+}	65.4	1	SO$_4^{2-}$	96.1	1
K$^+$	39.1	2	Sr^{2+}	87.6	2	NO$_3^-$	62.0	4
Fe^{3+}	55.84	1	Cd^{2+}	112.4	1	F$^-$	19.0	2
Mn^{2+}	54.9	1	Ag$^+$	107.9	1	PO$_4^{3-}$	95.0	1
Al^{3+}	27.0	1	Hg^{2+}	200.5	1	SiO$_2$	60.0	1
NH$_4^+$	18.0	1	Ba^{2+}	137.3	2			

反渗透系统透过率的标准表征方式为产水含盐量与给水含盐量的比值，而实际工程中多以产水电导与给水电导的比值进行表征。表 5.5 示出各离子单位物质的量浓度溶液的电导率数值。

表 5.5　各离子单位物质的量浓度溶液的电导率数值　　　　单位：μS/cm

离子名称	20℃	25℃	离子名称	20℃	25℃	离子名称	20℃	25℃
H$^+$	328	350	Ca^{2+}	53.7	59.5	H$_2$PO$_4^-$	30.1	36.0
Na$^+$	45.0	50.1	OH$^-$	179	197	CO$_3^{2-}$	63.0	72.0
K$^+$	67.0	73.5	Cl$^-$	69.0	76.3	HPO$_4^{2-}$		53.4
NH$_4^+$	67.0	73.5	HCO$_3^-$	36.5	44.5	SO$_4^{2-}$	71.8	79.8
Mg^{2+}	47.0	53.1	NO$_3^-$	65.2	71.4	PO$_4^{3-}$		69.0

值得指出的是，表 5.4 所列反渗透膜对各阴阳离子的透过率只是一个一般性概念。由于反渗透膜的给水、浓水及产水侧水体中的阴阳离子遵循电荷守恒规律，故其透过或截留的只能是某种阴阳离子对，而不可能是某种单一的阴离子或阳离子。表 5.5 所列各离子浓度的电导率也存在相同性质问题。

5.7　恒通量的性能指标

（1）同产水通量的测试

各膜品种常用的性能指标是产水量、透盐率与膜压降三项。但因不同膜品种的测试条件各异，即使为同一厂商出产的不同膜品种，也难分辨其产水量与透盐率的优劣。为了克服不同测试条件下，不同元件品种性能指标的不可比的缺点，这里提出恒通量测试条件的概念。所谓恒通量测试系指相同产水通量条件下，测试或计算膜元件的透水压力、透盐水平及元件压降三项性能指标。

各膜厂商在发布膜品种性能指标的同时，还提供了系统设计软件。时代沃顿、日东/海德能、杜邦/陶氏、东丽、东玺科（TCK）等膜厂商的设计软件分别称为 VontronRO、IMSDesign、Rosa、TorayRO、CSM-Pro。各厂商的设计软件不仅设计界面与计算功能不同，模拟系统运行规律的数学模型也不尽一致，因此不同软件的计算参数在严格意义上仍不具备可比性，但用特定厂商软件分析本厂自产各膜产品性能指标时具有参考价值。本节运用海德能公司的 IMSDesign 设计软件对该公司系列产品的性能指标加以计算，以定义其各项恒通量参数。

本节以下分析中均假设各元件的产水侧压力为零。

（2）膜元件的透水压力

根据式（5.2）给出的反渗透膜的运行规律，元件的透水流量不仅与给水压力相关，还与产水含盐量相关，进而与元件的透盐流量相关。如设给水含盐量为 0，则元件的给水侧与产水侧的渗透压均为 0，届时的元件透水通量只与给水压力相关。反之，如果统一规定透水通量，则可通过各元件品种给水压力的大小，分辨各元件品种透水性能的高低。这里，将该条件下元件的特定透水通量所需压力称为该元件的"透水压力"。

表 5.6 示出海德能公司部分膜品种的测试条件与透水压力指标。根据该表数据，可以依次定义该组膜品种透水压力的高低，这也正是本书后续部分以及业内称谓的高低压膜品种序列。采用恒产水通量而非恒产水流量，是为避免具有不同膜面积元件的产水流量差异。

表 5.6　海德能公司 8in 膜元件恒通量条件下的透水压力指标 [0mg/L, 25℃, 15%, 20L/(m² · h), 0a]

元件品种	ESNA1-LF2	ESPA1	PROC20	ESPA2	CPA3-LD	PROC10	SWC6	SWC5
透水压力/MPa	0.21	0.35	0.38	0.45	0.60	0.60	0.78	1.04

（3）膜元件的透盐水平

根据式（5.2）与式（5.3）给出的反渗透膜的运行规律，在设定给水含盐量条件下，膜元件的透盐流量不仅与产水含盐量相关，还与元件的透水通量相关。如果，设定统一的透水通量，则各元件的透盐流量只与产水含盐量相关。届时，则可通过各元件产水含盐量的大小，分辨各膜元件透盐水性能的高低。这里，将该测试条件下元件的透盐性能称为其"透盐水平"。

表 5.7 示出海德能公司部分膜品种元件的测试条件与透盐水平指标。根据该表数据，可以依次定义该组元件透盐水平的高低，这也正是本书后续部分以及业内称谓透盐率高低的膜品种序列。

表 5.7　海德能公司 8in 膜元件定给水含盐量及恒通量条件下的透盐水平指标

[1000mg/L, 25℃, 15%, 20L/(m² · h), 0a]

元件品种	ESNA1-LF2	ESPA1	PROC20	ESPA2	CPA3-LD	PROC10	SWC6	SWC5
透盐水平/%	35.0	1.93	0.94	0.67	0.64	0.53	0.20	0.14

（4）膜元件的元件压降

为了区别各膜品种的元件压降指标，需要规定统一的给水、浓水及产水流量。为克服不同品种元件膜面积不同形成的差异，这里不是产水通量的统一而是产水流量的统一。表 5.8 示出海德能公司部分膜品种元件的测试条件与元件压降指标。从该表数据可知常规隔网高度 28mil 的元件压降均为 1.8psi，隔网厚度增至 34mil 时元件压降均降至 0.8psi（1psi＝

6.895kPa）。

表 5.8　海德能公司 8in 膜元件定给水温度及各径流量条件下的元件压降指标

（1000mg/L，25℃，15%，0.74m³/h，0a）

元件品种	ESNA1-LF2	ESPA1	PROC20	ESPA2	CPA3-LD	PROC10	SWC6	SWC5
元件压降/psi	1.8	1.8	0.8	1.8	1.0	0.8	1.8	1.8

5.8　两类恒量测试分析

目前各膜厂商给出的膜品种性能指标，均是在恒定测试压力条件下测出其产水流量。本节旨在定量分析恒定压力与恒定通量的两类测试或计算方法所得计算数据的具体差异，以及两类测试方法的工程背景与工艺特点。

5.8.1　恒压力膜元件测试

表 5.9 示出在给定的膜元件、工作压力及其他计算条件下，膜元件内在的透水、透盐与阻力等特性系数分别发生变化时，膜元件外在的产水量、透盐率与膜压降等运行指标的相应变化。

表 5.9　定压力时（1.55MPa）的内在系数与外在指标的对应关系（CPA3，1500mg/L，25℃，15%）

内在系数			外在指标		
透水系数/ [m³/(h·MPa)]	透盐系数/(L/h)	阻力系数/ (kPa·h²/m⁶)	产水量/(m³/h)	透盐率/%	膜压降/kPa
1.248	4.316	0.175	1.733	0.313	20.0
1.373	4.316	0.175	1.904	0.285	24.1
1.248	4.748	0.175	1.734	0.344	20.0
1.248	4.316	0.193	1.732	0.314	22.0

① 表中首行数据为一组内在特性系数及其对应的一组外在运行指标，作为对照数据基础。

② 表中第二行数据中仅有透水系数增大了 10%。届时，不仅产水量增大了 10%，膜压降也增长了 21%，但透盐率降至了 91%。

③ 表中第三行数据中仅有透盐系数增大了 10%。届时，透盐率增大了 10%，产水量略有增长，膜压降则几乎不变。

④ 表中第四行数据中仅有阻力系数增大了 10%。届时，膜压降增大了 10%，产水量与透盐率也稍有变化。

总之，在恒压方式中，内在系数与外在指标之间具有较为复杂的函数关系，单项内在系数的变化会同时引起多项外在指标的变化。

5.8.2　恒通量膜元件测试

表 5.10 示出在给定的膜元件、膜通量（即特定膜面积的产水量）及其他计算条件下，膜元件内在的透水、透盐与阻力等特性系数分别发生变化时，膜元件外在的工作压力、透盐率与膜压降等运行指标的相应变化。

① 表中首行数据为一组内在特性系数及其对应的一组外在运行指标，作为对照数据

基础。

②表中第二行数据中仅有透水系数增大了 10%。届时，只有产水量增大了 10%。

③表中第三行数据中仅有透盐系数增大了 10%。届时，透盐率增大了 10%，产水量略有增长，膜压降则几乎未变。

④表中第四行数据中仅有阻力系数增大了 10%。届时，膜压降增大了 10%，产水量略有增长，透盐率则几乎未变。

总之，在恒通量方式中，内在系数与外在指标之间具有简单的函数关系，单项内在系数的变化几乎只会引起一项外在指标的线性变化，即形成内外参数间的一一对应关系。

表 5.10　定通量时的内在与外在指标对应关系〔CPA3，1500mg/L，25℃，15%，46.6L/(m²·h)〕

内在系数			外在指标		
透水系数/ [m³/(h·MPa)]	透盐系数/(L/h)	阻力系数/ (kPa·h²/m⁶)	给水压/MPa	透盐率/%	膜压降/kPa
1.248	4.316	0.175	1.550	0.313	20.0
1.373	4.316	0.175	1.424	0.313	20.0
1.248	4.748	0.175	1.550	0.345	20.0
1.248	4.316	0.193	1.550	0.313	22.0

进行膜元件的性能测试时，如采用定压力方式，由于膜元件透水压力的差异，自然影响膜元件产水量与脱盐率指标的测试精度。因此，进行膜元件的性能测试时应采用定通量方式，从而避免了膜元件透水压力差异的影响。

需要指出的是，表 5.9 与表 5.10 中的相关数据，源于本书第 11 章介绍的反渗透膜元件数学模型与第 17 章介绍的膜系统运行模拟软件的计算结果。

5.8.3　两种元件测试方式

根据前节内容分析，如果采用恒通量测试装置，不仅可以直接得到膜元件的外在性能指标，也易于推得膜元件的内在系数。但是，恒通量测试时，膜元件的测试既不能串联进行，也不能并联进行，而只能逐支进行操作，因此恒通量测试的工作效率较低，适合实验室环境中的膜元件性能分析，而不适合大规模工业产品的出厂例行测试。图 5.36 示出定流量测试的相关设备。

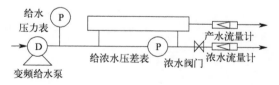

图 5.36　膜元件的恒通量测试装置

恒压力测试时，膜元件的测试可采用图 5.37 所示装置，以并联形式同时进行多元件测试，特别适于湿膜元件的大规模产品出厂时的例行测试。

正因如此，各规模生产的反渗透膜厂商不仅采用并联的恒压力测试方式，而且以恒压力测试方式所得数据形式公布其元件品种的性能指标（见表 5.1）。

如果要将恒压力并联测试数据换算成恒通量测试数据，可以将并联测试数据带入海德能等膜厂商提供的"系统运行参数标准化软件"，或其他算法进行转换处理。这样，甚至可以在无需仔细调节并联测试时并联元件的给水压力及每支元件的回收率条件下，既得到恒压力

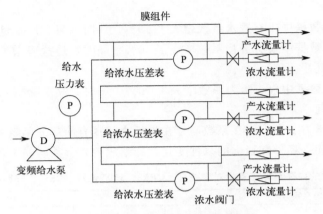

图 5.37 膜元件的恒压力测试装置

测试的工作效率，又可得到精确的测试结果，甚至计算出精确的每支元件恒通量测试指标。关于该标准化软件的使用方法参见本书 10.7 节。

第6章
反渗透系统的典型工艺

6.1 系统结构与技术术语

本书后续章节将涉及反渗透膜工艺的多种系统结构与特殊工艺，这里就相关技术术语进行一个总体注释。一个完整的反渗透工艺包括"预处理系统"、"膜处理系统"（或称膜系统）、"后处理系统"三个部分。由膜元件、膜壳、水泵、管路、阀门、仪表、电控、水箱及构架为主要设备构成膜系统，膜元件与膜壳构成膜堆，膜系统中随工艺的简繁不等，存在不同的系统结构与系统径流。

进入预处理系统的径流为"系统原水"，进入膜系统的径流为"系统进水"，进入膜堆的径流为"系统给水"，"系统给水"可能包含"系统进水"、"回流淡水"与"回流浓水"。不存在浓水回流及淡水回流工艺时，系统进水与系统给水两术语混用。

系统的浓缩径流称为"系统浓水"，它又分为"系统弃水"与"回流浓水"。不存在浓水回流工艺时（见本书7.2节浓水回流工艺），统称为系统浓水。系统的淡化径流称为"系统淡水"，它又分为"系统产水"与"回流淡水"。不存在淡水回流工艺时（见本书7.4节淡水回流工艺），统称为系统产水。

在图6.1示出的一级反渗透系统工艺流程中，多支膜元件的串联结构称为"膜串"；而只要后支元件的给水完全来源于前支元件的浓水时，前后两支元件则同属于一个"膜串"。膜串内串联元件数量称为"膜串长度"，长度相等的单个或多个膜串相并联时称为"膜段"（简称为段），而长度不等的膜串不可并联。只有一组并联膜串结构时，膜堆称为一段结构；前后两组并联膜串结构的并联数量不同时，称为前后段或首末段。各膜段串联起来即构成"膜堆"。

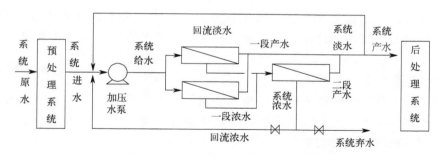

图 6.1 一级反渗透系统工艺流程图

在图6.2所示一级三段系统工艺流程中，各段具有各自的给水、产水与浓水径流。其中系统给水为第一段给水，系统产水为各段产水之和，系统浓水为最末段浓水。图6.3给出几种不同的一段系统结构，其中特别应注意：分膜壳串联结构仍属于同一膜串，单一膜串或并联膜串均属于同一膜段。

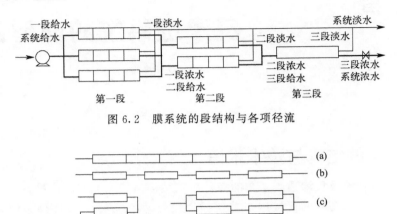

图 6.2　膜系统的段结构与各项径流

图 6.3　四种一段系统结构示意图

膜堆中的膜串与膜段用"＊＊/♯♯"或"＊＊/♯♯-＊＊/♯♯"或"＊＊-＊＊/♯♯"符号加以表示。其中，"＊＊"表示膜段中并联的膜串或膜壳数量，"♯♯"表示膜串或膜壳中串联的元件数量，"-"为前后两段的分割符。例如，1/6 表示 1 段结构，段中有 1 串元件，串中有 6 支元件。又如，2/3-1/4 表示 2 段结构，首段有 2 串元件，每串有 3 支元件；末段有 1 串元件，每串有 4 支元件。再如 4-2/6 表示 2 段结构，首段有 4 串元件，末段有 2 串元件，首末两段中每串有 6 支元件。

本书中，膜串长度也称"膜段长度"，各段长度之和称为"系统流程长度"。因工业膜元件的长度一般为 1m，膜段长度及系统流程长度可用米（m）为量纲。

6.2　设计依据与设计指标

反渗透膜系统的设计过程就是要：根据设计依据，设计系统工艺。

6.2.1　系统设计依据

反渗透系统设计的依据主要是给水水质条件、产水流量要求与产水水质要求三项。而且，总是假设预处理系统设计已经完成，系统的给水水质指标均已达到膜系统的基本要求。

（1）给水水质条件

在本书 5.2.3 部分中讨论的膜元件给水水质极限参数也就是膜系统的给水水质极限参数。以自然水体为水源的给水水质将随季节周期性变化，以工业污水为水源的给水水质一般具有更高的变化频率与幅度，而以市政污水为水源的给水水质的变化频率与幅度一般较低。

膜系统的给水水质指标可以再分为水体温度、总含盐量、各类无机盐含量、各类有机物含量、污染指数及水源类型等诸项。

① 给水温度：由于膜元件的透盐流量与透水流量均与给水温度正相关，系统给水温度

直接影响着膜系统的工作压力与产水水质。

② 给水含盐量：给水含盐量与系统透盐率的乘积即为产水含盐量，且给水含盐量与系统回收率决定了系统的渗透压，因此给水含盐量直接影响系统的产水水质与工作压力。

③ 无机污染物含量：给水中的难溶盐是膜系统中典型的无机污染物，各类难溶盐在系统末端的析出构成典型的无机污染，因此给水的难溶盐含量决定了系统最高回收率及投放阻垢剂的品种与用量。

④ 有机污染物含量：给水中的各类有机物均为膜系统的有机污染物，有机物浓度决定了系统的有机污染速度及生物污染速度，进而决定系统的设计通量、清洗频率、清洗力度、换膜频率、运行成本及运行稳定。

⑤ 污染指数与水源类型：由于污染指数表征的是 $0.45\mu m$ 以上粒径的污染物浓度，$0.45\mu m$ 以下粒径的有机物浓度并无具体指标表征，故 $0.45\mu m$ 以下粒径的有机物常由水源类型加以模糊表征。水源类型一般分为一级系统产水、自来水、深井水、地表水、海井水、深海水、污废水等类型，其水质依次劣化。

（2）产水流量要求

国内水处理工程一般分为市政水处理与工业水处理两种类型。前者包括给水加工、污水处理及海水淡化等工程，其产水流量一般按照立方米每天计算；后者包括各类工艺给水的深度处理及各类工艺污水的资源回用，其产水流量一般按照立方米每小时计算。

一些工程的产水流量要求随季节而变化，故设计产水流量也有不同季节的差异，这对于给水温度十分敏感的膜系统十分重要。一些工程的产水流量要求随昼夜即时间变化，则膜系统的设计产水流量与产水箱的设计体积密切相关。

（3）产水水质要求

膜系统的产水水质可以包括氟与硼等特殊离子含量及 pH 值等多项指标，但主要是总含盐量（mg/L）或电导率（μS/cm）指标。产水水质要求一般不存在季节性差异，对于 pH 值或特殊离子含量要求可结合膜系统的前后工艺予以处理。

一般而言，产水流量和产水水质达到要求的数值时，还要求两者均留有一定余量，以备温度变化与系统污染。如整个工艺流程中存在二级系统、EDI 系统或树脂交换等深度除盐工艺，一级膜系统设计产水水质与产水流量应该放在整体工艺流程中予以考虑，使整体工艺流程达到技术可行与经济合理。

这里的三大设计依据构成了膜系统的设计基础并决定了系统的主要工艺参数。例如，给水水质决定了系统回收率与系统通量，产水流量决定了系统规模，系统脱盐率决定了元件品种。

6.2.2　系统设计指标

膜系统设计领域中主要的经济与技术的指标及参数包括膜堆、设备、经济及技术四大类。

① 系统膜堆参数：包括元件数量、元件品种、元件排列等。

② 系统设备参数：包括水泵规格、膜壳数量、管路参数等。

③ 系统经济指标：包括投资成本、运行成本。

④ 系统技术指标：包括系统膜通量、系统回收率、系统透盐率、浓差极化度、段均通量比、段壳浓水比、吨水能耗及监控水平八项内容。

系统设计中各项参数指标之间存在十大基本关系：

① 膜平均通量主要取决于系统给水中有机污染物浓度（水源类型及预处理工艺）。

② 膜元件数量主要取决于设计产水流量与膜平均通量（膜元件的规格及其面积）。

③ 系统回收率主要取决于系统给水中无机污染物浓度（难溶盐及阻垢剂与温度）。

④ 系统透盐率主要取决于膜元件品种具有的脱盐水平（低给水含盐量与最高水温）。

⑤ 浓差极化度主要取决于各段膜堆的总系统流程长度（浓淡比决定浓差极化度）。

⑥ 系统的结构性极限回收率应该略大于难溶盐极限回收率（浓差极化度与壳浓流量）。

⑦ 段均通量比主要取决于段间加压等均衡通量的工艺（透水压给水温与盐浓度）。

⑧ 两段膜壳中浓水流量的比值主要取决于段壳数量比（末段污染重于首段污染）。

⑨ 水泵压力主要取决于膜品种、给水温度及污染程度（高含盐量低水温与重污染）。

⑩ 水泵流量取决于系统产水量要求与系统回收率指标（不同季节的产水量变化）。

进行系统设计过程及解决十大基本关系过程中，需要解决多种系统类型与多项工艺问题。

除一级系统之外，反渗透系统还包括二级系统、纳滤系统、海水淡化系统及污水系统等类型。每一类系统可以分为典型工艺、特殊工艺与优化工艺等不同层次。

6.3 膜品种与系统透盐率

反渗透系统的主要工艺目的是脱除给水中的盐分即产出低含盐量淡水，根据本书 5.3 节与 5.4 节内容可知，给水温度、产水通量、元件回收率、污染程度及给水 pH 值对于元件透盐率均有一定影响，但这些因素的影响程度有限；而选用不同透盐率膜元件品种的效果最为明显。该结论对膜系统而言也是如此。

表 6.1 数据表明，欲降低特定系统的产水含盐量，可以提高系统通量或降低系统回收率，也可以换成高脱盐率膜品种，但前两者的效果有限，而后者的效果明显（注：根据表 5.1 数据，同等工作压力及给水含盐量条件下，ESPA1 膜的透盐率为 0.7%，ESPA2 膜的透盐率为 0.4%）。

表 6.1　膜元件品种与系统产水水质关系 [1000mg/L，15℃，ESPA1，20L/（m² · h），75%，2-1/6，0a]

元件品种	系统通量/[L/(m² · h)]	系统回收率/%	产水含盐量/(mg/L)
ESPA1	20	75	36.9
ESPA1	22	75	33.4
ESPA1	20	70	32.0
ESPA2	20	75	12.5

图 6.4 所示曲线表明，元件脱盐率指标的小幅上升，也将导致系统脱盐率的大幅提高。换言之，膜元件透盐率的小幅下降，将导致膜系统透盐率的大幅降低。由此，各膜厂商为了膜品种脱盐率的提高（如从 99.5% 提高至 99.6%）做出了不懈努力。

例如，针对给水电导率 800μS/cm 的系统，若采用透盐率为 1.0% 的 A 膜品种，对应系统的透盐率为 3.0%，产水电导率将为 24μS/cm；若采用透盐率为 0.5% 的 B 膜品种，对应系统的透盐率为 1.0%，产水电导率将为 8μS/cm。如系统产水水质要求为电导率 10μS/cm，若采用 A 膜品种，需两级反渗透工艺方可使产水达标；若采用 B 膜品种，仅需一级反渗透工艺即可达标。由此可见，膜品种透盐率水平的意义之大。

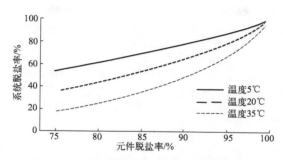

图 6.4 系统脱盐率与元件脱盐率关系曲线

6.4 设计导则与元件数量

6.4.1 系统设计导则

系统设计的另一重要内容是确定系统中各膜元件的设计通量（也称系统通量或平均通量）指标。设计通量受到膜系统经济指标与技术指标的双重制约。从经济观点出发，过低的设计通量将使系统的设备利用率降低、设备规模增大、投资成本提高；过高的设计通量将加重膜污染、增加膜清洗与膜更换的运行成本。从技术观点出发，过低的设计通量将使系统透盐率上升，不能充分发挥膜工艺的脱盐效果，过高的设计通量将加速膜性能的衰减、无法保证膜工艺的稳定运行。理想的设计通量应兼顾系统的脱盐效果与运行稳定，并使投资成本与运行成本合成的系统总成本最低。

一般而言，系统的投资成本随设计通量的增加而单调下降，系统的运行成本随设计通量的增加而单调上升，两者合成的系统总成本与设计通量呈先降后升的下凹曲线，故理论上总存在使总成本最低的设计通量。

各膜厂商给出元件的标准性能参数时，对应的测试通量是用纯水与短时测试条件下的运行参数，并不构成确定长期运行通量的依据。反渗透膜自身对通量并无严格的限制，而限制设计通量的实质是保证系统的稳定运行时间。一般而言，膜厂商总是保证：在系统给水的允许水质条件下，在膜性能正常衰减速度基础上，膜系统可以稳定运行 3～5 年。

当预处理工艺保证了系统给水的水质要求，且系统回收率及阻垢剂投加保证了系统末端不存在明显难溶盐沉淀的条件下，膜系统污染及膜性能衰减的主要因素就是系统的有机污染。系统有机污染的外因是给水中的有机物种类与浓度，内因是系统的运行负荷。因此，系统有机污染的主要原因可统归为"有机污染负荷"，即有机物浓度与设计通量的乘积（严格意义上还应再乘以浓差极化度）。因此，欲保证系统稳定运行 3～5 年，则给水中有机污染物浓度越高，将要求设计通量越低。

尽管反渗透系统工艺前端总有预处理系统存在，但因原水类型及预处理工艺各异，相同污染指数对应的 $0.45\mu m$ 以下粒径污染物浓度不尽相同。为此，各膜厂商制定了以原水类型与预处理工艺为双重背景的系统设计通量标准即系统设计导则。某公司给出的设计导则见表 6.2。该导则中，所谓传统系指混凝-砂滤的预处理工艺，所谓 MF/UF 系指超微滤预处理工艺。该表数据显示及隐含的基本规律为：

① 不同类型原水的有机物浓度越高，系统污染速度越快，则系统设计通量越小。

② 相同类型原水的预处理水平越高，系统污染速度越慢，则系统设计通量越大。

表中所以给出膜元件最高通量，是因为系统（或各段）首端膜元件的纯驱动压最高，产水通量最大，故而加以特别限制以防其快速污染。

表 6.2　某公司的反渗透及纳滤系统设计导则

原水类型		RO产水	地下水		地表水		海水		污水	
预处理工艺		RO	未软化	软化	传统	MF/UF	传统	MF/UF	传统	MF/UF
给水 SDI 值		1	3	2	4	2	4	3	4	3
系统设计平均通量/[L/(m²·h)]	保守值	30.6	23.8	23.8	17.0	18.7	11.9	13.6	11.9	13.6
	常规值	35.7	27.2	27.2	18.7	23.8	13.6	17.0	17.0	18.7
	激进值	40.8	30.6	34.0	23.8	28.9	17.0	20.4	20.4	22.1
元件最高给水流量/(m³/h)	保守值	49.3	35.7	40.8	25.5	27.2	28.9	32.3	18.7	20.4
	常规值	51.0	40.8	45.9	30.6	32.2	34.0	40.8	25.5	27.2
	激进值	59.5	45.3	49.3	35.7	37.4	40.8	49.3	30.6	32.3
浓差极化度 β	保守值	1.3	1.18							
	常规值	1.4	1.20							
	激进值	1.7	1.20							
透水系数年衰率/%	保守值	7	10	10	15	13	10	10	18	15
	常规值	5	7	7	12	10	7	7	15	12
	激进值	3	7	5	7	7	7	7	7	7
透盐系数年增率/%	保守值	7	15							
	常规值	5	10							

表 6.2 所示系统设计导则还表明：

① 尽管表中所设污水系统的设计通量已经降至 18.7L/(m²·h)，其透水与透盐的每年变化的预期数值仍然较地表水系统更快，即膜清洗与膜更换的周期更短，系统污染速度更快。

② 预处理系统的投资及运行费用的提高，可以换来膜处理系统投资及运行费用的降低，两者的平衡与优化是膜工艺水处理领域中的典型问题。例如，地表水系统采用低成本传统预处理工艺时的设计通量应为 17.0～23.8L/(m²·h)，而采用高成本超滤预处理工艺时的设计通量为 18.7～28.9L/(m²·h)。

③ 无论地下水源采用何种预处理工艺，膜系统的设计通量均为 27.2L/(m²·h)；而地表水用传统与超微滤预处理工艺时的设计通量分别为 18.7L/(m²·h) 与 23.8L/(m²·h)。该现象的内涵则是，地下水中的有机物含量很低，不同预处理工艺对其出水水质影响很小；地表水中的有机物含量很高，不同预处理工艺对其出水水质影响很大。

表 6.2 中系统设计平均通量系指，系统各膜元件的设计平均通量；元件最高给水流量系指，系统运行过程中，由于污染及水温等因素变化时，各元件中的最大通量，一般特指各段膜壳中首支元件的最大通量，该数值过高意味着系统通量的严重失衡。

设计导则规定的设计通量并非是严格数值，而是一个数值范围。系统设计时要根据元件数量、膜壳规格、产水水质等多项因素，选择具体的设计通量数值。

目前市场中的工业用膜元件面积分别为 365ft²（33.9m²）、400ft²（37.2m²）、440ft²（40.9m²）及 510ft²（47.4m²），表 6.3 示出不同面积膜元件与不同设计通量对应的设计产水量。根据该表数据可推算，如采用 400ft²（37.2m²）面积膜元件，则设计通量为 35.7L/(m²·h) 的二级系统中，单支元件的产水量可高达 1.33m³/h；而设计通量为 17L/(m²·h) 的污水系统中，单支元件的产水量只能限制在 0.63m³/h。

表 6.3　单支反渗透或纳滤膜元件的设计产水量　　　　　　单位：m³/h

单支元件面积/m²	设计通量/[L/(m²·h)]						
	10	15	20	25	30	35	40
33.9	0.339	0.509	0.678	0.848	1.017	1.187	1.356
37.2	0.372	0.558	0.744	0.930	1.116	1.302	1.488
40.9	0.409	0.614	0.818	1.023	1.227	1.432	1.636
47.4	0.474	0.711	0.948	1.185	1.422	1.659	1.896

6.4.2　系统元件数量

系统的设计通量决定了系统膜元件的数量。设 8040 规格工业元件的膜面积为 S_m，如已知系统设计产水流量 Q_{sys} 与系统设计通量 F_m，则系统的膜元件数量为 N_m：

$$N_m \approx \frac{Q_{sys}}{S_m F_m} \tag{6.1}$$

例如，设计产水量为 200m³/h 的系统，设计通量为 20L/(m²·h)，如果采用 33.9m² 面积的元件，则约需用膜元件 295 支；如果采用 37.2m² 面积或 40.9m² 面积的元件，则约需用膜元件 270 支或元件 245 支。

6.4.3　元件品种选择

反渗透膜元件各品种的规格与性能均有不同，合理选用元件品种即成为系统设计的重要内容之一。

① 根据系统的规模选择不同规格元件。一般而言，产水流量低于 5m³/h 规模时，系统应采用 4040 规格膜元件；产水流量高于 15m³/h 规模时，系统应采用 8040 规格膜元件；产水流量介于 5～15m³/h 规模时，系统应采用 8040 与 4040 两种规格元件的混搭结构。

② 根据系统脱盐率选择不同品种元件。一般而言，系统脱盐率要求较低时，应选低脱盐率及低透水压力膜品种；系统脱盐率要求较高时，则选高脱盐率及高透水压力膜品种。

③ 根据给水含盐量选择不同品种元件。一般而言，系统给水含盐量较低时，应选低透水压力膜品种；系统给水含盐量较高时，应选高透水压力膜品种。

④ 根据给水温度选择不同品种元件。一般而言，系统给水温度较低时，应选低透水压力膜品种；系统给水温度较高时，应选高透水压力膜品种。

⑤ 根据给水中有机污染物浓度选择不同品种元件。一般而言，系统给水中有机污染物浓度较低时，可选普通膜品种，即浓水隔网高度较低且膜面积较大的膜品种；系统给水中有机污染物浓度较高时，应选耐污染膜品种，即浓水隔网高度较高且膜面积较小的膜品种。

⑥ 根据给水中微生物含量选择不同品种元件。一般而言，系统给水中微生物含量较低时，可选普通膜品种；系统给水中微生物含量较高时，可使给水中的余氯浓度适当提高，并选用耐氧化膜品种。

6.5　膜系统的极限回收率

如设系统透盐率为 S_p，则系统浓水含盐量与给水含盐量之比的浓缩倍数 Con 为系统回

收率 R_e 与系统透盐率 S_p 的函数；由于反渗透系统的透盐率 S_p 一般仅约为 0.01，如果忽略该透盐率，系统的回收率 R_e 就与浓缩倍数 Con 呈简单关系：

$$Con = \frac{1 - R_e S_p}{1 - R_e} \approx \frac{1}{1 - R_e} \tag{6.2}$$

例如，回收率为 0.75 时的浓水被浓缩 4 倍，回收率为 0.80 时的浓水被浓缩 5 倍，回收率为 0.90 时的浓水被浓缩 10 倍，即随系统回收率升高，浓缩倍数急剧上升。

如果说系统的设计通量决定了系统的设备投资成本与洗膜或换膜的运行成本，则系统的设计回收率决定了系统运行的弃水成本。例如，设系统产水量为 100m³/h 规模、21.5L/(m²·h) 的设计通量、75% 的设计回收率；则该系统应有膜面积 37.2m² 的元件数量 125 支，如按照每支元件 0.36 万元计算则折合膜元件成本 45 万元，按照 3 年寿命折算为每年膜折旧费仅为 15 万元。

如系统给水成本按照吨水 0.5 元价格计算，且为 75% 的设计回收率，则每小时排放浓水 33.3m³，每年排放浓水价值高达 14.6 万元。如果系统回收率提高 1%，三年即可节水价值 1.75 万元。由此可见系统设计回收率的重要，特别在目前国内水资源短缺、污染形势严重、要求减排甚至零排的情况之下，系统回收率问题越发值得关注。

一般而言，提高系统的回收率受到难溶盐浓度及膜壳浓水流量等因素的限制。

6.5.1　难溶盐的极限回收率

如果认为设计通量与有机污染速度之间的关系尚属线性，则系统回收率与无机污染速度之间的关系应属于非线性。有机物在任何浓度条件下均产生系统污染，难溶盐在未超过饱和度时理论上不产生无机污染，而一旦超过饱和度则污染速度很快。因此，在系统设计领域中，最高回收率有着鲜明的坎值性质。

6.5.1.1　难溶盐的相关概念

关于难溶盐饱和析出的相关概念，与以下几个定义相关。

（1）溶解度

在特定温度条件下，100g 水中达到饱和状态时所能溶解某溶质的质量，称为该溶质在该温度条件下的溶解度。在 20℃ 条件下溶解度超过 10g 的盐分称为易溶盐（氯化钠的溶解度是 36g），溶解度在 1~10g 的盐分称为可溶盐，溶解度在 0.1~1.0g 的盐分称为微溶盐，溶解度低于 0.1g 的溶质称为难溶盐。在反渗透系统中形成无机结垢的物质仅为各类难溶盐。

（2）溶度积

化合物 $A_n B_m$（s）的溶解方程可表征为：

$$A_n B_m(s) \Longleftrightarrow n A^{m+}(aq) + m B^{n-}(aq) \tag{6.3}$$

在特定温度条件下，某难溶盐达到溶解平衡（即溶解饱和）时，其阴阳离子浓度的乘积称为该难溶盐的溶度积常数 K_{sp}：

$$K_{sp_{AB}} = [A^{m+}]^n [B^{n-}]^m \tag{6.4}$$

式中，$[A^{m+}]$ 为阳离子物质的量浓度；$[B^{n-}]$ 为阴离子物质的量浓度；n 为阴离子态价；m 为阳离子价态。

常见难溶盐的溶度积常数 K_{sp} 见表 6.4。

表 6.4 常见无机盐的溶度积常数 K_{sp}（25℃）

序号	名称	分子式	$-\lg K_{sp}$	序号	名称	分子式	$-\lg K_{sp}$
1	碳酸钙	$CaCO_3$	8.54	11	氢氧化镁	$Mg(OH)_2$	10.92
2	氟化钡	BaF_2	6.00	12	碳酸锰	$MnCO_3$	10.74
3	硫酸钡	$BaSO_4$	9.96	13	碳酸镍	$NiCO_3$	8.18
4	碳酸钡	$BaCO_3$	8.29	14	氯化铅	$PbCl_2$	4.79
5	氟化钙	CaF_2	10.57	15	碳酸锌	$ZnCO_3$	10.84
6	硫酸钙	$CaSO_4$	5.04	16	碳酸亚铁	$FeCO_3$	10.50
7	氢氧化钙	$Ca(OH)_2$	5.81	17	硫酸铅	$PbSO_4$	7.8
8	氯化铜	$CuCl_2$	5.92	18	碳酸锶	$SrCO_3$	9.96
9	碳酸镁	$MgCO_3$	7.46	19	硫酸锶	$SrSO_4$	6.49
10	氟化镁	MgF_2	8.19	20	氟化锶	SrF_2	8.61

（3）饱和度

在水体中的特定溶解度条件下，某难溶盐的阳离子物质的量浓度与阴离子物质的量浓度的乘积 $[A]^n[B]^m$，与该难溶盐溶度积常数之比称为水体中该难溶盐的饱和度 $S_{ta_{AB}}$：

$$S_{ta_{AB}}=\frac{[A]^n[B]^m}{K_{sp_{AB}}}\times100\%\qquad(6.5)$$

一般情况下，难溶盐的饱和度低于 100% 时，不会产生析出沉淀；超过 100% 时，将会产生析出沉淀，即形成难溶盐结垢。

（4）朗格利尔指数（LSI）

与其他难溶盐结垢判据不同，表征碳酸钙结垢倾向的为朗格利尔指数（LSI）：

$$LSI=[pH]-[pHs]\qquad(6.6)$$

式中，$[pH]$ 为水体的实测 pH 值，$[pHs]$ 为水体中碳酸钙达到溶解平衡时的 pH 值。

LSI>0 时，水体具有产生结垢的趋势。

LSI<0 时，水体具有产生腐蚀的趋势，水中原有的碳酸钙垢会被溶解。

LSI=0 时，水体处于临界饱和状态，水中原有的碳酸钙垢，既不增加也不被溶解。

6.5.1.2 极限回收率

一般而言，已知系统给水的各难溶盐含量及系统回收率，即可知反渗透系统浓水中的各类难溶盐含量，进而得知系统浓水中各类难溶盐的饱和度和 LSI 数值。如已知特定系统给水的各难溶盐含量，使得系统浓水中某类难溶盐饱和度达到 100% 或使 LSI 达到 0 值的系统回收率，即为系统的最高回收率。

例如，某系统的碳酸钙、硫酸钙、硫酸锶、硫酸钡及二氧化硅等难溶盐的最高回收率分别为 $R_{CaCO_3 max}$、$R_{CaSO_4 max}$、$R_{BaSO_4 max}$、$R_{SrSO_4 max}$ 及 $R_{SiO_2 max}$，则该系统的"难溶盐极限回收率" $R_{sys\,max}$ 为各难溶盐最高回收率的最低值：

$$R_{sys\,max}=Min(R_{CaCO_3 max},R_{CaSO_4 max},R_{BaSO_4 max},R_{SrSO_4 max},R_{SiO_2 max})\qquad(6.7)$$

由于各类难溶盐所能允许的最高回收率取决于系统给水中的各难溶盐含量，式(6.7) 的内涵即为：系统的极限回收率主要取决于系统给水中的各难溶盐含量。此外，因难溶盐的饱和度还具有温度、pH 值及离子强度等影响因素，欲得到准确的系统难溶盐极限回收率，还应考虑这些因素的影响。

本部分以图 6.5 所示系统给水水质与图 6.6 所示系统设计方案为例，以海德能设计软件为工具，进行系统极限回收率分析。其中，meq 为离子的毫克当量，其与毫摩尔的关系为：

某离子的毫克当量(meq)＝该离子的物质的量(mmol)×该离子的化合价。

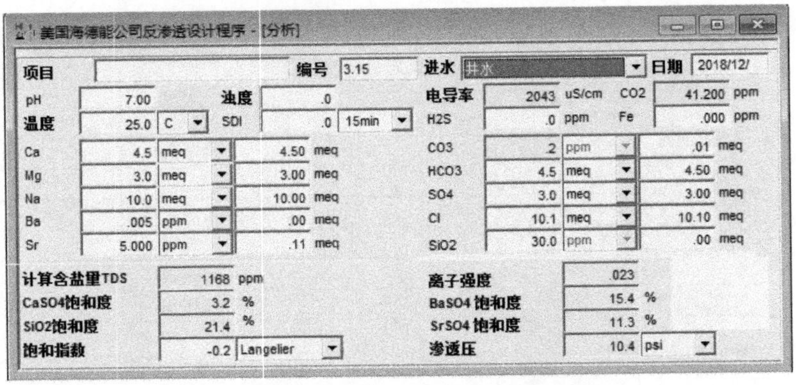

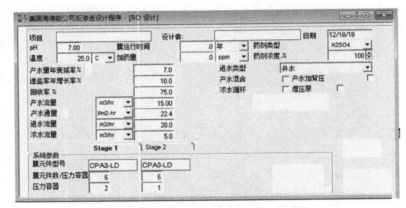

图 6.5　算例系统的给水水质分析报告

图 6.6　算例系统设计方案的结构与参数

(1) 阻垢剂与难溶盐极限回收率

根据图 6.5 及图 6.6 所示数据，可以得到图 6.7 所示系统的浓水中各难溶盐饱和度与朗格利尔指数。在理论上，系统浓水中的各难溶盐饱和度超过 100％，或朗格利尔指数超过 0，相应的难溶盐即将饱和析出并形成无机污染。但是，在投加适质及适量的阻垢剂时，各难溶盐的饱和度及朗格利尔指数的上限将大幅提高。海德能设计软件认可投加阻垢剂后的硫酸钙、硫酸锶、硫酸钡的饱和度上限分别升至 230％、800％、6000％；朗格利尔指数上限升至 1.8，而二氧化硅的饱和度不受阻垢剂的影响，即仍保持在 100％。

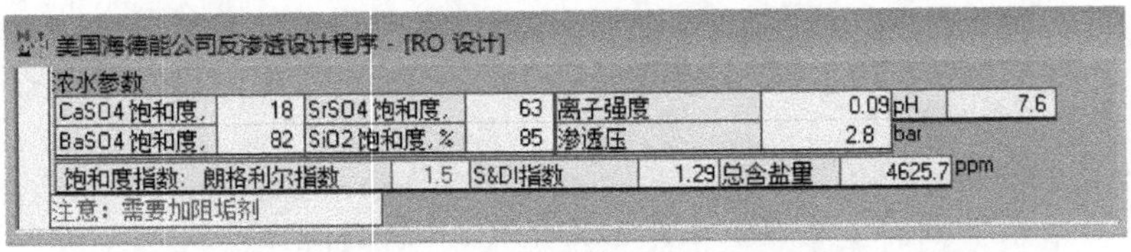

图 6.7　算例系统设计方案对应的浓水中各难溶盐参数

由于图 6.7 中所示各难溶盐饱和度及朗格利尔指数均未达到投加阻垢剂后的上限数值，故该系统回收率仍有提高的空间。图 6.8 中数据表明，当系统回收率达到 78.8％时，二氧化硅的饱和度首先达到上限值，因此可判定该系统的极限回收率为 78.8％。

美国海德能公司反渗透设计程序 - [RO 设计]

浓水参数

CaSO4 饱和度,	22	SrSO4 饱和度,	77	离子强度	0.11	pH	7.6
BaSO4 饱和度,	101	SiO2 饱和度,%	100	渗透压	3.3	bar	
饱和度指数: 朗格利尔指数	1.7	S&DI指数	1.45	总含盐量	5443.2	ppm	

注意：需要加阻垢剂

警告：饱和度超过极限，点击了解更多信息

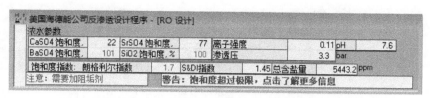

图 6.8 算例系统在 78.8%回收率条件下的浓水中各难溶盐参数

(2) 给水温度与难溶盐极限回收率

在图 6.5 及图 6.6 所示系统参数基础上，如果系统给水温度从 25℃下降至 14.5℃，则会出现图 6.9 所示系统浓水中各难溶盐的参数。

美国海德能公司反渗透设计程序 - [RO 设计]

浓水参数

CaSO4 饱和度,	19	SrSO4 饱和度,	68	离子强度	0.09	pH	7.6
BaSO4 饱和度,	116	SiO2 饱和度,%	100	渗透压	2.8	bar	
饱和度指数: 朗格利尔指数	1.3	S&DI指数	1.05	总含盐量	4640.2	ppm	

注意：需要加阻垢剂

警告：饱和度超过极限，点击了解更多信息

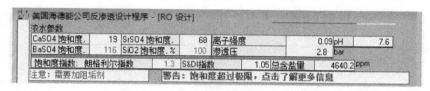

图 6.9 低给水温度 14.5℃时的浓水中各难溶盐参数

图 6.7 与图 6.9 所示数据的差异表明，同样是 75%的系统回收率条件下，给水温度较低时，各难溶盐的饱和度均相应上升。当给水温度降至 14.5℃时，二氧化硅的饱和度首先升至其极限值的 100%。受二氧化硅饱和度的制约，系统极限回收率被限定为 75%。但是，基于碳酸钙的特性，给水温度降低时，朗格利尔指数不升反降。

如图 6.10 数据所示，当给水温度升至 41℃时，各难溶盐的饱和度相应下降，但朗格利尔指数上升至其上限值的 1.8。受碳酸钙的朗格利尔指数的制约，系统回收率为 75%时的给水最高温度为 41℃。

美国海德能公司反渗透设计程序 - [RO 设计]

浓水参数

CaSO4 饱和度,	17	SrSO4 饱和度,	59	离子强度	0.09	pH	7.5
BaSO4 饱和度,	61	SiO2 饱和度,%	69	渗透压	3.0	bar	
饱和度指数: 朗格利尔指数	1.8	S&DI指数	1.61	总含盐量	4578.2	ppm	

警告：饱和度超过极限，点击了解更多信息

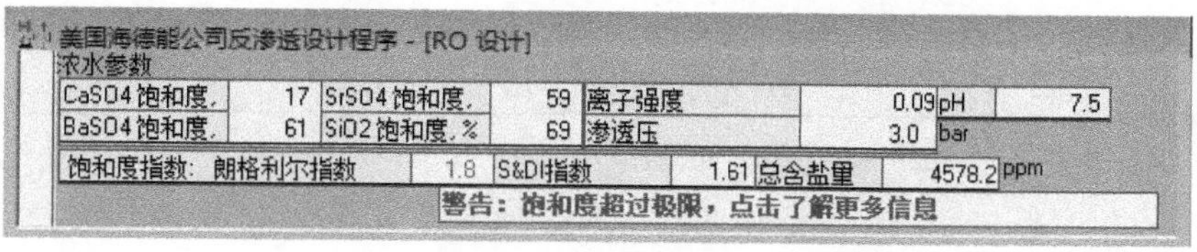

图 6.10 高给水温度 41℃时的浓水中各难溶盐参数

(3) 给水 pH 值与难溶盐极限回收率

当给水 pH 值从 7 升至 8 时，浓水 pH 值从 7.6 升至 8.6，系统浓水中各难溶盐参数如图 6.11 所示，即随浓水 pH 值的上升，浓水的朗格利尔指数随之上升，而其他难溶盐的饱和度下降。当给水 pH 值从 7 降至 6 时，浓水 pH 值从 7.6 降至 6.5，系统浓水中各难溶盐参数如图 6.12 所示，即随浓水 pH 值的下降，浓水的朗格利尔指数随之下降，而其他难溶盐的饱和度上升。而且，与给水温度相比，给水及浓水 pH 值的变化对于各难溶盐饱和度及朗格利尔指数的影响更为明显。

(4) 给水离子强度与难溶盐极限回收率

如果在图 6.5 数据基础上将 Na^+ 与 Cl^- 浓度均提高到 30mmol/L，浓水含盐量将从 4611mg/L 提高到 9186mg/L，浓水的离子强度将从 0.09 提高到 0.17。从图 6.13 与图 6.8 中的数据比较可知，对应相同的给水难溶盐浓度，较高的浓水的含盐量即离子强度，将有效

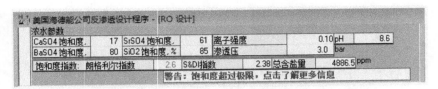

图 6.11　给水 pH 值为 8 条件下的浓水中各难溶盐参数

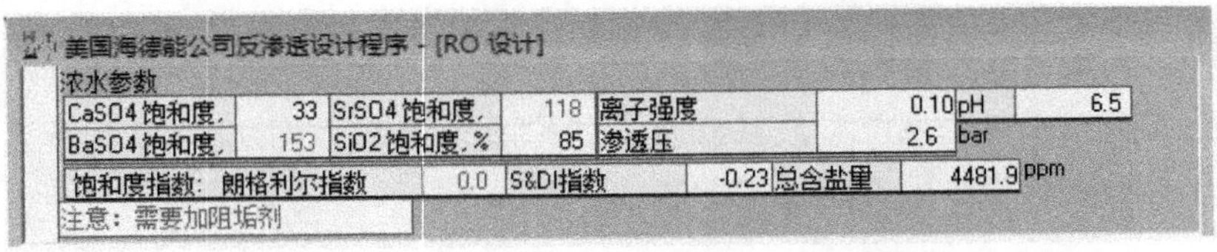

图 6.12　给水 pH 值为 6 条件下的浓水中各难溶盐参数

降低浓水的朗格利尔指数与除二氧化硅之外的各类难溶盐的饱和度，即降低系统的无机污染趋势。

图 6.13　高离子强度条件下的浓水中各难溶盐参数

换言之，对应相同的浓水的水难溶盐浓度，对于较高的浓水离子强度，系统的最高回收率可以有所提高。

如果从不同难溶盐影响因素其对系统最高回收率分析，可以得出如下结论。

① 碳酸钙。对于系统给水中相同的碳酸钙含量，给水的温度越高、pH 值越高或离子强度越高，其最高回收率越低。

② 硫酸盐。对于系统给水中相同硫酸钙、硫酸锶或硫酸钡含量，给水的温度越低、pH 值越高或离子强度越高，其最高回收率越低。

③ 二氧化硅。对于系统给水中相同二氧化硅含量，不同的给水温度与给水离子强度，对其最高回收率并无影响；但给水 pH 值越高，其最高回收率越低。

6.5.2　浓差极化极限回收率

本书 5.5 节中已经讨论到，浓差极化是错流运行方式侧向渗透流过程的伴生现象。在膜元件中，浓差极化度用式（5.13）与式（5.15）表征。图 6.14 及图 6.15 所示膜元件的平均浓差极化度与元件的浓淡比及回收率的对应关系表明，元件的浓差极化度随元件的浓淡比上升而下降，随元件回收率的上升而增长。

图 6.14 所示浓差极化度 β 的浓淡比 ξ 特性函数为：

$$\beta = 1.4468 - 0.0729\xi + 0.0038\zeta^2 \tag{6.8}$$

图 6.15 所示浓差极化度 β 的回收率 R_e 特性函数为：

$$\beta = 1.0117 + 0.0072R_e + 0.00016R_e^2 \tag{6.9}$$

因此，1.2 的浓差极化度限值与 4.33 的浓淡比或 18.7% 的回收率一一对应。

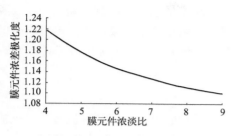

图 6.14 膜元件浓差极化度的浓淡比特性曲线

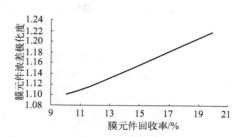

图 6.15 膜元件浓差极化度的回收率特性曲线

值得指出的是，图 6.14、图 6.15、式(6.8)、式(6.9) 以及本书有关浓差极化度的数值均来自海德能设计软件的数学模型，且该模型中元件的浓差极化度只与元件的浓淡比（或与回收率）相关，尽管这样并非合理。

在反渗透系统中，沿着流程各元件位置的浓淡比及回收率不断变化，各元件的浓差极化度也在不断变化，并在系统某流程位置达到最高数值，且将系统中出现的最高浓差极化度称为系统浓差极化度 β_{sys}。而且，浓差极化度还受系统结构、给水含盐量、膜透盐率、工作温度、元件通量等多种因素的影响。

图 6.16 与图 6.17 示出，特定系统浓差极化度的给水温度特性中，较高给水温度与首段各元件的浓差极化度较高，系统回收率升高时，首末两段浓差极化数值均上升。

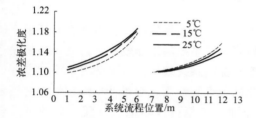

图 6.16 浓差极化度的给水温度特性
（80%，200mg/L，2-1/6，ESPA2）

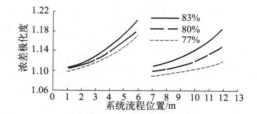

图 6.17 浓差极化度的系统回收率特性
（15℃，200mg/L，2-1/6，ESPA2）

图 6.18 所示特定系统浓差极化度的给水含盐量特性中，高给水含盐量系统的浓差极化曲线发生异变，末段浓差极化曲线可能出现平直甚至下降的趋势。

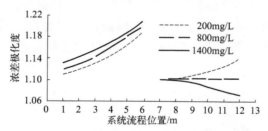

图 6.18 浓差极化度的给水含盐量特性
（25℃，80%，2-1/6，ESPA2）

由于浓差极化度与浓淡比成负相关，图 6.16～图 6.18 中，首段系统浓差极化度的上升，主要源于首段元件产水量较大，浓淡比下降速度较快；末段系统浓差极化度上升斜率降低甚至下降，主要源于末段元件产水量较小，浓淡比下降速度较慢。图 6.18 所示高含盐量及高回收率系统中，末段元件浓水渗透压急剧上升，产水流量急剧下降甚至趋于 0，浓淡比大幅上升，层流层变薄，故膜表面盐浓度与紊流主流道盐浓度趋于一致，故而出现浓差极化度沿系统流程下降，甚至接近 1 的现象。但是，浓差极化度接近 1，也标志着元件产水流量接近 0，这也是系统中极不正常的现象之一。

6.5.2.1　浓差极化度的限值

膜系统中的浓差极化现象，提高了沿系统流程中各个位置上膜表面的有机物与无机盐浓度，且难溶盐饱和度的最高值不是发生在系统末端浓水中，而常发生在系统末端膜表面。设系统末端的浓差极化度为 $\beta_{\mathrm{sys,end}}$，系统末端浓水中的难溶盐饱和度为 $\alpha_{\mathrm{sys,end}}$，则系统末端膜表面的难溶盐饱和度 $\alpha_{\mathrm{sys,mem}}$ 为两者的乘积：

$$\alpha_{\mathrm{sys,mem}} = \beta_{\mathrm{sys,end}} \alpha_{\mathrm{sys,end}} \tag{6.10}$$

换言之，如系统末端膜表面难溶盐饱和度 $\alpha_{\mathrm{sys,mem}}$ 达到其临界值 100%，则系统末端浓水难溶盐饱和度 $\alpha_{\mathrm{sys,end}}$ 最高应限制在 $100\%/\beta_{\mathrm{sys,end}}$。因浓水中难溶盐饱和度与系统回收率正相关，浓差极化现象的存在直接降低了系统浓水中难溶盐饱和度极限，并间接地降低了系统的难溶盐极限回收率。

值得指出的是，系统浓水中的难溶盐饱和度可以检测或计算得出，而系统末端膜表面的浓差极化度不可测，该数值只能依靠系统设计软件模拟计算。系统浓水中的微生物及有机物等非难溶盐污染物浓度不存在饱和问题，但其浓度在膜表面的提高也将加速形成凝胶层或滤饼层，从而加剧膜污染甚至促进难溶盐的沉淀。

从减轻微生物、有机物、难溶盐等污染源对膜系统污染的目的出发，应努力降低膜系统的浓差极化水平，但加大错流以减小浓差极化也将降低膜系统的工作效率。因此，需将膜系统浓差极化保持在特定水平，以兼顾降低污染程度与提高系统效率两方面的要求。

由于膜元件给浓水流道的复杂结构及浓差极化的不可测性质，很难严格地描绘元件膜表面浓差极化度的确切数值。沃顿、陶氏、科氏、东丽、东玺科（TCK）等膜厂商的设计软件中未将 β 值指标作为设计参数加以限制，而是以元件回收率 R_e 等设计参数越界的方式隐含地提示 β 值越界。海德能则在其设计软件中明确表征出 β 值指标，该软件依据膜元件结构等特征，建立了元件回收率 R_e 与元件浓差极化度 β 之间的函数关系，并明确了 1.2 作为 β 值的上限指标。

在工程试验环境中，元件 β 值对元件运行存在着实质性影响。图 6.19 示出特定膜元件在不同 β 值条件下运行时，元件透盐率随运行时间的变化过程。图示曲线表明，β 值低于 1.20 时，元件透盐率较低；β 值高于 1.20 时，元件透盐率较高。

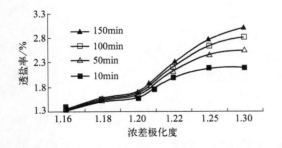

图 6.19　膜透盐率的浓差极化特性

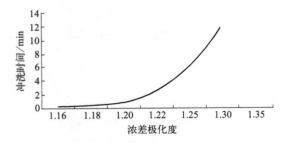

图 6.20　膜性能恢复所需冲洗时间

图 6.20 所示曲线表明，以相同冲洗力度进行定时膜冲洗时，欲使膜元件恢复初始性能，β 值低于 1.20 时所需清洗时间较少，β 值高于 1.20 之后所需清洗时间较长。因此，以 1.20 为浓差极化度 β 值的上限较为合理。

6.5.2.2　极限回收率

表 6.5 示出系统首段末端元件的浓差极化度均为 1.2 时，不同流程长度系统的最高回收率、产水含盐量及产水能耗。如果将浓差极化度为其极限值 1.2 时系统达到的最高回收率称为"浓差极化极限回收率"，则系统流程越长，浓差极化极限回收率越高。原因在于随流程的增长，首段末端元件的浓淡比将相应上升。

表 6.5　不同流程长度系统的浓差极化极限回收率

[$\beta = 1.2$，25℃，0g/L，20L/(m² · h)，2-1/* （* 为 4、5、6、7、8），ESPA2]

系统流程长度/m	系统最高回收率/%	产水含盐量/(mg/L)	产水流量/(m³/h)	产水能耗/(kW · h/m³)
2-1/8＝16	84.6	31.9	17.87	0.36
2-1/7＝14	82.4	26.4	15.63	0.35
2-1/6＝12	79.1	21.2	13.40	0.34
2-1/5＝10	74.5	17.1	11.17	0.33
2-1/4＝8	67.9	13.8	8.93	0.32

对表 6.5 数据进行分析可知，如果系统的难溶盐极限回收率为 75%，则系统的流程最短长度应为 2-1/6＝12m，过短的流程长度将造成浓差极化度越限。

表 6.6 中数据示出 75% 回收率系统采用不同流程长度时的运行参数。该表数据表明，对于特定回收率系统，系统流程越长，则浓差极化度越低，但产水水质、系统能耗及段通量比（见本书 7.1 节）等一系列运行指标均趋于恶化。

表 6.6　回收率 75% 及不同流程长度系统的运行参数

[25℃，1g/L，20L/(m² · h)，2-1/* （* 为 6、7、8），ESPA2]

系统流程长度/m	系统浓差极化度	产水水质/(mg/L)	产水能耗/(kW · h/m³)	段通量比
2-1/6＝12	1.18	18.0	0.35	23.7/12.7
2-1/7＝14	1.15	18.8	0.38	24.3/11.5
2-1/8＝16	1.14	19.7	0.40	25.0/10.1

产水水质差是由于系统末端的工作压力低且产水流量小，故透盐量大。系统能耗大是由于长流程系统要克服较长的给浓水流道阻力，故增加了工作压力。段通量比大是由于流程越长，首末段工作压力差距越大，故首末段通量均衡程度越差。

对表 6.6 数据进行分析可知，如果系统的难溶盐极限回收率为 75%，则系统的流程最长长度应为 2-1/6＝12m，过长的流程长度将造成产水水质及产水能耗等多项技术指标恶化。

总结本节对表 6.5 与表 6.6 数据的分析可以得出如下重要结论：

① 系统的浓差极化极限回收率取决于系统的难溶盐极限回收率。

② 因浓差极化极限回收率依流程长度只能是个阶跃量，而难溶盐极限回收率依难溶盐浓度可以是个连续量，故前者可以大于后者，但是不宜小于后者。

③ 系统的浓差极化极限回收率决定了系统的流程长度，过长或过短的流程长度均会造成系统运行参数的恶化。

④ 推而广之，对应更低的难溶盐极限回收率与最高 1.2 浓差极化度，系统流程长度应该更短；对应更高的难溶盐极限回收率与最高 1.2 浓差极化度，系统流程长度应该更长。

6.5.3　壳浓流量极限回收率

本书 5.2.4 部分已经明确了膜元件的最低浓水流量，也就是明确了膜壳的最低浓水流量。在串并联结构系统中的元件最低浓水流量，一般是发生在系统末段末端元件之上，而且膜壳或元件的最低浓水流量同时取决于系统浓水流量与系统末段并联的膜壳数量。

当系统回收率给定时，系统平均通量越低，则系统的浓水流量越小；当系统平均通量（或产水流量）给定时，系统的回收率越高，则系统的浓水流量越小。而且，系统末段并联的膜壳越多，末段膜壳浓水流量越少。在给定膜堆结构条件下，元件即膜壳浓水流量限值决定的系统最大回收率称为"壳浓流量极限回收率"。

设系统的产水流量为 $Q_{p,sys}$、系统的壳浓流量极限回收率为 $R_{e,con}$、系统浓水流量下限为 $Q_{c,min}$、系统末段并联的膜壳数量为 N，则上述各量值之间存在如下关系：

$$Q_{c,min} = Q_{p,sys} \times \frac{1 - R_{e,con}}{N R_{e,con}} \quad (6.11)$$

$$或\ R_{e,con} = \frac{Q_{p,sys}}{N Q_{c,min} + Q_{p,sys}} \quad (6.12)$$

由表 6.7 给出的参数可知系统的壳浓流量具有以下特点：

① 在相同产水流量条件下，较高系统回收率导致较低浓水流量及壳浓流量。

② 在相同系统回收率条件下，较低产水流量导致较低浓水流量及壳浓流量。

③ 相同系统回收率及产水流量条件下，末段膜壳数量越多，壳浓流量越小。

如本书第 5 章所述，膜元件的极限参数中还有可能发生在系统首端元件上的给水流量上限值，但在系统中首端元件给水流量的越限现象只在系统流程较长且回收率较低的情况下发生。因绝大多数系统力求最大回收率，故系统首端元件给水流量上限一般无需列入极限回收率参数的考虑范围。

表 6.7　不同膜堆结构的系统壳浓流量极限回收率

（壳浓流量下限＝2.7m³/h，15℃，1000mg/L，CPA3）

系统回收率/系统通量	80%/18L/(m²·h)		80%/20L/(m²·h)		75%/20L/(m²·h)	
系统膜堆结构/m	7-5/6=12	8-4/6=12	7-5/6=12	8-4/6=12	7-5/6=12	8-4/6=12
首/末段壳浓流量/(m³/h)	4.1/2.4	3.1/3.0	4.6/2.7	3.5/3.4	5.3/3.6	4.1/4.5

6.5.4　系统的极限回收率

通过本书 6.5 节上述内容的讨论可得出结论：膜系统的回收率越高，节水效果越好，系统运行成本越低，但膜系统的极限回收率同时受到难溶盐浓度、浓差极化度及膜壳浓水流量三大因素的限制，故系统的极限回收率 $R_{e,max}$ 应为该三项极限回收率的最低值：

$$R_{e,max} = \min(R_{e,salt}, R_{e,pola}, R_{e,con}) = \min(R_{e,salt}, R_{e,stru}) \quad (6.13)$$

这里，浓差极化极限回收率 $R_{e,pola}$ 与壳浓流量极限回收率 $R_{e,con}$ 主要由膜堆结构决定，故将 $R_{e,pola}$ 及 $R_{e,con}$ 两者统称为"结构性极限回收率" $R_{e,stru}$。

由于阻垢剂的阻垢作用受到限制，故难溶盐浓度属于由给水难溶盐成分决定的外部限制条件，具有刚性限制性质；而结构性极限回收率可以通过流程长度、并联膜壳数量、平均通量或浓水回流等工艺及参数的调整加以改善，基本属于内部限制条件，具有柔性限制性质。且因系统流程过长将产生更大系统能耗及更差的产水水质，因此构成了"系统回收率设计原则"：

① 系统设计回收率应略小于难溶盐极限回收率，即系统末端膜表面难溶盐为临界饱和状态。

② 进行系统的结构设计时应使系统的结构性极限回收率略大于或等于难溶盐极限回收率。

值得注意的是，各膜厂商设计软件计算的是系统浓水中的难溶盐饱和度，但系统末端膜表面的难溶盐浓度是浓水难溶盐浓度与浓差极化度的乘积，也正是该膜表面浓度决定了难溶盐是否饱和析出。

6.6 膜堆结构与参数分布

6.6.1 元件的串并联形式

膜堆结构设计的基本问题之一是多支膜元件的串并联排列形式。

例如，设某小型系统的给水含盐量 $C_f = 1000 \text{mg/L}$，系统产水流量 $Q_p = 400 \text{L/h}$，设计通量 $F_m = 20 \text{L/(m}^2 \cdot \text{h)}$，设 4040 膜元件的面积 $S = 8.4 \text{m}^2$，膜元件工作压力 $P_f = 0.8 \text{MPa}$，膜压降 $\Delta P_m = 0.02 \text{MPa}$，透盐率 $S_p = 1\%$。则系统的膜元件数量 N 应取为整数：

$$N = \text{int}\left(\frac{Q_p}{SF_m}\right) = \text{int}\left(\frac{400}{8.4 \times 20}\right) = \text{int}2.38 = 2 \qquad (6.14)$$

（1）并联元件结构

当两支膜元件并联运行时，因每支膜元件的浓淡流量比均不得低于 5∶1，则每支膜元件的回收率均不得高于 16.6%。并联结构中的两支元件运行参数完全一致，系统最高回收率等于各元件最高回收率 16.6%。两支并联元件系统在结构性极限回收率制约下，简单计算的系统运行参数如图 6.21 所示，该计算满足了给水、产水及浓水三项径流的流量平衡、盐量平衡及压力平衡。

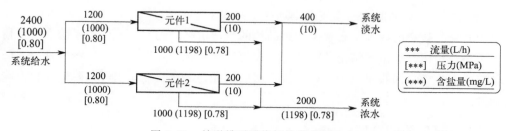

图 6.21　并联排列系统结构的参数分布

该并联系统的回收率仅为 $400/2400 = 16.6\%$，透盐率为 $10/1000 = 1.0\%$。系统运行能耗为给水流量 Q_f 与工作压力 P_f 的乘积，系统浪费能量是浓水流量 Q_c 与浓水压力 P_c 的乘积，则并联系统的效率 η 为：

$$\eta = \frac{Q_f P_f - Q_c P_c}{Q_f P_f} \times 100\% = \frac{2400 \times 0.8 - 2000 \times 0.78}{2400 \times 0.8} \times 100\% = 19\%$$

（2）串联元件结构

2 支膜元件串联运行时，前支膜元件的浓水成为后支膜元件的给水，系统仅弃掉最后 1 支元件产水量 5 倍的浓水流量，从而使系统回收率较高。只要最后 1 支膜元件的浓淡水比例满足 5：1 即浓差极化度保持在 1.2 之内，则前面各支膜元件的浓淡比与浓差极化度可以自然得到满足。图 6.22 给出了 2 支串联元件系统的运行参数，其系统回收率为 $400/1400＝28.6\%$，透盐率为 $10.8/1000＝1.1\%$，串联系统的效率 η 为：

$$\eta=\frac{Q_f P_f-Q_c P_c}{Q_f P_f}\times100\%=\frac{1400\times0.82-1000\times0.78}{1400\times0.82}\times100\%=32\%$$

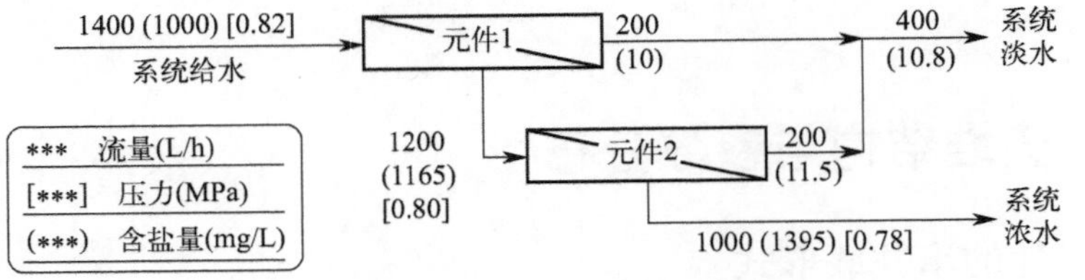

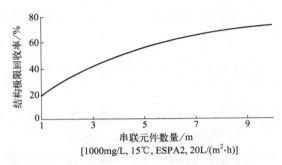

图 6.22 串联排列系统结构的参数分布

总结图 6.21 及图 6.22 的串并联结构的系统运行参数，特别是根据图 6.23 所示曲线可知：

图 6.23 结构极限回收率与串联元件数量

① 并联结构系统的产水水质远优于串联结构系统。

② 串联结构系统回收率与系统效率远高于并联系统。

由于系统脱盐率的提高主要取决于膜品种的脱盐水平，约 6 支元件的系统在一般情况下均应采用串联结构。得出该结论的原因是，在短流程系统中，串联系统的结构性极限回收率特别是浓差极化极限回收率大于并联系统，回收率提高的意义在于水耗的降低，也意味着能耗的降低。

6.6.2 膜系统的分段结构

前面讨论了 2 支元件系统采用串联结构的优势，但因能耗过高、通量失衡、产水质差等原因，更多支元件不应全部串联。对于一般给水深加工或苦咸水淡化的 1～18 支元件规模系统，使浓差极化极限回收率达到最大值的膜堆结构为："在保证末段串联 6 支元件基础上，逐渐增加首段 2 个并联膜串的数量"。该结构简称为"六支段结构"。

表 6.8 中数据表明，当末段串联元件数量少于 6 支时，其浓差极化极限回收率将低于六支段结构；当末段串联元件数量大于 6 支时，受浓差极化极限回收率限制，系统回收率也不大于末段串联 6 支元件的结构，且产水能耗、产水含盐量、段通量比等系统指标均劣于六支段结构。

表 6.8　"六支段"膜堆结构计算参数 ［15℃，300mg/L，ESPA2，19L/(m² · h)，0a］

膜数	膜堆结构	产水能耗/ (kW · h/m³)	产水含盐量/ (mg/L)	首末段通量比	浓水流量/ (m³/h)	浓差极化	回收率/ %
18	2/5-1/8	0.33	3.2	21.5/16.0=1.34	2.8	1.18	82
	2/6-1/6	0.32	3.1	20.6/15.8=1.30	2.8	1.20	82
	2/7-1/4	0.34	2.8	20.0/15.6=1.28	3.6	1.20	78
12	2/2-1/8	0.35	2.6	21.9/17.6=1.24	2.8	1.18	75
	2/3-1/6	0.34	2.6	20.8/17.2=1.21	2.8	1.20	75
	2/4-1/4	0.36	2.4	20.1/16.9=1.19	3.6	1.20	69
10	2/1-1/8	0.36	2.5	22.2/18.2=1.22	2.7	1.19	72
	2/2-1/6	0.35	2.5	21.0/17.7=1.19	2.7	1.20	72
	2/3-1/4	0.38	2.2	20.2/17.3=1.17	3.8	1.20	65
8	1/8	0.39	2.3		2.8	1.20	67
	2/1-1/6	0.38	2.3	21.2/18.3=1.16	2.8	1.20	67
	2/2-1/4	0.41	2.1	20.3/17.7=1.15	3.9	1.20	59
6	1/6	0.41	2.1		2.8	1.20	60
	2/1-1/4	0.47	2.0	20.5/18.3=1.12	3.9	1.20	52

　　更多计算数据表明，苦咸水淡化系统在不同给水温度、给水含盐量、设计通量、元件品种及污染程度等环境条件下，即使其他膜堆结构的浓差极化极限回收率更高，但六支段结构对于约为 75％回收率系统而言，其产水能耗、产水水质、段通量比等性能指标仍然具有综合优势。这也正是目前实际工程中多采用六支段结构的原因所在。

　　根据本书 6.5.4 部分给出的"系统回收率设计原则"，结构性极限回收率应约等于难溶盐极限回收率，如果系统难溶盐极限回收率即系统回收率分别为 80％、75％及 70％，表6.9 给出系统相关膜堆结构的计算参数。根据表中数据可以得出结论：受浓差极化度及浓水流量的限制，设计回收率为 80％系统的膜堆结构可以是"七支段结构"或"六支段结构"，设计回收率为 75％系统的膜堆结构可以是"六支段结构"或"五支段结构"，设计回收率为70％系统的膜堆结构可以是"五支段结构"或"六支段结构"。

表 6.9　不同回收率系统及膜堆结构的计算参数 ［15℃，300mg/L，ESPA2，19L/(m² · h)，0a］

元件 数量	膜堆 结构	产水能耗/ (kW · h/m³)	产水含盐量/ (mg/L)	首末段 通量比	浓水流量/ (m³/h)	浓差极化	回收率/ %
21	2-1/7	0.35	3.1	21.0/14.9=1.34	3.7	1.16	
18	2-1/6	0.34	3.0	20.7/15.7=1.32	3.2	1.19	80
15	2-1/5	0.32	2.9	20.3/16.4=1.24	2.7	1.22	
18	2-1/6	0.36	2.7	20.8/15.5=1.34	4.2	1.16	
15	2-1/5	0.35	2.7	20.4/16.3=1.25	3.5	1.19	75
12	2-1/4	0.33	2.6	20.1/16.9=1.19	2.7	1.24	
18	2-1/6	0.40	2.5	20.9/15.2=1.38	5.5	1.14	
15	2-1/5	0.37	2.4	20.5/16.1=1.27	4.5	1.17	70
12	2-1/4	0.35	2.4	20.1/16.9=1.19	3.6	1.21	

　　典型的"六支段结构"包括 2-1/6、4-2/6 及 16-8/6 等 2-1/6 膜堆结构的整倍数结构，典型的"五支段结构"包括 2-1/5、4-2/5 及 16-8/5 等 2-1/5 膜堆结构的整倍数结构。关于非典型"六支段结构"的讨论见本书第 8 章内容。

6.6.3　系统沿程参数分布

　　2-1/6 结构与其他 2-1/6 整倍数结构只有并联膜壳数量的差异，故沿系统流程的运行参数分布几无差异。2-1/6 结构的系统流程长度为 12m，沿流程各元件的运行条件及运行参数均有变化。图 6.24～图 6.27 给出特定系统 [2000mg/L、5℃、75％、20L/(m² · h)、CPA3-LD、2-1/6] 的沿流程各参数分布曲线。

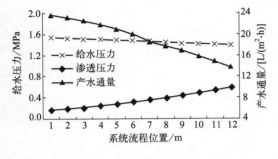

图 6.24 系统的压力及通量分布

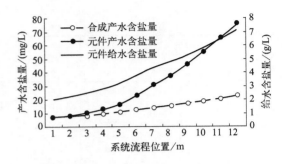

图 6.25 系统给水与产水含盐量分布

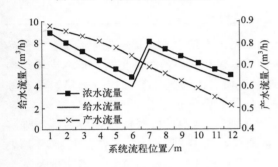

图 6.26 系统的三项径流量分布

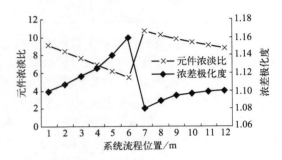

图 6.27 系统浓淡比浓差极化度分布

图 6.24 曲线表明，因膜压降的作用，沿流程各元件的给水压力（或称工作压力）逐渐降低；因给水被浓缩，沿流程各元件的给水渗透压逐渐上升；给水压与渗透压的差值即纯驱动压加速下降，使沿流程的元件产水流量或产水通量的下降梯度大于给水压力的下降梯度。图 6.25 曲线给出了沿流程各元件给水含盐量及产水含盐量的上升过程。其中，首末两元件的产水含盐量相差 10 倍有余，而沿流程混合而成产水径流的含盐量变化幅度要小得多（这里设产水径流与给水径流的流向同向）。

图 6.26 与图 6.27 曲线示出，各段内沿流程各元件的给水流量、浓水流量与浓水淡水比值均逐渐下降，而浓差极化度逐渐上升。其原因是随元件产水流量的逐渐分流。四条曲线在首末两段之间所以出现跃变，是由于首段两壳浓水流量汇为末段一壳给水流量时的流速跃升。

虽然各膜元件脱盐水平一致，但因沿流程的产水通量不断下降与给浓水含盐量逐渐升高，膜元件实际透盐量沿系统流程呈图 6.28 曲线所示的快速上升趋势，即系统产水中的绝大部分盐分来自系统末端。

系统中各元件的运行参数不仅随流程位置变化，其变化趋势还随着给水含盐量、给水温度、平均通量、污染程度、元件品种以及系统回收率等系统参数变化。下面以特定系统 [2-1/6、2000mg/L、5℃、75％、20L/(m² · h)、CPA3-LD、0a] 为基础，分别改变给水温度、给水含盐量、平均通量、污染程度、元件品种等各参数进行系统计算，并给出膜元件通量及产水含盐量两参数沿系统流程的分布曲线。由于系统回收率产生的膜元件通量及产水含盐量两参数分布变化较小，这里未加描述。

① 给水温度特性。图 6.29 所示曲线表明，给水温度较低时，沿程的通量均衡度与产水含盐量均衡度都较高，而给水温度较高时的情况相反。

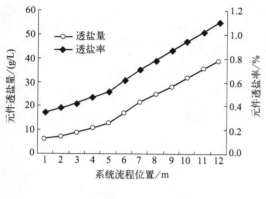

图 6.28　膜元件透盐率与透盐量分布

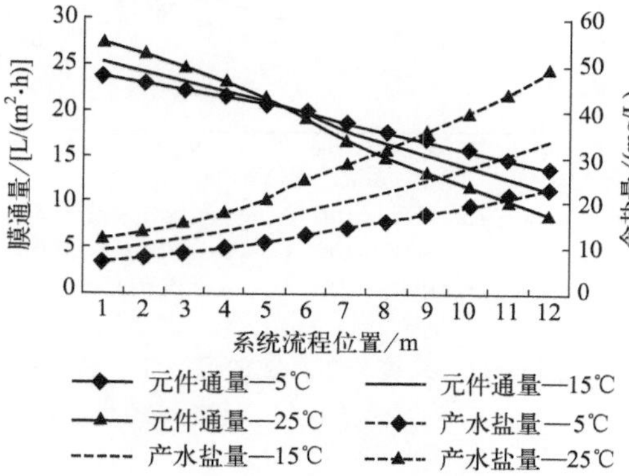

图 6.29　系统分布参数的温度特性

② 给水含盐量特性。图 6.30 所示曲线表明，给水含盐量较低时，沿程的通量均衡度与产水含盐量均衡度都较高，而给水含盐量较高时的情况相反。

③ 膜均通量特性。图 6.31 所示曲线表明，系统平均通量较低时，沿程的通量均衡度与产水含盐量均衡度都较低，而系统平均通量较高时的情况相反。

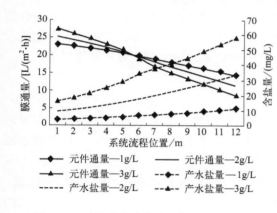

图 6.30　系统分布参数的给水盐含量特性

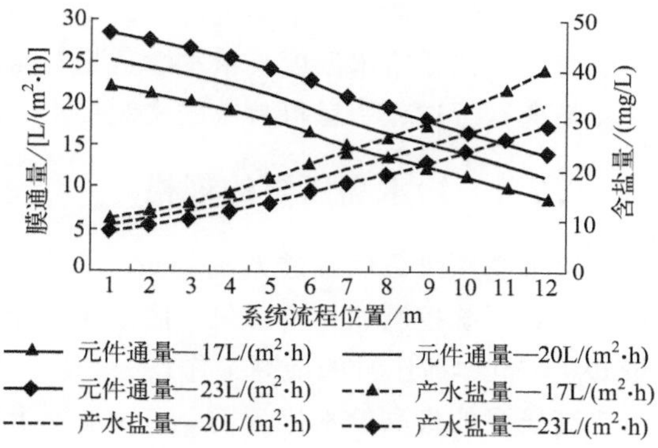

图 6.31　系统分布参数的膜均通量特性

④ 污染程度特性。图 6.32 所示曲线给出不同运行年份的参数分布状况，其实质内容是表征系统的不同污染程度。该曲线表明，重污染系统沿程的通量均衡度与产水含盐量均衡度都较高，轻污染系统的情况相反。值得注意的是，目前各膜厂商设计软件关于污染的设置均为均匀污染，且不计有机与无机污染的区别，这样处理与实际情况存在很大差异。

⑤ 元件品种特性。由于 ESPA1、ESPA2 及 CPA3 系列膜品种的透水压力及脱盐水平依次更高，则高透水压力及高脱盐水平膜品种系统的沿程的通量均衡度与产水含盐量均衡度都较高，低透水压力及低脱水平膜品种系统的情况相反。图 6.33 所示曲线表示了此项规律。

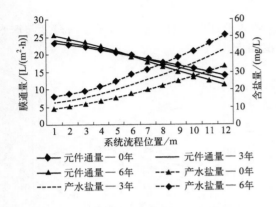

图 6.32　系统分布参数的运行年份特性

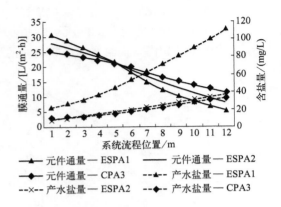

图 6.33　系统分布参数的元件品种特性

6.7　恒量运行与运行余量

预处理系统中的水泵选型，主要是在各种运行环境下始终能保证恒定出水流量；反渗透系统中的水泵选型，主要是在各种运行环境下始终保证系统的恒系统回收率与恒产水流量。反渗透系统设计领域中一个重要内容是，针对特定的设计方案，应该允许系统运行过程中的给水条件及运行参数具有一定的变化空间，该空间也称运行余量。

运行余量的需求源于系统内外的主客观因素。外部因素是在系统运行过程中给水参数的客观变化，包括给水温度、给水含盐量甚至给水中的各难溶盐及污染指数的变化；内部因素是在系统运行过程中运行参数的主观要求，包括系统回收率、污染程度及产水流量等。

6.7.1　给水高压泵的规格

给水高压泵是反渗透系统的重要设备，是系统运行的动力来源，是设计选型的重要内容，也是系统控制的重要对象。膜系统高压泵的主要参数是最高工作压力 $P_泵$ 与最高给水流量 $Q_泵$，也称高压泵的最高工作点。

高压泵的最高给水流量 $Q_泵$ 应大于等于设计产水流量 Q_p 与设计系统回收率 R_e 的比值：

$$Q_泵 \geqslant Q_p / R_e \tag{6.15}$$

高压泵的最高工作压力 $P_泵$ 应大于等于最恶劣工作条件下的系统最高工作压力 P_{oper}：

$$P_泵 \geqslant P_{oper} \tag{6.16}$$

所谓最恶劣工作条件系指同时发生的最低给水温度、最高给水含盐量、最大产水流量、最低系统回收率、最大管路压降、最长工作年份及最大污染程度七项恶劣工作条件。其中，最长工作年份隐含最大不可恢复膜性能衰减，最大污染程度隐含最大可恢复膜性能衰减。

七大恶劣工作条件中，除江河入海口处之外的给水含盐量波动幅度总是有限，自然水体年内给水温度变化幅度的影响一般较大，而系统最大污染程度甚至很难准确加以预计。各膜厂商提供的设计软件中，虽然具有运行年份与透水年衰率及透盐年增率等反应污染程度的参数，但其存在以下问题。

① 对于污染速率估计不足。例如，一些软件假设膜元件的透水年衰率为 7%，透盐年增率 10%。该数值对于较好的水源条件及较好的预处理工艺还较为接近，而对于较差水源及

预处理工艺则相距甚远。

　　② 污染及清洗的实际区别。设计软件中的所谓透水年衰率及透盐年增率只能理解为经过在线或离线清洗之后的膜元件不可逆性能的变化率，而对于清洗之前的污染膜元件可逆性能的变化很难准确估计与处理。

　　此外，实际选泵时还应为高压泵的最高给水流量 $Q_泵$ 与最高工作压力 $P_泵$ 留有余量，以防止水泵的实际参数与标称参数间的差异。换言之，在图 6.34 所示相关位置中，所选水泵规格固有的流量压力特性曲线应在水泵设计工作点上方的一定高度。

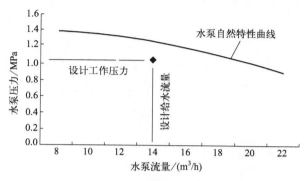

图 6.34　水泵特性与系统工作点

6.7.2　浓水截流阀门设置

　　一般认为反渗透膜系统主要由膜堆、膜壳及水泵三大件组成，但浓水阀门也是形成工作压力、系统通量及系统回收率的必要设备。

　　浓水阀门全开时，系统工作压力只是管路压降与元件压降的总和，该状态一般对应的是系统的水力冲洗与药剂清洗。届时的流量很大而压力很低，基本没有系统产水流量。

　　浓水阀门全关时，系统的工作压力与产水流量均达到最大值，而浓水流量为零。该状态将使系统形成全流过滤，会造成快速且严重的系统污染，因此当系统运行时绝对禁止全部关闭浓水阀。

　　适度调整浓水阀可以有效调整系统回收率、产水流量及工作压力。阀门开度加大时，系统回收率降低、工作压力下降、产水流量减小；阀门开度减小时情况相反。

　　浓水调节阀门一般包括针阀、球阀、闸阀及蝶阀等不同种类，大中型系统一般用闸阀，各类系统均要求浓水阀门可以在较宽范围内有效调节其开度。必要时可在控制闸阀一侧，旁路一个泄流蝶阀，以便在系统冲洗时打开蝶阀，进行大流量系统冲洗。

　　如果需要自动调节系统回收率，则要求浓水调节阀门为开度可调的电动（伺服）阀门，即阀门的伺服控制电机可随时准确地调整阀门开度。理想情况下，伺服阀门的开度与阀门的旋转角度呈线性关系。图 6.35 给出了不同的浓水阀门组合。

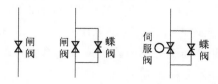

图 6.35　浓水阀门的不同组合方式

6.7.3 膜系统的单元数量

多数反渗透系统的用户要求不间断供水，故而要求系统必须由几个相同规模的单元组成，每个单元由独立的给水泵、膜堆及浓阀组成，各单元的运行互不干扰。系统各单元中只有 1 个单元处于清洗或检修或备用状态，则系统仍属于正常状态。

根据可靠性理论，在一个具有 n 个单元的系统中，如果有 $n-1$ 个单元正常运行，该系统属于表决系统性质，记为 $(n-1)/n(G)$。

在表决系统中，如各单元的可靠程度均为 R，则系统可靠程度 R_S 为

$$R_S = \sum_{i=n-1}^{n} (n/i) R^i (1-R)^{n-i} \tag{6.17}$$

该式的含义是：系统中有 i 个单元正常，只有 $n-i$ 个单元故障，该状态的概率为 $R^i(1-R)^{n-i}$，而从 n 个单元的系统中取 i 个单元正常的取法共计 (n/i) 种：

$$(n/i) = \frac{n!}{i!(n-i)!} \tag{6.18}$$

根据式(6.17)，1/2(G)系统的可靠程度：

$$R_{1/2} = R_1 + R_2 - R_1 R_2 = 2R^1 - R^2 \tag{6.19}$$

2/3(G) 系统的可靠程度：

$$R_{2/3} = R_1 R_2 + R_1 R_3 + R_2 R_3 - 2R_1 R_2 R_3 = 3R^2 - 2R^3 \tag{6.20}$$

3/4(G) 系统的可靠程度：

$$R_{3/4} = R_1 R_2 R_3 + R_1 R_2 R_4 + R_1 R_3 R_4 + R_2 R_3 R_4 - 3R_1 R_2 R_3 R_4 = 4R^3 - 3R^4 \tag{6.21}$$

系统分为多个单元时的可靠程度与投资成本如表 6.10 所列。系统分为 2 个单元时，以元件与膜壳为主的单元设备成本用 2/1 表征，辅助设备成本用 2 表征；系统分为 3 个单元时，单元设备成本用 3/2 表征，辅助设备成本用 3 表征（辅助设备包括水泵、管路、仪表及电控）。

表 6.10　多个单元系统的可靠程度与投资成本分析（$R=0.9$）

单元数量	1	2	3	4	5	6
单元设备成本	1	2/1	3/2	4/3	5/4	6/5
辅助设备成本	1	2	3	4	5	6
系统可靠程度	0.9	0.99	0.972	0.9477	0.91854	0.885735
最高产水流量	1	2/1	3/2	4/3	5/4	6/5
最低产水流量	1	1	1/3	1/4	1/5	1/6

表 6.10 数据表明，系统的单元数量与系统其他指标之间存在以下关系：

① 单元数量越多，每个单元的规模越小，系统的单元设备成本越低。
② 单元数量越多，包括水泵、管路、仪表及电控的辅助设备成本越高。
③ 单元数量越多，系统只允许一个单元故障停运的可靠程度越低。
④ 单元数量越多，只有一个单元投入运行时的系统最低产水量小。
⑤ 单元数量越多，各单元均正常运行时的系统最高产水量越小。

因此，系统设计应根据元件与膜壳的总投资成本、系统可靠程度以及用户所需的最大与最小产水流量，综合考虑反渗透系统的单元设计数量。

而且，系统的各单元之间应尽量保持独立，而不应采用给水母管结构。母管结构便于采

用大规格水泵以降低水泵造价。但是，母管结构无法实现每个单元各自的恒通量运行，将使洁净单元加重负荷，使污染单元减轻负荷，从而失去分单元的意义。

6.7.4 系统回收率的余量

反渗透系统的回收率主要取决于给水的难溶盐含量与温度等因素。由于系统设计所依据的水质报告有误、给水的难溶盐含量与温度的波动等原因，系统运行过程中均有可能上下调整系统回收率。

对于设计回收率 75% 的特定系统（1000mg/L，10℃，12.5m³/h，2-1/6，CPA3-LD，5a）而言，要求的给水压力与给水流量分别为 1.520MPa 与 16.67m³/h。如系统回收率提高至 78%，要求的给水的压力与流量分别为 1.524MPa 与 16.03m³/h；如系统回收率降低至 72%，要求的给水的压力与流量分别为 1.517MPa 与 17.36m³/h。这里，±3% 的系统回收率变化已经属于较大幅度，而相应的给水压力变化不足 ±3%，且相应的给水流量变化仅约 ±4%。

总之，选择水泵的压力与流量时，只要留有 5% 的余量即可适应系统回收率 ±3% 的变化。

6.7.5 系统产水量的余量

产水量是系统设计的主要指标之一，但因昼夜或季节等原因，系统运行过程中常有调整产水量的需要。但对现有规模系统而言，产水量的调整幅度应在设计导则所规定的通量范围之内。如表 6.2 所列，经超微滤预处理的污水处理系统的设计通量范围是 13.6～22.1L/(m²·h)。

如果选用运行通量 18.7L/(m²·h)，则通量的弹性余度，向下有 5.1L/(m²·h) 余度，向上有 3.4L/(m²·h) 余度。对于特定系统（1000mg/L，20℃，75%，2-1/6，CPA3-LD，0a）而言，则设计产水量为 12.5m³/h，最高产水量 14.8m³/h，最低产水量 9.1m³/h。

但是，当系统产水量降至 9.1m³/h 时，系统首段膜壳浓水流量为 2.65m³/h，低于膜壳最低浓水流量 2.7m³/h。因此，受膜壳最低浓水流量限制，最低的运行产水量升至 9.5m³/h。

如果根据设计产水量 12.5m³/h 与回收率 75% 确定水泵流量，则给水泵的流量应为 12.5/0.75m³/h＝16.67m³/h。如果根据系统的最低给水温度 10℃ 及最高污染程度 5a 工况条件确定水泵压力，则给水泵的压力应为 1.52MPa。如果根据此流量与压力选用格兰富立式多级离心泵，则可取 CRN15-14 型泵或 CRN20-14 型泵。两者的压力流量特性函数分别为：

$$P=-0.0019Q_2+0.0087Q+1.9374 \quad (\text{CRN15-14}) \tag{6.22}$$

$$P=-0.0015Q_2+0.0157Q+1.9614 \quad (\text{CRN20-14}) \tag{6.23}$$

取用上述任何一型水泵，在 16.67m³/h 流量下的给水压力均可达到 1.55MPa 压力，即均可满足 1.52MPa 的运行压力要求。但是，要在最低给水温度 10℃ 及最高污染程度 5a 工况条件下，达到最高通量 22.1L/(m²·h) 即最大产水量 14.8m³/h（给水流量 14.8/0.75m³/h＝19.73m³/h），需要 1.78MPa 给水压力。届时，只有 CRN20-14 型泵能够满足要求。

计算表明，CRN15-14 型水泵能够满足的最大通量仅为 19.0L/(m²·h)，即最大产水量为

12.7m³/h（给水流量 12.7÷0.75m³/h＝16.93m³/h），CRN20-14 型水泵能够满足的最大通量为 21.4L/(m²·h)，即最大产水量为 14.3m³/h（给水流量 14.3÷0.75m³/h＝19.06m³/h）。

上述分析所得不同的系统产水流量，可以用图 6.36 直观标出。由此表明：

① 如以设计导则给出的产水通量范围为标准，则系统设计通量越低，运行产水量的向上余度越大，运行产水量的向下余度越小。

② 由于膜壳浓水流量存在下限值，运行产水量的向下余度可能要高于设计导则允许的最低运行产水量，而段间加压工艺可在一定程度上提高首段膜壳的浓水流量（见本书 7.1 节）。

③ 给水泵的压力及流量指标往往成为限制系统运行流量的主要因素，因此选择较大规格水泵有利于系统运行流量的提高。当然，大规格水泵的低压力及小流量运行，也将造成水泵的投资效益与运行效率的降低。

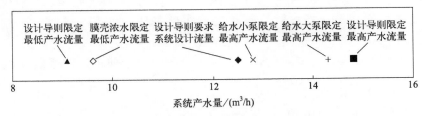

图 6.36 系统产水量的弹性余度示意

6.7.6 系统产水质的余量

反渗透系统的产水水质主要取决于给水的含盐量、温度、产水流量及污染程度等因素。由于给水含盐量、给水温度或系统污染的异常，系统运行的某一时段的产水水质可能未达到用户要求。届时，提高产水水质的最有效措施是增大产水流量。

对于特定系统（1000mg/L，75%，20℃，12.5m³/h，2-1/6，CPA3-LD，5a）而言，其产水含盐量为 21mg/L，相应的给水压力与给水流量分别为 1.16MPa 与 16.67m³/h。

① 如果给水含盐量从 1000mg/L 因故增至 1100mg/L，产水含盐量将相应增至 24.2mg/L，相应的给水压力为 1.18MPa。如能使产水量增至 14.4m³/h，产水含盐量将可恢复到 21mg/L，届时的给水压力与给水流量需分别增至 1.34MPa 与 19.2m³/h。为恢复产水含盐量到 21mg/L，图 6.37 示出了不同给水含盐量增长幅度对应的给水压力与给水流量。

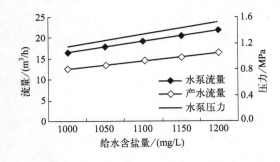

图 6.37 不同给水含盐量的给水压力与流量　　　图 6.38 不同给水温度的给水压力与流量

② 如果给水温度从 20℃ 因故增至 25℃，产水含盐量将相应增至 24.7mg/L，相应的给水压力降至 1.03MPa。如能使产水量增至 14.65m³/h，产水含盐量将可恢复到 21mg/L，届

时的给水压力与给水流量需分别增至 1.18MPa 与 19.53m³/h。为恢复产水含盐量到 21mg/L，图 6.38 示出了不同给水温度增长幅度对应的给水压力与给水流量。

③ 如果相当于 5a 的污染程度因故增至相当于 7a 的污染程度（各元件的产水量年衰率 7％且透盐率年增率 10％），产水含盐量将相应增至 23.5mg/L，相应的给水压力为 1.31MPa。如能使产水量增至 13.95m³/h，产水含盐量将可恢复至 21mg/L，届时的给水压力与给水流量需分别增至 1.45MPa 与 18.6m³/h。为恢复产水含盐量到 21mg/L，图 6.39 示出了不同给水温度增长幅度对应的给水压力与给水流量。

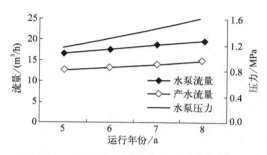

图 6.39　不同运行年份的给水压力与流量

总之，欲使系统运行时的产水量、回收率及脱盐率指标具有一定弹性，则要求给水泵的压力与流量较系统设计的正常参数具有相应的余度。

6.8 系统的能耗与水电费

6.8.1 膜品种与运行能耗

对于反渗透系统而言，节能是降低运行成本的重要环节。

针对特定系统 [2000mg/L、5℃、75％、20L/(m² · h)、2-1/6、0a]，选用不同膜品种时的运行参数见表 6.11，其中透水压力较低膜品种的系统能耗及吨水能耗较低。

表 6.11　膜品种与系统能耗分析 [2000mg/L，5℃，75％，20L/(m² · h)，2-1/6，0a]

膜品种	工作压力/MPa	产水含盐量/(mg/L)	段通量比	系统功耗/kW	产水能耗/(kW · h/m³)
ESPA4	0.91	91.9	24.9/10.0＝2.49	5.8	0.44
ESPA1	1.09	74.6	23.6/12.8＝1.84	7.0	0.52
ESPA2	1.32	25.2	22.7/14.4＝1.58	8.5	0.63
CPA3	1.54	23.0	21.8/16.4＝1.33	9.7	0.74
PROC20	1.10	35.3	22.8/14.3＝1.59	7.1	0.53
SWC5	2.94	4.1	21.1/17.8＝1.19	18.6	1.41

由于不同膜品种同时具有透水压力与透盐水平两项指标，系统能耗低的膜品种，其产水水质及段通量比等指标一般也较差。一般而言，系统设计时，应在满足产水水质及段通量比等技术指标基础之上，尽量选用工作压力较低膜品种，以降低系统功耗及吨水能耗等经济技术指标。

6.8.2　水费与电费的比较

反渗透系统的成本分为投资成本与运行成本，运行成本又分为固定成本与可变成本。固定成本包括与产水量无关的设备折旧、员工工资、厂房照明、维护费用及生活费用等，可变成本包括运行药剂成本、清洗药剂成本、水费与电费等。

降低运行成本的一个特有问题就是水电成本的比例，这里对以市政供水为水源的两个系统进行定量分析，其中不包括预处理系统及辅助设备的相关成本。

① 设某产水流量 100m³/h 的一级系统。给水含盐量 1500mg/L，给水温度 15℃，系统回收率 75%，元件品种 CPA3-LD，膜堆结构 14-7/6，设计通量 21.4L/(m²·h)。计算表明，系统浓水流量 33.3m³/h，系统电力消耗 57.1kW。

如按照 5 元/m³ 计算水费，浓水排放成本为每小时 166.5 元；如按照 0.5 元/(kW·h) 计算电费，运行电费为每小时 28.5 元；即水费为电费的 5.8 倍。

② 设某产水流量 100m³/h 的两级系统。给水含盐量 1500mg/L，给水温度 15℃，两级系统用膜品种均为 CPA3-LD；一级系统产水 117m³/h，系统回收率 75%，膜堆结构 18-9/6，系统通量 19.5L/(m²·h)；二级系统产水 100m³/h，系统回收率 85%，膜堆结构 18-6/4，系统通量 28L/(m²·h)。计算表明，系统浓水流量 39.2m³/h，系统电力消耗 120kW。

如仍按 5 元/m³ 计算水费，浓水排放成本为每小时 196 元；如仍按 0.5 元/(kW·h) 计算电费，运行电费为每小时 60.1 元，即水费为电费的 3.3 倍。

以上两个案例表明，无论一级或两级系统，运行成本中耗水成本远高于耗电成本。因此，努力提高系统回收率是降低可变运行成本的主要措施。

6.8.3　系统优化设计概念

在一定意义上，反渗透系统的设计过程也就是寻求最优化设计方案的过程，即实现系统优化设计的过程。在宏观上是寻求经济技术比较层面的优化，即寻求工艺技术可行与经济成本最低的设计方案。

在经济层面上，寻求投资成本与运行成本的平衡，以实现工程总成本的最低设计方案。其中，投资方面包括土地、厂房及设备等项成本，运行方面包括水费、电费、维护、清洗、换膜及员工等项成本。

在技术层面上，要在保证产水流量与产水水质前提下，寻求元件品种、元件数量、膜堆结构、平均通量、系统回收率、段通量比、段壳浓水比、浓差极化度及运行余量等各项技术指标的综合平衡，以实现系统的长期稳定运行。

6.9　反渗透系统典型设计

这里根据设计依据，依次进行相关工艺设计，以作本章内容的示范。关于段间加压问题见本书 7.1 节内容。

6.9.1　难溶盐浓度与最高回收率

① 给水中 Na^+ 与 Cl^- 物质的量浓度均为 30mmol/L、$\frac{1}{2}Ca^{2+}$ 与 HCO_3^- 物质的量浓度

均为 1mmol/L、给水温度 25℃、pH 值 7。届时，给水的含盐量为 1835mg/L、给水的朗格利尔指数为 −1.5。系统设计产水流量 13m³/h，膜堆结构 2-1/6，元件品种 CPA3-LD。当系统回收率达到 66% 时，浓水的朗格利尔指数为 −0.2（接近临界饱和状态），即不加阻垢剂时该系统碳酸钙极限回收率为 66%。

② 给水中 Na^+ 与 Cl^- 物质的量浓度均为 30mmol/L、$\frac{1}{2}Ca^{2+}$ 与 HCO_3^- 物质的量浓度均为 4.5mmol/L、给水温度 25℃、pH 值 7。届时，给水的含盐量为 2118mg/L、给水的朗格利尔指数为 −0.2（接近临界饱和状态）。系统设计产水流量 13m³/h，膜堆结构 2-1/6，元件品种 CPA3-LD，系统回收率达到 80.5% 时，浓水的朗格利尔指数为 1.8（加阻垢剂后的最高朗格利尔指数），即加阻垢剂后的系统碳酸钙极限回收率为 80.5%。

总之，在给水中投加阻垢剂可以提高含难溶盐给水系统的极限回收率。

6.9.2　水体温度等与最高回收率

给水中 Na^+ 与 Cl^- 物质的量浓度均为 30mmol/L、$\frac{1}{2}Ca^{2+}$ 与 HCO_3^- 物质的量浓度均为 6mmol/L、$\frac{1}{2}Mg^{2+}$ 与 $\frac{1}{2}SO_4^{2-}$ 物质的量浓度均为 6mmol/L、SiO_2 物质的量浓度为 35mg/L、给水温度 15℃、pH 值 7。届时，给水的含盐量为 2636mg/L，$CaSO_4$ 饱和度为 5%，SiO_2 饱和度为 29.2%，朗格利尔指数为 −0.2（接近临界饱和状态）。

系统设计产水流量 13m³/h，膜堆结构 2-1/6，元件品种 CPA3-LD。系统回收率达到 75% 时，浓水的朗格利尔指数为 1.5（需要加阻垢剂），$CaSO_4$ 饱和度为 28%，SiO_2 饱和度为 115%（越界）。

① 温度 15℃，系统回收率 75% 时，如将 pH 值从 7.0 调整到 6.5（加入 H_2SO_4），浓水的朗格利尔指数为 0.7（需要加阻垢剂），$CaSO_4$ 饱和度为 37%，SiO_2 饱和度为 115%（越界）。

② 温度 15℃，系统回收率 75% 时，如将 pH 值从 7.0 调整到 7.5（加入 NaOH），浓水的朗格利尔指数为 2.1（越界），$CaSO_4$ 饱和度为 28%，SiO_2 饱和度为 115%（越界）。

③ 温度从 15℃ 调整到 30℃，pH 值 7.0，系统回收率 75% 时，浓水的朗格利尔指数为 1.8（加阻垢剂后的临界值），$CaSO_4$ 为 26%，SiO_2 为 92%（界内）。

总之，调整 pH 值时，碳酸钙及硫酸钙的饱和度产生变化，二氧化硅不产生变化。调整温度对所有难溶盐均起作用，只是对碳酸盐和其他难溶盐的作用相反。

6.9.3　膜系统设计的范例分析

（1）系统设计依据

系统给水水质条件中的钙、镁、钠、钾、钡、锶等阳离子，重碳酸根、硫酸根、氯根、硝酸根等阴离子，以及二氧化硅的浓度如图 6.40 所示。该水体的总固含量 1853mg/L，电导率 3157μS/cm，渗透压 0.12MPa，硫酸钙饱和度 3.5%，硫酸钡饱和 17.7%，硫酸锶饱和 19.7%，二氧化硅饱和度 17.5%，碳酸钙结垢趋势指标或称朗格利尔指数为 −0.1。

本系统水源为污废水，COD 为 30mg/L，最低给水温度 5℃，最高给水温度 35℃。系统

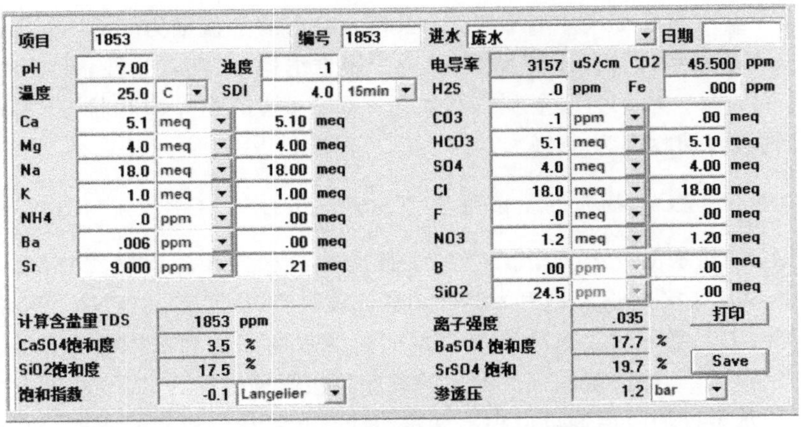

项目	1853			编号	1853		进水	废水		▼	日期		

图中表格内容：

pH 7.00　浊度 .1　电导率 3157 uS/cm　CO2 45.500 ppm

温度 25.0 C ▼　SDI 4.0 15min ▼　H2S .0 ppm　Fe .000 ppm

Ca 5.1 meq ▼ 5.10 meq　CO3 .1 ppm ▼ .00 meq

Mg 4.0 meq ▼ 4.00 meq　HCO3 5.1 meq ▼ 5.10 meq

Na 18.0 meq ▼ 18.00 meq　SO4 4.0 meq ▼ 4.00 meq

K 1.0 meq ▼ 1.00 meq　Cl 18.0 meq ▼ 18.00 meq

NH4 .0 ppm ▼ .00 meq　F .0 meq ▼ .00 meq

Ba .006 ppm ▼ .00 meq　NO3 1.2 meq ▼ 1.20 meq

Sr 9.000 ppm ▼ .21 meq　B .00 ppm ▼ .00 meq

SiO2 24.5 ppm ▼ .00 meq

计算含盐量TDS 1853 ppm　离子强度 .035　打印

CaSO4饱和度 3.5 %　BaSO4 饱和度 17.7 %

SiO2饱和度 17.5 %　SrSO4 饱和 19.7 %　Save

饱和指数 -0.1 Langelier ▼　渗透压 1.2 bar ▼

图 6.40　反渗透系统给水水质分析表[1]

正常状态下的产水流量要求不低于 $116m^3/h$，系统维修状态下的产水流量要求不低于 $58m^3/h$，系统的产水含盐量始终要求不高于 83mg/L。

本范例中出现的段间加压、通量平衡及段壳浓水比等概念，需参见后续章节内容。

（2）系统工艺规模

根据原水含盐量 1853mg/L 的条件及产水含盐量 83mg/L 的要求，其脱盐率应高于 95.5%，因此需要采用一级反渗透工艺。由于原水的 COD 为 30mg/L，因此需要超微滤预处理工艺以及絮凝-砂滤前处理工艺。这里可以预设超微滤系统产水的污染指数（SDI）为 4，并由此设计反渗透系统，且可保证反渗透系统稳定运行 3 年。

考虑到系统维修状态下的产水量为正常状态下产水量的一半，故反渗透系统应按照相同规模的两个并联分系统进行设计，即两个分系统的产水流量均为 $58m^3/L$。这里的系统维修状态包括：正常维修停机、事故紧急停机、在线清洗状态及离线清洗状态。

（3）运行年份、设计通量与元件数量

系统设计或模拟分析的工具为海德能公司设计软件（IMSdesign 32 版）。该软件中隐含值：膜产水量年衰率 7%，膜透盐率年增率 10%。系统设计要求的 3 年稳定运行，可理解为第 3 年末即第 4 年初仍能达到设计要求，考虑到届时的系统污染，模拟的运行年份最低应设定在第 5 年。

根据表 6.2 所列系统设计导则，污水水源经超微滤预处理工艺的反渗透系统设计通量中值为 $18.7L/(m^2 \cdot h)$。根据式（6.1），如采用 $37.2m^2$（$400ft^2$）膜面积的元件，需要的元件数量为：

$$N_m = Q_{sys}/(S_m F_m) = 58000/(37.2 \times 18.7) = 83.4 \approx 84（支）$$

常用的 2-1/6 系统结构的元件整倍数为 18、36、54、72 或 90，故可采用 10-5/6 结构共用元件 90 支，系统通量为：

$$N_m = Q_{sys}/(S_m F_m) = 58000/(37.2 \times 90) = 17.3[L/(m^2 \cdot h)]。$$

此外，根据本书 8.4 节内容，此大型系统还可以采用 9-4/6 结构，即共用 78 支，系统通量为 $58000/(37.2 \times 78) = 20[L/(m^2 \cdot h)]$。该通量仍在设计导则要求范围内，且可节省成本提高产水质量。

---

[1]　图中 meq 为非法定计量单位，为尊重原系统的界面，不作修改，后同。

（4）系统回收率与给水温度

计算系统最高回收率时，主要关注各类难溶盐的饱和度与 LSI 值。因高给水温度会使各类难溶盐饱和度降低，但会使 LSI 值升高；低给水温度会使各类难溶盐饱和度升高，而会使 LSI 值降低。因此要同时兼顾系统中，最高与最低两个极限给水温度工况。

图 6.41 所示数据表明，在 35℃ 高温给水条件下，如系统回收率为 75%，硫酸锶超过上限值 100% 而达到 105%，且碳酸钙结垢趋势指标的 LSI 值已经达到上限临界值 1.8。届时，如不加阻垢剂则系统将产生难溶盐结垢，但在投加阻垢剂条件下，各难溶盐仍能避免结垢。

平均通量	20 l/m2-hr	产水流量	58.0 m3/hr	温度	35.0 C	运行时间	5.0 年	回收率	75.0 %
浓水参数									
CaSO4 饱和度	19	SrSO4 饱和度	105	离子强度			0.14	pH	7.5
BaSO4 饱和度	77	SiO2 饱和度，%	60	渗透压			4.7	bar	
饱和度指数	朗格利尔指数	1.8	S&DI指数		1.43	总含盐量		7134.2	ppm
注意：需要加阻垢剂									

图 6.41　给水 35℃ 高温及 75% 系统回收率条件下的浓水难溶盐饱和参数

图 6.42 所示数据表明，在 5℃ 低温给水条件下，如系统回收率为 75%，碳酸钙结垢趋势指标的 LSI 值将下降到 1.1 水平；虽然其他难溶盐结垢饱和度相应提高，但仍未超过投加阻垢剂后的各上限数值。

平均通量	20 l/m2-hr	产水流量	58.0 m3/hr	温度	5.0 C	运行时间	5.0 年	回收率	75.0 %
浓水参数									
CaSO4 饱和度	25	SrSO4 饱和度	140	离子强度			0.14	pH	7.5
BaSO4 饱和度	260	SiO2 饱和度，%	97	渗透压			4.4	bar	
饱和度指数	朗格利尔指数	1.1	S&DI指数		0.82	总含盐量		7312.3	ppm
注意：需要加阻垢剂									

图 6.42　给水 5℃ 低温及 75% 系统回收率条件下的浓水难溶盐饱和参数

计算分析证明，系统回收率低于 75% 时，高温或低温条件的各难溶盐饱和度与 LSI 值均未超限；系统回收率高于 75% 时，至少高温条件下的 LSI 值将超过上限值 1.8。因此，该系统的最高回收率可取 75%。

值得指出的是，这里的各难溶盐饱和度与 LSI 值的上限，均源于海德能公司设计软件的相关设定；如果参考阻垢剂厂商提供的数值上限，系统回收率或给水难溶盐浓度尚可提高。

（5）元件品种、给水温度与系统结构

对应 1853mg/L 含盐量的苦咸水，可用的膜品种有：低压膜 ESPA2、高压膜 CPA3、海水膜 SWC5。为满足高水温条件下的产水含盐量指标，需要采用 35℃ 给水温度进行模拟计算。

根据表 6.12 列出的 6 种设计方案可知，无论采用何种系统结构及设计通量，采用低压膜 ESPA2 时均不能满足产水含盐量 83mg/L 的要求；无论采用何种系统结构及设计通量，采用海水膜 SWC5 时均能够满足产水含盐量的要求，但给水压力与系统能耗高出了近 1 倍；而采用高压膜 CPA3、膜堆结构 9-4/6、20L/(m² · h) 通量时的产水含盐量与设计要求最为接近，应成为下一步计算分析的重点。

表 6.12 所列数据表明，系统首末两段中膜壳的浓水流量比（即段壳浓水比），主要取决于系统膜堆结构中两段结构的膜壳数量比。

表 6.12 不同元件品种及膜堆结构的系统运行参数

（1853mg/L，35℃，75%，5a，58m³/h，产水含盐量要求 83mg/L）

膜品种	膜堆结构	元件数量	设计通量/[L/(m²·h)]	产水含盐量/(mg/L)	给水压力/MPa	产水能耗/(kW·h/m³)	段通量比	段壳浓水比
ESPA2	10-5/6	90	17.3	118.2	0.78	0.37	21.3/09.5	3.0/3.9
	9-4/6	78	20.0	101.1	0.86	0.41	23.9/11.2	3.3/4.8
CPA3-LD	10-5/6	90	17.3	104.6	0.87	0.42	20.0/12.0	3.3/3.9
	9-4/6	78	20.0	89.7	0.96	0.46	22.6/14.1	3.5/4.8
SWC5	10-5/6	90	17.3	23.8	1.34	0.64	19.2/13.5	3.4/3.9
	9-4/6	78	20.0	20.5	1.50	0.72	21.9/15.7	3.7/4.8

（6）通量均衡工艺与段壳浓水比

同为 9-4/6 膜堆结构、20L/(m²·h) 设计通量、75% 系统回收率系统，如分别采用低压膜 ESPA2 与高压膜 CPA3-LD，且分别采用无段间加压与有段间加压（段通量比为 1.1∶1）工艺，则以上四种系统工况的各项运行参数示于表 6.13。

表 6.13 高温条件下不同元件品种及段间加压的系统运行参数

[1853mg/L，35℃，9-4/6，20L/(m²·h)，75%，5a，58m³/h，产水含盐量要求 83mg/L]

膜品种	段间加压/MPa	段通量比	首段端通量比	末段端通量比	全程端通量比	产水含盐量/(mg/L)	段壳浓水比
ESPA2	—	23.9/11.2=2.13	28.6/18.7=1.53	15.5/06.9=2.25	28.6/06.9=4.14	101.1	3.3/4.8=0.69
	0.280	20.6/18.7=1.10	24.6/16.4=1.50	24.4/12.9=1.89	24.6/12.9=1.91	87.7	4.0/4.8=0.83
CPA3-LD	—	22.6/14.1=1.60	25.3/19.3=1.31	17.2/10.8=1.59	25.3/10.8=2.34	89.7	3.5/4.8=0.73
	0.215	20.6/18.7=1.10	23.0/17.8=1.29	22.3/14.7=1.52	23.0/14.7=1.56	82.3	4.0/4.8=0.83

该表数据表明，上述四种系统工况中只有采用高压膜 CPA3-LD 及段间加压 0.215MPa 的工艺方案，才能保证系统产水含盐量达到 83mg/L 以下的设计要求。由于采用了段间加压工艺，段通量比、端通量比以及段壳浓水比 3 项指标均趋于合理，从而确定了该系统设计方案中采用 CPA3-LD 高压膜与 0.215MPa 段间加压工艺。

总之，高给水温度 35℃ 条件下，给水压力为 0.88MPa，给水流量＝58m³/h÷0.75＝77.33m³/h，段间泵加压 0.215MPa，段间泵流量 36m³/h。

（7）给水泵的压力与流量参数

当膜元件品种 CPA3、膜堆结构 9-4/6 及段间加压工艺确定后，还应计算最低给水温度时的系统运行参数。如表 6.14 所列，届时产水含盐量仅为 32.2mg/L，且段间加压的量值很低，甚至可以忽略不计（给水的温度越低，系统的污染越重，则系统通量越平衡）。

总之，低给水温度 5℃ 条件下，给水泵压力为 1.92MPa，给水泵流量 77.33m³/h，段间泵加压 0.12MPa，段间泵流量 36m³/h。而且，当段间泵退出运行时，给水泵压力应为 1.96MPa。

表 6.14 低温条件下 CPA3-LD 膜品种的系统运行参数

[1853mg/L，5℃，9-4/6，20L/(m²·h)，75%，5a，58m³/h，产水含盐量要求 52mg/L]

膜品种	给水压力/MPa	段间加压/MPa	段通量比	首段端通量比	末段端通量比	产水含盐量/(mg/L)	段壳浓水比
CPA3-LD	1.96	—	21.0/17.7=1.19	22.0/19.9=1.11	19.0/16.1=1.18	32.8	3.9/4.8=0.81
	1.92	0.12	20.6/18.7=1.10	21.5/19.5=1.10	20.1/17.0=1.18	32.2	4.0/4.8=0.83

（8）段间泵的压力与流量参数

系统通量失衡最严重的工况，出现在最高给水温度及最新元件系统，段间泵的最高加压值应考虑该系统工况。

表 6.15 数据表明，最高给水温度及最新元件系统的产水含盐量可以低至 65.0mg/L，但无段间加压工艺时的沿程通量失衡最为严重。为保持段通量比的 1.1∶1 水平，要求段间泵加压 0.235MPa。但是，尽管保持了段通量比的 1∶1.1 水平，首末段内及全流程内的端通量比值仍然较高，通量难以平衡。

表 6.15　高温条件下全新膜元件的系统运行参数

[1853mg/L，35℃，9-4/6，20L/(m² · h)，75%，0a，58m³/h，产水含盐量要求 52mg/L]

膜品种	给水压力/ MPa	段间加压/ MPa	段通量比	首段 端通量比	末段 端通量比	产水含盐量/ (mg/L)	段壳 浓水比
CPA3-LD	0.77	—	23.8/11.5=1.98	27.8/19.1=1.46	16.1/07.9=2.04	65.0	3.3/4.8=0.69
	0.68	0.235	20.6/18.6=1.10	24.1/16.8=1.43	23.9/13.1=1.82	56.6	4.0/4.8=0.83

需要强调说明，高给水温度 35℃ 条件下，段间泵加压 0.235MPa，段间泵流量 36m³/h，给水压力为 0.68MPa，给水流量 77.33m³/h。

总结表 6.13～表 6.15 数据可知水泵设计参数如下：a. 给水泵最高工作压力为 1.96MPa（对应最低水温、最重污染及段间泵退出运行）；b. 给水泵最低工作压力为 0.68MPa（对应最高水温、最轻污染及段间泵正常运行）；c. 段间泵最高工作压力为 0.235MPa（对应最高水温及最轻污染）；d. 段间泵最低工作压力为 0.120MPa（对应最低水温及最重污染）；e. 给水泵设计运行流量为 77.33m³/h（取决于产水量及回收率）；f. 段间泵设计运行流量为 36m³/h（取决于段通量比及回收率）。

（9）给水泵与段间泵的选型

根据表 6.14 所列低温条件下的系统给水压力的数值，以及系统产水量与系统回收率的比值，如选择滨特尔公司的产品，应该选择 77.3m³/h 流量等级的 125-80-400S-375mm 型离心泵。该泵的流量压力特性函数为：

$$P = 2.203 - 1.7004 \times 10^{-3} \times Q + 7.961 \times 10^{-6} \times Q^2 - 4.77 \times 10^{-8} \times Q^3 \text{(MPa)} \quad (6.24)$$

该泵在 77.33m³/h 流量时的压力为 2.10MPa（高于 1.91MPa），即在变频调节或阀门调节时能够满足系统的给水压力与给水流量的要求。

根据表 6.15 所列高温条件下的段间加压的数值，以及相应的末段给水流量，如选用格兰富公司的产品，则段间加压泵应选择 CRN32-3-2 型或 CRN45-2-2 型立式多级离心泵。此两型泵在变频调节或阀门调节时能够满足系统的给水压力与给水流量的要求。

综上所述，针对特定给水含盐量的算例系统及其设计依据，可以得出以下结论：

① 系统的计算用年份，应在保证运行期外，增加运行年份以模拟污染影响。

② 决定系统设计通量与膜元件数量时，应该综合考虑设计导则与膜堆结构。

③ 系统脱盐率不仅取决于膜元件脱盐率，而且与系统的平均通量密切相关。

④ 系统的段壳浓水比，首先取决于段壳数量比，且受影响于段间加压数值。

⑤ 决定系统回收率时，要考虑高温度的碳酸钙结垢，且考虑低温度的其他难溶盐结垢。

⑥ 考核产水含盐量时，要考虑元件的透盐率与系统产水能耗，甚至通量平衡工艺作用。

⑦ 给水泵流量为产水量除以回收率，段间泵流量为浓水流量加通量平衡时末段产水量。

⑧ 给水泵压力取决于低给水温度与重系统污染环境，且设段间泵退出运行。

⑨ 段间泵压力取决于最高给水温度与全新膜系统条件下的段通量比值要求。

⑩ 系统给水温度大范围变化时，给水泵与段间泵的运行工况需大范围调整。

根据上述计算，给水泵的给水压力为 0.68～1.96MPa，流量为 77.4m³/h。段间泵的增加压力为 0.12～0.235MPa，流量 36.0m³/h。表 6.13 与表 6.14 所列系统运行条件对应的运行参数分别示于图 6.43 与图 6.44。

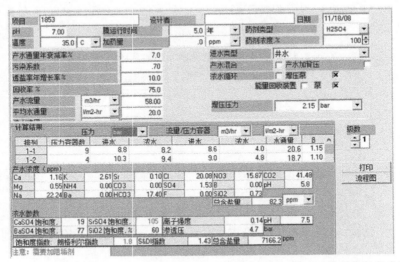

图 6.43　给水温度 35℃、高压元件 CPA3、段间加压 0.21MPa 的系统运行参数

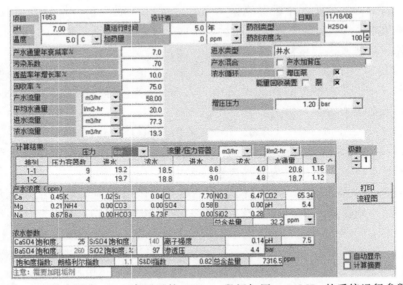

图 6.44　给水温度 5℃、高压元件 CPA3、段间加压 0.21MPa 的系统运行参数

第 7 章

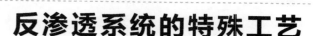

反渗透系统的特殊工艺

串并联及多分段结构是系统膜堆的基本结构，具有较高的系统回收率、较高的产水水质与较低的系统能耗。但是，为了进一步提高回收率与脱盐率，提高通量均衡及污染均衡的程度，常在基本结构基础上增加浓水回流、淡水背压、段间加压、淡水回流、分质供水等多项工艺措施，并将其统称为膜系统的特殊工艺。图7.1示出部分特殊工艺流程及相关术语。

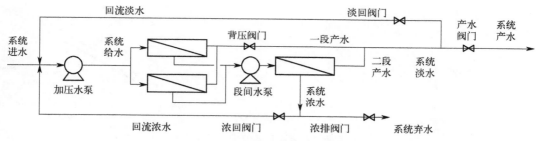

图 7.1　膜系统特殊工艺流程

当存在浓水或淡水回流工艺时，系统中具有两个回收率与两个透盐率，淡水流量与给水流量之比为"膜堆回收率"，产水流量与进水流量之比为"系统回收率"，淡水含盐量与给水含盐量之比为"膜堆透盐率"，产水含盐量与进水含盐量之比为"系统透盐率"。当不存在淡水回流与浓水回流工艺时，进水流量与给水流量相等，淡水流量与产水流量相等，则两个回收率相等，两个透盐率相等。

7.1 通量均衡工艺

如图6.24曲线所示，由于沿流程各元件的给水压力逐步下降与给水渗透压逐步上升，沿流程各元件的产水通量必然逐渐下降，必然产生沿流程各元件的通量失衡。根据本书6.6.3部分的讨论，系统流程越长、给水温度越高、给水含盐量越高、系统通量越低、膜品种透水压力越低，则系统首末段通量之比（也称段通量比）或系统前后端元件通量之比（也称端通量比）就越大，系统各元件通量越不均衡。

根据本书第10章与第12章相关内容的讨论，相同膜段中不同安装高程膜壳的给浓水平均压力不尽相同，给水与浓水母管中的径流方向也有影响，这些都导致了同段各壳元件平均产水通量的失衡。系统中各元件通量的绝对平衡虽无可能，但严重的通量失衡将造成诸多恶果。

反渗透系统设计指标中，除了系统回收率、设计通量等项目外，通量均衡与污染均衡也是重要项目。通量严重失衡将使系统中部分元件的产水负荷过重，而部分元件的产水负荷过轻。产水负荷过重元件的污染速度过快，产水负荷过轻元件的运行效率过低。

7.1.1 系统通量失衡影响

7.1.1.1 通量失衡与产水水质

（1）串联元件的通量失衡与产水含盐量

膜系统的回收率给定时，系统浓水对给水的浓缩倍数基本确定，即浓水中的含盐量基本确定。如图 7.2 所示，假设系统流程各位置膜元件产水通量均衡，则系统的给浓水将沿系统流程平稳浓缩，给浓水含盐量沿系统流程平稳增长；如忽略淡水含盐量的渗透压作用，则沿流程各元件的透盐通量也平稳增长。如果系统前端通量高于后端通量，给浓水在系统前端的浓缩速度高于在后端，给浓水含盐量增长速度沿系统流程前快后慢，将使沿流程各元件的给浓水含盐量普遍提高。

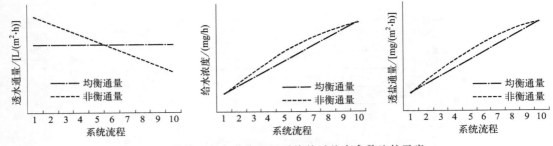

图 7.2　均衡通量与非衡通量系统的透盐率参数比较示意

由于元件盐通量与给浓水含盐量约成正比，则系统总盐流量是元件盐通量对膜面积的积分，相当于沿系统透盐通量曲线以下的面积。产水含盐量为系统盐流量与系统产水量之比，因系统产水量恒定，系统产水含盐量也正比于透盐通量曲线以下的面积。由于非线性透盐通量曲线以下面积大于线性透盐通量曲线以下面积，可以推定：通量失衡系统的透盐率高于通量均衡系统。

据图 7.2 相关曲线分析，如末段通量高于首段通量，则图中的虚线对点划线呈镜像翻转，系统的透盐率会更低。换言之，仅从透盐率观点出发，末段通量越大，系统透盐率越低。

（2）并联元件的通量失衡与产水含盐量

图 7.3 中实线表示膜元件通量在 $14 \sim 22 L/(m^2 \cdot h)$ 范围内变化时对应的膜元件产水含盐量。如两支元件的通量均为 $17 L/(m^2 \cdot h)$，其产水含盐量为 93mg/L。如两支元件的通量分别为 $16 L/(m^2 \cdot h)$ 与 $18 L/(m^2 \cdot h)$，尽管两支膜平均值仍为 $17 L/(m^2 \cdot h)$，但由于元件产水通量的透盐量特性曲线呈下凹形式，两支元件产水含盐量将分别为 88mg/L 与 99mg/L，合成的产水含盐量为 93.5mg/L 即高于 93mg/L（见图中虚线）。

上述分析表明，尽管串联元件通量失衡对于产水含盐量的影响大于并联元件通量失衡的影响，但总可以得出结论：膜系统中各位置串联或并联各元件的通量失衡总会造成一定程度的系统产水含盐量上升，即系统产水水质下降。

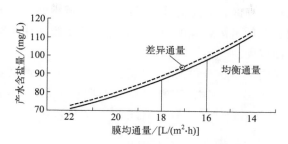

图 7.3　并联膜壳通量与产水含盐量示意

7.1.1.2　均衡通量与均衡污染

可以近似认为元件的污染速度 $V_{pollute}$ 与各类污染物浓度 $\overline{C}_{fc}^{*}$、膜元件通量 F_p 及浓差极化度 β 成正比:

$$V_{pollute} = k\overline{C}_{fc}^{*}F_p\beta \tag{7.1}$$

（1）串联通量失衡与污染

如图 6.24 曲线所示,系统首段通量远高于末段通量时,甚至出现系统末端元件不产水现象时,系统首段因超重负荷而严重污染,致使系统运行稳定性受到威胁。因此,两段结构系统中,首末段通量的比值不宜过高。

此外,由于反渗透膜对有机物和无机物均有较高脱除率,末段给浓水中的污染物浓度远高于首段,绝对的段均通量均衡系统会造成末段系统污染远大于首段,而末段污染（特别是无机污染）不仅使系统脱盐率下降,还会对系统的运行稳定性造成威胁。

如果无选择地进行元件清洗,则不可能对重污染元件进行有效而彻底的清洗,甚至对轻污染元件会产生较重的清洗损伤。即使采取洗前的元件性能测试,由于各元件的性能指标存在着不小的固有差异,故很难判别元件污染的轻重。适应无选择清洗的最佳运行方式,则是各元件的均衡污染。

当系统流程各位置元件的污染速度均衡时,全系统性能的衰减速度最低,系统的清洗与换膜频率最低,则"均衡污染"不仅应为重要概念,还应是均衡通量的最终目标。从均衡污染观点出发,两段结构系统中,首末段通量的比值不宜过低。

（2）并联通量失衡与污染

根据本书 10.1 节所述,同段系统并联各膜壳的小幅通量失衡,也会扩展成为膜壳之间的严重污染失衡。因此,合理设计膜堆中给浓水的径流方向及给浓水流道中的压力损失,使同段系统中各膜壳的通量尽可能均衡具有重要意义。

总之,从沿流程方向均衡污染概念出发,应使首末段均通量比值保持在 1.15 至 1.25 之间;从沿高程方向均衡污染概念出发,应使同段中上下层壳均通量比值保持尽量一致。

7.1.1.3　通量均衡的技术指标

系统设计领域中,同时存在"恒定通量"与"均衡通量"两个关于通量的不同概念。恒定通量系指系统中各元件通量均值在时间域内的恒定,均衡通量系指系统中各元件通量之间在空间域内的均衡。

与系统回收率指标不同,通量均衡程度并无明确限值。通量均衡包括沿系统流程的纵向均衡与沿膜堆高程的横向均衡。通量均衡程度既与系统脱盐效果有关,也与系统污染速度有关，故系统通量的最佳均衡程度是系统设计与系统运行领域中的一个典型问题。增加膜元件浓水格网厚度，在增加膜元件耐污染程度的同时，也降低了膜元件压降，在一定程度上也提高了系统沿程通量的均衡程度。

但是，淡水背压、段间加压、分段配膜、涡轮能量回收及元件优化配置五项工艺措施能更有效地保证沿系统流程的通量均衡。本章只讨论前四项工艺，最后一项工艺将在本书第12章讨论。关于同膜段中各膜壳的通量均衡也将在第12章讨论。

7.1.2 前段淡水背压工艺

系统中沿流程的首末段通量比与前后端通量比两项指标中，前者可测而后者不可测，因此通量均衡工艺应直接针对段通量比指标，而间接影响端通量比指标。图 7.4 给出了淡水背压的工艺结构示意图。

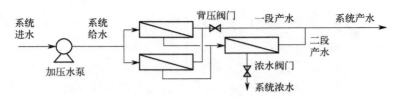

图 7.4　淡水背压工艺示意

如设式（5.2）给出的是首段膜元件的产水流量关系，且忽略产水渗透压 π_p 的作用，则首段通量 F_p 可表征为如下形式：

$$F_p = A\left[(P_f - P_p) - (\pi_f - \pi_p)\right] \approx A(P_f - P_p - \pi_f) \tag{7.2}$$

这里的给水渗透压 π_f 是由给水含盐量决定的不可控因素。如设首段给水压力 P_f 不变，则首段平均通量 F_p 的降低可以通过增加首段淡水背压 P_p 予以实现。如淡水背压只施加于系统首段，而保持系统平均通量恒定，则可相对降低首段通量，并相对提高末段通量，以使系统首末两段通量趋于均衡。首段通量的控制只需在首段产水管路中增设背压阀门，适度调节阀门开度即可达到工艺目标。

由于首段淡水背压的存在，增加了系统产水的总体阻力，背压阀门两侧压差与通过流量的乘积构成了附加能量损耗，因此加压水泵需要增加压力以输入更多能量。图 7.5 给出了特定系统中采用不同淡水背压水平时，沿系统流程各元件通量的变化过程。图示未设淡水背压的系统中，由于高给水含盐量、高给水温度、低透水压力元件等因素的共同作用，可能出现

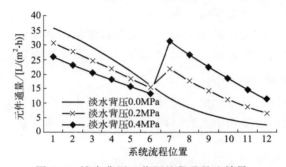

图 7.5　淡水背压工艺调整段通量比效果

系统末端元件产水流量为 0 的现象。届时，淡水背压工艺既十分必要，也十分有效。

表 7.1 所列上述系统淡水背压工艺的运行指标表明，随着淡水背压的增高，首末段通量比值不断下降，产水含盐量也在不断下降，但工作压力与系统能耗却在不断上升。而且，淡水背压使段通量比等于 1 之后，继续增加淡水背压，段通量比将小于 1，系统能耗继续上升，而系统产水水质还会继续向好，系统脱盐率继续上升。虽然该现象会造成系统后段加速污染，但也不失为提高产水水质的临时有效措施。

如果系统为三段结构，则淡水背压可以同时实施于第一段与第二段。

表 7.1 特定系统中淡水背压工艺的运行参数

[2000mg/L，25℃，20L/(m² · h)，2-1/6，75%，0a，ESPA1]

淡水背压/MPa	0.0	0.1	0.2	0.3	0.4	0.5
首段通量/[L/(m² · h)]	26.8	25.0	23.1	21.3	19.5	17.7
末段通量/[L/(m² · h)]	6.3	9.9	13.6	17.3	20.9	24.6
段通量比	4.25	2.53	1.70	1.23	0.93	0.72
工作压力/MPa	0.82	0.87	0.92	0.98	1.03	1.09
浓水压力/MPa	0.61	0.65	0.69	0.73	0.77	0.82
系统能耗/(kW · h/m³)	0.39	0.42	0.44	0.47	0.49	0.52
产水水质/(mg/L)	168	155	144	134	125	117
两段浓水流量/(m³/h)	2.9/4.5	3.3/4.5	3.7/4.5	4.1/4.5	4.6/4.5	5.0/4.5

7.1.3　前后段间加压工艺

降低段通量比的淡水背压工艺具有设备简单的优势，但系统能耗较高，而能耗较低的工艺为段间加压。系统末段通量过高的原因之一是沿程工作压力的不断下降，如将式(7.2) 视为末段通量的表达式，则提高末段工作压力 P_f 可增加末段通量。直接增加末段通量且相对降低首段通量的工艺是在首段浓水即末段给水管路之上增设段间泵，该系统结构见图 7.6。

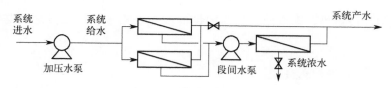

图 7.6　段间加压工艺示意

如果将淡水背压改为段间加压，且加压数值与背压数值均为 0.1MPa、0.2MPa、0.3MPa、0.4MPa、0.5MPa，则系统中各流程位置的元件通量分布曲线将与图 7.5 所示曲线并无差异。比较表 7.1 与表 7.2 所列数据可知，当两工艺所施压力相等时，对于首末段通量的调节效果完全相同，末段浓水压力及系统产水含盐量也均相同，所不同的仅是系统工作压力与系统能量损耗。

表 7.2 特定系统中段间加压工艺的运行参数

[2000mg/L，25℃，20L/(m² · h)，2-1/6，75%，0a，ESPA1]

段间加压/MPa	0.0	1.0	0.2	0.3	0.4	0.5
首段通量/[L/(m² · h)]	26.8	25.0	23.1	21.3	19.5	17.7
末段通量/[L/(m² · h)]	6.3	9.9	13.6	17.2	20.9	24.6
段通量比	4.25	2.53	1.70	1.23	0.93	0.72

工作压力/MPa	0.82	0.77	0.72	0.68	0.63	0.59
浓水压力/MPa	0.61	0.65	0.69	0.73	0.77	0.82
系统能耗/(kW·h/m³)	0.40	0.39	0.38	0.39	0.40	0.41
产水水质/(mg/L)	168	155	144	134	125	117
两段浓水流量/(m³/h)	2.9/4.5	3.3/4.5	3.7/4.5	4.1/4.5	4.6/4.5	5.0/4.5

段间加压工艺中，随着末段压力及末段通量的增加，首段通量相应降低，所需首段工作压力即系统给水主泵输出功率相应降低。值得注意的是，段间加压工艺中，在段间水泵增压范围内，总系统能耗存在最低点，该点处的能耗低于无段间加压时的能耗，即适度段间加压可降低系统能耗。

执行段间加压的水泵为离心泵，其流量应为系统浓水流量与末段产水流量（末段设计通量与末段元件面积的乘积）之和；水泵的压力只是末段所需增加的压力，而非末段实际压力。届时，末段工作压力是首段浓水压力与段间泵所增压力之和。

表 7.3 中数据示出，不同给水温度条件下，为保持段通量比 1.2 水平所需的段间加压量值。实际上，针对特定系统而言，给水温度越高、给水含盐量越高及系统污染越轻，则系统段通量越不均衡，所需段间加压越高。因此。在选择段间加压泵压力时，需要考虑给水温度最高、给水含盐量最高及系统污染最轻等极端条件下所需段间加压量值。

表 7.3　不同给水温度条件下的段间加压水平（2000mg/L，2-1/6，ESPA2，75%，0a）

给水温度/℃	工作压力/MPa	段间加压/MPa	段通量比	产水水质/(mg/L)
5	1.24	0.220	21.2/17.7＝1.2	23.6
15	0.98	0.270	21.2/17.7＝1.2	33.3
25	0.81	0.302	21.2/17.7＝1.2	46.5

如果系统为三段结构，则段间加压需要同时实施于第一、第二段之间与第二、第三段之间。

7.1.4　分段元件配置工艺

如果将式(7.2)分别视为首末两段通量的表达式，于首末段分别配置不同透水系数 A 的膜元件，同样可以达到调整段通量比的目的。

一般系统中首末段膜品种一致，所以才有段通量的前高后低现象，欲降低段通量比可以选择首段元件品种的透水压力高而末段元件品种的透水压力低的工艺，简称"分段配膜"工艺。海德能公司产品的透水压力 ESPA2 高于 ESPA1，CPA3 高于 ESPA2，时代沃顿公司产品的透水压力 ULP32 高于 ULP22，ULP22 高于 ULP12。

如图 7.7 所示，某系统全部采用透水压力较低 ESPA1 膜品种时的段通量比最高；全部采用透水压力较高 CPA3 膜品种时的段通量比较低；首段采用透水压力较高 CPA3 而末段采用透水压力较低 ESPA1 时的段通量比最低。

由于一般透水压力较低膜品种的透盐率较高，故采用膜品种配置调整段通量工艺时，系统的脱盐率、能耗率及工作压力三项指标，高于全为低透水压力膜品种系统，但低于全为高透水压力膜品种系统，相关数据示于表 7.4。

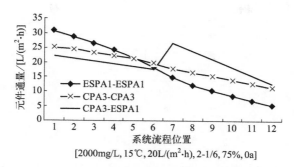

图 7.7　膜品种配置对通量均衡的工艺效果

表 7.4　特定系统中膜品种配置工艺的系统参数 ［2000mg/L，15℃，20L/(m² · h)，2-1/6，75%，0a］

项目	CPA3-CPA3	ESPA1-ESPA1	CPA3-ESPA1
首段通量/［L/(m² · h)］	22.6	25.0	20.0
末段通量/［L/(m² · h)］	14.6	9.9	19.8
段通量比	1.55	2.53	1.01
产水含盐量/(mg/L)	33.5	111.9	66.8
工作压力/MPa	1.22	0.92	1.09
系统能耗/(kW · h/m³)	0.58	0.44	0.52
两段浓水流量/(m³/h)	3.9/4.5	3.3/4.5	4.5/4.5

7.1.5　能量回收段间加压

　　反渗透为压力驱动工艺，系统能耗除用于产水与克服各项阻力之外，相当部分能量消耗在浓水阀门的降压限流过程中。海水淡化工艺中的浓水能量回收工艺被普遍采用，而苦咸水淡化工艺中的浓水能量回收也具有一定价值。

　　图 7.8 所示涡轮式能量回收装置，由同轴的水轮机与离心泵组成，系统高压浓水在驱动水轮机旋转的同时将压力降至极低，水轮机的旋转带动同轴的离心泵旋转，可以对一段浓水加压以供二段给水，从而实现系统浓水的能量回收与两段之间的段间加压。图 7.9 示出涡轮能量回收及段间加压的工艺流程。

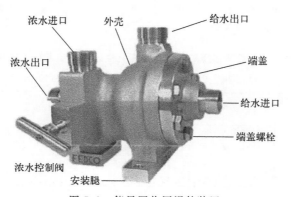

图 7.8　能量回收用涡轮装置

　　表 7.5 示出的有无 70% 效率涡轮式能量回收及段间加压装置的系统运行参数表明，70% 效率的涡轮装置，在段间加压了 0.4MPa，提高了段通量比，系统给水能耗降低了

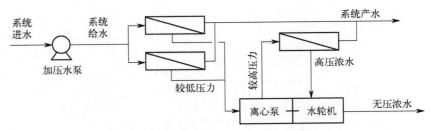

图 7.9　涡轮能量回收及段间加压装置结构

11.8%，系统透盐率降低了 0.21%，使系统各项运行指标得到了全面提升。该工艺的缺点是增加了涡轮机不菲的投资成本。

表 7.5　有无涡轮能量回收装置的系统运行参数

[2000mg/L，15℃，75%，CPA3，10-5/6，20L/(m²·h)，0a]

无涡轮机	给水压力/MPa	给水流量/(m³/h)	给水能量/kW	浓水压力/MPa	浓水流量/(m³/h)	浓水能量/kW	浓水能量比例/%	段通量比	产水含盐量/(mg/L)	给水能耗/kW
	1.27	89.33	31.51	1.02	22.3	6.32	20	23/14	34.3	31.51
有涡轮机	段间增压/MPa	二段给水/(m³/h)	增压能量/kW	浓水压力/MPa	浓水流量/(m³/h)	浓水能量/kW	涡轮设备效率/%	段通量比	产水含盐量/(mg/L)	给水能耗/kW
	0.4	44.9	4.99	1.24	22.3	7.69	70	20/20	30.2	27.79

7.1.6　均衡通量其他功效

通过前述内容讨论已知，段间加压工艺在均衡通量的同时，可以在一定程度上降低系统能耗与提高产水水质，这里首先讨论均衡通量工艺与浓差极化度及浓壳流量比的关系。段壳浓水比的概念详见本书 8.4.1 部分。

根据图 6.18 曲线所示规律，两段系统中首末段中沿流程的浓差极化度不断变化，首段的极化度单调上升，而末段的极化度的变化趋势呈多样性。极化度过高易形成污染，极化度过低表明产水通量过小即首末段通量失衡。表 7.6 所列数据表明，段间加压（或淡水背压）工艺可以在均衡首末段通量的同时，调整首末两段极化度使其趋于均衡，即使给浓水流道的流态得以改善。

表 7.6　段间加压工艺与浓差极化度及壳浓流量比的关系

(2000mg/L，CPA3-LD，55m³/h，35℃，75%，0a)

膜堆结构	段间加压/MPa	段通量比	段壳浓水比	浓差极化度	产水含盐量/(mg/L)	产水能耗/(kW·h/m³)
8-4/6	0	25.7/10.3＝2.50	3.4/4.6	1.18/1.04	67.1	0.42
[20.6L/(m²·h)]	0.28	21.5/18.7＝1.15	4.4/4.6	1.13/1.09	57.0	0.43
9-4/6	0	23.7/8.40＝2.82	2.9/4.6	1.10/1.03	73.6	0.41
[19.0L/(m²·h)]	0.28	19.8/17.1＝1.15	3.7/4.6	1.10/1.08	61.7	0.41

此外，段间加压工艺在压低首段通量及抬高膜段通量的同时，也将抬高首段膜壳的浓水流量以供更高的末段通量，致使 8-4/6 结构原有的"段壳浓水比" 3.4/4.6＝0.74 提高至 4.4/4.6＝0.96。如果同时要求较低的段通量比与较低的段壳浓水比指标，则需在增设段间

加压的同时改变膜堆的"段壳数量比",即如表 7.6 所列将膜堆从 8-4/6 结构改为 9-4/6 结构。关于段壳数量比的概念详见本书 8.4.1 部分。

7.1.7　端通量比与膜品种

膜系统中的通量失衡指标除段通量比之外还有端通量比。如前所述,无论段通量失衡达到何种程度,总可以通过淡水背压或段间加压工艺将其调整至希望水平。尽管段间加压工艺在降低段通量比的同时,也相应降低了系统的端通量比,但段内端通量比过高,特别是末段中的端通量比总是大于首段,就非段间加压等工艺能力所及。如图 7.10 所示,对于特定系统 [2000mg/L,25℃,0a,75%,20L/(m² · h),2-1/6] 用段间加压工艺可使段通量比均降至 1.2 水平,但采用高压 CPA3 或低压 ESPA1 两种不同透水压力膜品种时,将产生不同的端通量比,高压膜的端通量比为 1.94,低压膜的端通量比为 3.09。

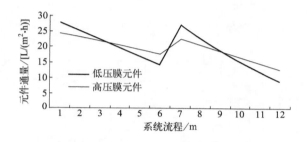

图 7.10　段通量比与端通量比关系曲线

一般而言,无论从均衡通量还是从均衡污染角度出发,均不希望端通量比过大,因此针对高给水含盐量及高给水温度等不利条件,为实现通量均衡目的,不仅需要采用段间加压等特殊工艺以降低段通量比指标,还需采用较高透水压力的膜品种以降低端通量比指标。

因此,低压反渗透膜品种(即低透水压力膜品种)一般只适用于低给水含盐量及低给水温度系统,而用于高给水含盐量及高给水温度时,必然造成高端通量比甚至高段通量比。

7.2　浓水回流工艺

所谓浓水回流系指部分系统浓水回流至系统前端,其主要有两种形式:一是系统浓水回到原水侧,与系统原水合成为系统进水;二是系统浓水回到二段进水侧,与一段浓水合成为二段给水。浓水回流主要有两个目的:一是增加短流程系统的给浓水流量,以降低系统的浓差极化度;二是增加系统后段或系统全境的错流比,以降低系统的污染速度。

但是,无论何种形式及何种目的,必须保证浓水回流后的系统浓水中的各类难溶盐浓度不超过其投加阻垢剂后的饱和浓度。

7.2.1　泵前浓水回流

一般而言,膜系统的难溶盐极限回收率可达 75%~80%,相应的系统流程长度应为 12m 即可采用 2-1/6 或 3-2-1/4 排列结构,该结构对于 8in 膜元件系统的产水流量为 10~15m³/h [15~22L/(m² · h)],对于 4in 膜元件系统的产水流量为 2~3m³/h [14~21L/

（$m^2 \cdot h$）]。当产水流量低于该水平时，系统元件数量不足 18 支，系统流程短于 12m，结构性极限回收率下降，其值低于难溶盐极限回收率。在此情况之下，为提高结构性极限回收率，以期与难溶盐极限回收率持平，即实现较高的系统回收率水平，可以引入浓水回流高压泵前工艺。

图 7.4 与图 7.6 所示的系统末段浓水即为系统浓水，经浓水阀门控制流量后直接排放。图 7.11 所示浓水回流至高压泵前工艺中，末段浓水经浓排阀门及浓回阀门两路阀门的协调控制，流经浓排阀门的为系统弃水被直接排放，流经浓回阀门的为回流浓水又回到给水高压泵前。届时，系统给水是系统进水与回流浓水的混合径流，给水含盐量高于进水含盐量。设系统的进水、给水及浓水含盐量分别为 C_i、C_f 及 C_c，系统的进水、给水、浓水、浓回及浓排流量分别为 Q_i、Q_f、Q_c、Q_b 及 Q_o。因此有：

给水含盐量 $$C_f = (C_i Q_i + C_c Q_b)/(Q_i + Q_b) \tag{7.3}$$

系统回收率 $\quad R_{i,sys} = Q_p/Q_i \quad$ 系统透盐率 $P_{s,sys} = C_p/C_i \tag{7.4}$

膜堆回收率 $\quad R_{f,mem} = Q_p/Q_f \quad$ 膜堆透盐率 $P_{s,mem} = C_p/C_f \tag{7.5}$

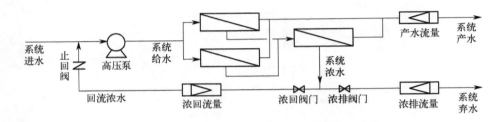

图 7.11　系统浓水回流高压泵前工艺流程

表 7.7 中数据表明，无浓水回流工艺的系统回收率与膜堆回收率相等，而浓水回流工艺使膜堆回收率小于系统回收率。如保持原膜堆回收率不变（恒膜堆回收率），则膜堆的给、浓、产水三项流量不变，保持了原浓差极化指标，而降低了系统的进水流量，提高了系统回收率。如保持系统回收率不变（恒系统回收率），则系统的进、浓、弃水三项流量不变，而提高了膜堆的给水与浓水流量，降低了浓差极化指标，降低了膜堆回收率。

表 7.7　特定系统中的浓水回流泵前工艺参数 [2000mg/L，20L/($m^2 \cdot h$)，5℃，1/6，CPA3-LD，0a]

回流模式	进水流量/（m^3/h）	给水压力/MPa	给水流量/（m^3/h）	浓水压力/MPa	浓水流量/（m^3/h）	浓回流量/（m^3/h）	浓水含盐量/（mg/L）	产水含盐量/（mg/L）	浓差极化度	系统回收率/%	膜堆回收率/%
无回流工艺	7.41	1.43	7.41	1.38	3.0	—	4977	15.5	1.20	60	60
恒膜堆回收率	6.85	1.47	7.41	1.42	3.0	0.6	5677	19.3	1.19	65	60
恒系统回收率	7.41	1.45	8.00	1.39	3.6	0.6	4974	16.9	1.16	60	56

浓水回流工艺一般为恒系统回收率模式，多用于短流程小系统、污水处理系统或特殊料液的浓缩工艺。

图 7.12 中分别给出 1 支、3 支、6 支 4in 元件串联结构系统，对应不同浓水回流量的系统回收率与系统脱盐率指标。图示曲线表明，欲维持浓差极化度为 1.2 水平，系统流程越短，所需浓水回流量就越高，但其系统脱盐率越低，系统回收率也越低。

一般而言，流程为 2-1/6＝12m 系统的浓差极化极限回收率可以达到 75%，与难溶盐极

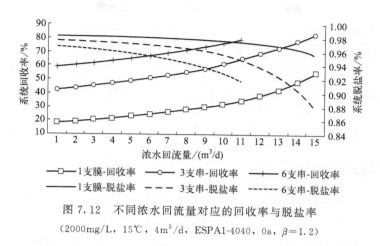

图 7.12 不同浓水回流量对应的回收率与脱盐率

(2000mg/L，15℃，4m³/d，ESPA1-4040，0a，$\beta=1.2$)

限回收率接近，而在系统脱盐率允许条件下，元件数量少于 15 支 (4in 元件或 8in 元件) 或流程长度短于 10m 的系统常采用浓水回流工艺。

值得注意的是，在图 7.11 所示浓水回流工艺图中，浓回流量、浓排流量及系统回收率三个指标是由浓回阀门与浓排阀门共同进行调节，故应配置产水流量、浓回流量及浓排流量三个流量监测仪表。

这里，系统浓水回到系统原水侧的目的，是增加短流程系统的给浓水流量，以使其浓差极化度指标降至 1.2 以下。关于系统浓水回到系统原水侧，以进一步降低系统浓差极化度指标，或称进一步提高系统浓淡比的工艺，见本书 7.7 节 "有机污染系统"。

7.2.2 泵后浓水回流

图 7.11 所示浓水回流泵前工艺相对简单，利用泵前压力较低的现象，使系统回流浓水与系统进水同时进入高压泵，以形成系统给水径流。虽然浓水回流泵前工艺增大了浓水流量，但浓回阀门降压后几近零值压力的浓水再次升至系统给水压力的过程中，将需要较大能耗。

为了降低浓水回流工艺能耗，可以采取图 7.13 所示浓水回流高压泵后工艺。图示系统中，由于段间增压泵的存在，后段浓水压力将略高于前段给水压力，故部分后段浓水可自然与系统进水混为系统给水。

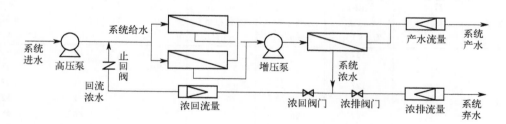

图 7.13 系统浓水回流高压泵后工艺流程

例如，表 7.8 数据中，泵前回流工艺的系统功耗为 27.3kW，而泵后回流工艺的系统能耗仅为 25.0kW，即泵后回流较泵前回流节能 8.4%，而其他参数不变。

表 7.8　浓水回流的泵前与泵后工艺参数比较

(2000mg/L，40m³/h，15℃，6-3/6，CPA3-LD，0a，段通量比 20.7/18.3＝1.13)

回流模式	段间加压/MPa	进水流量/(m³/h)	给水压力/MPa	给水流量/(m³/h)	壳浓流量/(m³/h)	浓回流量/(m³/h)	系统功率/kW	产水含盐量/(mg/L)	浓差极化度	系统回收率/%	膜堆回收率/%
全无回流	0.230	53.3	1.12	53.3	4.4	—	23.7	31.1	1.14	75	75.0
泵前回流	0.235	53.3	1.18	58.3	6.1	5.0	27.3	37.2	1.12	75	68.6
泵后回流	0.235	53.3	1.18	58.3	6.1	5.0	25.0	37.2	1.12	75	68.6

7.2.3　后段浓水回流

无论泵前或泵后的浓水回流，都将增加系统中前段的给水盐浓度，即增加系统的产水含盐量。如果认定系统污染主要发生在系统后段，则将浓水只回流至后段给水处（回到段间泵前），将只增加后段给水盐浓度，从而既可有效减缓系统后段的污染速度，又可避免大幅降低系统脱盐率。图 7.14 示出系统的后段浓水回流工艺。

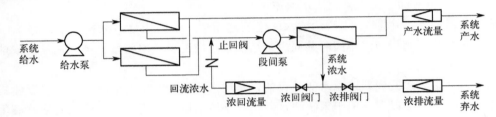

图 7.14　系统的后段浓水回流工艺示意

表 7.9 示出特定系统采用后段回流工艺时，不同浓水回流量条件下的各项系统运行参数。表中数据表明，随着浓水回流量从 0m³/d 增加到 50m³/d，后段系统的给浓水平均流量从 155.6m³/d 增加到 205.6m³/d，给浓水的冲刷量增加了 1/3，大大增强了后段系统的清污能力。该工艺的弊端是，后段系统的产水含盐量有所增加，特别是段间加压泵的压力与流量相应增加，导致后段系统的产水能耗上升了 30%。但是，与浓水的系统回流相比，后段回流工艺的清污效果明显，所增能耗较低。

表 7.9　系统浓水后段回流工艺的系统运行参数

[2000mg/L，15℃，20L/(m²·h)，75%，2-1/6，CPA3-LD，段通量比 21.0/18.2，浓差极化度 1.14/1.10]

后段浓回流量/(m³/d)	后段给水流量/(m³/d)	后段浓水流量/(m³/d)	后段产水含盐量/(mg/L)	系统浓水含盐量/(mg/L)	后段给水压力/MPa	后段浓水压力/MPa	后段产水能耗/(kW·h/m³)
0	204.2	107	60.8	7908.7	1.26	1.19	0.95
10	214.2	117	62.6	7906.5	1.27	1.20	1.01
20	224.2	127	64.1	7904.9	1.29	1.21	1.07
30	234.2	137	65.5	7903.5	1.30	1.21	1.13
40	244.2	147	66.7	7902.4	1.31	1.22	1.18
50	254.2	157	67.8	7901.5	1.32	1.22	1.24

注：一段给水压力 1.14MPa，一段浓水流量 204.4m³/d，一段浓水含盐量 4173mg/L，一段产水能耗 0.78kW·h/m³，回流量为 0 时的段间加压 0.215MPa。

7.3　分段供水工艺

反渗透系统的工艺目的主要是脱盐，如果系统用户对于产水同时存在高低不同水质要求与大小不同流量要求，则可采用图 7.15 所示分段供水工艺。

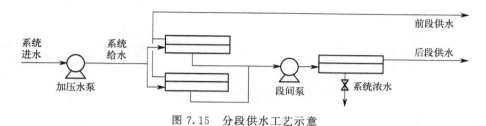

图 7.15　分段供水工艺示意

图 6.25 所示曲线表明，系统沿程各个位置元件的产水含盐量快速上升，如将系统前后端所产部分淡水分别以高低不同水质分供给不同用途，可以同时解决不同用途的流量及水质要求。如图 7.16(a) 曲线所示，在特定系统 [2000mg/L、15℃、20L/($m^2 \cdot h$)、2-1/6、CPA3-LD、75%、0a] 中，从系统首端取用淡水时，取用流量越小，取用水质越好，而剩余的后端淡水流量越小，其含盐量越高。如图 7.16(b) 曲线所示，从系统末端取用淡水时，取用流量越小，取用水质越差，而剩余的首端淡水流量越小，其含盐量越低。特别是在此两段结构中，如首末段的产水流量分别为 10.1m^3/h 与 3.3m^3/h，则首末段的产水含盐量分别为 18mg/L 与 81mg/L。

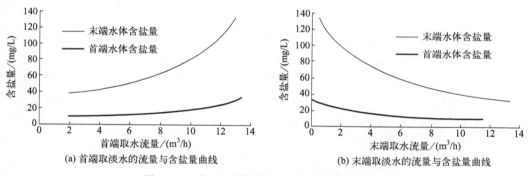

(a) 首端取淡水的流量与含盐量曲线　　　　(b) 末端取淡水的流量与含盐量曲线

图 7.16　首、末端取淡水的流量与含盐量曲线

在产水流量中分段取水时，只需将两段产水间的管路断开，分两路将两段产水引出。如需分流程元件位置取水时，需将该位置前后元件的淡水连接器堵塞，并将两侧淡水分路引出。或者在合成的产水管路前后端设置阀门，由两阀门开度的差异灵活分配前后端供水流量，但届时需防止因两阀门关闭程度过大形成的淡水背压。如果存在段间泵，则可以通过调节段间加压的幅度，改变前后段的产水流量与产水水质。

7.4　淡水回流工艺

7.4.1　系统淡水回流

在一级系统基础上有效提高系统脱盐水平的另一工艺是淡水回流，图 7.17 示出系统淡水回流的工艺流程。该工艺系统的实际产水流量应大于设计产水流量，并将多余部分系统产出淡水引回至系统进水端，与系统进水混合后构成系统给水。部分淡水回流后，系统产水流量与进水流量将相应减少，系统给水流量维持恒定，但给水含盐量降低，产水含盐量随之降低。

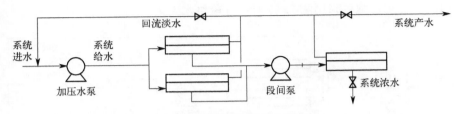

图 7.17　系统淡水回流工艺流程

换言之，淡水回流工艺是在保持设计产水流量条件下，以增加系统规模即增加元件数量为代价换取产水水质的提高。

7.4.2　后段淡水回流

回流淡水的方式可有三种，一是前述全系统合成淡水的部分回流，二是系统后端淡水回流，三是系统前端淡水回流。从图 7.16 曲线的分析可知：

① 如从系统前端取较好淡水回流，而用后端较差淡水输出，则最终的产水水质提高幅度很小，甚至产水水质更差。

② 如从系统后端取较差淡水回流，而用前端较好淡水输出，则最终的产水水质提高幅度很大。

③ 如采用部分合成淡水回流，其效果将介于从前后两端回流淡水的优劣效果之间。

针对特定系统 [2000mg/L、15℃、20L/(m^2·h)、2-1/6CPA3-LD、75%、0a]，从系统后端回流淡水的不同产水流量所产生的系统参数变化见图 7.18。图中数据表明，回流淡水为 $4m^3/h$（产水流量减少 30%）时，系统透盐率从 1.6% 下降至 0.6%，可见工艺效果十分显著。图 7.19 示出后段淡水回流的工艺流程。

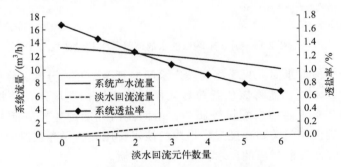

图 7.18　淡水回流工艺中回流量与透盐率曲线

通过比较图 7.17 与图 7.19 所示两种淡水回流工艺流程可知，系统淡水回流的优点是回流量（或产水量）可以调控，缺点是产水水质较差，且存在一定量值的产水背压；后段淡水回流的优点是产水水质较好，缺点是未设段间加压泵时的回流量（或产水量）不可调控。如果存在段间泵，则可在一定程度上用段间加压量调节淡水回流量。

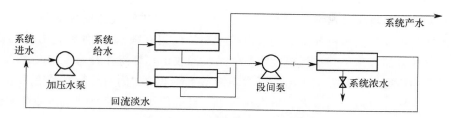

图 7.19　后段淡水回流工艺流程

7.4.3　附加三段工艺

反渗透系统的无机污染，理论上应发生在系统末端，即难溶盐被浓缩至特定浓度时析出沉淀。但是，给水的水质检测总具有一定误差，且给水温度与水质成分随时间均有一定程度的波动。而且，本书第 10 章内容说明，由于浓水隔网作用及有机污染的影响，即使难溶盐尚未达到饱和程度，系统沿程仍然存在不同程度的无机污染。因此，不存在避免无机污染的准确系统回收率或发生无机污染的准确系统流程位置。

为了有效提高系统的给水利用率，且保证主系统的稳定运行，可以在常见的两段系统基础上采用图 7.20 所示的附加三段工艺结构。该工艺结构中第一段与第二段为主系统，第一段与第二段产水为系统产水，第三段产水回流至系统给水端。系统回收率为系统一、二段产水流量与系统进水流量之比。该工艺的特点为：

① 第三段系统的产水量即回流淡水量越大，系统回收率越高。

② 第三段系统浓水的难溶盐一般超过其饱和浓度，第三段膜堆极易产生无机污染。

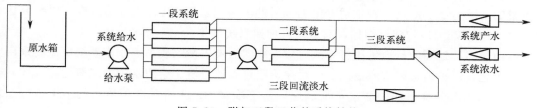

图 7.20　附加三段工艺的系统结构

因此，第三段系统用膜元件一般采用旧膜元件，其产水量与脱盐率均较差，一般需要频繁地清洗甚至更换。总之，该工艺是以第三段旧膜元件的严重污染、频繁清洗与频繁更换，换取系统的较高系统回收率与较好产水水质。

7.5　倒向运行工艺

本书第 6 章所述典型工艺与本章所述以上特殊工艺中，系统结构均为首端设给水泵而末端设浓水阀，系统的给浓水始终是从系统首端流向系统末端，故可统称为"定向运行"工艺。

系统设计与运行的三个重要目标是高运行通量、高系统回收率与低污染速度。高通量可使系统的元件数量及管路等附属设备减少，虽使系统能耗及运行成本有所增加，但可大幅降低系统投资。高回收率可使给水流量与浓水流量减少，既减少预处理系统的投资与运行费，也减少资源消耗及环境污染。低污染速度既可提高系统运行的稳定性，又可降低清洗成本与换膜成本。

为实现高回收率、高通量、低污染，长期以来在预处理、阻垢剂、元件结构及制膜材料等方面均进行了相应的改进但无明显效果。定向运行系统的运行通量需较为严格地遵守设计导则的相关要求，解决有机污染的主要办法是强化预处理工艺（即增加其投资与运行费），解决无机污染的主要方法是投加阻垢剂（而阻垢剂的作用有限），元件结构方面加高了隔网高度，制膜材料方面提高了其抗污染性能，但系统回收率仍维持在普遍采用的约75%。

目前以色列研究机构开发出了用于高污染给水条件下的"倒向运行"系统工艺，并证明其具有系统回收率高、运行通量大、浓水流量小、药剂用量少、能自动清污等诸多优势。

7.5.1　高回收率系统特征

表7.10示出某定向运行系统在不同回收率条件下的运行参数。该表数据表明，随着系统回收率的提高，产水含盐量、浓差极化度、段通量比、浓水pH值与浓水朗格利尔指数等难溶盐结垢趋势均相应提高（系统给水中含有特定的碳酸钙浓度），而末段膜壳浓水流量下降，且能耗指标波动。

表7.10　定向运行8-4/6结构系统不同回收率的运行参数

[1000mg/L，25℃，CPA3-LD，8-4/6，72支，53.5m³/h，20L/(m²·h)]

系统回收率/%	产水含盐量/(mg/L)	浓差极化度	段通量比	末段壳浓水/(m³/h)	浓水pH值	浓水朗格利尔指数	系统能耗/(kW·h/m³)
75	16.0	1.17	22.3/15.4=1.45	4.5	7.6	1.8	0.40
80	19.3	1.20	22.6/14.8=1.53	3.3	7.7	2.1	0.38
85	25.4	1.24	23.2/13.6=1.71	2.4	7.8	2.5	0.36
90	38.9	1.35	24.8/10.3=2.41	1.5	7.9	2.9	0.37

根据系统设计导则与部分设计软件的运行要求，浓差极化度的上限为1.2，末段膜壳浓水流量的下限为2.7m³/h，投加适量阻垢剂后的朗格利尔指数上限为1.8。该三项参数在系统回收率超过75%后均陆续超标，其后果将加速系统污染。

如前所述，过高的段通量比将导致通量失衡即污染失衡，故高回收率系统更需要采用段间加压工艺，以平衡首末段通量。由于反渗透膜可以透过溶于给浓水中的二氧化碳气体，根据本书5.4.4部分水体的碳酸盐平衡理论，系统浓水的pH值总高于给水的pH值。如表7.10所列，系统的回收率越高，则浓水pH值越高，越使浓水中各类难溶盐的饱和度上升，即加速系统的无机污染。

系统回收率提高时，给水流量降低，系统能耗随之下降；但当系统回收率大于85%后，因给浓水的含盐量过高，工作压力快速上升，将导致系统能耗上升。对于部分高污染系统，以提高系统回收率为主要目标，而对产水含盐量（或脱盐率）的要求可以适度放宽。

7.5.2　长流程系统特征

表7.11示出某定向运行的不同系统结构与不同系统回收率的运行参数。该表数据表明，无论系统回收率高低，结构为6-3/8的16m较长流程系统的浓差极化度低于结构为8-4/6的12m较短流程系统。由于低浓差极化度表示膜表面的污染物浓度低，不易形成膜污染，故相同系统回收率条件下，仅就浓差极化度指标而言，采用长流程系统为宜。

而且，对于相同通量、相同回收率及相同规模（同为72支元件）系统，6-3/8结构系统的末段膜壳数量少于8-4/6结构，使其末段膜壳浓水流量增高即错流量增大，不易于末段浓水中的污染物结垢（膜壳浓水流量下限为2.7m³/h）。

表 7.11　定向运行不同系统结构与不同系统回收率的运行参数

[1000mg/L，25℃，CPA3-LD，72 支，53.5m³/h，20L/(m²·h)]

系统回收率/%	系统结构	产水含盐量/(mg/L)	浓差极化度	段通量比	末段膜壳浓水/(m³/h)	系统能耗/(kW·h/m³)
75	8-4/6＝12m	16.0	1.17	22.3/15.4＝1.45	4.5	0.40
	6-3/8＝16m	16.8	1.13	23.0/14.0＝1.64	5.9	0.43
90	8-4/6＝12m	38.9	1.35	24.8/10.3＝2.41	1.5	0.37
	6-3/8＝16m	40.6	1.27	25.1/09.7＝2.59	2.0	0.39

再则，长流程系统结构增加了膜壳长度减少了膜壳数量，因 8m 膜壳单位长度价格约为 6m 膜壳单位价格的 85％，加之膜壳数量的减少将使系统管路结构简化、成本降低，故长流程系统的设备投资少于短流程系统。

此外，长流程系统的段通量比更大，更需要段间加压工艺以平衡系统的首末段通量。

7.5.3　膜系统污染分布

由于定向运行系统首末两段及元件前后两端的错流比前高后低，使其浓差极化度前低后高，进一步促成了系统末段及元件后端的有机污染加重，且高污染给水中的有机物还将使系统首端受到严重污染。此外，较高的运行通量与较少的阻垢剂投加量，均将加速系统的污染速度。

由于定向运行系统的膜元件给浓水始终处于特定径流方向，以及浓水菱形（或方形）隔网造成的特定涡流形态，元件膜表面将形成鱼鳞状污染。当给浓水径流遇到隔网的阻挡时，将形成对网前膜表面的有效冲刷，使其不易形成污染物的沉积；当给浓水径流刚越过隔网时，将在该处形成涡流，因涡流处流速较低，易在网后形成污染物的沉积。

7.5.4　倒向工艺

（1）结垢过程与倒向

根据水化学原理，各类难溶盐在过饱和后析出结垢，需要从一个晶核至垢层的发展过程；有机滤饼在膜表面的形成也需要一定时间。无论是系统或元件，因为给水侧流速大于浓水侧，给水侧错流比大于浓水侧，给水侧浓差极化度低于浓水侧，特别是给水侧的 pH 值低于浓水侧，如果及时实现给浓水径流的倒向，则正在形成的有机与无机污染将被冲洗与溶解。

如前所述，提高系统回收率与系统通量的主要障碍是难溶盐与有机物的污染，以及一系列运行指标的恶化。但是，如将传统的给浓水"定向运行"模式改为新型的"倒向运行"模式，则会使有机与无机污染得到自动且及时的清除。倒向运行的反复污染又及时清污的运行模式，类似于内压超微滤的倒向流工艺及电渗析的倒极工艺。

（2）倒向工艺的可行性

膜元件的卷式结构使膜元件的给浓水径流本无特定流向，其实际流向仅取决于元件端板处浓水 V 形胶圈的开口方向（其开口应朝着给水来向）；如在元件给水与浓水两侧端板处反向各安装一个浓水 V 形胶圈，或改造浓水胶圈结构使其能够双向阻水，则允许元件的给浓水径流倒向。膜壳结构形式也无给浓水径流的特定流向，只是在膜壳的浓水侧需安装止退环；如果在膜壳给水与浓水两侧反向各安装一个止退环，则允许膜壳的给浓水径流倒向。

如果各元件与各膜壳均采取上述措施，再改造系统的给水与浓水的管路结构与阀控方式，则可在实现系统首末段换位的同时，实现各膜壳中元件给浓水径流的倒向，即按照固定时间周期或检测到系统污染达到一定程度时，进行系统给浓水径流的倒向运行。

（3）倒向运行各项优势

由于倒向运行方式可及时清除系统中的有机与无机污染，系统可以承受更高运行负荷或更高污染速度，即可采用90％的系统回收率、更高运行通量甚至更少的阻垢剂投加量，与之相应的是更长的系统流程、更大的段间加压与相应的管路结构改造。提高系统回收率即可降低系统的运行成本，提高运行通量即可降低系统的投资成本，因此倒向运行工艺可大幅提高反渗透工艺技术的经济效益。

实际工程经验表明，倒向运行的系统回收率可提高至90％以上，系统的清洗周期可由约3个月延长至6～9个月，减少阻垢剂投加量20％～30％，延长膜元件寿命2～3年。

7.5.5　倒向运行的控制

（1）分步倒向运行方式

反渗透系统一般为首末两段结构，两段膜壳的数量一般为2∶1，故在倒向运行时不能一次性完成首末段膜壳的倒置，只能采用所谓分步倒向方式。在图7.21所示分步倒向过程中的第一、二、三步循环更替，方可完成一个倒向周期：

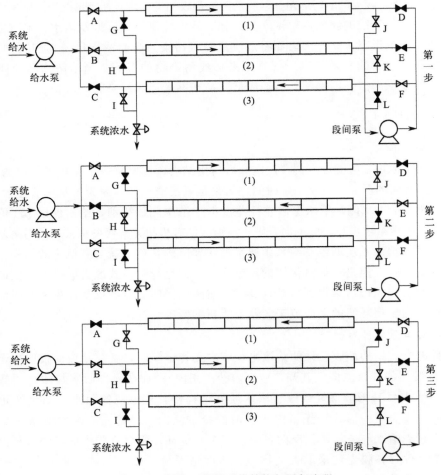

图 7.21　倒向工艺的系统结构与运行流程

第一步中膜壳（1）与（2）为第一段［膜壳（1）倒向］，膜壳（3）倒向并成第二段；

第二步中膜壳（1）与（3）为第一段［膜壳（3）倒向］，膜壳（2）倒向并成第二段；

第三步中膜壳（2）与（3）为第一段［膜壳（2）倒向］，膜壳（1）倒向并成第二段。

在一个倒向周期内，每只膜壳均倒向一次，并分别作第一段两次与作第二段一次。

（2）阀门的设置与控制

为实现 2-1 排列膜壳的给浓水循环倒向，图 7.21 中的每只膜壳的给水泵侧设置两个阀门，直路阀门作给水阀用，旁路阀门作浓水阀用；为实现各膜壳在段间加压时的循环倒向，需要每只膜壳的段间泵侧设置两个阀门，直路阀门作给水阀用，旁路阀门作浓水阀用。每一步的各阀门开闭状态如下。

第一步：A、B、F、I、J、K 开，C、D、E、G、H、L 闭。

第二步：A、C、E、H、J、L 开，B、D、F、G、I、K 闭。

第三步：B、C、D、G、K、L 开，A、E、F、H、I、J 闭。

对于大规模系统，膜壳（1）、（2）及（3）将分别代表 3 个膜壳组，12 个阀门也分别针对各膜壳组进行设置与动作。给水泵、段间泵与各阀门可用 PLC 控制器进行联动控制，即可使系统完成倒向运行，而倒向的频率取决于系统的污染速度。

7.6　半级系统与级半系统

7.6.1　半级系统工艺

在市政给水深度处理与市政污水达标排放工艺中，存在系统产水水质指标（包括有机物与无机盐）最低要求，但存在系统进水水质时有波动。为保证产水水质始终达标，系统设计必须针对最恶劣的进水水质条件。但是，进水水质较好时，如仍采用反渗透系统处理全部给水，不仅产水水质过高已无必要，而且多耗的系统运行成本纯系浪费。

由于大型市政水处理工艺中的反渗透系统总呈多单元结构，当进水水质较好时，应停运部分系统单元使其呈冷备用状态，或将仍然运行的系统单元降通量运行使其呈热备用状态。部分系统单元停运或降通量运行时，所减系统产水流量由系统进水直接补充或称勾兑，而直接补充进水的流量控制，始终以保证系统综合产水水质要求为标准。即使采用对有机物与无机盐截留率较低的纳滤系统，同样需要不同程度的进水直接勾兑。

由于该系统工艺的总脱盐率低于典型的一级系统，故可称其为半级反渗透系统（图7.22）。

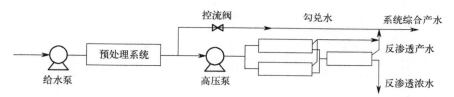

图 7.22　半级反渗透系统

7.6.2　级半系统工艺

由于一级系统后段的产水含盐量远高于系统前段，当需要小幅度提高系统脱盐率时，可采用如图 7.23 所示工艺，即将一级系统前段高水质产水短接至二级系统产水，而将一级系统后段低水质产水作为二级系统给水进行二级处理。该工艺的全系统产水量与脱盐率均介于一级与二级系统之间，故可称为一级半系统（简称级半系统）。关于二级系统的工艺流程，参见本书第 13 章相关内容。一些海水淡化系统就常采用级半工艺，即将系统前端产水直接输出，而将后端产水再进行二级处理，以提高海水淡化工艺的产水水质。

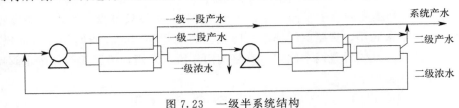

图 7.23　一级半系统结构

如前所述，反渗透系统的脱盐率水平主要取决于系统中膜品种的脱盐率水平。但是，实际系统对于脱盐率的要求可能要更加宽泛，而受膜品种的脱盐率水平限制，系统脱盐率过低则不能满足工程要求，过高也将造成运行成本的浪费，因此需要多等级系统结构以满足不同工程需要。

多勾兑进水流量一级系统的脱盐率可达到 30%，可称为 1/3 级系统。

少勾兑进水流量一级系统的脱盐率可达到 60%，可称为 2/3 级系统。

标准脱盐水平反渗透系统的脱盐率可达到 98%，可称为 3/3 级系统。

采用淡水回流工艺可以提高一级系统的脱盐率，可称为 4/3 级系统。

一级半系统可以进一步提高一级系统的脱盐率，可称为 5/3 级系统。

标准两级工艺可以达到更高水平的系统脱盐率，可称为 6/3 级系统。

总之，采取进水勾兑、淡水回流、级半系统与两级系统等工艺形式，反渗透系统可以得到不同脱盐率等级水平的设计方案。

第一级系统的脱盐率一般可达 98%，第二级系统的脱盐率一般只有约 80%，由于第三级系统的脱盐率效率极低，实际工程中不采用第三级系统脱盐。如需在两级系统基础上进一步提高产水水质，可采用本书第 13 章所述电去离子（即 EDI）等技术。

实际上，根据具体工程需要，反渗透系统还有众多特殊工艺形式。

7.7　有机污染系统

目前国内不少工程处理的是各类工业污废水，表 7.12 示出部分典型的工业含盐有机污废水的相关数据。面对如此高有机污染物浓度水源，反渗透工艺之前必须设置相应的各类预处理工艺。

表 7.12　部分典型的工业含盐有机污废水水质

废水类别	COD/(mg/L)	含盐量/(mg/L)
印染废水	1000～3000	约 120000
煤化工废水	＞6000	1000～3000

续表

废水类别	COD/(mg/L)	含盐量/(mg/L)
造纸废水	6000～8500	1200～1500
制革废水	2000～3000	400～1500
发酵废水	5000～15000	500～1600
酿酒废水	120000	约 3500

但是，由于水源的有机物浓度较高且不断变化，如果严格按照反渗透系统的进水水质要求设计预处理工艺，则工艺的复杂程度将会很大，且工程成本很高，而实际的预处理工艺的产水水质往往很难达到反渗透系统的进水指标要求。

因此，就出现了降低反渗透工艺进水水质标准，由预处理工艺与反渗透工艺分担有机污染物，即要求反渗透工艺具有处理较高有机物浓度的能力。一般反渗透系统的进水有机物含量限值标准为：TOC（以 C 计）＜5mg/L，COD（以 O_2 计）＜15mg/L，BOD（以 O_2 计）＜10mg/L。而将高于该限值或几倍于该限值的进水水源定义为含盐高有机物污染水源。

针对高有机物污染水源，反渗透系统的工艺目标是在保证较高脱盐率的同时努力降低污染速度与清洗频率，而系统的工艺参数与膜堆结构也需要进行相应的改变。为了表述方便，本节以下部分将含盐高有机物污染水源简称为"污水"，进行污水处理的反渗透系统简称为"污水系统"。

目前尚无任何系统设计软件或运行模拟软件能够模拟污水对于系统运行的直接影响，只能利用现有软件中影响污染速度的膜系统通量、浓差极化度与通量均衡度等运行指标进行系统设计与运行分析。

针对污水的水质条件，为降低系统污染速度，应采用以下工艺措施。

(1) 元件品种

针对含盐污水水源，污水系统所用膜品种应该采用高工作压力、宽通道甚至电中性的抗污染膜品种（例如 LFC3-LD）。其中，高工作压力指标有利于系统沿程的通量均衡，34mil 的较高浓水隔网通道宽度有利于提高膜元件的抗污染能力，膜表面的电中性可有效降低具有正电荷或负电荷性质的有机物在膜表面的吸附性污染。

(2) 系统通量

为了保证系统稳定运行，系统进水的有机污染物浓度越高，则系统设计通量越低。根据系统设计导则，超微滤工艺做预处理的污水系统设计通量应为 $12.6～22.3L/(m^2 \cdot h)$，即污水系统可采用 $15L/(m^2 \cdot h)$ 设计通量。但因采用低通量指标，将使系统段通量比增高，且膜壳浓水流量降低。

(3) 浓水回流

如果污水系统采用传统的 4-2/6 结构及 12m 流程长度，浓水回流可有效提高系统沿程膜表面的错流量，有效降低系统沿程膜表面的浓差极化度，进而降低系统污染速度。但系统沿程的通量失衡现象依然严重。

(4) 段间加压

调控系统沿程通量均衡程度的有效方法之一是采用段间加压工艺。如果对于一般苦咸水淡化系统的段通量比指标应控制在约 1.2 水平，则对于高污染系统的段通量比指标应增至 1.25 水平，以使更高有机物浓度的后段系统降低产水通量，即降低后段系统的污染负荷与污染速度。

（5）系统流程

段间加压工艺可以有效降低首末两段通量之比，即有效降低首末两段之间的通量失衡程度，但无法控制系统中段内的端通量失衡，而采取较短系统流程是降低段内通量失衡的有效措施。且因采用较大浓水回流量，较短流程系统的高浓差极化度受到抑制。

（6）立式结构

膜壳的卧式安装，虽然可以有效减少系统的占用面积，但也会造成元件内部承托水体一侧的膜表面沉积更多的污染物，而在高有机物含量的污废水源系统中，该现象必然愈发严重。借鉴超微滤系统中，膜组件的立式安装可有效降低膜污染速度，将反渗透膜壳立式安装应是降低膜污染速度的有力措施。届时，系统沿程水体中将会有更多的有机或无机污染物随浓水径流排出系统，以减少滞留在膜表面的污染物。

（7）数据分析

表7.13所列数据表明，无论采用何种系统结构与流程长度，只有同时采用浓水回流与段间加压工艺，才能够降低系统浓差极化度与段通量比指标，但其代价可能是产水含盐量与产水能耗的相应增加。相比之下，8m短流程即4m长膜壳系统更适合膜壳的立式安装，可以有效降低系统污染速度。

对于污水系统而言，段壳浓水比（即首末段膜壳浓水流量比）指标越小，后段膜壳中的浓水流速越大，越有利于高浓度有机污染物从系统中排出。表7.13数据表明，段间加压工艺会使段壳浓水比增大，而浓水回流工艺会使段壳浓水比减小。

表7.13　污水系统各设计方案的多项技术指标

[1500mg/L, 25℃, 20m³/h, 14.9L/(m²·h), LFC3-LD]

流程长度	浓回流量/(m³/h)	段间加压/kPa	段通量比	端通量比	前段浓差极化度	后段浓差极化度	产水含盐量/(mg/L)	段壳浓水比	吨水能耗/(kW·h/m³)
12m	0	0	1.88	3.19	1.18	1.07	43.0	0.81	0.36
	3	0	1.86	3.00	1.14	1.05	51.1	0.72	0.42
	6	0	1.86	3.01	1.11	1.04	57.4	0.67	0.49
4-2/6	0	150	1.25	2.01	1.14	1.09	38.9	0.93	0.36
	3	150	1.25	1.97	1.11	1.07	47.2	0.80	0.43
	6	150	1.25	1.99	1.09	1.05	54.0	0.73	0.50
8m	6	0	1.64	2.28	1.17	1.07	55.4	0.69	0.46
	10	0	1.57	2.22	1.13	1.05	61.9	0.64	0.54
6-3/4	6	105	1.25	1.73	1.16	1.09	51.0	0.75	0.45
	10	96	1.25	1.72	1.12	1.06	59.9	0.67	0.55

总之，浓差极化度、段通量比、端通量比、系统脱盐率、段壳浓水比及吨水能耗等系统运行指标相互联系，又均与浓水回流、段间加压、较短流程、段壳数量比等工艺密切相关，欲使各运行指标均保持在较高水平，则要求选用合理的工艺组合与工艺参数。

（8）安装模式

同为36支的膜元件系统，图7.24分别示出4-2/6结构的卧式膜壳长流程系统排列模式与6-3/4结构的立式膜壳短流程系统排列模式。

卧式膜壳安装膜元件时，总是按照给水至浓水的方向依次将膜元件推入膜壳，仅由人工操作即可完成安装过程。立式膜壳安装膜元件时，需要从膜壳底部向顶部方向依次将膜元件

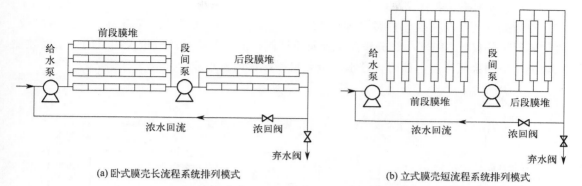

(a) 卧式膜壳长流程系统排列模式　　　　　　(b) 立式膜壳短流程系统排列模式

图 7.24　卧式长流程与立式短流程两种系统膜堆排列模式

顶入膜壳，只有这样才便于安装两两膜元件之间的淡水连接器。因此，立式膜壳安装时还需要拥有相应的元件顶推设备。

7.8　监测控制系统

　　膜系统监测与控制的目的是在系统运行过程中实时监测系统运行状况，并对实时的运行状态做出及时的调节控制。各工艺系统结构的差异相对较小，而监控系统的差异可能很大。监控系统的形式可简可繁，主要分为仪表监控及集散监控两类，仪表监控又分为不同水平系统。

7.8.1　仪表监控系统

（1）手动简单仪表监控

　　图 7.25 所示手动简单仪表监控系统中，监测仪表只有产水电导仪、产水流量计、浓水流量计、首中末端的三只压力表，动力设备为电机水泵，控制设备为截流阀与浓水阀，外加原水及产水水箱的液位开关。基于固有的水泵特性与膜堆特性，控制截流阀与浓水阀的开度，可以得到相应的产水流量与浓水流量，进而得到系统回收率与平均通量两大指标。原水箱的低水位控制与产水箱的高水位控制保证了水泵不空转及水箱不溢出。监控系统具有该套配置，即可满足系统运行与监控的基本要求，但存在以下问题：

① 机泵特性无法调节，无法达到系统能耗的最低状态。

② 只能监测系统产水流量与各段工作压力，无法得知各段的产水流量与产水电导。

③ 无原水的温度与电导，故无法了解系统脱盐率及标准化运行指标。

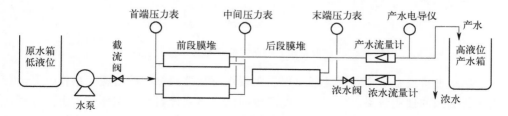

图 7.25　手动简单仪表监控系统

（2）手动完整仪表监控

较为完整的手动仪表监控系统如图 7.26 所示，这里增加了原水温度计、原水电导仪、氧化还原电位仪（ORP 仪）、分段流量计及止回阀。安装氧化还原电位仪的目的是实时监测系统进水中的余氯浓度，以防止进水的余氯超标，氧化膜元件。

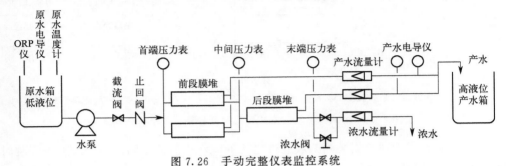

图 7.26　手动完整仪表监控系统

水泵与膜堆间安装止回阀旨在对水泵与膜堆起到保护作用，如果原水箱位置过低，且不装止回阀，水泵停运时膜堆及水泵中的水将回流至水箱。如果不装止回阀，当水泵急停时，膜堆中的高压水体快速泄压，会使水泵反转而形成叶轮损伤，而且会使膜堆给浓水区形成负压及水锤现象，从而损伤膜元件。

严格意义上，安装有止回阀系统的水泵急停时，止回阀瞬时关闭，因膜壳与元件之间存有残余空气，仍将在膜堆内部产生水锤甚至气锤现象。因此，最佳的运行方式为用截流阀实现系统的缓启缓停。完整仪表监控系统虽然具有着完整的检测数据，可以实施运行数据的标准化处理，但手动控制方式的实时性与精确性较差。

（3）自动完整仪表监控

图 7.27 所示更为完整的自动监控系统中，还要分别加装首末段的产水电导仪，从而直接检测首末段膜污染造成首末段的产水量及产水质的变化。为了更加准确地监测系统中各膜壳产水的水质，可以在各膜壳产出水端各配置一个取样阀，通过对同段异壳产出淡水电导数值的差异，了解各膜壳元件的运行状况。

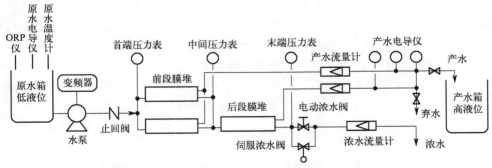

图 7.27　集散系统监控所需的反渗透系统配套设备

由于水泵电机设置了变频调速器，得以实现水泵特性调整与缓启缓停操作，其运行效果自然优于截流阀的使用效果。一些膜厂商甚至明确提出系统启动的工作压力上升过程应不少于 30～60s，产水流量上升过程应不少于 15～20s。由于浓水阀由伺服电机驱动，从而实现了其开度可控调节。

完整仪表监控系统中，各仪表应具有 4～20mA 或串行数字传输功能，应采用 PLC 及触摸屏等设备，收集并处理分散于系统各处的各类仪表检测参数；并由 PLC 向水泵电机变频器与浓阀伺服电机发出指令。由此，可以实现局部自动控制，并能达到产水量与回收率的双恒量控制。

7.8.2 集散监控系统

所谓集散监控系统，一般由图 7.28 所示各分工艺的分散监控与全系统的集中监控两部分构成，前者由各相关仪表、PLC 甚至单片机构成，后者由工控机与组态软件构成，两者间由局域网络总线连接。

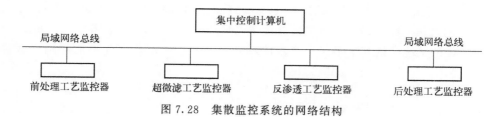

图 7.28　集散监控系统的网络结构

该系统正常运行时，由集中控制计算机向各分工艺监控器发送各分工艺的产水流量等运行指标，由各分工艺监控器向集中控制计算机回送各分工艺的运行压力等工况参数；各分工艺监控器采集相关的开关信号与模拟信号以进行分工艺检测的同时，控制相关的水泵频率与阀门开度以保证分工艺的产水量及回收率的双恒量控制。

集散系统要求有完整的系统运行数据链，要求检测仪表准确可靠。由于工控机具有强大的数据处理功能，可以控制各分工艺的启停顺序，对运行数据进行容错与纠错处理，进行系统运行状态的辨识，完成运行数据的标准化计算，进行系统的污染程度及污染性质评估，历史运行数据存储等多项任务。

随着通信技术的发展与普及，远程监控、移动监控及物联网技术已经开始融入反渗透系统监控领域。以仪表监控系统或集散监控系统为基础，将检测信息通过无线通信或移动通信方式可以实现对系统的远程或移动监控，甚至可以引入海量的大数据信息对特定系统的运行工况进行故障诊断。

7.9　特殊工艺范例

（1）设计依据

本算例为废水回用项目，预处理工艺处理后系统给水的污染指数为 4，给水含盐量 2400mg/L，处理流量 42m³/h，难溶盐极限回收率 75%，给水温度 30℃，按照运行 0 年计算，设计产水含盐量低于 30mg/L（即透盐率低于 1.255%），且段通量比保持 1.18。

（2）设计方案 A（高压元件、较高通量、段间加压）

根据水源条件可设系统平均通量约为 20.2L/(m² · h)，系统回收率 75%，产水流量 31.5m³/h，进水流量 42m³/h，浓水流量 10.5m³/h。高压膜品种 CPA3-LD，元件数量 42 支，系统结构 4-2/7，段间加压 0.335MPa，则有段通量比 21.3/18.0＝1.18。运用海德能设计软件计算，采用高压膜元件的系统运行能耗为 0.51kW · h/m³，但产水含盐量 64.8mg/L，不能满足设计要求。方案 A 中采用较高通量是为了提高产水水质。

（3）设计方案 B（海水淡化元件、较低通量、段间加压）

采用海水淡化用元件品种 SWC5，元件数量 54 支，设计通量为 15.7L/(m² · h)，系统结构 6-3/6，段间加压 0.300MPa，则有段通量比 16.6/14.0＝1.18，产水含盐量 19.0mg/L，从而达到了设计产水含盐量 30mg/L 的要求，但该方案的系统运行能耗高达 0.60kW · h/m³。方案 B 中采用较低通量是为了降低能耗。

（4）设计方案 C（高压元件、较低通量、段间加压、淡水回流）

采用高压元件品种 CPA3-LD，元件数量 54 支，设计通量 15.7L/(m² · h)，系统结构 6-3/6，段间加压 0.23MPa，系统产水中的 12m³/h 回流。届时，系统进水 42m³/h（2400mg/L），淡水回流 12m³/h（47.0mg/L），系统给水 54m³/h（1880mg/L），系统产水 40.5m³/h（54.2mg/L），输出淡水 28.5m³/h（47.0mg/L），段通量比 21.3/18.0＝1.18。这样，方案 C 的系统通量基本平衡。产水能耗 0.44kW · h/m³，但尚不能达到产水含盐量 30mg/L 的要求，相关的工艺及其参数见图 7.29。

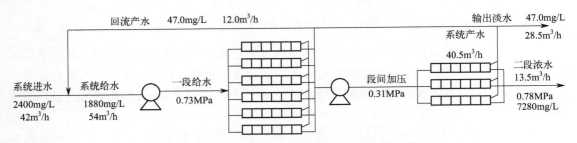

图 7.29　算例系统中的淡水回流、段间加压工艺

（5）设计方案 D（高压元件、段间加压、后段淡水回流）

在方案 C 基础上，进行后段淡水回流工艺以提高输出淡水水质。因系统前段产水水质较好，而系统后段产水水质较差；如将前段产水作淡水输出，而将后段产水作淡水回流，则在提高输出淡水水质达到 27.2mg/L 的同时，基本保持系统给水 1880mg/L 的水质恒定，基本保持段间加压 0.23MPa，即段通量比 21.3/18.0＝1.18。

方案 D 系统的运行参数如图 7.30 所示，产水能耗 0.45kW · h/m³，产水含盐量 28.5mg/L，既通过后段淡水回流工艺满足系统产水水质要求，又保持了较低的系统能耗。系统参数的沿程分布如表 7.14 所列，表中合成产水含盐量为段内元件沿流程汇合而成流量的含盐量。

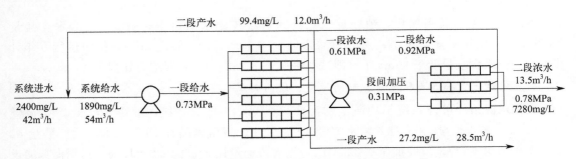

图 7.30　算例系统中的段间加压及后段淡水回流工艺

表 7.14　算例系统运行的各项参数沿程分布（产水能耗 **0.45kW·h/m³**）

一段元件沿程位置	元件产水通量/[L/(m²·h)]	元件产水含盐量/(mg/L)	合成产水含盐量/(mg/L)	二段元件沿程位置	元件产水通量/[L/(m²·h)]	元件产水含盐量/(mg/L)	合成产水含盐量/(mg/L)
1	27.1	13.2	13.2	7	26.3	44.3	44.3
2	24.8	17.4	15.2	8	22.8	60.5	51.8
3	22.4	22.8	17.5	9	19.4	87.1	61.8
4	20.1	31.1	20.4	10	16.1	121.9	73.3
5	17.8	42.5	23.9	11	13.0	164.3	85.4
6	15.3	60.6	28.5	12	10.1	234.4	99.4

（6）分析结论

表 7.15 所列数据表明，方案 B 与方案 D 均可满足设计要求：方案 B 的工艺简单，工作压力高，产水能耗高，但系统回收率高，产水水质好；方案 D 的工艺复杂，工作压力低，产水能耗低，但系统回收率低，产水水质差。

表 7.15　两项设计方案的设备与技术参数比较

方案序列	元件品种	元件数量/支	产水含盐量/[L/(m²·h)]	给水泵压力/(m³/h)	给水流量/(m³/h)	产水能耗/(kW·h/m³)	产水流量/(m³/h)	浓水流量/(m³/h)
方案 B	SWC5	54	19.0	1.11	42	0.60	31.5	10.5
方案 D	CPA3-LD	54	27.2	0.73	54	0.45	28.5	13.5

本章各算例各设计方案与各图表数据均源自海德能系统设计软件的计算结果，特别是通过最后一个算例可知，系统设计软件具有很大的非常规利用空间。

第 8 章

不同规模系统结构设计

本章基于前述反渗透系统的设计原则与分析方法,具体分析大中小型反渗透系统的基本设计结构及典型设计范例。

8.1 小型规模系统结构

所谓小型系统系指纯 4040 甚至 4021 规格元件组成的系统。小型系统与中型或大型系统相比,其主要特征是元件规格小、元件数量少、系统流程短。小型系统的膜堆结构简单,主要结构为单段串联结构、两段 2-1/6 结构或三段 3-2-1/4 结构三种形式。

小型系统的设计指标主要有平均通量、系统回收率、透盐率、浓差极化度、浓水流量、段均通量及系统功耗等项内容,系统设备主要为膜、壳、泵三大部件。

8.1.1 一至六支膜系统

最小的反渗透装置由 1～6 支 4in(包括 4040 或 4021)元件组成。根据 6 支段结构的分析,1～6 支 4in 元件装置均应采用全串联结构。元件数量少于 6 支的装置属于极小型系统,一般的预处理水平较低,膜系统也无需严格按照进水水质、极限回收率、设计导则及浓差极化等技术要求进行设计。由于其耗水量不大,装置的回收率根据具体的进水水质取较低水平,串联元件的数量越多,装置的回收率应越高,且常采用浓水回流工艺,以进一步提高其回收率。

表 8.1 示出不同元件数量系统的运行参数表明,欲保证 65% 的较高回收率,1～6 支 4in 元件系统均需一定的浓水回流量。随着串联元件数量的增加即系统流程的加长,所需浓水回流量线性下降,但最低回流量同时受到最高浓差极化度(1.20)与最低浓水流量(0.7m³/h)两个条件的限制。

表 8.1 1～6 支元件的系统运行参数 [1000mg/L,15℃,65%,0a,ESPA2-4040,20L/(m²·h)]

元件数量	产水流量/(m³/d)	工作压力/MPa	浓水回流/(m³/d)	产水含盐量/(mg/L)	浓差极化度	浓水流量/(m³/h)
1	3.8	0.85	15.0	16.1	1.20	0.7
2	7.6	0.84	12.5	14.2	1.20	0.7
3	11.4	0.83	10.5	12.9	1.19	0.7
4	15.2	0.83	8.2	11.7	1.18	0.7
5	19.0	0.84	6.2	10.9	1.18	0.7
6	22.8	0.84	4.1	10.2	1.17	0.7

此外，随着元件数量的增加即系统流程的加长，由于浓水回流量的不断下降，系统透盐率也在不断降低，只是降低的幅度在逐渐减小。

8.1.2　单段的系统结构

根据"六支段"结构的概念，单段系统流程最长为 6m，系统结构最为简单，但仍然关系到系统设计领域中的多数问题。因而，全面掌握简单的单段结构系统设计，是进行复杂的多段结构系统设计的基础。

首先，假设某系统进水含盐量 1000～1500mg/L，给水硬度 80～100mg/L（以 CaCO₃计），给水温度 10～25℃，地表水源经传统预处理，产水流量 1000L/h。要求产水含盐量低于 40mg/L 及系统回收率 70%，试求系统设计方案。该系统设计过程如下。

（1）确定计算条件与计算背景

因高温时产水水质下降，而低温时工作压力上升，故计算最差产水水质时采用高温条件，进而确定元件品种；而计算最高工作压力时采用低温条件，进而确定水泵压力。因污染条件下产水水质下降且工作压力上升，故计算这两项指标时均应采用重污染情况（如 5 年运行年份）。因高给水盐量时产水水质下降且工作压力上升，故计算这两项指标时均应采用高给水盐量参数。总之，系统设计两项原则为：

在高温、重污染及高给水含盐量条件下计算系统的脱盐率；在低温、重污染及高给水含盐量条件下计算水泵工作压力。

系统设计软件中并未标明透盐率年增率 10% 与透水率年衰率 7% 两项参数的具体背景。这里假设此两参数均为不可逆污染（即清洗后）膜元件性能，而不包括可逆污染（即清洗前）膜元件性能。为了表征运行 3 年末期可逆污染条件下的元件性能，设计计算时采用运行年份为 5 年，即表征运行至 5 年末期的可逆与不可逆污染叠加的元件性能。

系统能耗计算如果只针对某个具体工况并无代表意义，可以按照运行年份 2.5 年处理，即实际运行年份与系统污染状态均取中值，以计算系统长期运行中的平均能耗。

（2）确定系统通量及系统结构

根据表 6.2 所列系统设计导则，应依原水性质及预处理工艺确定系统设计通量。地表水源经传统预处理，其设计通量应在 17～24L/(m² · h) 之间，取其中值可选通量 F_m 约为 20.5L/(m² · h)。因单支 4in 元件面积 S 为 7.9m²，故取用 6 支膜元件，设计通量为 21.1L/(m² · h)：

$$N=\frac{Q_p}{F_m S}=\frac{1000}{20.5\times 7.9}=6.2\approx 6 \quad 设计通量 \quad F_m=\frac{Q_p}{NS}=\frac{1000}{6\times 7.9}L/(m^2 \cdot h)=21.1L/(m^2 \cdot h)$$

根据六支段概念，只有 6 支元件的系统膜堆应为全串联 1/6 结构。

（3）确定浓回流量与系统回收率

根据进水条件，设计软件的进水离子分布可以是 $\frac{1}{2}Ca^{2+}$ 的物质的量浓度为 2mmol/L、HCO_3^- 的物质的量浓度为 2mmol/L、Na^+ 的物质的量浓度为 23mmol/L、Cl^- 的物质的量浓度为 23mmol/L，合成 TDS 为 1507mg/L，朗格利尔指数为 -0.9。根据系统参数 [1507mg/L，25℃，5a，1/6，ESPA2-4040，1000L/h，70%，21.1L/(m² · h)] 计算，则系统浓水流量仅为 430L/h（小于 4040 元件浓水流量下限 700 L/h），浓差极化度 1.27（大于上限 1.2），因此需要增加浓水回流 300L/h。

届时，浓水流量升至 700L/h，浓差极化度降至 1.16，产水含盐量为 47.6mg/L（低于产水含盐量限值 40mg/L），朗格利尔指数为 0.5。对于小型系统而言，解决硬度问题可采用软化工艺。可以认为在预处理系统中采用软化工艺后，膜系统进水中基本不再包含硬度成分（朗格利尔指数约等于 0），而因软化工艺过程使 TDS 略升至 1512mg/L。

（4）确定浓回流量及元件品种

根据"高温、重污染及高含盐量"系统计算条件 [1512mg/L，25℃，1000L/h，21.1L/($m^2 \cdot h$)，70%，5a，1/6，ESPA2-4040]，产水含盐量只能达到 49.4mg/L（高于要求的 40mg/L），因此需要改用 CPA5-LD4040 元件 [系统通量 22.4L/($m^2 \cdot h$)] 以降低产水含盐量至 37.2mg/L（低于要求的 40mg/L）。

届时，系统工作压力为 1.32MPa，端通量比为 24.9/19.3＝1.29，浓差极化度 1.18（小于上限值 1.20），各项运行指标均已达到设计要求。

（5）确定工作压力及水泵规格

根据"低温、重污染及高含盐量"系统计算条件 [1512mg/L，10℃，1000L/h，22.4L/($m^2 \cdot h$)，70%，5a，1/6，CPA5-LD4040]，可得系统工作压力即水泵设计压力为 1.95MPa，产水含盐量为 22.9mg/L，端通量比为 24.0/20.4＝1.18，浓差极化度 1.19。给水泵的最低工作流量取决于产水流量与系统回收率，即 1000L/h÷0.7＝1.43m^3/h。

水泵应在其流量压力曲线经过或超过 1.43m^3/h 及 1.95MPa 工作点的各规格中选择。根据南方泵业系列立式多级离心泵的技术数据，可选水泵规格为 CDLF2-24 或 CDLF3-33。

计算水泵平均年耗电量时应取其平均工况，设膜寿命期 3 年，污染折合运行年份为 2 年，计算用运行年份（3 年＋2 年）/2＝2.5 年，年平均进水含盐量 1300mg/L，平均温度 17.5℃，平均回收率 70%，则平均水泵工作压力 1.34MPa，平均水泵流量 1.43m^3/h。水泵的 1.34MPa 与 1.43m^3/h 工作点对应新界公司 CDLF2 系列水泵中的 CDLF2-16 规格，或 CDLF3 系列水泵中的 CDLF3-23 规格。

查水泵技术手册可知：CDLF2-16 在该工作点处的电机输出功率为 0.08×16＝1.28（kW）；CDLF3-23 在该工作点处的电机输出功率为 0.05×23＝1.15（kW）。如果忽略电动机与变频器效率，并按照 1 元/(kW·h) 电价及系统每年运行 8000h 计算，CDLF2-16 的年运行电费为 1.28×1×8000＝10240（元），CDLF3-23 的年运行电费为 1.15×1×8000＝9200（元），年电费相差 1040 元。由于 CDLF3-33 规格水泵的长期平均运行电费明显低于 CDLF2-24 规格水泵，而两泵价格不可能相差如此悬殊，故应选用 CDLF3-33 规格水泵。

（6）单段结构膜堆的膜壳排列

如图 8.1 所示，6m 流程的单段串联系统，一般可用 1m 膜壳 6 层卧式排放，2m 膜壳 3 层卧式排放，3m 膜壳 2 层卧式排放，甚至可以采用 1m 膜壳立式排放。

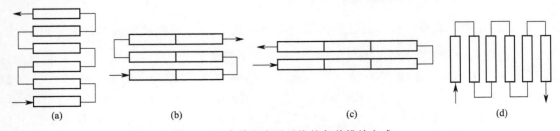

图 8.1　6 支单段串联系统的各种排放方式

8.1.3 两段的系统结构

典型的两段小型系统为 2-1/6 膜堆结构，也包括 2/1-1/6、2/2-1/6、2/3-1/6 及 2/4-1/6 等较短流程两段膜堆结构。两段系统与一段系统的主要区别是形成两段结构且流程更长；其优势是结构性极限回收率较高甚至超过难溶盐极限回收率，因此浓水回流量减小甚至无需浓水回流工艺即可达到应有的结构性极限回收率；其劣势是段通量比比较大，甚至需要淡水背压以降低段通量比，而在 4in 小型系统中一般不采用段间加压工艺。

为了全面分析两段系统的设计工艺及设计指标，表 8.2 示出不同规模系统的工艺及参数。该表数据表明，相同 75％回收率系统中，较短系统流程需要较大浓水回流量，以维持浓差极化度不越界。但是，较大浓水回流量将导致产水水质的下降与产水能耗的上升。

表 8.2 不同规模两段系统的工艺及参数 ［800mg/L，20℃，ESPA2-4040，20L/(m² · h)，75％，0a］

膜堆结构	产水流量/ (m³/d)	浓水回流/ (m³/h)	产水含盐量/ (mg/L)	浓差极化度	两段通量	产水功耗/ (kW · h/m³)	元件成本/ 万元
2/1-1/6	1.27	0.40	13.8	1.20/1.13	24.5/18.7	0.46	1.12
2/2-1/6	1.58	0.30	12.7	1.20/1.12	23.8/17.5	0.42	1.40
2/3-1/6	1.90	0.10	11.0	1.20/1.13	23.3/16.8	0.37	1.68
2/4-1/6	2.21		10.4	1.20/1.12	23.0/16.0	0.36	1.96
2/5-1/6	2.53		10.5	1.18/1.10	22.9/15.2	0.37	2.24
2/6-1/6	2.84		10.7	1.17/1.08	22.8/14.3	0.38	2.52
1/3(ESPA2)	2.21	2.2	17.5	1.20	19.8	0.63	1.29
1/4(ESPA2)	2.84	1.8	16.4	1.20	19.1	0.51	1.72

通过表 8.2 中 2/6-1/6（4in 膜）与 1/4（8in 膜）两排数据比较可知，相同系统回收率与产水流量等条件下，分别采用 4in 元件 12m 流程与采用 8in 元件 4m 流程两种结构时，4in 结构的元件成本为较高的 2.52 万元，但产水含盐量与产水功耗较低；8in 结构的元件成本为较低的 1.72 万元，但产水含盐量与产水功耗较高。

同样，通过表 8.2 中 2/4-1/6（4in 膜）与 1/3（8in 膜）两排数据可知，相同系统回收率与产水流量等条件下，分别采用 4in 元件 10m 流程与采用 8in 元件 3m 流程两种结构时，4in 结构的元件成本为较高的 1.96 万元，但产水含盐量与产水功耗较低；8in 结构的元件成本为较低的 1.29 万元，但产水含盐量与产水功耗较高。

总之，产水流量越小，系统流程越短，采用 8in 膜的浓水回流量越大，越具有成本优势；但产水含盐量与产水功耗较高，越缺乏技术优势。

根据表 8.3 所列数据可知：为得到相同的段通量比，系统回收率较低时需要较高的淡水背压与较高的工作压力，产水水质较好；系统污染较重时需要较低的淡水背压与较高的工作压力，产水水质较差。

表 8.3 典型两段系统的设计参数比较 ［800mg/L，20℃，ESPA2-4040，2-1/6，20L/(m² · h)］

运行年份/ a	系统回收率/ ％	段通量比	淡水背压/ MPa	工作压力/ MPa	吨水能耗/ (kW · h/m³)	产水含盐量/ (mg/L)
0	70	21/18＝1.17	0.162	0.90	0.46	8.8
	75	21/18＝1.17	0.158	0.89	0.43	9.9
5	70	21/18＝1.17	0.130	1.12	0.57	13.0
	75	21/18＝1.17	0.122	1.11	0.53	14.7
5(SWC5-4040)	75	20.9/18.1＝1.15		2.03	0.97	5.4

由于小型系统设计一般力求工艺简单，克服段通量比较大的工艺措施，或采用淡水背压，或采用高压膜品种。对于给水含盐量与给水温度较高系统，特别对于脱盐率要求很高系统，甚至可以采用海水膜品种。表 8.3 最末一行数据显示，相同系统工况条件下，如采用海水膜 SWC5-4040 则较采用低压膜 ESPA2-4040 的吨水能耗只上升 83%，但产水含盐量却下降至近 1/3。图 8.2 示出 3 类典型两段系统的元件与膜壳排放形式。

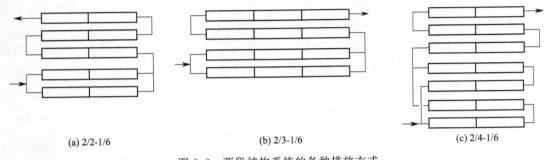

(a) 2/2-1/6   (b) 2/3-1/6   (c) 2/4-1/6

图 8.2　两段结构系统的各种排放方式

8.1.4　三段的系统结构

表 8.4 所列 24 支 4in 元件小型系统为 3-2-1/4 三段结构，系统流程 12m，系统回收率 75%～80%。由于三段式结构一般不设置 2 台段间加压泵，又要保持各段平均通量差异较小，因此三段式结构系统一般适用于较低给水含盐量条件，并多采用高透水压力品种以克服通量失衡。

表 8.4　典型高压膜三段系统的设计参数（1000mg/L，3-2-1/4，CPA5-4040，0a，75%，20℃）

产水流量/ （m³/h）	工作压力/ MPa	产水含盐量/ （mg/L）	各段通量/ [L/(m²·h)]	壳浓流量/ （m³/h）	浓差极化度	产水能耗/ （kW·h/m³）
3.0	0.83	13.5	19.3/15.7/11.7	0.8/0.7/1.0	1.16/1.14/1.10	0.40
3.5	0.94	11.4	22.2/18.4/14.1	0.9/0.8/1.2	1.16/1.14/1.10	0.45
4.0	1.06	9.9	25.2/21.2/16.6	1.0/0.9/1.3	1.15/1.14/1.08	0.51

从表 8.4 与表 8.5 数据比较可知，三段结构的特点之一是各段浓差极化度普遍较低，但当系统通量较低、系统污染较轻及给水含盐量较高时，三段中某段（这里为中段）的壳浓流量可能过低，且通量失衡现象愈发严重。因此，三段系统的设计通量以较高为宜，特别适宜采用高压膜元件品种。

表 8.5　典型低压膜三段系统的设计参数（1000mg/L，3-2-1/4，CPA5-4040，0a，75%，20℃）

产水流量/ （m³/h）	工作压力/ MPa	产水含盐量/ （mg/L）	各段通量/ [L/(m²·h)]	壳浓流量/ （m³/h）	浓差极化度	产水能耗/ （kW·h/m³）
3.0	0.67	19.4	19.6/14.0/8.2	0.7/0.6/1.0	1.18/1.13/1.05	0.32
3.5	0.76	16.4	22.6/16.5/10.1	0.8/0.7/1.2	1.17/1.14/1.05	0.36
4.0	0.85	14.2	25.5/19.0/12.1	1.0/0.9/1.3	1.17/1.14/1.05	0.41

为了克服 4in 元件三段结构系统的段通量失衡现象，可实行两级淡水背压。例如在特定系统条件下（3000mg/L，3-2-1/4，ESPA2-4040，3a，75%，25℃），如不采用淡水背压，则三段通量分别为 29.6L/(m²·h)、16.0L/(m²·h) 与 5.9L/(m²·h)，即通量失衡严重；如对第一段淡水实行 0.54MPa 背压，且对第二段淡水实行 0.31MPa 背压，则三段通量分别

为 $23.2L/(m^2 \cdot h)$、$19.9L/(m^2 \cdot h)$ 与 $17.1L/(m^2 \cdot h)$，即可使第一段与第二段的通量比及第二段与第三段的通量比均为 1.16。

由于 4in 设备的单位膜面积成本高于 8in 设备，大于 $4m^3/h$ 规模的 4in 膜系统将完全失去其优势，而应采用 4/8in 混合设备或 8in 设备。

8.2　混型元件系统结构

4in 膜元件面积一般为 $85ft^2$ 即 $7.9m^2$，8in 膜元件面积一般为 $400ft^2$ 即 $37.2m^2$。以约 $20L/(m^2 \cdot h)$ 通量计算，典型 3-2-1/4 结构的 4in 系统产水量为 $4m^3/h$，典型 2-1/6 结构的 8in 系统产水量为 $15m^3/h$。产水量介于 $4 \sim 12m^3/h$ 之间的中小型规模系统，应该采用何种规格膜元件成为系统设计的典型问题之一。

对流量介于 $4m^3/h$ 至 $12m^3/h$ 之间的 $8m^3/h$ 系统而言，表 8.6 中第 1 行数据所示纯 8in 元件 2/2-1/6 结构的 8in 系统流程较短，浓差极化极限回收率较低，75% 系统回收率时的首段浓差极化度达到 1.23（超过 1.20）。表中第 2 行系统的膜堆结构与第 1 行相同，为防止浓差极化度超标增加了 $0.8m^3/h$ 的浓水回流量。届时的工作压力上升 3.5%，特别是产水含盐量增加了 17%。

表 8.6　纯 8in 结构与 4/8in 混合结构系统的设计指标比较

（1500mg/L，15℃，$8m^3/h$，75%，0a，CPA3 或 CPA5-4040）

膜堆结构	工作压力/MPa	平均通量/$[L/(m^2 \cdot h)]$	产水含盐量/(g/L)	段通量比	浓差极化度	元件成本/万元
2/2-1/6(8in)	1.16	21.5	19.2	24.5/19.5	1.23/1.19	3.40
2/2-1/6(8in)	1.20	21.5	22.4	24.5/19.5	1.20/1.15	3.40
6-3/6(4in)	1.17	19.9	17.9	22.0/15.7	1.16/1.10	7.56
1/6(8in)+3/6(4in)	1.27	22.4	17.2	25.3/17.7	1.15/1.11	4.56
1/6(8in)+2/6(4in)	1.39	25.6	15.2	28.1/19.5	1.19/1.08	3.72

表 8.6 中第 3 行所示采用纯 4in 元件 6-3/6 结构系统用膜 54 支，虽然多项技术指标尚好，但元件成本过高（只计算元件成本）；第 4 行采用 8in 与 4in 混合的 1/6（8in）+3/6（4in）结构，虽工作压力略高，且元件成本偏高，但产水含盐量偏低；第 5 行采用 8in 与 4in 混合的 1/6（8in）+2/6（4in）结构，其元件成本偏低，而平均通量最高。

总之，产水流量为 $8m^3/h$ 流量的系统，采用 4in 与 8in 规格元件混成结构较纯 8in 元件或纯 4in 规格元件的结构更为合理。进一步计算表明，1/6(8in)+3/6(4in)结构更适合产水量大于 $8m^3/h$ 的系统，1/6(8in)+2/6(4in)结构更适合产水量小于 $8m^3/h$ 的系统。1/6(8in)+3/6(4in) 的膜堆结构如图 8.3 所示。

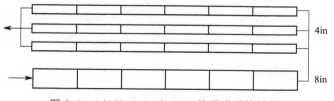

图 8.3　1/6(8in)+3/6(4in)的混成系统结构

8.3 中型规模系统结构

所谓中型系统特指典型 8in 元件的 2-1/6 两段系统与 3-2-1/4 三段系统，以 13～26L/($m^2 \cdot h$) 通量计算时的产水流量为 12～20m^3/h，系统回收率为 75%～80%。中型系统实际上是大型系统的基本结构，在中型结构基础上增加各段的并联膜壳数量即为大型系统。

根据给水中有机物含量，设计导则规定了系统通量范围。而系统结构与元件数量相关，如 18 支元件的 2-1/6 两段结构与 24 支元件的 3-2-1/4 三段结构。如果取 18～24 支元件间的任何元件数量，其系统结构将很难排布，故常用不同的系统通量来满足较为宽泛的系统产水流量要求。表 8.7 给出 8in 元件 2-1/6 与 3-2-1/4 结构实现不同产水流量条件时对应的系统通量。

表 8.7　两种结构系统不同系统通量对应的产水流量

2-1/6	产水流量/(m^3/h)	12	13	14	15	16
结构	系统通量/[L/($m^2 \cdot h$)]	17.9	19.4	20.9	22.4	23.9
3-2-1/4	产水流量/(m^3/h)	16	17	18	19	20
结构	系统通量/[L/($m^2 \cdot h$)]	17.9	19.1	20.2	21.3	22.4

表 8.8 所列数据表现出 2-1/6 结构中型规模系统的更多运行规律：

① 保持特定段通量比时，系统回收率越高，段间加压越大。

② 保持特定产水流量时，系统回收率越高，产水水质越差。

③ 在 2-1/6 结构下，回收率越高，段膜壳浓流量比越大，越不利于系统排污。

实际上，8in 膜元件的 2-1/6 结构系统与 4in 膜元件的 2-1/6 结构系统的区别仅在于给水、浓水及产水的流量成比例增加，而其他各项工艺及指标完全一致。此外，中型甚至大型系统中关于膜通量、回收率及透盐率等问题的处理方式及处理效果与小型系统基本相同。

表 8.8　2-1/6 结构系统运行参数与段间加压的关系　(1500mg/L，25℃，0a，CPA3-LD，2-1/6)

产水流量/ (m^3/h)	系统回收率/ %	段间加压/ MPa	段通量比/ [L/($m^2 \cdot h$)]	产水含盐量/ (mg/L)	壳浓流量/ (m^3/h)	浓差极化度	产水能耗/ (kW·h/m^3)
12	75	0.200	18.6/16.6＝1.12	31.4	3.8/4.0	1.14/1.10	0.41
	80	0.245	18.6/16.6＝1.12	36.6	3.4/3.0	1.15/1.12	0.39
16	75	0.213	24.8/22.1＝1.12	23.4	5.1/5.3	1.14/1.10	0.51
	80	0.250	24.8/22.1＝1.12	27.3	4.5/4.0	1.16/1.10	0.49

8.4 大型规模系统结构

所谓大型系统一般系指 8in 元件的数量多于 24 支，产水流量大于 20m^3/h，膜堆为类 2-1/6 结构，系统流程为 12m，回收率为 75%～80% 的膜系统。大型系统中关于膜通量、回收率、透盐率、泵规格等问题的处理完全可以仿照中型 2-1/6 结构中型系统的处理方式，不同规模大型系统与 2-1/6 结构中型系统的主要区别是元件数量增加即非类 2-1/6 结构所带来的问题。

8.4.1　系统段壳浓水比值

典型的类 2-1/6 结构中，首段膜壳数量与末段膜壳数量的比值（简称"段壳数量比"）为 2，如设各膜壳产水流量一致且系统回收率为 75% 时，首段膜壳平均浓水流量与末段膜壳平均浓水流量之比（简称"段壳浓水比"）为 1，有图 8.4 所示系统流量的理想分布。该流量分布的首末段各膜壳给水、浓水及产水的径流量及其比值一致，且浓差极化度一致。

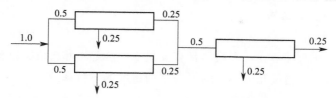

图 8.4 回收率 75％结构 2-1/6 系统的理想流量分布

但是，如表 8.9 数据所示，由于首末段的给水压力及渗透压不同，首段通量大于末段通量，首段膜壳平均浓水流量小于末段。而且，随着段间加压的增大，段通量比不断下降，首段膜壳浓水流量不断增高，末段膜壳浓水流量不变（该值取决于产水流量及系统回收率）。由于末段浓水中的有机与无机等污染物浓度高于首段，从有效清污目的出发，应使"末段膜壳平均浓水流量略大于首段"，即"段壳浓水比应小于 1"。

表 8.9 段壳浓水比与段间加压量（1000mg/L，22℃，75％，15m³/h，CPA3，2-1/6）

段间加压/ MPa	工作压力/ MPa	段壳浓水比	段通量比	产水含盐量/ （mg/L）	浓差极化度
0.0	0.98	4.5/5.0=0.90	24.7/18.0=1.37	12.8	1.16/1.10
0.1	1.04	4.7/5.0=0.94	23.7/20.0=1.19	12.4	1.15/1.11
0.2	1.11	4.9/5.0=0.98	22.7/22.0=1.03	11.9	1.14/1.12

在 2-1/6 结构中型系统中，段间加压（或淡水背压）即可有效调整段壳浓水比，但在大型系统中段壳浓水比还受到"段壳数量比"的影响。

如果认为本书 6.2.2 部分中所列系统设计各项参数指标之间存在 10 大基本关系中的 9 项已于第 6 章与第 7 章相继解决，则本章关于大型系统设计主要解决的是第 8 项："两段膜壳中浓水流量的比值主要取决于段壳数量比"，即根据系统的合理"段壳浓水比"，设计系统结构的"段壳数量比"。

8.4.2 大型规模膜堆结构

与中小型系统设计相比，大型系统设计主要是解决系统膜堆的结构问题。因大型系统的元件数量基数较大，增加元件的数量总是以首段或末段上增加整壳 6 支元件的方式进行。关于类 2-1/6 膜堆结构即 2-1/6 整倍数膜堆结构的系统问题，可以按照 2-1/6 结构的中型系统问题加以解决，这里仅针对非类 2-1/6 膜堆结构即非 2-1/6 整倍数膜堆结构系统加以分析。因此，2-1/6、4-2/6、6-3/6、8-4/6、10-5/6 及 12-6/6 等结构系统不再赘述。

（1）24 支元件系统

如果系统由 24 支元件组成，则膜堆具有 4 只 6m 膜壳，可选结构只有 3-1/6 与 2-2/6 两种形式，表 8.10 示出段通量比为 1.1 的两种结构系统的运行参数。

表 8.10 4 只膜壳系统的设计结构与运行参数（1000mg/L，25℃，75％，18m³/h，CPA3）

膜堆结构	工作压力/ MPa	段间加压/ MPa	段壳浓水比	段通量比	产水含盐量/ （mg/L）	浓差极化度
3-1/6	0.77	0.18	3.4/6.0=0.57	20.7/18.9=1.1	14.7	1.18/1.09
2-2/6	0.80	0.15	7.3/3.0=2.43	21.2/19.2=1.1	14.9	1.09/1.17

根据末段膜壳平均浓水流量略大于首段原则，因 2-2/6 结构的段壳浓水比为 2.43，其值极不合理故该结构不可取。虽然 3-1/6 结构的段壳浓水比值过低，但因别无选择，所以 24 支元件系统应采用 3-1/6 结构。

（2）30 支元件系统

如果系统由 30 支元件组成，则膜堆具有 5 只 6m 膜壳，可选结构只有 4-1/6 与 3-2/6 两种形式，表 8.11 示出段通量比为 1.1 的两种结构系统的运行参数。

表 8.11　5 只膜壳系统的设计结构与运行参数　（1000mg/L，25℃，75％，22m³/h，CPA3）

膜堆结构	工作压力/MPa	段间加压/MPa	段壳浓水比	段通量比	产水含盐量/(mg/L)	浓差极化度
4-1/6	0.76	0.18	2.8/7.3=0.38	20.1/18.2=1.1	15.1	1.20/1.10
3-2/6	0.77	0.15	5.2/3.7=1.41	20.5/18.7=1.1	15.2	1.12/1.14

根据末段膜壳平均浓水流量略大于首段原则，3-2/6 结构的段壳浓水比为 1.41，其数值过高，而浓差极化度较低；4-1/6 结构的段壳浓水比为 0.38，其数值过低，而浓差极化度较高。可以根据系统给水的水质条件进行抉择：如污染物浓度较高则选 4-1/6 结构，如污染物浓度较低可选 3-2/6 结构。

（3）42 支元件系统

如果系统由 42 支元件组成，则膜堆具有 7 只 6m 膜壳，可选结构只有 5-2/6 与 4-3/6 两种形式，表 8.12 示出段通量比为 1.1 的两种结构系统的运行参数。

表 8.12　7 只膜壳系统的设计结构与运行参数　（1000mg/L，25℃，75％，30m³/h，CPA3）

膜堆结构	工作压力/MPa	段间加压/MPa	段壳浓水比	段通量比	产水含盐量/(mg/L)	浓差极化度
5-2/6	0.75	0.16	3.6/5.0=0.72	19.7/18.0=1.1	15.5	1.16/1.10
4-3/6	0.76	0.14	5.5/3.3=1.67	20.1/18.2=1.1	15.7	1.11/1.15

根据末段膜壳平均浓水流量略大于首段原则，4-3/6 结构的段壳浓水比为 1.67，其值违反原则；5-2/6 结构的段壳浓水比为 0.72，其数值过低。相比之下只能选择 5-2/6 系统结构。

（4）48 支元件系统

如果系统由 48 支元件组成，则膜堆具有 8 只 6m 膜壳，可选结构只有 6-2/6 与 5-3/6 两种形式，表 8.13 示出段通量比为 1.1 的两个结构系统的运行参数。

表 8.13　8 只膜壳系统的设计结构与运行参数　（1000mg/L，25℃，75％，35m³/h，CPA3）

膜堆结构	工作压力/MPa	段间加压/MPa	段壳浓水比	段通量比	产水含盐量/(mg/L)	浓差极化度
6-2/6	0.76	0.16	3.3/5.8=0.57	20.1/18.1=1.1	15.3	1.18/1.09
5-3/6	0.69	0.15	4.8/3.9=1.23	20.3/18.5=1.1	15.3	1.13/1.13

根据末段膜壳平均浓水流量略大于首段原则，5-3/6 结构的段壳浓水比为 1.23，其值违反原则；6-2/6 结构的段壳浓水比为 0.57，其数值过低。相比之下选择 6-2/6 系统结构为宜。

（5）60 支元件系统

如果系统由 60 支元件组成，则膜堆具有 10 只 6m 膜壳，可选结构只有 7-3/6 与 6-4/6

两种形式，表 8.14 示出段通量比为 1.1 的两个结构系统的运行参数。

表 8.14　10 只膜壳系统的设计结构与运行参数（1000mg/L，25℃，75%，45m³/h，CPA3）

膜堆结构	工作压力/MPa	段间加压/MPa	段壳浓水比	段通量比	产水含盐量/(mg/L)	浓差极化度
7-3/6	0.78	0.15	3.9/5.0=0.78	20.8/18.7=1.1	14.9	1.16/1.10
6-4/6	0.79	0.14	5.3/3.8=1.39	21.1/18.9=1.1	14.9	1.12/1.14

根据末段膜壳平均浓水流量略大于首段原则，6-4/6 结构的段壳浓水比为 1.39，其值违反原则；7-3/6 结构的段壳浓水比为 0.78，其数值过低。相比之下选择 7-3/6 系统结构为宜。

（6）66 支元件系统

如果系统由 66 支元件组成，则膜堆具有 11 只 6m 膜壳，可选结构只有 8-3/6 与 7-4/6 两种形式，表 8.15 示出段通量比为 1.1 的两个结构系统的运行参数。

表 8.15　11 只膜壳系统的设计结构与运行参数（1000mg/L，25℃，75%，50m³/h，CPA3）

膜堆结构	工作压力/MPa	段间加压/MPa	段壳浓水比	段通量比	产水含盐量/(mg/L)	浓差极化度
8-3/6	0.79	0.16	3.7/5.6=0.66	20.9/18.9=1.1	14.7	1.17/1.09
7-4/6	0.79	0.15	4.8/4.2=1.14	21.1/19.1=1.1	14.7	1.13/1.13

根据末段膜壳平均浓水流量略大于首段原则，7-4/6 结构的段壳浓水比为 1.14，其值违反原则；8-3/6 结构的段壳浓水比为 0.66，其数值过低。相比之下只能选择 8-3/6 系统结构。

（7）78 支元件系统

如果系统由 78 支元件组成，则膜堆具有 13 只 6m 膜壳，可选结构只有 9-4/6 与 8-5/6 两种形式，表 8.16 示出段通量比为 1.1 的两个结构系统的运行参数。

表 8.16　13 只膜壳系统的设计结构与运行参数（1000mg/L，25℃，75%，55m³/h，CPA3）

膜堆结构	工作压力/MPa	段间加压/MPa	段壳浓水比	段通量比	产水含盐量/(mg/L)	浓差极化度
9-4/6	0.74	0.16	3.8/4.6=0.83	19.5/17.9=1.1	15.7	1.15/1.11
8-5/6	0.74	0.15	4.8/3.7=1.30	19.6/17.9=1.1	15.8	1.12/1.13

根据末段膜壳平均浓水流量略大于首段原则，8-5/6 结构的段壳浓水比为 1.30，其值违反原则；9-4/6 结构的段壳浓水比为 0.83，其数值较为合理，因此应选择 9-4/6 系统结构。

（8）84 支元件系统

如果系统由 84 支元件组成，则膜堆具有 14 只 6m 膜壳，可选结构只有 10-4/6 与 9-5/6 两种形式，表 8.17 示出段通量比为 1.1 的两个结构系统的运行参数。

表 8.17　14 只膜壳系统的设计结构与运行参数（1000mg/L，25℃，75%，60m³/h，CPA3）

膜堆结构	工作压力/MPa	段间加压/MPa	段壳浓水比	段通量比	产水含盐量/(mg/L)	浓差极化度
10-4/6	0.75	0.16	3.6/5.0=0.72	19.7/18.0=1.1	15.6	1.16/1.10
9-5/6	0.75	0.15	4.5/4.0=1.13	19.9/18.1=1.1	15.6	1.13/1.12

根据末段膜壳平均浓水流量略大于首段原则，9-5/6 结构的段壳浓水比为 1.13，其值违

反原则；9-4/6 结构的段壳浓水比为 0.72，其数值过低，但相比之下只能选择 10-4/6 系统结构。

(9) 96 支元件系统

如果系统由 96 支元件组成，则膜堆具有 16 只 6m 膜壳，可选结构只有 11-5/6 与 10-6/6 两种形式，表 8.18 示出段通量比为 1.1 的两个结构系统的运行参数。

表 8.18　16 只膜壳系统的设计结构与运行参数（1000mg/L，25℃，75%，70m³/h，CPA3）

膜堆结构	工作压力/MPa	段间加压/MPa	段壳浓水比	段通量比	产水含盐量/（mg/L）	浓差极化度
11-5/6	0.76	0.16	4.0/4.7=0.85	20.2/18.5=1.1	15.2	1.15/1.11
10-6/6	0.76	0.15	4.8/3.9=1.23	20.2/18.7=1.1	15.2	1.12/1.13

根据末段膜壳平均浓水流量略大于首段原则，10-6/6 结构的段壳浓水比为 1.23，其值违反原则；11-5/6 结构的段壳浓水比为 0.85，其数值较为合理，因此应选择 11-5/6 系统结构。

(10) 102 支元件系统

如果系统由 102 支元件组成，则膜堆具有 17 只 6m 膜壳，可选结构只有 12-5/6 与 11-6/6 两种形式，表 8.19 示出段通量比为 1.1 的两个结构系统的运行参数。

表 8.19　17 只膜壳系统的设计结构与运行参数（1000mg/L，25℃，75%，75m³/h，CPA3）

膜堆结构	工作压力/MPa	段间加压/MPa	段壳浓水比	段通量比	产水含盐量/（mg/L）	浓差极化度
12-5/6	0.77	0.15	3.8/5.0=0.76	20.4/18.3=1.10	15.2	1.16/1.10
11-6/6	0.77	0.15	4.5/4.2=1.07	20.5/18.6=1.10	15.1	1.16/1.12
12-5/6	0.78	0.12	3.7/5.0=0.74	20.7/17.6=1.18	15.4	1.16/1.10
变段通量比	0.75	0.19	3.9/5.0=0.78	20.0/19.2=1.04	14.9	1.15/1.11
11-6/6	0.78	0.115	4.4/4.2=1.05	20.9/17.8=1.18	15.4	1.17/1.12
变段通量比	0.76	0.180	4.6/4.2=1.10	20.1/19.2=1.04	15.0	1.13/1.13

根据末段膜壳平均浓水流量略大于首段原则，11-6/6 结构的段壳浓水比为 1.07，其值违反原则；12-5/6 结构的段壳浓水比为 0.76，其数值过低，但相比之下只能选择 12-5/6 系统结构。

观察表 8.19 中第 1、第 3 及第 4 行数据可知，对相同的 12-5/6 膜堆结构，不同的段间加压数值可将首末段通量比分别调整为 1.10、1.18 及 1.04 的不同水平，同时将首末段壳浓水比调整为 0.76、0.74 及 0.78。但在合理的段通量比范围内，并不影响膜堆最佳结构方案的选取。

观察表 8.19 中第 2、第 5 及第 6 行数据可知，对相同的 11-6/6 膜堆结构，不同的段间加压数值可将首末段通量比同样调整为 1.10、1.18 及 1.04 的不同水平，同时将首末段壳浓水比调整为 1.07、1.05 及 1.10。但在合理的段通量比范围内，均无法改变不合理结构造成的不合理段壳浓水比参数。

8.4.3　大型系统膜堆特征

上述 24～102 支元件不同规模的 75% 回收率大型系统设计过程中，选择膜堆结构的基本原则是均衡系统流程中的污染程度，继而要求末段膜壳浓水流量略大于首段。总结上述分析可以得出以下结论：

① 大型系统膜堆的最佳结构应使系统的段壳浓水比小于且最接近 1.0。

② 大型系统膜堆的最佳结构应为系统的段壳数量比大于且最接近 2.0。

符合该结论的多数膜堆结构为 2-1/6 的整倍结构，或在 2-1/6 整倍结构基础上于首段增加 1～2 组膜壳。

对于同样的 102 支元件系统，改为低压膜 ESPA2 的系统运行数据见表 8.20。通过对表 8.20 与表 8.19 数据的比较可知，采用高低压不同元件品种时，只要段间加压使段通量比值一致，尽管工作压力及产水含盐量等指标有所区别，但根据末段膜壳平均浓水流量略大于首段原则，选择的膜堆结构完全一致。

表 8.20　102 支 ESPA2 元件 17 只膜壳系统的设计结构与运行参数

（1000mg/L，25℃，75%，75m³/h，ESPA2）

膜堆结构	工作压力/MPa	段间加压/MPa	段壳浓水比	段通量比	产水含盐量/(mg/L)	浓差极化度
12-5/6	0.66	0.22	3.8/5.0＝0.76	20.4/18.4＝1.1	16.2	1.15/1.09
11-6/6	0.66	0.21	4.5/4.2＝1.07	20.4/18.4＝1.1	16.2	1.12/1.11

总之，系统膜堆的最佳结构只与系统回收率及元件数量相关，而与给水含盐量、给水温度、元件品种、平均通量及段通量比等其他因素无关。

图 8.5 示出上述 4～17 只膜壳的膜堆中，与膜壳数量对应的最佳段壳浓水比曲线。该图曲线表明，在特定段通量比及其他相关参数条件下，受膜壳数量影响，膜壳数量较少时的段壳浓水比处于较低水平，而膜壳数量较多时的段壳浓水比达到较高水平。

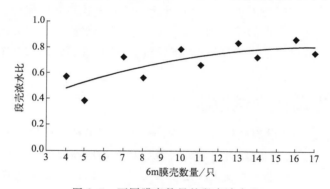

图 8.5　不同膜壳数量的段壳浓水比

8.5　主辅设备注意事项

系统设计方案优劣的重要指标是投资成本。系统投资成本所涉及的主要设备是元件、膜壳与水泵。

相同规格元件的有效膜面积越大其价格也越高，但有效膜面积较大元件的单位面积成本较低，而且相同规模系统的配套管路等辅助设备的成本较低。长规格膜壳的价格要高于短规格膜壳，但长膜壳的单位长度价格要低于短膜壳，图 8.6 示出某厂商不同膜壳长度的单位长度价格。大流量高压力水泵的价格高于小流量低压力水泵，但大流量高压力水泵的单位流量及压力的价格更低。图 8.7 示出某厂商 1.5MPa 压力水泵的单位流量水泵价格。从降低投资成本观点出发，系统设计应尽量采用大面积元件、长规格膜壳和大规格水泵。

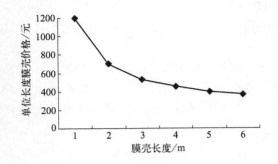

图 8.6　单位长度膜壳价格与膜壳长度　　　图 8.7　1.5MPa 压力水泵的单位流量价格

反渗透系统中除膜壳泵等主设备外，还包括管路、阀门、仪表、电控等辅助设备。辅助设备的设计与安装过程中，需要注意以下事项：

① 给水泵前管路不宜过长过细，弯路不宜过多，以防止水泵吸程不足而造成气蚀。
② 系统给水与浓水管道流速不宜过大，以防止管道压降造成各膜壳间的压力失衡。
③ 系统产水管路不宜过长过细，弯路不宜过多，以防止背压过高造成的附加能耗。
④ 产水管路出口位置过高产生的背压与系统急停产生的水锤，能造成复合膜脱落。
⑤ 为了得到有效的标准化运行参数，各项仪表应采用数字式以保证较高精度水平。
⑥ 系统中各处压力表均应具备较高的振荡阻尼效果，以防仪表损坏并能正常读数。
⑦ 浮子流量计的径流应为下进，涡轮流量计安装要求较高并应保证前后直管长度。
⑧ 必要时设置系统最高点的排气阀，系统最低点的排水阀，各膜壳的产水取样阀。
⑨ 膜壳的层数不宜过多，膜堆高度不宜过高，以防止各膜壳间的给浓水压力失衡。

8.6　工程项目中试过程

一般大型规模项目的建设周期较长，其中的重要环节是在工程现场的中试试验。中试过程中涉及项目的工程甲方、工程乙方、膜元件及各药剂供应商等多方企业，中试数据常常直接决定招投标的结果，更在很大程度上决定项目的成败，因此有必要认真讨论中试过程中的相关问题。

8.6.1　中试的必要与可行

大型项目建设的周期较长与投资巨大，工程失败造成的时间延误与经济损失远大于中试所需时间与经费。此外，进行工艺设计与制定运行规范，也都需要中试数据的必要支持。

目前国内膜工艺项目的水源已经很少是江河或地下水源，而多是市政、生活甚至工业污水或废水。工程的供水对象或产水要求千差万别，具有不同的技术指标及要求。因此，预处理及膜处理可能具有多项工序，每项工序又有多项参数，需要各工序之间的合理搭配及多参数之间的优化组合。工程乙方往往不具备足够的工程经验，因此需要一个中试过程。

特别是目前国内工程企业的技术水平参差不齐，以往经验的侧重各有差异，不经实践检验很难证明各工程企业投标方案的优劣。总之，大型且复杂的工程项目，有必要进行相应的中试试验，以保证招标过程有效及设计方案可行。

8.6.2　中试过程注意事项

（1）具有真实的水源数据

中试过程一般是在工程现场进行，并取用工程实际水源进行测试与试验，但即使如此也还存在中试期间的水温及水质数据等与运行过程中相关数据的差异。如果工程项目属于当前现有的污废水处理，则中试过程要安排最为恶劣的冲击性水源进行处理；如果工程项目属于尚未形成的污废水处理，则中试过程应安排在相近水源环境下进行。

因冬季水温较低，如仅在夏季试验，将不能准确了解冬季低温条件对非碳酸钙类难溶盐结垢与系统工作压力的影响；因夏季水温较高，原水中的有机物及微生物浓度较高，且碳酸钙结垢趋势严重，如仅在冬季试验将无法准确了解夏季高温条件对脱盐率及膜污染的影响。因此，中试时间应尽可能跨越冬夏两季，或应充分估计极端温度及环境的影响。

（2）保证连续的试验工艺

水处理工艺往往是多工序长流程，一些中试项目常由前后几个主要工序的分项中试拼接而成。例如一个污废水资源化回用工程可由生化工序、传统预处理工序、超滤工序及反渗透工序等分项中试。分项中试的优点是试验周期短、试验成本低，且易于获得分项的最佳参数，但由于实际工艺系统是各分项工序的联合运行，各分项工序的最佳参数未必是联合系统的最佳参数。

例如，生化工序的较好产水水质对于后续工序处理一般较为有利，而传统预处理产水的浊度值对超微滤的影响较为复杂，并非浊度越低越好；混凝-砂滤工序的最佳絮凝剂品种也可能对超微滤甚至反渗透工艺产生不利影响。

因此，当各分项中试结束后，必须进行各分项工序的联合试验。分项试验的结果只应成为联合试验的基础，只有联合试验的最优参数才是系统中试的最终结果。

（3）仿真度高的试验设备

试验设备的规格远小于实际工程设备常常成为中试失效的重要原因，因此试验设备应具有对实际设备较高的仿真度。超微滤设备属于并联运行的单元结构，故采用一支或两支与实际工程相同规格的膜元件进行中试试验即可。

实际系统中的反渗透膜堆一般具有 12m 流程及 75% 的回收率，因此采用一支或两支膜元件进行中试试验时，很难体现实际系统末端的高浓度污染环境。较好的反渗透中试装置应由多支 4040 规格元件组成长流程的高回收率系统，其系统仿真度较高，试验用水量也有限。

（4）自动监控的设备水平

对于大型项目的中试而言，试验设备的自动监控具有重要意义。只有在长期稳定的运行条件下得到的试验效果才真实有效，人为随时改变操作条件的试验参数自然不是真实的中试结果，而自动的程序控制是工艺设备长期稳定运行的软件保证。

除此之外，设备运行参数的自动定时监测，是完成试验任务的重要保证。通过完整而准确的试验数据，不仅可以正确评价当前试验方案的优劣，可以与前期试验方案的效果进行比较，还可以为选择进一步的试验方案提供依据。

（5）甲方要掌控试验过程

目前国内多数中试过程中，各家工程企业多将试验设备配置于标准集装箱内，且将各集装箱分布于工程甲方试验现场进行同步试验，但试验设备由各企业分别进行操控，试验数据也由各企业分别采集与分析；甲方只负责为试验设备给水与排水并提供电源，而乙方不仅提供设备还需各自派出试验人员长期坚守现场。

此种中试模式的主要弊端是甲方并不直接掌握试验过程与试验数据，对于试验数据的真伪及其背景无从把握，而由甲方完全掌控或委托第三方掌控也多不可行。因此，建议具有一定规模与能力的工程甲方，预先培训自己的试验操控人员。试验操作主要由甲方人员长期负责，而由乙方人员短期配合，由此可使甲方深入了解各乙方企业的试验过程，并便于对各乙方中试效果进行比较评价。

此种试验模式也有助于甲方在系统设备投运后正确地进行设备操控。

第9章

反渗透系统的运行分析

第6、第7、第8章内容主要是针对各项设计依据确定相应的设计方案，面对的是待建系统的设计问题。本章所谓运行分析，是针对特定水泵及特定膜堆，进行系统回收率、给水温度、运行年份等运行条件变化时的产水流量、给水压力及脱除盐率等运行参数的分析与调节，面对的是现存系统的运行问题。

目前国内分离膜水处理行业中的一个普遍现象就是重视设计与安装，但相对轻视运行。而运行失误是造成系统故障的重要因素，且系统运行是检验系统设计与安装的重要环节，甚至是使系统回收率、平均通量、通量均衡等工况达到最佳状态的必要摸索过程。一个稳定而优化的系统不仅需要最佳的设计与安装，更需要在运行过程中逐步完善，而衡量最佳运行状态的标准就是使系统的污染速度保持在正常范围之内。

9.1 系统的三项平衡关系

9.1.1 流量与盐量平衡

反渗透系统中存在三项径流：给水流量 Q_f、浓水流量 Q_c 与产水流量 Q_p。三者间的关系构成了系统的流量平衡：

$$Q_f = Q_c + Q_p \tag{9.1}$$

系统中的三项径流具有各自不同的含盐量：给水含盐量 C_f、浓水含盐量 C_c 与产水含盐量 C_p。三项径流的流量与相应的含盐量构成了系统的盐量平衡：

$$Q_f C_f = Q_c C_c + Q_p C_p \tag{9.2}$$

如将 C_f、C_c 与 C_p 视为三项径流中的某种离子浓度，该式也可视为系统中该种离子浓度的平衡关系。

9.1.2 流量与压力平衡

9.1.2.1 泵特性运行模式

如无机泵变频或截流阀门对水泵特性的调节，系统及各部分的流量压力关系较为复杂。

① 水泵始终运行于特定的流量压力特性曲线的某工作点之上，从而构成水泵的流量压力关系，其特点是工作压力随工作流量上升而下降。

② 系统中的给水与浓水的管路压降又分为弯路的局部压降与直路的沿程压降，而管路各处的流量压降关系总体呈现为：管路的压降与流量的平方成正比。

③ 元件中给浓水流道的流量压力关系较为复杂。一方面，给浓水平均流量越大，给浓水流道压降越大。另一方面，无论元件的透水压力大小、元件的透盐率高低或膜两侧的渗透压差异，给浓水平均压力越高，产水流量越大，浓水流量越小，给浓水压降越小。

④ 无论浓水阀门为何种结构形式，其特定阀门开度均对应着特定的流量压降特性曲线，不同的阀门开度形成特定的流量压力曲线族，族中各曲线特点是阀门的压降与流量正相关。

⑤ 系统的流量压力综合平衡是实现系统中简单压力平衡与简单流量平衡的同时，还必须满足水泵、管路、流道及浓阀各部分的流量压力关系。

在无变频调节水泵或阀门对水泵特性调节的环境下，系统的流量压力综合平衡依靠固有的水泵特性与可变的浓阀开度进行调节，属于"泵特性运行模式"。该运行模式下，根据浓水阀门的不同开度，系统给水的流量与压力只能沿着水泵固有的流量压力特性曲线移动，水泵的输出压力（即系统给水压力）随输出流量（即系统给水流量）上升而递减，而管路、流道与阀门合成为水泵负载的压降随流量的上升而递增。如图 2.24 所示，正是由于水泵与负载的流量压力/压降两曲线的不同升降特性，水泵固有的流量压力特性曲线上总有一个交汇工作点。

在泵特性运行模式下，只有浓水阀门的开度可调，其调节的目标或为特定系统回收率或为特定产水流量，但两者不能兼顾。因此，泵特性运行模式系统几乎不可能按照系统设计的流量压力工作点（即产水流量与系统回收率）运行。

表 9.1 所列数据表明，相同的系统条件下，采用不同规格的水泵，将产生不同的系统运行参数，即不同的工作压力与产水流量。水泵规格较大时，产水流量与给水压力较大，产水含盐量较低。

表 9.1　相同膜堆参数不同规格水泵对应的系统运行参数

（1000mg/L，5℃，0a，2-1/6，75％，ESPA2-4040）

水泵规格（流量-级数）	4-120	4-140	4-160
产水流量/(m³/L)	2.62	2.85	3.17
给水流量/(m³/L)	3.49	3.80	4.23
浓水流量/(m³/L)	0.87	0.95	1.06
给水压力/MPa	1.082	1.175	1.288
产水含盐量/(mg/L)	9.3	8.5	7.7

9.1.2.2　双恒量运行模式

如有机泵变频或截流阀门，且两者及时相应调节，则"泵特性运行模式"中的后 4 项流量压力关系依旧，而第 1 项中水泵的流量压力关系不再局限于固有的特性曲线。在机泵变频或截流阀门与浓阀开度双项调节的合成作用之下，系统给水的流量压力工作点可以运行在流量压力直角坐标系中第一象限的任何位置，调节目标可同时实现特定的系统回收率与产水流量，即同时实现恒回收率与恒流量。此种系统运行控制模式可称为"双恒量运行模式"。

如无变频调节水泵或截流阀门，但在水泵相关管路上加装回流阀门，也可实现系统的"双恒量运行模式"。因此，可以认为多数系统能够实现"双恒量运行模式"。但是，当变频器输出频率达到 50Hz 的上限、回流阀全关、截流阀全开即水泵组达到最大运行方式时，膜系统将从"双恒量运行模式"自然转换为"泵特性运行模式"。或者，变频器输出频率、回流阀开度及截流阀开度均不予相应调整，膜系统将从"双恒量运行模式"自然蜕变为某种"泵特性运行模式"（流量与压力均低于水泵的流量压力特性曲线所示数值）。

9.1.3　压力与功率平衡

如果忽略浓水阀门后端压力（包括排水管路压力损失及排水管路出口压力），系统中的给水压力 P_f 为系统给水管路压降 ΔP_{fp}、元件给浓水流道压降 ΔP_{fc}、系统浓水管路压降 ΔP_{cp} 与浓水阀门压降 ΔP_{cv} 之和，从而构成了系统中的压力平衡：

$$P_f = \Delta P_{fp} + \Delta P_{fc} + \Delta P_{cp} + \Delta P_{cv} \tag{9.3}$$

如以水泵的输出功率为膜系统的输入功率，则该功率消耗于透膜过程、给浓水流道、管路流程、浓水阀门甚至产水流道等位置。

（1）浓水阀功率损耗

浓水阀门是调节工作压力及系统回收率的重要设备，如果忽略浓水阀门后端的排水管路压力损失以及排水管路的出口压力，系统的浓水压力与浓水流量的乘积就是浓水阀门上的功耗，该功耗转换的热量会使排放浓水的温度略有上升。由于海水淡化系统的回收率很低，海水淡化系统中浓水阀门上的功耗接近系统输入功率的一半，致使海水淡化系统的工作效率很低，因此需要由能量回收装置替代浓水阀门以回收高压浓水中的能量。

（2）各管路功率损耗

系统给水管路、浓水管路与产水管路在通过给水、浓水及产水径流时，均会产生沿程压力损失与局部压力损失，压力损失与径流流量的乘积即为相应的管路功耗。给、浓、产水管路中各处功耗之和即为系统管路功耗。降低管路功耗的有效措施是加大管路直径，简化管路结构或将连接各膜壳的管道结构改为壳联结构。

（3）膜过程功率损耗

系统中各元件的内部功耗又可分为膜过程功耗与流道功耗。膜过程中给浓水侧压力与产水侧压力的差值乘以产水流量即为膜过程功耗，该功耗包括了产水过膜功耗与克服渗透压差所需功耗。如果认为前者为各压力驱动膜过程的普遍功耗，则后者为脱盐的反渗透与纳滤膜过程的专有功耗；前者可以通过低压及超低压膜技术予以降低，后者则取决于元件脱盐率。元件及系统脱盐率越高，膜两侧的渗透压差越大，膜过程的功率损耗就越大。

（4）两流道功率损耗

膜元件内部给浓水流道中流量与压降的乘积为给浓水流道功耗，产水流道中流量与压降的乘积为产水流道功耗。元件制备领域中的浓水隔网技术要点之一，就是要平衡流道阻力与有效面积间的矛盾，在形成流道的有效紊流基础上提高元件的抗污能力，从而催生了 34mil 高度的隔网结构。元件中的淡水隔网技术要点之一，是既要少占空间，又要减小元件的淡水背压，从而出现了多数量短长度的膜袋形式（见本书 1.4 节）。

如认为水泵的输出功率为系统的输入功率 $P_f Q_f$，且认为输入功率 $P_f Q_f$ 与浓排功率 $P_c Q_c$ 的差值为有效功耗，则膜系统工作效率 η_{sys} 为

$$\eta_{sys} \approx \frac{P_f Q_f - P_c Q_c}{P_f Q_f} \tag{9.4}$$

如忽略元件给浓水流道中的压力损失（即 $P_c = P_f$），则系统工作效率 η_{sys} 可近似为系统回收率 R_e：

$$\eta_{sys} \approx \frac{P_f Q_f - P_c Q_c}{P_f Q_f} \approx \frac{P_f Q_f - P_f Q_c}{P_f Q_f} = \frac{P_f (Q_f - Q_c)}{P_f Q_f} = \frac{Q_p}{Q_f} = R_e \tag{9.5}$$

因此，系统回收率不仅是系统的水利用率，也近似为系统的电利用率。

膜系统运行的压力与流量的原动力是水泵电机变频器的输入电能，从变频器输入功率至给水泵输出功率之间的三大设备均存在特定效率。变频器效率为97%～98%，电动机效率为83%～95%，给水泵效率为40%～75%。电机容量与水泵规格越大，它们的额定效率越高；其受控频率越低，设备效率越低。因此，水泵规格选择得越大，系统运行对于温度及污染等因素变化的调节能力越强，但平均的运行效率越低，系统的运行能耗越大。一般苦咸水淡化系统中功率损耗的大致分布如表9.2所列。

表9.2 反渗透苦咸水淡化系统中的功率损耗分布

功耗部位	电动机	给水泵	各管路	给浓水流道	膜过程	浓水阀
功耗比例/%	6	19	5	5	50	15

9.2 可调节水泵系统的运行

所谓可调节水泵系统运行模式，是指图2.29所示水泵组中，拥有回流阀、截流阀或变频器等水泵调节装置，在膜堆及浓水阀门构成的负荷发生变化时，可以实现水泵流量压力特性的调节，从而使系统得以实现恒定流量与恒定回收率的运行模式。

（1）系统回收率变化的影响

在恒定产水量系统中，随浓水阀门开度的增大，系统回收率将逐步降低。届时，给水流量增大、沿程压降上升，给水压力略升，给浓水含盐量下降，产水含盐量降低，相关参数变化曲线如图9.1所示。

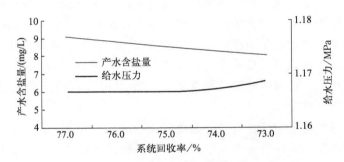

图9.1 恒产水量变回收率系统特性

（1000mg/L，5℃，0a，2-1/6，2.85m³/h，ESPA2-4040）

（2）产水流量变化的影响

在恒定回收率系统中，随给水压力的不断上升，产水流量将逐步提高。届时，给水流量增大，沿程压降上升；虽给浓水盐浓度略有升高，但产水侧透过盐分被大量稀释，产水含盐量下降；相关参数变化曲线如图9.2所示。

（3）给水温度变化的影响

在恒定系统回收率与恒定产水流量（双恒量）系统中，随给水温度的上升，膜元件透水系数与透盐系数同时加大。届时，给水压力下降，产水含盐量上升。图9.3示出系统的给水压力与产水含盐量随给水温度的变化曲线。

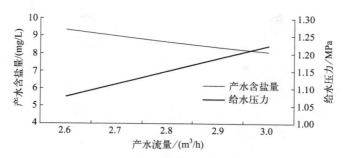

图 9.2　恒回收率变产水流量系统特性

（1000mg/L，5℃，0a，2-1/6，75％，ESPA2-4040）

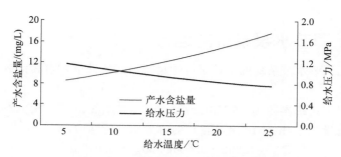

图 9.3　恒流量恒回收率变给水温度特性

（1000mg/L，0a，2-1/6，2.85m³/h，75％，ESPA2-4040）

（4）给水含盐量变化的影响

在双恒量系统中，随给水含盐量的上升，系统给浓水的含盐量与渗透压同时上升。届时，系统透盐率相应上升，且为维持产水流量恒定，给水压力必然提高。图 9.4 示出系统的给水压力与系统透盐率随给水含盐量的变化曲线。

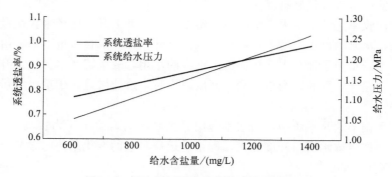

图 9.4　恒流量恒回收率变给水含盐量特性

（5℃，0a，2-1/6，2.85m³/h，75％，ESPA2-4040）

（5）系统污染加重的影响

在双恒量系统中，随系统运行年份及系统污染程度增加，因膜的透水系数下降使得给水压力上升，因膜的透盐系数上升使得产水含盐量上升。图 9.5 示出系统的给水压与产水含盐量随运行年份增加的变化曲线。

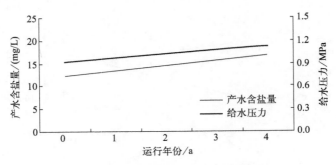

图 9.5　恒流量恒回收率变运行年份特性

（1000mg/L，15℃，2-1/6，2.85m³/h，75％，ESPA2-4040）

9.3　无调节水泵系统的运行

本节分析在无调节水泵系统的某种泵特性运行模式条件下，当其他运行工况发生变化时的系统反应。

本节针对的特定系统参数为（1000mg/L，5℃，0a，2-1/6，ESPA2-4040），特定 4-140 规格水泵（额定流量 4m³/h 与 14 级叶轮）的流量压力特性为：

$$P_泵 = 1.356 + 0.000398Q_泵 - 0.01268Q_泵^2 \tag{9.6}$$

该系统水泵组运行时，无论其运行工况如何变化，系统的给水流量及给水压力始终与水泵的输出流量及输出压力相一致，即满足无调节水泵系统的运行规律。

（1）浓阀开度变化的影响

当无调节水泵系统的浓水阀门开度减小时：一方面，系统回收率提高，系统给水流量下降，给水压力上升，给浓水含盐量及给浓水渗透压上升，进而使产水流量下降；另一方面，根据膜堆运行特性，给水压力上升时，也将导致产水流量上升。产水流量的这两个趋势相互抵消的结果，使产水流量仅略有提高。

随着系统回收率上升，给水流量减少，给浓水含盐量上升，使产水含盐量上升。而随系统回收率上升，水泵输出压力增大，系统产水量上升，即产水含盐量下降。给浓水含盐量上升时的渗透压上升抵消了部分水泵输出压力增大的作用，故系统产水量的上升幅度低于水泵输出压力的上升幅度。因此，当浓水阀门开度减小时，透盐增量高于透水增量，即产水含盐量呈上升趋势。

总之，在无调节水泵系统中，当浓水阀门开度减小时，给水压力提高、产水流量略升、产水水质下降。如将浓水阀门开度加大，则系统运行参数的变化趋势与之相反。图 9.6 与图 9.7 示出以上所述趋势。

（2）给水温度变化的影响

当无调节水泵系统的给水温度上升时，膜元件透水系数的增大，使得系统产水流量上升，且系统给水压力下降。如果调整浓水阀门开度以保持系统回收率不变，则给水压力与产水流量变化过程曲线将如图 9.8 所示。

当无调节水泵系统的给水温度上升时，膜元件透盐系数的增大使得系统产水含盐量上升。如果调整浓水阀门开度以保持系统回收率不变，则图 9.9 示出给水温度上升时系统产水含盐量的上升过程。

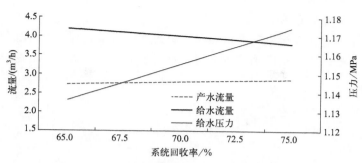

图 9.6　特定系统中各流量及压力的回收率特性

(1000mg/L, 5℃, 0a, 2-1/6, ESPA2-4040, 泵 4-140)

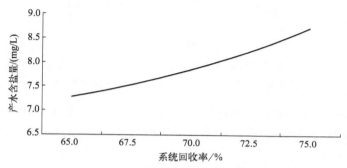

图 9.7　特定系统中产水含盐量的回收率特性

(1000mg/L, 5℃, 0a, 2-1/6, ESPA2-4040)

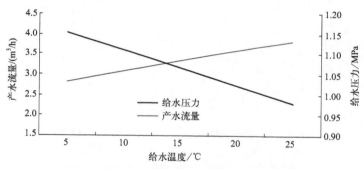

图 9.8　特定系统中给水温度的流量及压力特性

(1000mg/L, 0a, 2-1/6, 70%, ESPA2-4040, 泵 4-140)

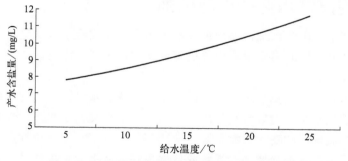

图 9.9　特定系统中给水温度的产水含盐量特性

(1000mg/L, 0a, 2-1/6, 70%, ESPA2-4040)

（3）系统污染加重的影响

当系统运行年份增长即污染程度增加时，膜元件的透水系数下降。如果调整浓阀开度以保持系统回收率不变，则系统产水流量下降，且系统给水压力提高，此两参数的变化过程曲线如图 9.10 所示。

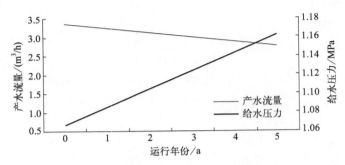

图 9.10　特定系统中运行年份的流量及压力特性
（1000mg/L，15℃，2-1/6，70％，ESPA2-4040，泵 4-140）

当系统运行年份增长即污染程度增加时，膜元件的透盐系数上升。如果调整浓阀开度以保持系统回收率不变，则系统产水含盐量上升。如图 9.11 曲线所示，系统产水含盐量的呈加速上升趋势。

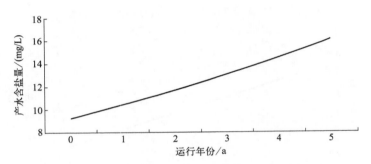

图 9.11　特定系统中运行年份的产水含盐量特性
（1000mg/L，15℃，2-1/6，70％，ESPA2-4040）

9.4　提高产水量的应急措施

系统运行过程中，由于系统污染加重、给水温度降低或给水含盐量增加等原因，可能造成系统产水量的降低，届时需要采取应急措施以恢复系统产水流量。

（1）有调节水泵条件

对于可调节水泵组，或减小水泵回流阀开度，或增大水泵截流阀的开度，或提高变频器输出频率，均可增大水泵的出口流量与出口压力，其效果类似于水泵特性曲线从低压泵转变为高压泵，且从小流量泵转变为大流量泵，即相当于从 4-120 水泵特性转换至 8-160 水泵特性。此时，不仅系统产水流量增加，系统脱盐率也将有所上升。由此可知，系统设计时选择较大规格（包括流量与压力）水泵，将便于处理系统运行时发生的不利工况。

（2）无调节水泵条件

对于无调节水泵组，减小浓水阀门的开度即提高系统回收率，可少量提高系统的产水流量；但同时将使系统脱盐率下降。届时，产水量与脱盐率两者随系统回收率的变化可参考图9.6与图9.7所示相关特性曲线。由于系统设计一般总是将系统回收率指标提高到临界或接近临界值，提高系统回收率必然加速难溶盐的沉淀结垢，因此提高回收率只能是短时间的临时性措施。

（3）有段间加压条件

对于有段间加压泵工艺，可以在不降低一段给水泵输出压力的同时，增加段间泵的输出压力，可有效提高后段膜堆及全系统的产水量，并可提高全系统的脱盐率。但届时可能会加速后段系统的污染速度。因此，不仅较大规格的给水泵对系统运行余量具有重要意义，较大规格的段间泵同样可以加大系统运行余量。

（4）可调节水温条件

对于具有前置换热器的系统，在原换热器运行参数基础上，调整热交换运行参数以提高系统给水温度，可有效提高系统产水流量。提高给水温度以增加产水流量时，总会伴随产水含盐量的上升。此外，调高给水温度时，要防止碳酸钙结垢。

9.5　提高脱盐率的应急措施

系统运行过程中，由于系统污染加重、给水温度升高或给水含盐量上升等原因，均可能造成系统脱盐率不能满足要求的情况发生。如果存在温度调节工艺，适当调低膜系统进水温度可使膜系统脱盐率相应提高，而此时要防止各类难溶盐结垢。

在有调节水泵组的条件下，增加机泵的输出压力，不仅可提高系统的产水量，也可同时提高系统的脱盐率。在无调节水泵组的条件下，可采取以下各项措施。

① 提高段间加压。在具有段间加压泵的条件下，将段间泵压力上调，即可在一定程度上提高脱盐率。但是，采用该方法会加快后段膜堆的污染速度。

② 分段供水工艺。如系统用户具有不同水质要求，或可临时供应不同水质产水，则可利用本书7.3节介绍的分段供水工艺，将系统首段或系统首端的产出淡水作为高质量产水供应高水质要求用户，将系统末段或系统末端的产出淡水作为低质量产水供应低水质要求用户。

③ 淡水回流工艺。临时将部分产出的淡水，特别是系统末段或末端产出的淡水，回送至系统进水水箱，形成本书7.4节介绍的淡水回流工艺，可有效提高系统产水的脱盐率。当然，届时的系统产水量将相应下降。

9.6　膜壳给水浓水流量越限

根据膜厂商提供的膜元件给水最高流量限值与浓水最低流量限值，对于8in膜元件，其最高给水流量不得超过$17m^3/h$，其最低浓水流量不得超过$2.7m^3/h$。如本书5.2.4部分所述，设立元件给水流量上限，是为防止过高给水流量破坏元件结构；设立元件浓水流量下限，是为防止过低浓水流量破坏元件给浓水流道中的紊流状态，进而造成元件的严重污染。

（1）膜壳最高给水流量越限

一般而言，系统设计与系统运行的给水流量，不会使各段膜壳的给水流量超过 $17m^3/h$ 的上限数值。在典型的 18 支 8in 元件、2-1/6 结构、75% 回收率系统中，如 $15m^3/h$ 产水量即 $22L/(m^2 \cdot h)$ 通量，系统前段膜壳的给水流量只有 $10m^3/h$。只有过高产水通量及过低系统回收率才会出现前段膜壳的给水流量越限。

（2）膜壳最低浓水流量越限

如本书 7.7 节"有机污染系统工艺"所述，对于含盐高有机污染物浓度的进水条件，需要大幅降低设计通量与系统回收率，则可能发生后段系统膜壳的浓水流量低于其下限数值的情况。届时，可以采用浓水回流等工艺措施，在保持较低产水通量的同时，增加末段膜壳及其中元件的浓水流量。

一般系统运行时因季节或后续工艺等原因，可能被要求减少产水流量。届时，既可以原设计通量，进行间歇式运行；也可以低运行通量，进行连续式运行。间歇式高通量运行将增加操作频度，也将使膜元件产生机械疲劳；连续式低通量运行，不仅会造成产水含盐量上升，还可能造成后段膜壳的浓水流量超过其下限。

表 9.3 中所列数据表明，在采用段间加压工艺使段通量比指标保持在 1.2 水平条件下，随着系统运行通量即产水流量的不断下降，系统能耗与产水水质不断下降，系统前后段膜壳的浓水流量也在不断下降。当系统运行通量降至 $12L/(m^2 \cdot h)$ 时，前后段膜壳的浓水流量双双低于其下限指标 $2.73m^3/h$。

表 9.3 系统运行通量与前后段膜壳浓水流量关系

(1500mg/L，15℃，75%，2-1/6，CPA3-LD)

运行通量/ $[L/(m^2 \cdot h)]$	给水压力/ MPa	系统能耗/ $(kW \cdot h/m^3)$	段通量比	段间加压/ kPa	产水水质/ (mg/L)	前段壳浓水流量/ (m^3/h)	后段壳浓水流量/ (m^3/h)
20	1.09	0.55	1.2	125	20.7	4.20	4.49
16	0.90	0.46	1.2	133	25.9	3.37	3.58
12	0.71	0.37	1.2	140	34.7	2.52	2.68

因此，在系统运行过程中，不可一味地降低运行通量，而是要在降低通量的同时观测与计算系统末段膜壳的浓水流量，否则将造成该浓水流量越出下限，即造成系统的加速污染。

9.7 系统的装卸与启停过程

9.7.1 元件的装卸过程

（1）元件的装载过程

对于干式膜元件，打开包装后即可进行元件装载；对于湿式膜元件，包装袋内存有 1% 浓度的亚硫酸氢钠保护液，沥出保护液时应注意操作人员的手眼防护。

为了降低连接元件用淡水连接器的安装阻力和降低膜元件装入膜壳的阻力，应在淡水连接器的 O 形密封胶圈及元件浓水 V 形密封胶圈处涂抹甘油（丙二醇）或清水，但不应涂抹凡士林、洗涤剂等石油类润滑剂。石油类润滑剂虽可起到及时润滑作用，但会促使胶圈产生老化，密封胶圈的膨胀导致的密封不严及无法安装的主要原因多是使用了石油类润滑剂。

无论新老系统，在膜元件装载前均应清洗系统管路与各只膜壳，以防止各类异物或有害药剂损伤膜元件，甚至可用 50％的甘油溶液擦洗膜壳内壁，以减少元件装载阻力。

元件装载时应使元件浓水 V 形圈的开口方向朝着给水来向，在给水径流冲击下 V 形圈自然打开，以实现元件给水区与浓水区的隔离。浓水 V 形圈既可以安装在元件给水端，也可以安装在元件浓水端，但 V 形圈的开口方向不可装错。如果 V 形圈方向装反，将造成给浓水的部分短路，形成所谓"浓水陷阱"（该概念详见本书 10.5.2 部分），从而引发严重的元件污染。

膜壳端板的安装过程中，先要安装浓水端板，浓水端板与末支元件之间，需安装产水适配器以导出膜壳产水。浓水端板处还要安装止退器以防止过高的膜压降使元件卷置层平移，进而造成膜元件的损伤。膜元件推入膜壳的方向应尽量与给水流向一致，以减小推入阻力，并防止膜壳内壁划伤浓水 V 形圈。

两元件之间要注意安装产水连接器，以连接两元件之间的产水。全部元件装载完毕后需要从给水端将一串元件推实，以保证各元件之间紧密连接。膜壳中给水端首支元件与膜壳给水端板之间，需安装产水适配器以导出膜壳产水。当产水适配器与端板之间的间隙过大时，要加装相应厚度及数量的垫片，以防止系统启停时的水锤现象造成膜元件在膜壳中的反复冲击。

（2）元件的卸载过程

元件更换或离线清洗时，膜元件需要从膜壳中卸载，该过程分为人工卸载与压力卸载两种方式。人工卸载是打开膜壳的给水端板与浓水端板，依靠人力将膜壳内各元件从给水端向浓水端依次推出。反向推出元件的阻力更大，且易使浓水胶圈被膜壳内壁划伤。

压力卸载过程中，封闭其他非欲卸载膜壳端板及管路，仅打开欲卸载膜壳的浓水端板，点动给水泵为欲卸载膜壳充水充压，依靠水泵的可控给水压力，将各元件从欲卸载膜壳中缓慢且逐一推出。在系统换膜过程中的常用方式为：卸载某个膜壳的旧元件，装载该膜壳的新元件，再对另一膜壳进行操作。

此外，为了有针对性地进行离线清洗后系统重装，每次系统的元件装卸过程中，应完整记录每支元件的系统位置（包括流程位置、高程位置及旋转方位），具体含义见本书 10.4.2 部分内容。而且，在元件的装载或卸载过程中，一定注意不要损坏两元件之间的产水连接器。

9.7.2　系统的启动过程

新装、换膜或重装系统的启动调试过程中，需要注意系统排气、给水压力、产水水质、系统压降、系统泄漏甚至仪表精度等多项内容。

① 膜元件装载完成并启动给水泵时，管路、膜壳与元件中的气体有一个排出过程。元件产水流道及产水管路中的空气经产水管排出，届时产水流量计中也将出现短时气水混合流。给浓水管路、膜壳及元件给浓水流道中的空气经浓水管排出，届时浓水流量计中将出现较长时间的气水混合流。当浓水与产水流量计中无混合气体时，系统排气过程结束。

系统排气过程结束后，仍有少量气体被压缩并保留在膜壳与元件之间的上部空腔内，且被各元件的浓水 V 形圈隔为数段。当系统突然停运时，这些气体将加重水锤的冲击效应。

② 系统的快速加压启动，将加重膜元件的机械疲劳。为减小机械疲劳应将浓水阀门全开，采取低压力（小于 0.3MPa）、小流量（8in 膜壳 8～12m³/h，4in 膜壳 1.8～2.5m³/h）

启动方式，且系统给水压力升速应低于 0.07MPa/s。

③ 进行系统运行指标分析前，应使系统处于稳定状态。根据干膜与湿膜的差异，系统的稳定期不等。湿膜系统的稳定期为 30min，干膜系统的稳定期为 300min 或更长时间。

④ 系统进入稳定状态后，需要确认工作压力、产水流量、系统回收率、产水水质、系统压降及段通量比等项运行指标处在合理范围，该项工作主要参考系统设计软件的计算结果。在与设计软件计算结果进行比较时，应充分考虑给水泵的运行工作点、给水温度、膜元件性能指标差异、系统的污染性质与污染程度等项内容。

⑤ 系统调试过程中的重要任务之一是加压检漏。各段管路、各只膜壳、各个阀门及仪表连接部分的表面泄漏易于观测，更重要的是检测膜壳内部给浓水向产水的泄漏。膜壳内部的泄漏点包括膜壳两端适配器与元件之间连接器的淡水"O"形胶圈，适配器与连接器的结构缺陷或胶圈渗漏将直接导致相关膜壳产水水质的大幅下降。在线检测整只膜壳内各密封胶圈的泄漏，从每只膜壳的产水取样阀取水样检测即可。

如在线检测出特定膜壳有元件密封胶圈的泄漏，可以从膜壳端板产水口插入柔性"检测探管"，根据探管的插入深度与探管取水的水质变化可以分析出密封破损的位置。关于检测探管及相关技术见各膜厂商的产品技术手册。

9.7.3 系统的运行过程

系统进入稳定状态后即可进入运行状态，系统运行过程中应注重以下几项问题：

① 由于反渗透或纳滤膜均为高分子材料，频繁的系统启停将造成膜片的机械疲劳，加速其性能的衰变，因此系统应尽量保持稳定的产水量即降低系统启停频率。短时间内的系统频繁启停，甚至会使电机因过热而烧毁。

② 应在允许范围内调整全系统（包括预处理工艺与膜处理工艺）中各分工艺的产水流量，以降低因各水箱的上下水位越限造成的系统频繁启停。

③ 当预处理系统出水中含有氧化剂时，系统运行过程中应及时观察氧化还原电位 ORP 的电压（mV）数值。以超微滤为预处理工艺时，也需防止超微滤采用次氯酸钠清洗后的残留氧化剂对于反渗透系统的氧化损伤。

④ 在关注主系统运行正常的同时，应高度关注各加药系统的运行正常，以防止因药剂问题造成的系统污染及其他系统故障。

⑤ 欲实现运行指标参数的标准化，或系统运行工况的完整评价，均需依靠系统运行参数的完整与准确。因此，系统运行过程中应始终保持监控系统中下层仪表、上层微机及数据通道的运行正常。

9.7.4 系统开停机过程

系统进入运行状态后，因多种原因需要再次停机与开机。

系统停机过程中应努力防止水泵急停时产生的压力与水流的震动以及水锤现象的发生，避免水锤现象加速膜元件的机械疲劳甚至机械损伤。系统启动过程中存留在元件与膜壳之间上部空腔内的气体，在电机突然断电即水泵失压时会迅速膨胀，从而形成水锤现象。一些膜厂商要求系统停机过程的降压速度不超过 0.07MPa/s；采用变频调速使水泵缓停，对防范水锤具有明显效果。

给水泵出口处常安装有止回阀，以防止系统给水倒流。如无止回阀时，给水倒流可能对前级设备产生不利影响。特别是大流速的给水倒流，会使水泵高速反转，有可能对水泵结构产生破坏。如有止回阀，则水泵急停时止回阀的瞬间关闭将加剧水锤效应。因此，防止水锤发生的最佳方案是水泵的缓停配合给水的止回。

由于系统开机过程中，给水压力及产水通量达到设定值需要一定时间，产水流道中的残留水体也需要一个排出过程；对于产水水质有严格要求的系统，需在开机后的一个特定时段将系统产水排掉，或在产水电导达到标准后才将产水引入产水储箱。

系统运行过程中，给浓水流道中存在浓差极化现象，即存在较高浓度的无机物与有机物。高浓度无机物将在流道中继续沉淀结垢，高浓度有机物将促成微生物的滋生，海水淡化系统中的浓盐水还将加速设备腐蚀。因此，系统停运时需将浓水阀门打开，进行 3～5min 的系统冲洗，一般水源采用系统给水冲洗即可，海水水源需用系统产水进行冲洗。

（1）短期停运的系统保护

停运时间在 5～30d 范围内的属于短期停运。短期停运时需每隔 5d 进行一次系统冲洗。

（2）长期停运的系统保护

停运 30d 以上的属于长期停运。长期停运前需要进行在线化学清洗以清除系统中的有机与无机污染，并采用 0.1％～1.0％的甲醛或戊二醛溶液进行浸泡以保持长效杀菌。如采用杀菌剂保护系统，则在系统再次启动运行之前需将杀菌剂彻底冲洗干净。

9.7.5　系统的清洗周期

反渗透系统较纳滤系统对有机物及无机物的截留率更高，其污染速度也更快。一般而言，具有较好预处理工艺的反渗透系统，在线清洗周期为 3 个月或更长的运行时间，必要时每年进行一次离线清洗，或每三次在线清洗后进行一次离线清洗。由于离线清洗是使用专用设备且针对特定污染的高强度逐个元件清洗，其效果远胜于在线清洗。

系统需要清洗的判据可以有两个：

① 水泵运行已达到极限状态，但仍未满足系统产水量或产水质要求时的被动性清洗。

② 水泵运行未达到极限状态，且仍能达到系统产水量及产水质要求时的主动性清洗。被动清洗的目的是使系统的产水量或产水质达到要求，主动清洗的目的是使系统保持长期稳定运行，即总的清洗费用与换膜费用最低。

一般建议系统进行主动清洗的判据包括：产水流量下降 10％～15％；系统压降上升 150％；产水含盐量上升 10％～15％。此 3 项指标均属于标准化数值（见本书 10.7 节）。

系统经离线清洗仍不能达到设计要求的产水量与产水质，或需要过于频繁地在线及离线清洗时，或清洗的成本已超出换膜成本时，则应进行系统换膜，全系统膜元件的正常更换周期应为 3 年以上。

9.8　系统的运行调节与功耗

9.8.1　运行调节与水泵特性

（1）系统运行调节方式

由于反渗透系统以压力为驱动力，其功耗成本占据了全部运行成本的相当大的部分。例如，一台 8-10 型立式多级离心泵，在 $8m^3/h$ 额定流量及 0.958MPa 压力下工作时，输出功率为 2.13kW，水泵的效率为 51.16%，水泵的输入功率为 4.16kW，即包括水力、容积与机械等项损失的水泵自身功耗就达 2.03kW。

不仅该部分功耗不可避免，而且在水泵的流量压力特性基础上，调节水泵运行工作点时，仍需要额外的功率消耗。本节旨在在回流调节、截流调节与变频调节三种运行调节方式中，论证最为节能的调节方式，以求最大程度降低系统的运行功耗。

反渗透系统运行过程的重要特点之一，是根据设计要求保持其恒定回收率与恒定流量。无论是系统初始时的运行状态，还是给水温度、给水含盐量及污染程度发生变化时的运行状态，为保证恒定的系统回收率与产水流量，均需要对泵阀组（包括水泵与阀门）的输出流量与输出压力进行调节，使之与系统所需的给水流量与给水压力一致。对于图 9.12 所示的系统结构，为保证泵阀组的工作点与膜系统所需的工作点一致，一般具有回流阀开度、截流阀开度与变频调速三种调节方式（关于截流阀的功能见本书 2.9 节）。

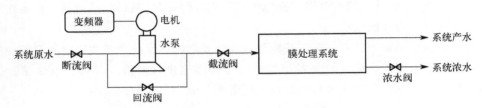

图 9.12　反渗透膜系统的运行调节方式示意

本节以离心泵、回流阀、截流阀及膜系统的运行特性为基础，在满足系统的系统回收率及产水流量条件下，分别讨论三种调节方式的功耗水平。

（2）给水泵的运行特性

异步电机与离心水泵联轴构成的机泵组，在不同负荷条件下具有不同的转速、流量、压力与效率。根据图 9.13 所示 8-10 型水泵的流量转速特性曲线与流量压力特性曲线可知，随着水泵流量的逐渐增大，水泵的转速将在近 3000r/min（电机同步转速）基础上逐渐降低，水泵的输出压力也随之逐渐下降。加之图 9.14 所示 8-10 型水泵的流量效率特性曲线，可知 8-10 型水泵在 50Hz 电源频率之下的流量转速特性 $n_*(Q_*)$、流量效率特性 $\eta_*(Q_*)$ 与流量压力特性 $P_*(Q_*)$ 三条曲线的三个函数关系分别为：

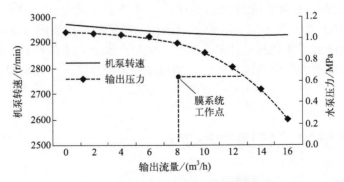

图 9.13　8-10 型机泵的流量特性曲线

$$n_*(Q_*)=2976.8-6.4663Q_*+0.2103Q_*^2 \tag{9.7}$$

$$\eta_*(Q_*)=(16.635+5.9785Q_*-0.0934Q_*^2-0.0143Q_*^3)\% \tag{9.8}$$

$$P_*(Q_*) = 1050 - 5.6216Q_* + 1.366Q_*^2 - 0.2624Q_*^3 \tag{9.9}$$

为便于量化分析，本节设"特定系统"设计参数为：$1000mg/L$，$25℃$，$6m^3/h$，75%，$4\text{-}2/6$，ESPA1-4040，0a。在此系统参数条件下，特定系统的给水压力为 $646kPa$，给水流量为 $6.0/0.75 = 8.0(m^3/h)$，该工作点在图 9.13～图 9.15 中均予标出。

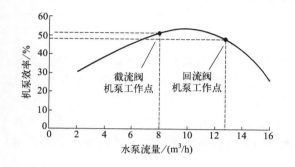

图 9.14 机泵的流量效率特性与工作点

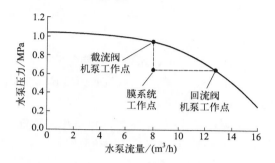

图 9.15 机泵的流量压力特性与工作点

8-10 型水泵为 10 级叶轮及 $8m^3/h$ 的额定流量，在 $50Hz$ 电源频率条件下，水泵始终运行于图 9.13～图 9.15 所示流量转速、流量效率与流量压力三条特性曲线之上的某个工作点。

9.8.2 回流调节与截流调节

（1）回流调节运行方式

采用回流阀进行泵阀组运行调节的特点是，泵阀组输出压力与膜系统给水压力的 $646kPa$ 一致，并用回流阀开度调节回流量，使泵阀组的输出流量与膜系统给水流量的 $8.0m^3/h$ 一致。

根据图 9.15 所示水泵的流量压力特性曲线及式（9.9）所示其函数关系，水泵的输出压力为 $646kPa$ 时的输出流量为 $12.86m^3/h$。为形成水泵与系统的流量平衡，则使回流阀形成特定开度，产生 $12.86 - 8.0 = 4.86(m^3/h)$ 的回流量。

届时，水泵的输出功率为 $12.86 \times 646/3600 = 2.31(kW)$，且根据图 9.13 及式（9.7）所示其流量转速特性，水泵的转速降至 $2928r/min$。根据图 9.14 所示水泵效率特性曲线及式（9.8）所示其函数关系，水泵输出流量 $12.86m^3/h$ 时的水泵效率为 47.67%，水泵的输入功率为 $2.31/0.477 = 4.84(kW)$，水泵功耗为 $4.84 - 2.31 = 2.53(kW)$。

同时，回流阀的回流量 $4.86m^3/h$ 与阀两侧压差 $646kPa$ 将产生 $4.86 \times 646/3600 = 0.872(kW)$ 功率损耗；膜系统消耗功率 $8.0 \times 646/3600 = 1.44(kW)$；整个系统的效率仅为 $1.44/4.84 = 29.75\%$。回流阀调节方式的相关参数见表 9.4 中回流方式一行的数据。

表 9.4 回流阀、截流阀及变频调速三种调节方式的功耗与效率比较（高温条件）

（$1000mg/L$，$25℃$，75%，$6m^3/h$，$4\text{-}2/6$，ESPA1-4040，0a）

项目	水泵输入/kW	水泵效率/%	水泵输出/kW	阀门流量/(m^3/h)	阀门压差/kPa	水泵功耗/kW	阀门功耗/kW	膜系统功耗/kW
回流方式	4.84	47.67	2.31	4.86	646	2.53	0.87	1.44
功耗比例	100 %					52.27 %	17.98 %	29.75 %
截流方式	4.16	51.16	2.13	8.00	312	2.03	0.69	1.44

续表

项目	水泵输入/kW	水泵效率/%	水泵输出/kW	阀门流量/(m³/h)	阀门压差/kPa	水泵功耗/kW	阀门功耗/kW	膜系统功耗/kW
功耗比例	100 %					48.80 %	16.59 %	34.62 %
调速方式	2.81	51.27	1.44			1.37		1.44
功耗比例	100 %	电机及水泵转速 2490r/min				48.75 %		51.25 %

（2）截流调节运行方式

采用截流阀进行水泵运行调节的特点是，水泵输出流量及截流阀过流量与膜系统给水流量 $8.0\text{m}^3/\text{h}$ 一致，并用截流阀开度调节输出压力，使泵阀组的输出压力与膜系统给水压力的 646kPa 一致。

根据图 9.15 所示水泵的流量压力特性曲线及式（9.9）所示其函数关系，水泵输出流量为 $8.0\text{m}^3/\text{h}$ 时的输出压力为 958kPa。为形成水泵与系统的压力平衡，则需截流阀形成特定开度，产生 $958-646=312(\text{kPa})$ 的压力差。

届时，水泵的输出功率为 $8.0\times958/3600=2.13(\text{kW})$，且根据图 9.13 及式（9.7）所示其流量转速特性，水泵的转速降至 2939r/min。根据图 9.14 所示水泵效率曲线及式（9.8）所示其函数关系，水泵输出流量 $8.0\text{m}^3/\text{h}$ 时的水泵效率为 51.16%，水泵的输入功率为 $2.13/0.5116=4.16(\text{kW})$，水泵功耗为 $4.16-2.13=2.03(\text{kW})$。

同时，截流阀的阀流量 $8.0\text{m}^3/\text{h}$ 与阀两侧压差 $958-646=312(\text{kPa})$ 将产生 $8.0\times312/3600=0.69(\text{kW})$ 的功率损耗；膜系统消耗功率 $8.0\times646/3600=1.44(\text{kW})$；整个系统的效率仅为 $1.44/4.16=34.62\%$。截流阀调节方式的相关参数见表 9.4 中截流方式一行的数据。

如表 9.4 数据所示，特定系统条件下，截流方式的系统效率高于回流方式。出现该现象是由于图 9.15 所示水泵流量压力曲线的斜率 $\Delta P/\Delta Q$ 总是小于 $-1\text{MPa}\cdot\text{h}/\text{m}^3$，故截流阀门功耗（截流阀流量与截流阀压差的乘积）总是小于回流阀门功耗（回流阀流量与回流阀压差的乘积）；即图 9.15 所示水泵的流量压力特性曲线中，膜系统工作点至截流阀方式水泵工作点的"距离"，总是较膜系统工作点至回流阀方式水泵工作点的"距离"更近。

（3）两种阀门控制比较

本节关于回流与截流两种阀门控制方式的讨论，是基于水泵流量在其额定流量附近区间。如图 9.14 所示，如果水泵流量大于其额定流量，则回流控制方式的水泵效率将更低；如果水泵流量远小于其额定流量，则截流控制方式的水泵效率可能低于回流控制方式。

9.8.3　变频调速的运行调节

由于基频向下调节电源频率时的水泵流量压力特性曲线为 50Hz 电源频率时的水泵流量压力特性曲线向原点移动，只要系统运行工作点在水泵 50Hz 电源对应的流量压力特性曲线数值范围之内，通过降低电源频率总可以找到某个较低电源频率对应的水泵流量压力特性曲线通过系统运行工作点。换言之，无需调节阀门而只靠调节电源频率，就可使水泵与系统的特定给水流量与特定给水压力相一致，即可以实现系统运行调节。

尽管基频向下调节方式中机泵输出功率下降（电机调频一般为基频向下调节），且省略了阀门功耗，但水泵自身的流量压力特性及效率也会产生相应变化。图 9.14 与图 9.15 所示曲线，是 50Hz 电源频率之下，8-10 型水泵的流量效率与流量压力特性曲线。在已知 50Hz

电源频率的水泵转速时的压力、流量及效率，欲求取某特定转速条件下水泵的压力、流量及效率，需要采用离心泵的比例律等特性。

如将 50Hz 电源频率的水泵转速称为标准转速 n_*，且将对应膜系统工作点的水泵转速称为特定转速 n，则根据离心泵的比例律特性，离心泵的标准转速 n_* 与特定转速 n 的比值与变频前后的流量比值及压力比值具有如下关系：

$$\frac{Q_*}{Q} = \frac{n_*}{n} \tag{9.10}$$

$$\frac{P_*}{P} = \left(\frac{n_*}{n}\right)^2 \tag{9.11}$$

式中，Q_* 与 P_* 分别为标准转速 n_* 条件下水泵的流量与压力；Q 与 P 分别为特定转速 n 条件下水泵的流量与压力。

将式(9.10) 与式(9.11) 合并，并消去转速 n_* 与 n，则有：

$$\frac{P_*}{P} = \left(\frac{Q_*}{Q}\right)^2 \tag{9.12}$$

$$\frac{P_*}{Q_*^2} = \frac{P}{Q^2} = k \tag{9.13}$$

由此可得所谓"相似工况抛物线"：

$$P_* = kQ_*^2 \tag{9.14}$$

将膜系统工作点（$Q = 8.0\text{m}^3/\text{h}$ 与 $P = 646\text{kPa}$）代入式(9.13)，可得 $k = 646/8^2 = 10.1$。

则过膜系统工作点的"相似工况抛物线"为：

$$P = 10.1Q^2 \qquad 与 \qquad P_* = 10.1Q_*^2 \tag{9.15}$$

在图 9.16 中，式(9.15) 表征的"相似工况抛物线"，与标准转速 n_* 对应的流量压力特性曲线相交于 A_* 点，与特定转速 n 对应的流量压力特性曲线相交于 A 点。

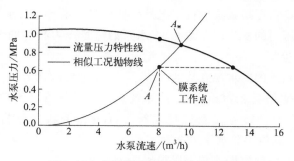

图 9.16　变频调速机泵的运行工作点

联立式(9.9) 与式(9.15) 则有：

$$10.1Q_*^2 = 1050 - 5.6216Q_* + 1.366Q_*^2 - 0.2624Q_*^3 \tag{9.16}$$

求解式(9.16) 可得标准流量：　$Q_* = 9.43\text{m}^3/\text{h}$

将标准流量 Q_* 的数值代入式(9.7) 可得水泵的标准转速：

$$n_* = 2976.8 - 6.4663 \times 9.43 + 0.2103 \times 9.43^2 = 2935(\text{r/min}) \tag{9.17}$$

将标准流量 Q_* 的数值代入式(9.8)，可得水泵的标准效率：

$$\eta_* = (16.635 + 5.9785 \times 9.43 - 0.0934 \times 9.43^2 - 0.0143 \times 9.43^3)\% = 52.72\% \quad (9.18)$$

再将 Q_*、Q 及 n_* 代入式(9.10)，则可得出特定转速：

$$n = n_* \times Q/Q_* = 2935 \times 8.0/9.43 = 2490(\text{r/min}) \quad (9.19)$$

根据离心泵调速运行相关理论，水泵转速从 n_* 变至 n 时，水泵效率将从 η_* 变为 η：

$$\eta = \frac{100\eta_*}{\eta_* + (100 - \eta_*)(n_*/n)^{0.17}} = \frac{100 \times 0.5272}{0.5272 + (100 - 0.5272)(2935/2490)^{0.17}} \quad (9.20)$$

求解该式可知，水泵的特定转速为 $n = 2490\text{r/min}$ 时，水泵的特定效率为 $\eta = 51.27\%$，系统工作点处的水泵输出功率为 $8.0 \times 646/3600 = 1.44(\text{kW})$，水泵输入功率为 $1.44/0.5127 = 2.81(\text{kW})$，水泵功耗为 $2.81 - 1.44 = 1.37(\text{kW})$，整个系统的效率为 $1.44/2.81 = 51.25\%$。变频调速方式的相关参数见表9.4中调速方式行数据。

上述部分定量地分析了变频调速方式的水泵效率内容，实际的变频调速过程还包括变频器与电动机的效率问题。变频器的功耗较低且效率高约98%，在变频过程中可视为恒定。

表9.4中关于功耗的数据虽未包括电机的功耗与效率，但明确了阀门调节时的电机转速为 2976.8r/min，而变频调节时的电机转速为 2935r/min。尽管基频向下调频时的电机效率有所下降，但因这里调频前后的频率仅差约1%，故可以忽略阀门与变频两种调节方式下电机功耗及电机效率的差异。表9.5列出不同等级与额定功率三相异步鼠笼电动机的效率。

表 9.5　三相异步鼠笼电动机效率（同步转速 3000r/min）

额定功率/kW	2.2	3.0	4.0	5.5	7.5	11.0	15.0	18.5	22.0	30.0
1级电机效率/%	89.1	89.7	90.3	91.5	92.1	93.0	93.4	93.8	94.4	94.5
2级电机效率/%	85.9	87.1	88.1	89.2	90.1	91.2	91.9	92.4	92.7	93.3
3级电机效率/%	83.2	84.6	85.8	87.0	88.1	89.4	90.3	90.9	91.3	92.0

9.8.4　变换工况的功耗比较

反渗透系统的运行过程中，产水量与回收率应根据设计要求始终保持恒定，而当给水含盐量、给水温度及污染程度等系统运行工况发生变化时，系统的给水压力将随之波动。系统给水压力即水泵输出压力的变化，在图9.13水泵的流量压力特性曲线图中，仅表现为系统工作点位置的上下移动。

计算表明，特定系统的给水温度从25℃降至10℃时给水压力的上升数值，相当于给水含盐量从 1000mg/L 增加至 2100mg/L，或系统运行年份从第0年增加到第6.5年。因此，这里仅以给水温度降至10℃为代表进行运行工况变化的相关分析，届时的工作压力从 646kPa 升至 859kPa，其他参数示于表9.6。

从表9.4与表9.6中的数据比较可以得出四个特点：

① 无论系统给水压力高低，截流调节方式的功耗均低于回流调节方式。

② 无论系统给水压力高低，截流调节方式的水泵功耗保持恒定。

③ 系统给水压力越高，回流调节方式的水泵功耗越低。

④ 无论给水温度等系统运行工况发生何种变化，变频调速方式的系统功耗最低。

本书6.7节关于系统运行余量的重要内容是给水泵要保有足够的压力余度，而表9.4与表9.6中数据表明，压力余度越大，变频调速方式的低功耗效果越明显。

表 9.6　回流阀、截流阀及机泵调速三种调节方式的功耗与效率比较（低温条件）

（1000mg/L，10℃，75%，6m³/h，4-2/6，ESPA1-4040，0a）

项目	水泵输入	水泵效率	水泵输出	阀门流量	阀门压差	水泵功耗	阀门功耗	膜系统功耗
回流方式	4.59kW	52.74%	2.42kW	1.16m³/h	859kPa	2.17kW	0.52kW	1.91kW
功耗比例	100%					47.24%	11.22%	41.54%
截流方式	4.16kW	51.16%	2.13kW	8.00m³/h	99kPa	2.03kW	0.22kW	1.91kW
功耗比例	100 %					48.84%	5.29%	45.87%
调速方式	3.72kW	51.33%	1.91kW			1.81kW		1.91kW
功耗比例	100 %		电机及水泵转速 2799r/min			48.66 %		51.34 %

此外，通过变频器调节电机与水泵的转速，不仅调节便利，还可以运用通信手段实现远程、无线甚至移动监控。变频调速方式的唯一缺点是增加了变频器的设备成本，适用于 8-10 型水泵及 4kW 功率电机的一般国产 5.5kW 变频器的零售价格为 1350 元。

如果按照给水温度平均值计算，截流方式系统平均功耗 4.16kW，调速方式系统平均功耗 (2.81＋3.72)/2＝3.27(kW)，调速方式较截留方式平均节能 4.16－3.27＝0.89(kW)。按照 0.8 元/(kW·h) 的平均电价计算，系统只需连续运行 1350/(0.8×0.89)＝1896(h) 即可回收增设变频器的成本。

第10章 系统污染、清洗与加药

反渗透膜系统截留了大量的有机物、无机物或微生物，各类被截留物质在膜表面的吸附、淤积、沉淀或滋生总称为膜污染，膜污染是膜过程中不可避免的伴生现象之一。膜系统中发生超常污染主要包括设计失误、运行失当、药剂错用或水质突变等原因。

当双恒量运行系统受到严重污染时，工作压力上升、产水水质下降、系统压降增大。如工作压力或产水水质不能满足用户要求时，需要进行系统的在线或离线清洗，甚至元件更换。

10.1 污染的分类与分布

10.1.1 膜系统污染分类

反渗透系统因其特有的错流工艺与截留物质，决定其污染主要包括无机污染、有机污染及生物污染。

无机物沿系统流程被逐渐浓缩，当系统流程末端的难溶盐被浓缩至超过饱和浓度时，逐渐形成晶核并开始晶体的生长，从而形成结垢性无机污染。投加阻垢剂可提高无机污染物的饱和极限，进而减少无机污染并提高系统的极限回收率。

有机物在系统中包括在膜表面被截留、吸附、沉积，甚至形成滤饼层，也在系统流程中被不断浓缩。反渗透膜对于分子量大于100有机物的脱除率几近100%，对于分子量小于100有机物的脱除率较低，与膜表面持相反电荷的有机物存在吸附现象，易形成污染。未被预处理工艺截留的有机物进入膜系统后，少数会附着在膜表面或浓水隔网之上，多数会随浓水排出系统。因此，保持系统沿程各位置上的合理浓差极化度及浓水流量，是抑制有机污染的重要措施。

微生物中的细菌粒径为$1 \sim 3\mu m$，病毒粒径为$0.01 \sim 0.2\mu m$。细菌又分为无机营养型的自养菌与有机营养型的异养菌；异养菌是反渗透膜系统中的主要细菌类型，能够从水中获取TOC及COD等营养物质而滋生繁衍。微生物污染不仅是一个累计过程，更是一个繁殖过程，于适宜环境之下，微生物在$20 \sim 30min$内即可翻倍繁殖。微生物的生存多以生物黏膜形式存在，并牢固地附着在膜表面及浓水隔网表面，并于其上繁衍。生物膜的黏附力很强，可保护微生物免受水流剪切力的作用。因不能使用氧化性杀菌剂，生物污染的清洗较为困难。

膜系统中还有铁、锰及二氧化硅结垢等污染，而这些污染物主要需靠预处理过程将其去除。对于已经形成的污染，只有依靠有效清洗加以去除。

预处理系统中残留的絮凝剂与膜系统中投加的阻垢剂，分别对前后工艺系统的运行起着重要作用，但预处理工艺中残留的聚合阳离子絮凝剂如与膜工艺中投加的聚合有机阻垢剂相遇时，将产生药剂污染，会在膜系统中产生严重的胶体沉淀。

除单一物质污染之外，无机、有机与生物污染物的混合污染，增加了污染的概率与污染的速度，而且大大增加了系统清洗的难度。

10.1.2　沿流程污染分布

膜污染的典型表现是污染物增加了系统各流程及各高程位置上膜元件的质量，以及膜元件中各部位膜片的质量，故元件及膜片增重程度是系统及元件污染程度的重要指标。

（1）有机污染的沿流程分布

有机物的污染程度与污染物浓度、元件通量、隔网高度及浓差极化度四项运行指标密切相关。污染系统的有机物还可以分为大分子与小分子有机物，反渗透膜对于不同类别有机物具有不同的透过率。此外，由于不同水体中的有机物粒径及浓度存在巨大差异，且包括超微滤在内的预处理工艺不可能有效截留水体中的全部有机物，故影响反渗透系统有机污染的重要因素是系统的原水类型。

2000 年前，国内反渗透系统处理的还多为地下水、地表水及自来水等洁净水源，经絮凝-砂滤工艺即可截留水体中的多数有机物，且进入反渗透系统的有机物粒径较小。反渗透膜对于有机物的截留效果，使得给浓水流道中沿系统流程的有机物浓度总是逐步增大，膜污染逐渐加重。图 10.1(a) 给出了洁净水源系统的有机污染物的质量分布曲线。

该曲线所示系统流程中同段元件污染速率沿流程渐重的原因之一，是后部元件的错流比渐小，浓差极化度较低，致使元件的污染速度加快。末段首端元件污染低于首段末端元件的原因，是末段首端元件的错流比高于首段末端元件，进而不易形成污染物的沉积。

2000 年后，国内反渗透系统处理的多为污废水源，即使经过超微滤工艺处理，仍无法有效截留水体中的各类有机物，特别是进入反渗透系统的有机物粒径相对较大。大粒径有机物进入系统后首先被膜元件的浓水隔网拦截，即形成系统前部的有机重污染；而小粒径有机物仍然会在系统末端形成较重污染。此特征见图 10.1(b) 所示污废水源系统中有机污染物与无机污染物的质量分布曲线。

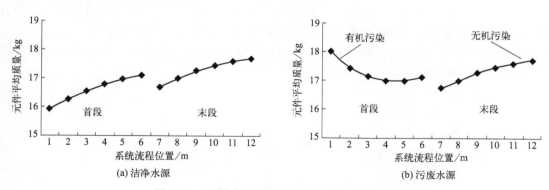

图 10.1　不同水源系统沿流程的元件质量分布

（2）无机污染的沿流程分布

因系统给水中的难溶无机盐被系统浓缩并达到其饱和浓度时才开始沉淀析出，且错流过程中形成的浓差极化现象可促进难溶盐的饱和析出，故系统中的无机污染应发生在系统沿程末端的膜表面。

如果没有浓水隔网，给浓水流道中不易形成紊流，浓差极化严重，易形成污染；采用浓水隔网之后，系统整体情况大为好转，但隔网本身也将形成局部给浓水涡流，易构成局部污染。因此，实际发生无机污染的流程位置一般较理论位置更靠近系统前端。受到典型的无机污染后，沿流程的污染物浓度将如图 10.2 曲线所示。

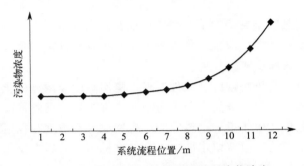

图 10.2　无机污染系统沿流程的污染物浓度

（3）生物污染的沿流程分布

由于微生物主要以有机物为养分而生存，微生物污染分布多与有机污染分布相一致。无机、有机及生物的混合污染与三类成分的比例相关，一般的混合污染在系统流程的前部较轻而后部较重。

10.1.3　沿高程污染分布

在系统的相同流程位置上，因各膜壳在膜堆中的安装高程不同、给水母管及浓水母管的径流方向不同、各膜壳中元件承受的压力不同，致使其产水通量不同。

如果计及系统给水及浓水母管压降的影响，则给水及浓水的压力沿母管的径流方向逐步下降。由于给水及浓水母管径流方向存在下进上出、下进下出、上进上出、上进下出四种形式，同段系统中不同高程膜壳中的平均压力与错流比例均有区别。此外，系统运行过程中，在各膜壳元件内，一旦因污染速度失衡而导致污染程度失衡，重污染膜壳元件内的流道阻力加大，给浓水流速降低，浓差极化加剧，会使污染膜壳元件的污染程度继续扩大。图 10.3 示出某系统首段五只不同高程膜壳中的元件质量随膜壳高程的变化规律，反映出不同高程膜壳中元件污染程度的差异。

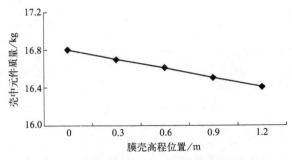

图 10.3　某段系统沿高程的元件质量分布

关于系统给浓水管路径流的流向与流速对不同高程膜壳元件的污染问题见本书第 12 章内容。

10.1.4 元件内污染分布

作为卧式柱状膜元件，元件内部沿轴向的污染分布与沿流程污染分布相同，这里主要讨论元件内部依角度、依朝向及依中心距的污染分布。

元件内膜片上污染物的质量与膜片的面积相关，为得到单位膜片面积上的污染物质量，需采用污染物相对质量加以衡量：

$$污染物相对质量 = \frac{污染干膜片质量 - 洁净干膜片质量}{洁净干膜片质量} \times 100\% \qquad (10.1)$$

(1) 依角度的膜片污染分布

如将膜元件径向截面按照夹角分为 12 等份，卷式膜袋中脱盐层朝向中心管内凹膜片的污染物相对质量在各个等份上的分布如图 10.4 所示。图中时钟角度为 6 点位置的内凹膜片，承托水体重力，沉积物处于绝对稳定位置，承接了最多沉积的污染物；时钟角度为 12 点位置的内凹膜片，不承接水体重力，沉积物处于最不稳定位置，承接了最少沉积的污染物。由于 12 等份面积与重力方向的夹角呈正弦函数关系，图 10.4 所示各等份夹角面积的膜片污染物相对质量曲线也呈正弦函数关系。

卷式膜袋中脱盐层背向中心管外凸膜片的污染物相对质量在各个等份上的分布如图 10.5 所示。图中时钟角度为 12 点位置的外凸膜片，承托水体重力，沉积物处于相对稳定位置，承接了较多沉积的污染物；时钟角度为 6 点位置的外凸膜片，不承接水体重力，沉积物处于最不稳定位置，承接了最少沉积的污染物。

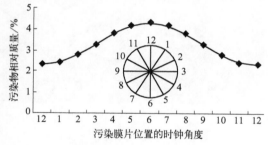

图 10.4 元件中膜片污染物质量沿高程的分布

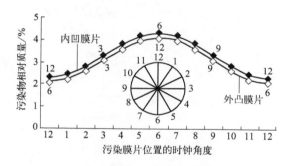

图 10.5 内凹与外凸膜片的污染物质量分布

因 12 点位置内凹膜为最稳定位置，而 12 点位置外凸膜为相对稳定位置，故如图 10.5 所示，前者承接了更多的污染物。正因为卷式膜片具有这样分角度的污染分布，当将膜片展开时即呈现出污染一段轻一段重，即呈所谓的"斑马纹图案"。

(2) 依朝向的膜片污染分布

图 10.5 所示数据表明，元件中内凹膜片污染物较重，而外凸膜片污染物较轻，两类膜片的污染物相对质量存在 0.17% 的差值。产生该现象的影响因素如下。

1）两朝向膜片承压后面积差异

系统在线运行时给浓水的工作压力使膜片产生形变，即内凹膜片承受拉力而使膜面积增大，而外凸膜片承受压力而使膜面积缩小。系统运行时，设形变后膜面积上的污染速度一致，污染物相对质量无异；但无压检测时，两朝向膜片恢复原有面积，因污染物绝对质量保持不变，内凹膜片上污染物相对质量增加，而外凸膜片上的污染物相对质量减少。

2）两朝向膜片的表面流态差异

若从元件径向截面观察单层给浓水流道，可近似将其视为一个同心环形通道。由于该环形通道的外侧湿周大于内侧，即流道外侧（内凹）膜表面的阻力大于内侧（外凸）膜表面的阻力，则外侧膜表面切向流速小于内侧。如设给浓水流道内外侧的膜通量相等，即内外侧过膜的垂向流速相等，则外侧（内凹）膜表面的错流比较低，从而造成外侧（内凹）膜表面的污染重于内侧（外凸）。

（3）依中心距的膜片污染分布

如设产水中心管内压强为0值，距中心管越远，膜片对应的产水流道越长，产水背压越高，产水通量越低，污染程度越轻。图10.6示出膜元件中距中心管不同距离膜片的污染物质量分布。

（4）浓水隔网影响污染分布

元件的给浓水隔网呈网状结构，其形成有效的给浓水流道及紊流流态的同时，也在给浓水流道中形成鳞状分布的涡流区域，进而产生图10.7所示鳞状分布的局部污染区（彩图见书后）。正是由于鳞状局部污染分布的存在，加快了无机与有机污染物在系统较前流程位置上的沉积。给浓水沿系统流程被不断浓缩过程中，难溶盐平均浓度尚未达到饱和时，局部浓度已经过饱和，从而产生鳞状分布的局部污染。

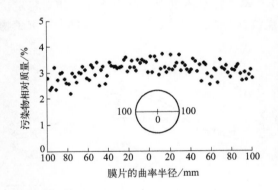

图 10.6　膜片曲率半径的污染物相对质量分布

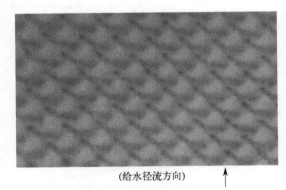

（给水径流方向）

图 10.7　膜片表面污染物照片

10.2　膜系统污染的影响

无机物在膜表面的沉积增加了膜表面无机盐浓度，加剧了以盐浓度差为推动力的透盐过程，致使膜元件的透盐率上升。有机物在膜表面的沉积降低了膜表面无机盐浓度，缓解了以盐浓度差为推动力的透盐过程，致使膜元件的透盐率下降。微生物污染对于元件透水透盐的影响类似于有机污染。此外，有机、无机及生物污染物在膜表面的沉积，均使透水阻力增加，致使膜元件的透水率下降。而且，各类污染物对给浓水流道的堵塞，均会使膜压降上升。

本节将一个多元件系统流程分为前中后三部分，以便分析典型有机与无机污染条件下的各部分运行参数变化规律。

10.2.1　无机污染的影响

由于典型的无机污染主要出现在系统后部，图 10.8 示出一般无机污染系统中各部透盐率的变化过程中，后部的无机污染将使后部元件透盐率上升，从而带动全系统透盐率的上升。当系统透盐率为 3％时，后部的透盐率只有 4％，当系统透盐率上升至 8％时，后部的透盐率已接近 25％。

无机污染的另一表现是各部元件通量的严重失衡。系统后部的污染将导致后部元件通量的下降。对于恒通量系统，后部通量的下降还会引起前部及中部元件通量的相应上升，但后部通量下降幅度远大于前部及中部通量上升幅度，系统各部通量的变化过程如图 10.9 所示。

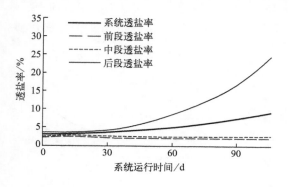

图 10.8　无机污染系统的透盐率变化过程

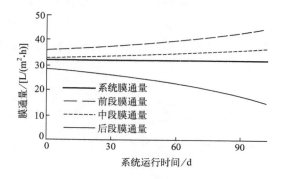

图 10.9　无机污染系统的膜通量变化过程

无机污染还将使后部元件压降上升。图 10.10 所示各部膜压降的变化过程表明，当系统工作压力上升 15％（从 0.7MPa 升至 0.8MPa）时，后部膜压降已经上升 700％（从 0.01MPa 升至 0.07MPa）。图中前部及中部压降的减小是由于后部流量降低使前部及中部给浓水流量相应下降。

无机污染发生时，后部元件的透盐率、膜通量及膜压降的变化同时发生，故图 10.8～图 10.10 所示变化曲线是三项指标变化的综合效果。以上三图曲线表明，虽然有时全系统的压力、产水及压降指标的变化幅度有限，但后部污染已经十分严重，因此需要高度关注系统后部的局部运行指标变化。

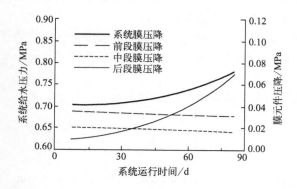

图 10.10　无机污染系统的压力与压降变化过程

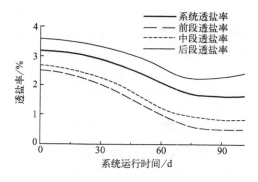

图 10.11　有机污染系统的透盐率变化过程

10.2.2 有机污染的影响

由于有机污染一般贯穿系统全流程，因此图10.11所示系统前后各部分元件的透盐率均随污染的加重呈缓慢下降趋势。其中，后部元件的透盐率到运行后期的翘尾现象应归咎于系统污染时后部元件的给水压力下降，即后部膜通量的衰减。

贯穿全流程的有机污染使反渗透膜的透水率下降，而低透水率系统的前后部膜通量趋于均衡，故有机污染系统中的膜通量变化同时存在两个倾向。普遍性的有机污染将使前后部的膜通量差异缩小，而后部的严重污染会使前后部的膜通量差异增大。图10.12示出了系统前中后部的膜通量变化趋势。

同样由于有机物污染贯穿整个系统流程，尽管图10.13所示有机污染系统中，前中后部元件的膜压降分别存在12%、26%及70%的不同增长幅度，但该压降值仍属于普涨性质，各部膜压降差异的幅度常小于无机污染下的膜压降差异的幅度。

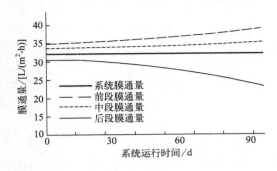 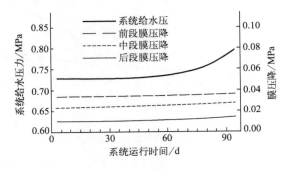

图10.12 有机污染系统的膜通量变化过程　　　图10.13 有机污染系统的膜压降变化过程

由于有机污染发生时，系统各位置膜元件的透盐率、膜通量及膜压降的变化同时发生，图10.11～图10.13所示变化曲线是三项指标变化的综合效果。例如，图10.13所示系统工作压力的上升主要源于膜元件透水率的下降而非膜压降的上升。

10.2.3 生物污染的影响

生物污染与有机污染相比具有以下区别：有机污染与污染物浓度、产水通量及浓差极化度密切相关，而生物污染与生物养料、工作温度、径流速度密切相关；有机污染在系统运行过程发生，而生物污染除在系统运行过程中发生之外，还在系统停运状态下发展；有机污染属于渐进过程，而生物污染会在适合环境中显现一个快速暴发。所以，一般水体系统的夏季运行或高有机物含量的污废水处理系统运行，均应高度关注生物污染。

生物污染对系统透盐率及运行压力影响相对较轻，而对系统压降的影响相对较重。

10.2.4 混合污染的影响

(1) 膜系统中的络合物污染

尽管低浓度的难溶盐并不直接产生无机沉淀，但有可能与高价阳离子有机物发生络合反应，从而形成络合污染。例如，低浓度 $CaSO_4$ 中的 Ca^{2+} 与腐殖酸分子构成的络合物降低了溶液的负电性，减少了膜表面与有机物分子间的静电斥力，使有机物更多地吸附在膜表面；同时，水体中游离的 Ca^{2+} 又能与膜表面的负电荷基团静电键合，在膜表面与有机物之间形成"盐桥"，使膜表面的荷电强度降低，进一步减弱膜表面和腐殖酸分子之间的静电斥力，从而加快了膜表面有机物污染。

络合物污染对膜元件性能的影响主要是透盐率升高、透水率降低与膜压降增加。络合污染一般出现在系统流程的前后各部，污染速度远高于同浓度的有机污染及无机污染。

（2）有机污染与微生物污染

有机污染为系统中的微生物提供了着床与养料，从而促进了生物污染的产生与发展。快速繁殖的生物质堵塞了给浓水流道、减缓了给浓水的剪切流速，反过来也加快了有机物与其他污染的发生与发展。

（3）有机与无机的混合污染

膜系统中单纯的有机或无机污染极少发生，大多数系统污染具有无机与有机的混合性质。图 10.14 与图 10.15 所示曲线源于某个有机与无机混合污染系统的运行数据，图中的前段与中段元件产水电导率及膜压降因存在有机污染而升速较缓，后段元件的早期无机污染因晶核形成的慢速过程而使运行指标缓慢恶化，后期无机污染因晶核生长的快速过程而使运行指标加速恶化。

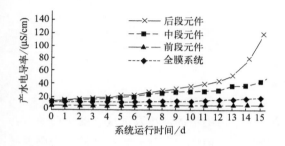

图 10.14　混合污染系统产水电导率变化过程

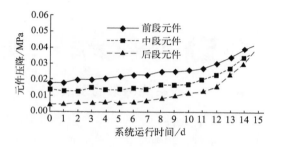

图 10.15　混合污染系统元件膜压降变化过程

10.3　系统的污染与运行

对于系统的恒通量运行模式，系统污染的反映之一是工作压力的不断上升，系统的污染包括永久性污染与临时性污染，前者属于膜性能衰减且清洗无效，后者属于膜表面污染且可清洗消除。当运行压力上升到特定上限或称系统污染到达特定程度时，需要进行系统的在线或离线清洗。

每次系统清洗多只能清除前次清洗后产生的膜表面污染，而不能消除日渐加重的膜性能衰减。图 10.16 示出系统年内持续运行与多次清洗过程中的工作压力变化，其中 1.40MPa 为需要清洗的最高临界工作压力，不断抬升的压力曲线的下端包络线为膜性能衰减导致的系统最低工作压力。

此外，运行压力曲线有两大特征：一是每段压力上升曲线均呈加速上升趋势，表明在可清洗污染层基础上的后期污染速度更快；二是性能衰减后的压力增长加速，表明不可清洗污染层基础上的后期污染速度更快。两项特征合成的结果是膜系统寿命后期的污染速度远高于膜系统寿命初期。

图 10.17 所示系统运行过程中的系统透盐率变化曲线表明，如以运行压力上限为系统清洗判据，则系统透盐率随污染加剧而上升，且随清洗而下降。图中不断抬升的透盐率曲线的

下端包络线为膜性能衰减导致的最低透盐率；不断抬升的透盐率曲线的上端包络线表明，受系统最高工作压力限值而导致系统运行期末的系统透盐率不断攀升。

如果给水泵压力具有足够上升余量，则系统清洗判据也可以是透盐率达到某个上限值，该情况下系统透盐率的变化过程与图 10.16 相近，而系统工作压力的变化过程与图 10.17 相似。

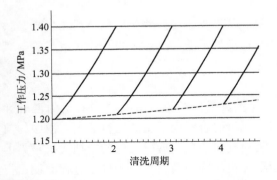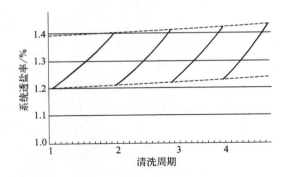

图 10.16　系统污染与清洗过程中的工作压力变化　　图 10.17　系统污染与清洗过程中的系统透盐率变化

10.4　污染的发展与对策

10.4.1　膜系统污染的发展

系统中各元件污染的发生与发展主要取决于给水中污染物的性质及浓度、膜表面原有污染性质及程度、浓差极化与产水通量。由于膜污染的不可逆性质，除非进行清洗，否则系统污染不可能减轻，而只存在加快、趋异及趋同三大趋势。

无机污染存在一个晶核的生成过程，一旦成核其生长速度将加快；有机污染形成滤饼层后，更易于有机物的附着；各类微生物形成生物膜或附着于有机污染层，遇合适的温度时将会快速生长。因此，系统污染发展的主要趋势是污染的不断加快。

其次，系统末段的难溶盐饱和析出及有机物沉积，将形成系统首末段的污染失衡；相同膜段中不同高程膜壳工作压力的差异，将形成各膜壳污染负荷的差异，高工作压力膜壳的重污染将使同段各膜壳间形成污染失衡。而且，一旦形成污染失衡，重污染部分更易于污染物沉积，故系统各个位置的污染在不断趋异。

此外，系统末段重污染降低了系统末段的通量，致使污染较轻的系统首段的通量相对升高；同膜段中高工作压力膜壳的重污染降低了高工作压力膜壳的通量，致使污染较轻的低工作压力膜壳的通量相对升高。总之，系统的污染失衡，将使轻污染区的污染负荷加重及污染速度增加，从而使全系统的污染分布趋同。

一般而言，污染分布的趋异与趋同两过程中，趋异为先、趋同为后，趋异为主、趋同为辅。因此，系统运行过程中，总的污染程度在不断加剧，工作压力与透盐率在不断上升；而污染分布差异的不断扩大，必然造成系统通量的进一步失衡及系统透盐率的进一步上升。

根据本书 7.1 节的讨论，沿系统流程及沿膜堆高程的通量失衡均将造成一定程度的产水水质的下降；根据本书 10.4.1 部分的讨论，沿系统流程及沿膜堆高程的污染失衡将造成污染的进一步加剧。从提高产水水质观点出发，应尽量均衡沿流程与沿高程的膜元件通量；从降低污染速度观点出发，应尽量均衡沿高程的通量，但使末段通量适度低于首段通量。

由于均衡通量与均衡污染都要求均衡沿高程各膜壳的通量，因此希望系统设计时，合理设计系统管路的径流方向及管路参数，甚至通过合理配置膜堆中高低位置均衡不同元件的透水压力。关于系统的管路优化问题见本书第 12 章相关内容。

10.4.2　污染膜元件的重排

克服系统污染的有效方法之一是及时地清洗系统，洗后元件位置的重新排列有可能缓解污染失衡趋势。但是，元件位置重排存在相互矛盾的两种概念。从混合污染会加速污染且会造成清洗困难的观念出发，系统中的洗前与洗后的元件位置应固定不变；从均衡污染会提高产水水质的观念出发，系统中污染轻重的元件位置应予以调换。综合两种概念的重排方式可以是：系统轻污染或在线清洗时维持元件原有位置，系统重污染或离线清洗后调换轻重污染元件位置。

根据本书 10.1 节关于污染分布的讨论，膜元件位置的整体调换应包括四项内容：a. 膜元件流程位置的首末调换；b. 膜壳高程位置的高低调换；c. 膜元件安装方向的前后调换；d. 元件安装方位的旋转调换。

在图 10.18(a) 所示系统中，如果认为末端下方元件污染最重，首端上方元件污染最轻，则调换后膜元件的位置应为图 10.18(b) 所示，即原末端元件 1 与元件 3 调换至首端，原下方元件 7 与元件 8 调换至上方。

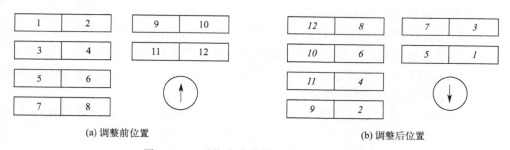

(a) 调整前位置　　　　　　　　　　　　　　　(b) 调整后位置

图 10.18　系统中膜元件整体调整方式示意

根据图 10.7 所示膜片上污染物与给水方向的关系，应改变元件的给浓水径流方向。元件方向改变后，图 10.7 所示污物位置将在运行过程中得到给水径流的长期有效冲刷，将具有一定的自清洗效果。图 10.18(b) 中斜体数字表示膜元件调换位置时的给浓水流翻转 180°，图中箭头方向的倒转表示原件重装时的垂直方位旋转 180°。

该自清洗概念类似于超微滤装置中的"双向径流"工艺或电渗析装置中的"频繁倒极"工艺。方向调换时必须将元件的浓水 V 形圈反向安装，以防止"浓水陷阱"的发生。此外，欲进行膜元件位置调换，则需要在拆卸系统时严格记录系统中元件的安装位置及安装方位。

10.5　污染与故障的甄别

10.5.1　各类系统污染甄别

对于系统运行指标的监测总是借助各个仪表，仪表的正常与准确是系统的污染甄别及故障甄别的硬件基础，因此始终保证各个仪表的正常与准确十分重要。

系统污染的在线甄别，一是靠监测参数的标准化分析，二是靠监测参数的直观分析。标准化分析问题将于本书 10.7 节讨论，而监测参数的直观分析主要针对特定产水流量与系统回收率条件下的工作压力、透盐率与膜压降三项指标。该三项指标的平稳上升是系统正常污染的表现，而其快速上升表明系统在设计方面存在某种缺陷或在操作过程中出现某些失误。一般而言：

① 甄别系统污染性质，首先要检测系统的硬度、COD、TOC、SDI 值、铁、硅等给水水质指标，一般可以由此得知系统污染的原因。

② 如果膜压降维持不变，而脱盐率与工作压力下降，应属于膜性能的衰减，典型的问题是受到氧化后的性能衰减。

③ 如果脱盐率下降、工作压力上升、膜压降上升，即三大指标同时恶化，应属于典型的无机污染。末段指标恶化严重时，无机结垢的可能性很大。首段指标恶化严重时，金属氧化物污染的可能性很大。

④ 如果脱盐率上升、工作压力上升、膜压降上升，特别是首段现象严重，则属于典型的有机污染。

⑤ 如果脱盐率持平、工作压力上升、膜压降上升，则属于典型的生物污染。

⑥ 洁净膜系统 12m 流程两段结构的系统压降应在 0.4MPa 范围之内，超过该范围可视为系统污染。如系统设计为末段膜壳浓水流量大于首段，则系统的首段压降略小于末段压降，如果系统中出现末段压降远大于首段压降的现象，则可认定系统末段严重污染。

⑦ 观察保安过滤器中滤芯的污染状况及污染速度可以判断系统是否存在有机及胶体污染，而保安过滤器发生滤芯安装不善而产生短路时极易产生系统有机及胶体污染。

⑧ 监测微生物污染的措施包括监测系统给水的 TOC、COD 等指标及监测系统给水、浓水甚至产水的细菌总数（TBC）指标。

⑨ 某只膜壳产水的脱盐率过低（如低于 90%）可能是膜壳两端适配器与元件之间连接器的淡水"O"形胶圈泄漏，或可能是所谓"浓水陷阱"现象。

10.5.2 浓水陷阱现象甄别

对形成"浓水陷阱"现象的典型原因是图 10.19 中的浓水胶圈的缺失、反置、破损、窄小、硬化或者膜壳内径过大。膜元件外侧的"V"形浓水胶圈的作用是防止膜壳中的给水区与浓水区联通，迫使给水通过膜元件的给浓水流道。采用"V"形结构而非"O"形结构是为元件装卸时减小阻力。

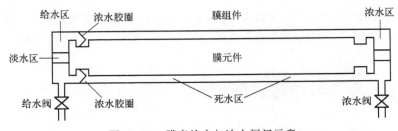

图 10.19　膜壳给水与浓水阀门示意

上述浓水胶圈的异常现象将使膜壳给水侧与浓水侧直接联通，使元件内的给浓水流道供水不足甚至从给水及浓水两侧供水，从而构成类似死端过滤的运行模式，导致给浓水流道中的含盐量大增，形成严重的浓差极化现象，进而造成严重的有机与无机污染。随浓水陷阱现象的严重程度不同，膜元件的污染速度不同，反映出系统运行指标恶化的程度和速度也不同。

浓水陷阱的另一形式是图 10.19 所示结构中给水与浓水阀门的开闭状态不一致。如果膜堆中各个膜壳或部分膜壳分别配置给水与浓水阀门时，会增加系统运行与清洗的灵活程度，但如果某只膜壳的给浓水两侧阀门一个打开一个关闭时，或两阀门的开度不一致时，均会使该膜壳内元件形成死端过滤即浓水陷阱现象。最严重的浓水陷阱是只设有可关闭的给水阀门，而未设置浓水阀门的系统结构。

10.6　在线与离线的清洗

由于系统污染是系统运行的伴生现象，而污染的持续加重将最终导致系统不能正常运行，故系统在长期运行过程中需要定时段或定指标清洗。系统的清洗又分为轻度污染的在线清洗与重度污染的离线清洗。目前国内的在线清洗主要由系统业主企业、专业工程企业、专业清洗企业或专业保运企业完成。

由于给水温度等环境条件的差异影响着系统的运行指标，系统是否需要进行清洗不应以实测运行指标为依据，而应以标准化运行指标为判据。系统需要进行清洗的具体判据一般为：标准工作压力上升 10%～15%、标准透盐率上升 15%～20% 或标准系统压差增加 1.5 倍。即使系统污染较轻，也建议至少每半年进行一次在线清洗。当然，如果产水的水质或流量不能满足工艺要求时，应该及时进行在线清洗。

10.6.1　在线清洗系统

膜系统的在线清洗首先需要在系统的设计及安装阶段建立合理且完整的在线清洗系统，且主系统与清洗系统总是成并联形式。在分段主系统中，首末段并联膜壳数量之比一般为 2:1，在此结构形式下，如果在主系统结构基础上直接进行全系统清洗，将造成首末段的洗液流量相差 1 倍，从而使首段清洗流量低于末段。而且由于清洗流程过长，会使首段的洗脱物污染末段系统；或因首段药液已经部分失效，而使末段药液作用不足。

图 10.20 所示分组清洗系统中，由于首末两段的给药阀与回药阀的存在，在清洗某膜段时开启该膜段给药阀与回药阀，并关闭另膜段给药阀与回药阀，从而形成首段与末段的分别清洗模式。这里的搅拌阀用来进行药箱投药后的循环搅拌，过滤器用于洗脱液的污物滤清。

由于在线清洗时膜元件及浓水胶圈位置未变，清洗液流向必须与系统给浓水方向相同；如果方向相反，则清洗液会从浓水胶圈处短路，而不能达到膜元件清洗的效果。

10.6.2　在线水力冲洗

水力冲洗是在低工作压力与大给水流量条件下对系统进行的初级清洗，是依靠高强度的紊流消除膜表面的浓差极化层与表层污染物。水力冲洗可以列入例行操作，即在每次系统启停时进行（或每天定时操作一次），冲洗操作只需全开系统浓水阀门（或全开浓水旁路阀门），将系统浓水外排（届时不应有产水流量）。较为频繁的运行性冲洗可在一定程度上降低化学清洗的频率。

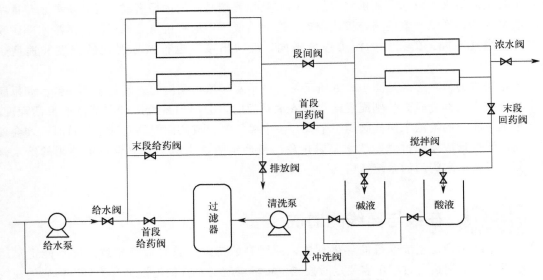

图 10.20　反渗透分组清洗系统结构示意

水力冲洗过程中需要注意几项要点：流量、压力、时间及径流方向。

（1）冲洗流量

污染物在运行流量条件下附着在膜表面，欲通过水力冲洗将污染物清除，冲洗流量应高于运行的给浓水流量。冲洗过程中的给水流量，8040 元件应为 $7.2 \sim 12 \mathrm{m}^3/\mathrm{h}$，4040 元件应为 $1.8 \sim 2.5 \mathrm{m}^3/\mathrm{h}$。如果元件污堵严重，应注意防止冲洗流量下形成的元件压降高于其上限的 0.07MPa，如开始冲洗时的膜压降过高，应随污堵的逐渐清除而逐渐加大冲洗流量以免发生元件结构的破坏。

（2）冲洗压力

过高冲洗压力将有淡水产出，此时的污染层将被产水径流压制在膜表面而不易清除。由于各类膜品种的工作压力不尽相同，冲洗压力无法统一规定，而一般应以开始出现明显产水流量为冲洗压力上限标准。

（3）冲洗操作时间

冲洗的操作时间一般为 $5 \sim 10 \mathrm{min}$，其间还可以停止 $1 \sim 2$ 次，以增加"系统震动"时的冲洗效果。

（4）前后段冲洗流量调整

如图 10.20 所示，系统中前后两段的膜壳数量的比例约为 2∶1，如冲洗过程分段进行，可以根据后段膜壳数量及冲洗流量上限选择清洗泵的流量，而压力也应选得偏高，故所选清洗泵自然适合后段系统的清洗。根据离心泵的流量压力特性曲线，当冲洗前段系统时，膜堆的流道加宽阻力降低，泵流量自然提高，压力随之降低。因而，可以基本保持前后两段中各膜壳即元件的冲洗流量相近，而两段冲洗压力为前低后高。

10.6.3　在线化学清洗

化学清洗是在线清洗的主要工序。化学清洗之前首先需要进行系统污染分析，主要是给水水质与运行参数的分析，以得出污染的原因及清洗的对策。化学清洗的原则是：在膜材料允许的温度、流量、压力、药剂及 pH 值范围内，针对具体污染决定清洗药剂与清洗工艺。

（1）药液温度

有机物的清洗效果与药液温度密切相关。碳酸钙污染在高温条件下不利于清洗，而其他无机污染物在高温条件下有利于清洗。一般碱液清洗有机物时的温度需保持约 35℃，而酸液清洗难溶盐时保持室温即可，且应注意清洗循环过程中洗液温度的上升。

（2）药剂品种

化学清洗所用药剂的品种及其搭配取决于污染的性质，例如：

① 2% 的柠檬酸药液适用于无机污染与金属氧化物污染。

② 0.5% 的盐酸药液（pH 值为 2）适用于无机污染与金属氧化物。

③ 0.1% 氢氧化钠与 0.03% 十二烷基苯磺酸钠药液（pH 值为 12）适用于有机污染。

（3）药液配水

清洗药液的配置过程应为药剂的稀释过程，故药液的配水应为系统产出的脱盐淡水，或是经软化处理的软水，以防止药液配置过程中的药剂失效。

（4）工艺次序

由于系统中普遍存在有机污染，且污染层顶层多为有机污染，化学清洗过程中常使用碱性药液清洗有机污染在先，使用酸性药液清洗无机污染于后。化学清洗过程可以理解为对全部污染物的逐层清洗，且每层污染又再分有机与无机物的分别洗脱。因此，对于重度污染系统还需进行碱液与酸液的反复清洗，且酸液与碱液交替使用前，需用清水将系统中的残余药液冲净。

对于膜元件三项性能指标而言，无论酸洗或碱洗均可降低系统压降，酸洗使透盐率明显下降而使工作压力小幅上升，碱洗使工作压力明显下降而使透盐率小幅上升。应该根据污染系统的主要清洗目标或系统的主要运行要求，决定化学清洗的最后工艺，以达到系统的工作压力或透盐率的要求。当化学清洗结束后，进行彻底的系统冲洗后方可进行系统测试或转入系统运行。图 10.21 给出碱液与酸液交错清洗时系统工作压力及系统透盐率的变化示意过程。

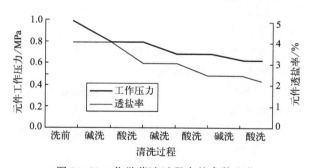

图 10.21　化学药洗过程中的参数变化

（5）清洗时间

一种药剂的清洗时间一般为 60min，由于清洗时的清洗液循环使用，清洗过程中应随时监测清洗液 pH 值的变化，并及时补充药剂以保持清洗液的有效成分浓度。清洗液循环的清洗效果较好，但也伴随着较高的电力消耗；清洗液浸泡也具有相当的清洗效果，对于严重污染系统可在酸碱清洗液循环轮替过程中间，附加较长时间的药液浸泡过程，浸泡时间可为 1～12h 不等。

（6）微生物污染的杀菌药剂

主要是异噻唑啉酮，属于非氧化杀菌剂，具有广谱、高效、低毒等优点。杀菌方法包括预防性定期杀菌、冲击性杀菌处理及定期的杀菌处理。

（7）清洗流量

化学清洗的流量应低于水力冲洗的流量与压力，8040 元件应为 $5.5\sim9.1m^3/h$，4040 元件应为 $1.4\sim2.3m^3/h$。

（8）药箱容积

除了膜堆壳腔、给浓管路、精密滤器等容积之外，针对系统中每支元件也应配予一定容积的清洗药液，以保证清洗的有效药量。化学清洗的最小药箱容积，即一次配置的最少药液容积为：每支 8040 元件 $35\sim70L$，每支 4040 元件 $10\sim20L$，具体容积的数量依污染程度调整。

在线（或离线）清洗过程中均存在一个清洗药液浓度问题，该浓度并非清洗药箱的浓度，还要考虑系统中膜壳及管路中水体的稀释作用。表 10.1 与表 10.2 分别示出膜壳及管道的清洗液容积，清洗药剂浓度配置时应计及药箱、膜壳及管路三个容积。

表 10.1 膜壳的清洗液容积

膜壳中元件数量/支	1	2	3	4	5	6
8in 膜壳/L	45.5	60.6	75.7	90.8	106	121.1
4in 膜壳/L	5.6	11.3	17	22.7	28.4	34.1

表 10.2 单位长度管道的清洗液容积

管道内径/mm	12.7	25.4	38.1	50.8	76.2	101.6
清洗液用量/(L/m)	0.131	0.492	1.115	2.001	4.593	8.071

10.6.4 元件离线清洗

当系统受到严重污染，或经多次在线清洗仍不能使系统性能得到有效恢复时，需要将全部元件从系统中卸出，并装入专用清洗装置进行离线清洗。反渗透系统中的膜元件多呈串联排列，如仅进行在线清洗，则前段元件清洗药剂的有效性较强，而后段元件清洗药剂的有效性较差，所以膜系统需要离线清洗。

目前国内的离线清洗主要由专业的工程企业或清洗企业完成，而进行清洗时总是用多个一支装膜壳并联的专用清洗装置，以提高清洗效率。

对于膜元件的离线清洗，首先需要进行元件称重，以粗略鉴别污染的性质与程度。洁净膜元件的质量是膜元件的重要指标，4040 型元件的干态与湿态质量分别为 2.7kg 与 3.6kg，8040 型 365 面积元件的干态与湿态质量分别为 11.3kg 与 14.1kg，8040 型 400 面积元件的干态与湿态质量分别为 11.8kg 与 14.5kg。

对于离线的 8040 型湿膜元件而言，17kg 以下质量的元件属于轻污染，有机污染的概率较大；17kg 以上质量的元件属于重污染，无机污染的概率较大。超过 23kg 质量的元件属于严重污染，用强酸强碱的反复清洗时，酸碱耗量巨大，虽然工作压力与膜压降有所恢复，但高脱盐率往往不复存在。因此说明，系统及元件必须在轻污染时及时清洗，严重污染元件基本上已丧失清洗与常规使用价值。

仅就清洗工艺而言，离线清洗与在线清洗十分接近，其主要特点如下。

（1）记录元件位置

系统卸载过程中，要严格记录各元件在系统中的安装位置，以确定各元件可能的污染程度与污染性质，并依此确定清洗工艺参数。

（2）单支元件清洗

由于专用装置中各元件的清洗可以独立完成，既可避免串联清洗方式中前端元件的洗脱液对后端元件的污染，也可以保证各元件清洗药液的有效性与一致性，还可以灵活控制各元件清洗或浸泡的时间，以保证每支元件得到应有的清洗强度。

（3）监测清洗效果

由于专用装置可对每支元件参数进行独立监测，清洗前、中、后期的元件性能可及时掌控，不仅保证了每支元件的清洗效果，也为系统重装时根据洗后性能指标决定元件的优化排列位置奠定了基础。

（4）元件解剖分析

大型系统中的元件数量众多，必要时可以解剖个别元件，以膜片清洗试验所得出的最佳清洗药剂等经验，指导实际清洗的工艺及参数。

（5）反转径流方向

为了有效清洗因浓水隔网造成的膜表面鳞状非均衡污染，可在离线清洗之时将元件浓水胶圈反置，翻转元件的给水与浓水方向。

值得注意的是，无论在线或离线清洗，均要了解图 10.19 示出的膜壳与元件之间的死水区。该区域内不仅存有部分被压缩的空气，还存有部分化学清洗液。交替进行酸碱清洗时，该部分旧清洗液将逐步从死水区中渗出，与新清洗液产生中和作用。

10.7　运行指标的标准化

10.7.1　参数标准化的概念

在膜系统长期运行过程中，系统运行指标的监测与记录对于了解系统的运行状况及污染程度具有十分重要的意义。典型的运行记录至少应包括表 10.3 所列 8 项"运行参数"，由此可得出系统的工作压力、系统压降与透盐率 3 项"运行指标"。3 项运行指标既反映了膜系统的"固有特性"，也反映了随污染性质与污染程度而单调变化的"污染程度"，还反映了随给水温度、给水含盐量、系统回收率、产水通量或工作压力等随机波动的"运行条件"。

表 10.3　膜系统运行参数监测记录表（2-1/6，CPA3-LD）

记录序号	运行年份/a	主动运行参数				被动运行参数			
		给水温度/℃	给水含盐量/(mg/L)	浓水流量/(m³/h)	产水流量/(m³/h)	产水含盐量/(mg/L)	给水压力/MPa	段间压力/MPa	浓水压力/MPa
记录 0	0	15	1000	4.4667	13.4	11.326	1.048	0.980	0.893
记录 1	0	20	1000	4.4667	13.4	13.465	0.929	0.862	0.776
记录 2	0	15	1000	5.7429	13.4	9.916	1.045	0.962	0.861
记录 3	0	15	1000	4.0167	12.05	12.639	0.956	0.890	0.820
记录 4	0	15	1200	4.4667	13.4	15.000	1.080	1.010	0.930
记录 5	3	15	1000	4.4667	13.4	14.400	1.250	1.180	1.090

注：膜元件的产水量年衰率 7%，透盐率年增率 10%。

系统运行监测是为了解系统的"固有特性"与"污染程度"，因此从"运行指标"中剔除"运行条件"变化的影响，进而得到"标准性能指标"，即系统性能指标标准化计算的实质内容，甚至可以得到反映系统内在特性的透水系数与透盐系数的变化过程。

设某系统稳定运行（污染速度稳定）12 个月，且 12 个月份中的给水温度变化幅度为 7～30℃，则图 10.22 及图 10.23 分别给出运行指标标准化前后的两组数值。图中监测的工作压力与透盐率除了反映膜系统的固有量值外，也反映随污染加重的上升趋势，还隐含随温度波动的变化过程。图中标准化的工作压力与透盐率排除了温度变化的影响，仅显示出了与时间无关的固有量值与随时间延续的污染影响。

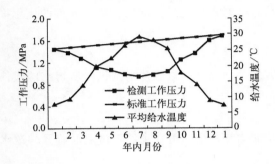

图 10.22　工作压力标准化前后的数值　　　　图 10.23　透盐率标准化前后的数值

各大膜厂商在推出系统设计软件的同时，也多推出了系统运行指标的标准化软件，这里简要讨论海德能与陶氏两公司的标准化软件。

10.7.2　海德能标准化模型

海德能公司的标准化软件首先需要记录系统特定时刻的一组 8 项基准运行参数（表 10.3 中的首行记录 0 的后 8 列数据），并折算得出表 10.4 中记录 0 行的 3 项数据作基准性能指标（标准膜压降、标准透盐率、标准产水量）。在后续运行过程中记录不同运行条件下的多组 8 项随机运行参数（如表 10.3 中的记录 1 至记录 5），而后将这些随机运行参数折算出各组 3 项标准性能指标（如表 10.4 中的记录 1 至记录 5）。

表 10.4　膜系统标准运行指标的计算项目表（2-1/6，CPA3-LD）

记录序号	标准膜压降 D_p^*/MPa	标准透盐率 S_p^*	标准产水量 Q_p^*/(m³/h)	透水系数 A	透盐系数 B
记录 0	1.547	0.613	13.400	1.656×10^{-7}	8.459×10^{-7}
记录 1	1.531	0.621	13.352	1.650×10^{-7}	8.580×10^{-7}
记录 2	1.584	0.577	13.527	1.672×10^{-7}	7.956×10^{-7}
记录 3	1.577	0.615	13.376	1.653×10^{-7}	8.494×10^{-7}
记录 4	1.500	0.676	13.298	1.643×10^{-7}	9.342×10^{-7}
记录 5	1.600	0.779	10.800	1.335×10^{-7}	10.773×10^{-7}

海德能标准化软件中，根据运行膜压降 D_p、运行产水量 Q_p 与运行透盐率 S_p 三项运行参数，计算标准膜压降 D_p^*、标准产水量 Q_p^* 与标准透盐率 S_p^* 三项标准指标。其数学模型的基本模式是用运行参数乘以相关修正系数以求取标准指标。

① 由于运行膜压降 $D_p = P_f - P_c$ 受给浓水平均流量 Q_{fc} 影响，故标准膜压降为 D_p^* 可表征为运行膜压降 D_p 乘以给浓水平均流量修正系数 $(Q_{fc}^r/Q_{fc})^{1.4}$：

$$D_p^* = \left(\frac{Q_{fc}^r}{Q_{fc}}\right)^{1.4} D_p \ (\text{MPa}) \tag{10.2}$$

式中，$Q_{fc} = Q_c + Q_p/2$，$Q_{fc}^r = Q_c^r + Q_p^r/2$，且 Q_{fc}^r 与 Q_{fc} 为基准与运行的给浓水平均流量，Q_p^r 与 Q_p 为基准与运行的产水流量，Q_c^r 与 Q_c 为基准与运行的浓水流量。

② 由于系统的透盐率 S_p 受给水温度 T_e 及产水流量 Q_p 影响，故标准透盐率 S_p^* 为运行透盐率 S_p 乘以给水温度修正系数（TCF/TCF^r）及产水流量修正系数 Q_p/Q_p^r：

$$S_p^* = \frac{\text{TCF}}{\text{TCF}^r} \times \frac{Q_p}{Q_p^r} \times S_p \tag{10.3}$$

式中，$S_p = 100 C_p/C_{f,ave}$ 为运行透盐率；$C_{f,ave} = C_f \times \ln[1/(1-R_e)]/R_e$ 为运行给浓水平均含盐量；$R_e = Q_p/(Q_p+Q_c)$ 为运行系统回收率；$\text{TCF} = \text{EXP}\{2700 \times [1/(273+T_e) - 1/298]\}$ 为运行温度修正系数；T_e 为运行给水温度；S_p^r、$C_{f,ave}^r$、R_e^r、TCF^r、T_e^r 分别为相应的基准值。

③ 由于系统的产水量 Q_p 取决于纯驱动压 NDP 且受给水温度 T_e 的影响，故标准产水流量 Q_p^* 为运行产水量 Q_p 乘以纯驱动压修正系数（NDP^r/NDP）及温度修正系数（TCF/TCF^r）：

$$Q_p^* = \frac{\text{TCF}}{\text{TCF}^r} \times \frac{\text{NDP}^r}{\text{NDP}} \times Q_p \ (\text{m}^3/\text{h}) \tag{10.4}$$

式中，运行纯驱动压为 $\text{NDP} = \Delta P_{fc,p} - \Delta \pi_{fc,p}$；运行渗透压差为 $\Delta \pi_{fc,p} = \dfrac{0.0385 \times (273+T_e)}{1000 - C_{f,ave}/1000} \times C_{f,ave} - \dfrac{0.0385 \times (273+T_e)}{1000 - C_p/1000} \times C_p$；运行膜压力差为 $\Delta P_{fc,p} = 0.5(P_f + P_c) - P_p$；$\text{NDP}^r$、$\Delta \pi_{fc,p}^r$、$\Delta P_{fc,p}^r$ 分别为相应的基准值。

④ 海德能标准化软件算例分析。例如，设某系统的给水含盐量 1000mg/L、给水温度 15℃、系统回收率 75%、产水量 13.40m³/h、膜堆结构 2-1/6 及元件品种 CPA3-LD。根据该组数据，运用海德能公司提供的"系统设计软件"计算的系统运行参数为表 10.3 中的基准参数。在保持系统的元件品种及元件排列不变条件下，分别单独修改该组数据中的给水温度为 20℃，系统回收率为 70%，产水流量为 12.05m³/h，给水含盐量为 1200mg/L，运行年份为 3 年；并根据修改数据分别用"系统设计软件"计算的系统运行参数（代表系统的 5 组随机运行参数），即表 10.3 中的记录 1 至记录 5。

根据表 10.3 数据折算出表 10.4 所列记录 0 至记录 4 组中膜压降、透盐率及产水量三项标准运行参数可知，尽管系统的给水温度、系统回收率、产水流量或给水含盐量有所变化，但因元件未遭污染即元件性能未变，表 10.4 中记录 0 至记录 4 这 5 组记录的标准运行指标基本未变（其中的数值差异，缘于设计软件与标准化软件的数学模型的差异）。

但是，表 10.4 所列记录 5 中数据的运行背景是系统工作 3 年后的系统工况，届时元件已经遭受污染即元件性能已经发生变化。此时，标准化的各项指标与污染前标准化的各项指标出现了明显恶化，从而验证了标准化计算的有效性。

标准性能指标计算的用途很广，可以针对膜系统运行的污染研判，也可以用于系统清洗的效果分析。表 10.4 中还列出了海德能"系统运行指标标准化软件"对膜系统透水系数 A 与透盐系数 B 的标准化计算数值，这里仅供参考而不做进一步讨论。

10.7.3 陶氏的标准化模型

陶氏公司的标准化模型中只包括了产水流量 Q_p^* 与产水含盐量 C_p^*。其中：

$$Q_p^* = \frac{TCF^r}{TCF} \times \frac{NDP^r}{NDP} \times Q_p \tag{10.5}$$

$$C_p^* = \frac{\overline{C_{fc}^r}}{\overline{C_{fc}}} \times \frac{NDP}{NDP^r} \times C_p \tag{10.6}$$

如系统运行初期的运行参数为：$P_f^r = 2.5MPa$，$P_p^r = 0.1MPa$，$\Delta P_{fc}^r = 0.3MPa$，$C_f^r = 1986mg/L$，$R_e^r = 0.75$，$T_e^r = 15℃$，$C_p^r = 83mg/L$，$Q_p^r = 150m^3/h$。且有

$$\overline{C_{fc}^r} = C_f^r \times \frac{\ln\left(\frac{1}{1-R_e^r}\right)}{R_e^r} = 1986 \times \frac{\ln\left(\frac{1}{1-0.75}\right)}{0.75} = 3671(mg/L)$$

$$\pi_{fc}^r = \frac{\overline{C_{fc}^r}}{14.23} \times \frac{(T_e^r + 320)}{345} = \frac{3671 \times 335}{4909} = 0.25(MPa)$$

$$TCF^r = \exp\left[3020 \times \left(\frac{1}{298} - \frac{1}{273+15}\right)\right] = 0.7$$

系统运行三月后运行参数为：$P_f = 2.8MPa$，$P_p = 0.2MPa$，$\Delta P_{fc} = 0.4MPa$，$C_f = 2292mg/L$，$R_e = 0.72$，$T_e = 10℃$，$C_p = 90mg/L$，$Q_p = 130m^3/h$。且有

$$\overline{C_{fc}} = C_f \times \frac{\ln\frac{1}{1-R_e}}{R_e} = 2292 \times \frac{\ln\frac{1}{1-0.72}}{0.72} = 4052(mg/L)$$

$$\pi_{fc} = \frac{\overline{C_{fc}}}{14.23} \times \frac{(T_e + 320)}{345} = \frac{4052 \times 330}{4909} = 0.272(MPa)$$

$$TCF = \exp\left[3020 \times \left(\frac{1}{298} - \frac{1}{273+10}\right)\right] = 0.58$$

以上数值代入式（10.5）则有

$$Q_p^* = \frac{NDP^r}{NDP} \times \frac{TCF^r}{TCF} \times Q_p = \frac{2.5 - 0.15 - 0.10 - 0.25}{2.8 - 0.20 - 0.20 - 0.272} \times \frac{0.70}{0.58} \times 130 = 147.5(m^3/h)$$

以上数值代入式（10.6）则有

$$C_p^* = \frac{2.8 - 0.20 - 0.2 - 0.272}{2.5 - 0.15 - 0.1 - 0.25} \times \frac{3671}{4052} \times 90 = 86.7(mg/L)$$

系统运行三月后，产水流量 $Q_p^* = 147.6m^3/h$ 与初始产水流量 $Q_p^r = 150m^3/h$ 相比下降 1.6%，产水含盐量 $C_p^* = 86.7mg/L$ 与初始产水含盐量相比 $C_p^r = 83mg/L$ 上升 4.46%，应属于以无机污染为主的系统轻度污染。

10.7.4 段压系统的标准化

段间加压（或淡水背压）系统运行参数的标准化问题较为复杂，不能采用上述海德能与陶氏公司的标准化软件数学模型进行计算，较为有效的办法是将前后两段分别进行运行参数

的标准化。

两段结构运行参数的标准化，需要两段结构各自的完整运行参数，因此需要前后两段的给水压力表、浓水压力表、产水流量计、产水电导仪，进而计算出前段的浓水流量（即后段的给水流量）与浓水电导（即后段的给水电导）。两段结构中相关仪表的配置如图 10.24 所示。

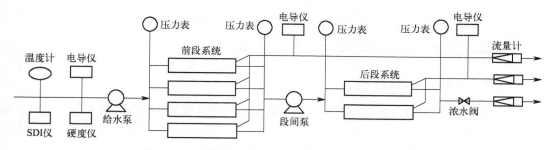

图 10.24 分段结构系统运行参数标准化的仪表配置

系统运行参数标准化的目的在于实时监测系统的污染状态，但目前尚停留在离线计算水平。如能实现在线仪表的实时检测，加之对监测数据的容错与纠错等数据处理，即减小仪表的监测误差，则可真正实现系统污染状况的实时监测，从而大幅提高系统运行水平。

10.8 三类泵的加药系统

包括预处理在内，整个膜法水处理系统中有多处需要加注相关药剂。例如，在砂滤工艺前要加絮凝剂和杀菌剂，在反渗透工艺前要加还原剂和阻垢剂，在一级系统给水中可能要加酸，在二级系统给水中可能要加碱。故而，加药装置成为水处理工艺中的重要组成部分。且因加药装置往往由多个设备组成，也称为加药系统。

作为加药系统的主设备，加药泵主要分为计量泵与磁力泵，计量泵又分为机械式与电磁式。由于三类泵的结构与特点各自不同，与其配套的辅助设备也不同。图 10.25 示出典型计量泵与磁力泵的外形结构。

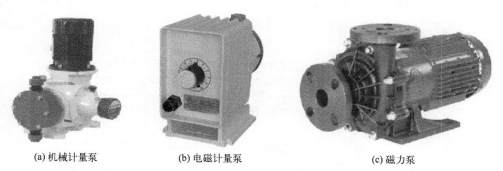

(a)机械计量泵　　　　(b)电磁计量泵　　　　(c)磁力泵

图 10.25 计量泵与磁力泵

一般而言，电磁计量泵用于小型水处理系统，机械计量泵与磁力加药泵用于大中型水处理系统，表 10.5 示出中型水处理系统中加药泵的型号与主要用途。

表 10.5　中型水处理系统中加药泵的型号与主要用途

泵类型	品牌	型号	最高流量/ (L/h)	出口压力/ MPa	冲程频率/ （次/min）	主要用途
电磁计量泵	米顿罗	P186	12	0.15	100	阻垢剂
	赛高	AKS-800	18	1.00	300	氧化剂
	易威奇	ES-B31	12	0.20	360	还原剂
机械计量泵	米顿罗	GM0500	500	0.50	180	混凝剂
	赛高	MS1C165	530	0.40	116	酸碱
磁力加药泵	易威奇	MD-6Z	300	0.20	出口直径 14mm	混凝剂
	易威奇	MD-40RX	400	0.35	出口直径 36mm	酸碱

10.8.1　机械计量泵系统

图 10.26 示出典型的机械计量泵加药系统结构。机械计量泵属于隔膜泵范畴，通过对隔膜运动的冲程频率与冲程长度的设置调节加药量，其输出的压力取决于出口阻力，其输出的流量与压力均呈脉冲形式。

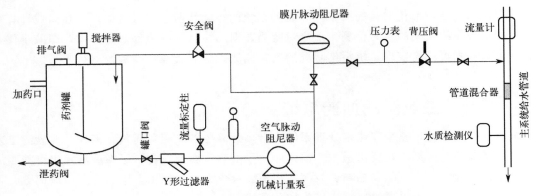

图 10.26　机械计量泵加药系统的结构配置

机械计量泵系统中泵出的药液量需由泵前的流量标定柱予以标定，由于机械计量泵输出的药剂脉冲较大，还需设置空气式脉动阻尼器以消减流量脉冲对流量标定柱中液位的冲击。

如图 10.27(a) 所示，机械计量泵输出的药剂一般具有较大的脉冲形式。为防止误操作等原因造成的输出压力过高对管路阀门等相关设备的损伤，计量泵出口处必须装设安全阀。

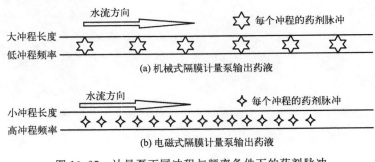

图 10.27　计量泵不同冲程与频率条件下的药剂脉冲

为消减计量泵输出压力的脉动幅度，需要在计量泵出口处安装膜片式脉动阻尼器，阻尼器的膜片背侧需要充斥氮气。

计量泵系统出口还需设置背压阀以形成特定的加药压力，背压阀与安全阀的结构完全一致，只是阀内流道不同，且安装方向相反。通过背压阀的"调整螺栓"可以增加系统的加药压力，也可减小输出药液压力及调整流量的脉动幅度。图 10.28 示出机械加药系统中各主要设备的结构形式。

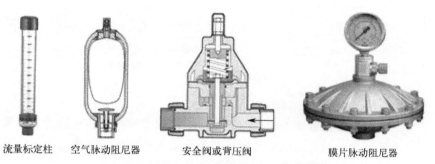

| 流量标定柱 | 空气脉动阻尼器 | 安全阀或背压阀 | 膜片脉动阻尼器 |

图 10.28　计量泵型系统的各主要设备

图 10.26 中示出的药剂罐也是加药系统中的重要设备，其结构与对应的药品种类相关。为了防止药剂挥发扩散及被污染，药剂罐需要加盖防尘，必要时需在罐盖上加装排气阀。药剂加入罐内时均需要注水稀释，且需要根据药剂特性选择不同强度的机械搅拌。药液进入加药泵之前均需经过 Y 形过滤器或者底阀过滤器，以防止药液残渣或杂质进入泵体。

10.8.2　电磁计量泵系统

典型的电磁计量泵加药系统如图 10.29 所示，图中的多功能阀同时具有安全阀与背压阀的功能，注射阀具有止回阀功能并兼作与主管道的连接器。

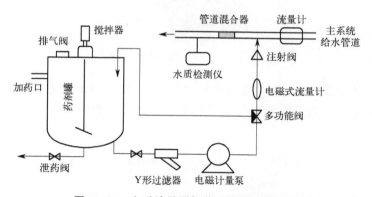

图 10.29　电磁计量泵加药系统的结构配置

由于电磁计量泵的流量较小，且具有小冲程长度及高冲程频率特点，其输出的药剂量如图 10.27(b) 所示具有较小的脉冲幅度。故无需膜片阻尼器降低加药压力脉冲幅度，无需流量标定柱及空气脉动阻尼器，而是用电磁式流量计检测系统加药量。

10.8.3　磁力加药泵系统

磁力泵属于离心泵范畴，具有与离心泵相似的流量压力特性，图 10.30 示出磁力泵加药系统的结构。磁力泵无需机械密封，主要用于药液的输送；在小流量工况运行时，泵体内滞留液将在小循环内反复搅动，会造成其温度的上升，甚至使泵体受损。因此，应在系统中设置回流阀，根据系统用量来设置回流阀开度，确保系统安全稳定。

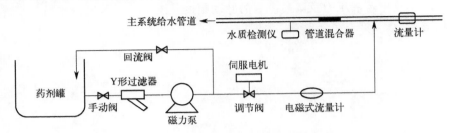

图 10.30　磁力泵型加药系统结构配置

　　针对磁力泵的上凸型流量压力特性曲线，可以用调节阀控制该系统的加药量。因磁力泵系统输出的是连续药量，可以用电磁流量计对加药量进行检测，并通过流量计反馈的流量信号控制伺服电机转向及调节阀开度，进而保证加药量的恒定。为了便于调控，调节阀的旋转角度应与其通流面积呈线性关系。图 10.31 示出线性截流阀与伺服电机组合。因一般磁力泵的加药量较大，对于多单元主系统结构，可以采用单台磁力泵配置多个并联调节阀的加药系统结构。

图 10.31　调节阀与伺服电机

　　无论药剂是计量泵输出的脉冲流还是磁力泵输出的连续流，药剂浓度均远高于混合后在主系统管道中的浓度，为了使药液与主系统给水径流混合均匀，尚需图 10.32 所示管道混合器。

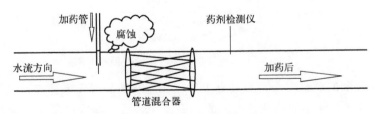

图 10.32　管道混合器示意

　　此外，当加药系统末端的加药管插入主系统给水主管道的位置也有特定要求。如果加药管出口紧贴给水管的管壁，则在给水径流的冲击作用下，药剂将沿着管壁成层流状。这样不仅不利于药剂与给水径流的混合，还可能使下流的药剂检测仪的监测数据出现误差，甚至会使高浓度药剂腐蚀给水主管道。只有当加药管出口深入到给水管道中部，才能使药液直接混入给水径流的紊流体中以实现有效混合，并保证了下流仪表的准确检测。

10.8.4　加药系统自动化

随着药剂品种及稀释程度的改变，加药系统的加药量需要人工适时加以调整。此外，随着给水水源改变导致给水的 pH 值、ORP、硬度、浊度等水质指标的变化，以及随主系统产水量或回收率变动导致给水流量的变化，加药量也需要自动实时加以调整。

以膜系统的还原剂加药系统为例，在图 10.26、图 10.29 与图 10.30 中所示加药系统中，用检测氧化还原电位（ORP）的水质检测仪和给水流量计可分别检测到主系统给水的实时流量与氧化剂含量，运用流量计与水质检测仪传出的信号及特定的分析算法可得到计量泵系统应有的还原剂加药量，用该加药量信号控制图 10.26 及图 10.29 计量泵的冲程频率，或控制图 10.30 所示磁力泵系统的调节阀开度，即可实现对还原剂加药量的实时闭环控制。

如将磁力泵系统中的药剂流量与调节阀开度的联控视为内循环控制，则膜系统给水的流量及 ORP 值与加药量的联控则为外循环控制。如此双重循环控制，即构成了反渗透膜系统中典型的还原剂加药控制模式。由此，既避免了因加药量不足造成膜系统被氧化，又避免了因加药量过多造成膜系统污染或厌氧菌滋生。

图 10.33 中示出某污水资源化回用系统中给水的水质及水量条件，以及各工艺位置上的加药设备及其加药量。图中标出的加药量均为纯药剂量，如进行药剂稀释，则需相应增大加药量。

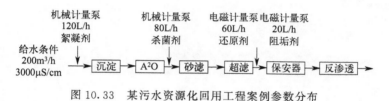

图 10.33　某污水资源化回用工程案例参数分布

10.9　元件性能指标计算

无论是新膜元件、污染元件还是洗后元件，均可能需要测试元件性能指标。各膜厂商的系统设计软件，可用于系统性能评价，也可用于元件性能测试。这里讨论运用海德能等公司的"系统设计软件"进行元件性能测试的方法。

10.9.1　运行条件下计算

运用设计软件进行元件运行模拟时，总是根据软件中固有的特定膜品种的标准性能参数与实际运行条件进行相关计算，所得计算结果属于标准膜元件在实际运行条件下的运行参数。

例如，根据表 5.1 所列数据及设计软件计算，标准 ESPA2 元件在标准测试条件（给水含盐量 1500mg/L，给水温度 25℃，产水量 34.5m³/d、元件回收率 15%）下运行时，具有工作压力 1.05MPa 与产水含盐量 6mg/L 的运行参数。

如果标准 ESPA2 元件的"实际测试条件"为给水含盐量 1000mg/L、给水温度 15℃、元件回收率20％、产水量22m³/d，则运用设计软件进行计算将得到工作压力0.88MPa与产水含盐量4.1mg/L的运行参数。

① 如某ESPA2元件在该实际测试条件下的运行参数恰为工作压力0.88MPa与产水含盐量4.1mg/L，则该元件具有标准性能参数。

② 如某ESPA2元件在该实测条件下的运行参数为工作压力0.85MPa与产水含盐量3.9mg/L，则其性能优于标准值。该膜为性能优于标准值的新膜，若非新膜则其性能更优。

③ 如某ESPA2元件在该实测条件下的运行参数为工作压力1.04MPa与产水含盐量6.1mg/L。则其性能劣于标准值。该膜为性能劣于标准值的新膜，若非新膜则为受污染元件。

10.9.2 衰减程度的计算

海德能等设计软件中还可利用元件性能衰减程度测试元件的性能参数。例如，在图10.34所示海德能设计软件的"RO设计"界面中，如设"膜运行时间"为0年，则视为新膜元件而无性能衰减；如设膜运行时间为1年，则视为旧膜且"产水量年衰率"与"透盐率年增率"两参数将决定旧膜元件性能指标的衰减程度。

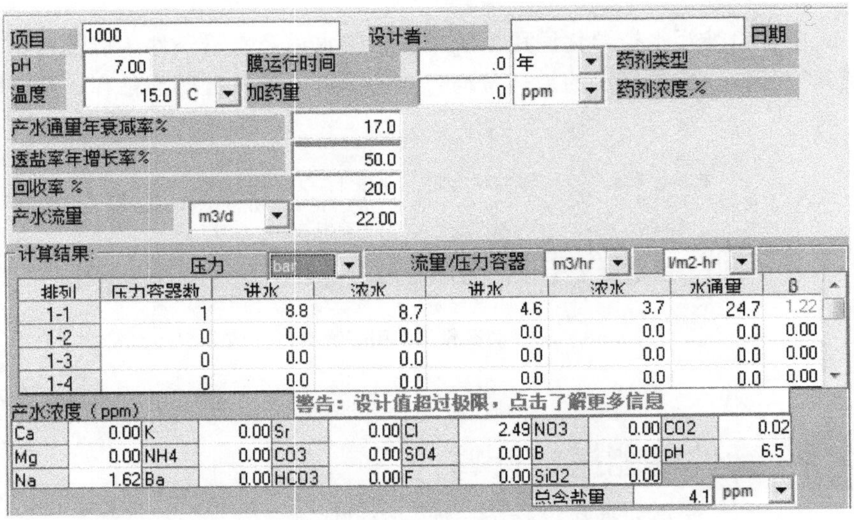

图10.34 膜元件性能衰减程度计算界面

如果仍以本书10.9.1部分的实例计算，则需设"膜运行时间"为1年，且"产水量年衰率"为17％与"透盐率年增率"为50％时，实际ESPA2元件才能在给水含盐量1000mg/L、给水温度15℃、产水量22m³/d、回收率20％的"实际测试条件"下，得到工作压力1.04MPa与产水含盐量6.1mg/L运行参数。

换言之，该ESPA2元件较其标准性能参数的产水量衰减了17％，透盐率增加了50％。

第11章

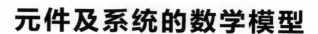

元件及系统的数学模型

反渗透膜工艺研究的基本手段之一是系统运行模拟，运行模拟的基本工具是系统模拟软件，而模拟软件的核心是系统中元件、膜串、膜段、膜堆及管路的数学模型。

本书第 5 章中式（5.2）及式（5.3）所示膜微元的数学模型是膜元件或膜系统数学模型的基础。因膜元件中的各个物理量沿流程连续变化，故各物理量的理论数学模型应为微分方程形式。工程领域中使用的膜元件离散代数方程模型是理论微分方程的简化形式。

11.1　膜元件的理论数学模型

11.1.1　元件理想结构模型

广为使用的卷式反渗透膜元件也可以理解为展开后具有 H （m）宽度与 L （m）长度的板式膜元件。忽略浓水隔网及淡水隔网的物理实体，板式膜元件可以表征为如图 11.1 示出的给浓水区与淡水区之间由反渗透平板膜隔开的理想元件结构。由于给浓水流道的宽度与高度之比极大，可以近似认为理想结构的流道为无限宽，即元件内各物理量的变化只与流程长度 L 相关，而与元件宽度 H 无关。

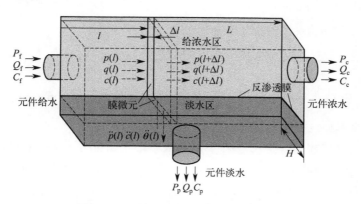

图 11.1　反渗透膜元件的理想结构模型

理想结构中忽略了淡水隔网与淡水管路阻力，即忽略了图中淡水区的流道阻力，且设给浓水区的流道阻力与给浓水流量的平方正相关。理想结构中存在给水、浓水与淡水三个端口，且各端口的径流分别存在压力 P（MPa）、流量 Q（L/h）与盐浓度 C（mg/L）三项参数。

膜元件理想结构内部，将流程长度 l 处至流程长度 $l+\Delta l$ 处之间的给浓水流道六面体称为"膜微元"，其中 Δl 为微元长度，长度 l（m）为膜微元的法线方向。在给浓水区中流程长

度 l 处具有压力 $p(l)$、流量 $q(l)$ 及盐浓度 $c(l)$ 三个因变量；流程长度 $l+\Delta l$ 处具有压力 $p(l+\Delta l)$、流量 $q(l+\Delta l)$ 及盐浓度 $c(l+\Delta l)$。在流程长度 l 处膜微元的淡水侧有淡水压力 $\ddot{p}(l)$、淡水盐浓度 $\ddot{c}(l)$ 及淡水线通量 $\ddot{\theta}(l)$ [L/(m·h)] 三个因变量。其中，线通量 $\ddot{\theta}(l)$ 表征流程长度 l 处膜微元淡水侧单位膜面积 $(H\times\Delta l)$ 产出淡水流量 $q(l+\Delta l)-q(l)$ 与膜微元长度 Δl 比值的极限。由于各因变量的数值均随流程长度 l 而变化，故各因变量均以 l 为自变量。

11.1.2　元件理论数学模型

根据膜元件的理想结构模型，膜过程中的给浓水径流应属于流体力学中的稳态侧向渗透流，在膜元件稳态运行条件下，膜微元法线方向的各项传递方程式以及膜微元切线方向的透水与透盐特性方程式，构成了膜元件运行数学模型。

根据导数的定义，存在微分关系 $\lim\limits_{\Delta t\to 0}\dfrac{x(t+\Delta t)-x(t)}{\Delta t}=\dfrac{\mathrm{d}x}{\mathrm{d}t}$。

膜微元中水体的流动必然遵循流体力学中的质量守恒与动量守恒两大定律，以及反渗透膜过程特有的透水与透盐两大规律。

（1）膜微元中水体流动的质量守恒

膜微元中水体流动的质量守恒，分为水流量守恒与盐流量守恒。

水流量守恒表现为膜微元的给水侧法向水流量 $q(l)$ 等于浓水侧法向水流量 $q(l+\Delta l)$ 与淡水侧切向水流量 $\ddot{\theta}(l)\times\Delta l$ 之和：$q(l)=q(l+\Delta l)+\ddot{\theta}(l)\times\Delta l$。该量值关系的微分形式为：

$$\lim_{\Delta l\to 0}\frac{q(l+\Delta l)-q(l)}{\Delta l}=-\ddot{\theta}(l)\Rightarrow\frac{\mathrm{d}q(l)}{\mathrm{d}l}=-\ddot{\theta}(l)\quad[\mathrm{L/(m\cdot h)}] \tag{11.1}$$

盐流量守恒表现为膜微元的给水侧法向盐流量 $c(l)\times q(l)$ 等于浓水侧法向盐流量 $c(l+\Delta l)\times q(l+\Delta l)$ 与淡水侧切向盐流量 $\ddot{c}(l)\times\ddot{\theta}(l)\times\Delta l$ 之和：$c(l)\times q(l)=c(l+\Delta l)\times q(l+\Delta l)+\ddot{c}(l)\times\ddot{\theta}(l)\times\Delta l$，该量值关系的微分形式为：

$$\lim_{\Delta l\to 0}\frac{c(l+\Delta l)\times q(l+\Delta l)-c(l)\times q(l)}{\Delta l}=-\ddot{c}(l)\times\ddot{\theta}(l)\Rightarrow$$

$$c(l)\frac{\mathrm{d}q(l)}{\mathrm{d}l}+q(l)\frac{\mathrm{d}c(l)}{\mathrm{d}l}=-\ddot{c}(l)\times\ddot{\theta}(l)\ [\mathrm{mg/(m\cdot h)}] \tag{11.2}$$

（2）膜微元中水体流动的动量守恒

膜微元的动量守恒表现为给水侧压力 $p(l)$ 等于浓水侧压力 $p(l+\Delta l)$ 与膜微元沿程压力损失 $K\times q^2(l)\times\Delta l$ 之和：$p(l)=p(l+\Delta l)+K\times q^2(l)\times\Delta l$。该量值关系的微分形式为：

$$\lim_{\Delta l\to 0}\frac{p(l+\Delta l)-p(l)}{\Delta l}=-K\times q^2(l)\Rightarrow\frac{\mathrm{d}p(l)}{\mathrm{d}l}=-K\times q(l)^2\quad[\mathrm{MPa/m}] \tag{11.3}$$

式中，$K\,[\mathrm{MPa\cdot h^2/(m\cdot L^2)}]$ 为给浓水流道中的压力损失系数。

（3）膜微元中膜过程的透水规律

膜微元中膜过程的透水规律表现为，透水线通量 θ 与膜两侧水体的压力差 $p(l)-\ddot{p}(l)$ 正相关，且与膜两侧水体的渗透压差 $\pi(l)-\ddot{\pi}(l)$ 负相关，合成的透水线通量关系为：

$$\ddot{\theta}(l)=A\{[p(l)-\ddot{p}(l)]-[\beta(l)\times\pi(l)-\ddot{\pi}(l)]\}$$

$$=A\{[p(l)-\ddot{p}(l)]-D[\beta(l)\times c(l)-\ddot{c}(l)]\} \quad [\mathrm{L/(m \cdot h)}]$$

$$(11.4)$$

式中，A 为分离膜的透水系数，$\mathrm{L/(m \cdot h \cdot MPa)}$；$D$ 为盐浓度对渗透压的折算常数，$\mathrm{MPa \cdot L/mg}$；$\beta(l)=\exp[n\times\ddot{\theta}(l)\times\Delta l/q(l)]$ 为流程 l 处膜微元中膜表面水体的浓差极化度；$\ddot{\theta}(l)\times\Delta l/q(l)$ 为膜微元的回收率；β 为浓差极化常数。

（4）膜微元中膜过程的透盐规律

膜微元中膜过程的透盐规律表现为，透盐线通量与膜两侧水体的盐浓度差成正比。

$$\ddot{c}(l)\ddot{\theta}(l)=B[c_m(l)-\ddot{c}(l)]=B[\beta(l)\times c(l)-\ddot{c}(l)] \quad [\mathrm{mg/(m \cdot h)}] \quad (11.5)$$

式中，B 为分离膜的透盐系数，$\mathrm{L/(m \cdot h)}$；$c_m(l)=c(l)\times\beta(l)$ 为流程 l 处膜微元中膜表面水体盐浓度。

（5）膜元件的淡水侧压力

膜元件的理想结构模型中，假设淡水区足够宽，淡水径流的压力损失忽略不计，则式（11.4）中膜元件沿程各膜微元淡水侧压力均与淡水区出口处水体压力相等。

$$\ddot{p}(l)=P_p \quad (\mathrm{MPa})$$

$$(11.6)$$

这里，一般取膜元件淡水侧水体压力 $P_p=0$，而当存在淡水背压时 $P_p>0$。

（6）膜元件的首末端参数

上述式（11.1）～式（11.3）微分方程的边界条件，也就是膜元件的首端参数，该组参数可用元件给水的压力 P_f、流量 Q_f 及盐浓度 C_f 表征，故 3 个微分方程的边界条件可描述为：

$$p(0)=P_f；q(0)=Q_f；c(0)=C_f$$

$$(11.7)$$

如设 A、B、K 这 3 个膜元件外特性参数为常数。上述式（11.1）～式（11.6）的 6 个方程分别表征反渗透膜元件运行规律的不同侧面，共同构成膜元件运行数学模型方程组。

该模型由 6 个方程组成，具有 $p(l)$、$q(l)$、$c(l)$、$\ddot{p}(l)$、$\ddot{\theta}(l)$、$\ddot{c}(l)$ 共 6 个变量，即方程数量与变量数量相等；且式（11.7）中的 3 个边界条件的数量与 3 个微分方程的数量相等，因此方程组可解。

反渗透膜元件的理想数学模型属于微分方程与代数方程的组合方程，该方程解表征的是膜元件中各个流程位置变量 l 的连续函数：给水压力 $p(l)$、给水流量 $q(l)$、给水盐浓度 $c(l)$、产水盐浓度 $\ddot{c}(l)$ 及产水线通量 $\ddot{\theta}(l)$。表征了元件内部各流程位置的运行参数。但是，由于该模型相关方程的复杂形式，求解算法难度较高。

11.2　膜系统的离散数学模型

11.2.1　单一元件离散模型

为克服理想数学模型求解困难的缺点，简化膜元件及膜系统的运行模拟计算，需要得到一个相对简单又具有一定精度的离散数学模型（或称均值数学模型）。离散模型的基本思想是用膜元件首末端参数的平均值代替元件内部参数的渐变过程，从而将描述元件性能的微分及代数方程组改为非线性代数方程组。欲建立一个膜元件的离散数学模型，需要先建立一个膜元件的均值结构模型；由图 11.1 理想结构模型转换形成的平板膜元件的均值结构模型如

图 11.2 所示。

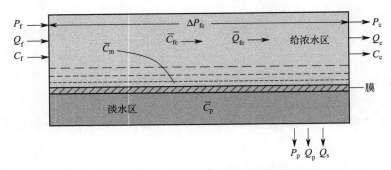

图 11.2　平板反渗透膜元件的均值结构模型

图 11.2 所示平板膜元件的均值结构模型中，如用元件首末端参数的均值表征整个膜元件的参数，则膜元件的透水流量 Q_p 与透盐流量 Q_s 可分别如下式所示：

$$Q_p = A \times S \times \left(P_f - \frac{\Delta P_{fc}}{2} - P_p - \overline{\pi}_m + \overline{\pi}_p \right) \quad (\text{L/h}) \tag{11.8}$$

$$Q_s = B \times S \times (\overline{C}_m - \overline{C}_p) \quad (\text{mg/h}) \tag{11.9}$$

式中，A 为元件平均水透过系数（或称透水系数），$\text{L/(h·m}^2\text{·MPa)}$；$B$ 为元件平均透过盐系数（或称透盐系数），$\text{L/(h·m}^2\text{)}$；S 为元件膜面积，m^2；Q_p 为透水流量，L/h；Q_s 为透盐流量，mg/h；P_f 为给水压力，MPa；P_p 为产水压力（一般设 $P_p=0$），MPa；式中其他参量均可表示为上述参量的函数（见后续相关表达式）。

根据定义，膜元件的透水盐浓度或称产水含盐量 C_p 还可表示为：

$$C_p = Q_s / Q_p \quad (\text{mg/L}) \tag{11.10}$$

① 反渗透膜元件的首末端压力差也称膜压降 ΔP_{fc}：

$$\Delta P_{fc} = k_1 \overline{Q}_{fc}^{k_2} \quad (\text{MPa}) \tag{11.11}$$

式中，k_1 与 k_2 为表征膜元件给浓水道阻力特征的两个系数；$\overline{Q}_{fc}$ 为元件给浓水平均流量。

$$\overline{Q}_{fc} = \frac{Q_f + Q_c}{2} = \frac{2Q_f - Q_p}{2} \quad (\text{L/h}) \tag{11.12}$$

式中，Q_f 为元件给水流量，L/h；Q_c 为元件浓水流量，L/h。

将式(11.12) 代入式(11.11)，可得：

$$\Delta P_{fc} = k_1 \left(\frac{2Q_f - Q_p}{2} \right)^{k_2} \tag{11.13}$$

② 膜元件首末端膜表面平均渗透压 $\overline{\pi}_m$：

$$\overline{\pi}_m = \pi_f \left(\frac{\overline{C}_{fc}}{C_f} \right) \beta \quad (\text{MPa}) \tag{11.14}$$

如设 ζ 为特定常数，则定义膜元件给浓水侧平均浓差极化度为 β：

$$\beta = \exp(\zeta Q_p / Q_f) = \exp(\zeta R_e) \quad (\text{无量纲}) \tag{11.15}$$

式中，$R_e = Q_p / Q_f$ 为元件回收率。

且有给水的渗透压 π_f：

$$\pi_f = 1.12 \times (273 + t) \sum m_j = f_c(C_f, t) \quad (\text{MPa}) \tag{11.16}$$

式中，m_j 为 j 类离子的物质的量浓度；t 为水温，℃。即渗透压是含盐量及温度的函数。

膜元件始末端平均浓度 $\overline{C}_{fc}$：

$$\overline{C}_{fc} = \frac{C_f + C_c}{2} = \frac{C_f}{2}\left(1 + \frac{C_c}{C_f}\right) \quad (mg/L) \tag{11.17}$$

根据盐流量平衡方程 $Q_f C_f = Q_p C_p + Q_c C_c$，可得 $C_c = (Q_f C_f - Q_p C_p)/Q_c$，所以

$$\frac{C_c}{C_f} = \frac{Q_f}{Q_c} - \frac{Q_p C_p}{Q_c C_f} = \frac{Q_f}{Q_f - Q_p} - \frac{Q_p C_p}{(Q_f - Q_p)C_f} = \frac{Q_f C_f - Q_s}{(Q_f - Q_p)C_f} \tag{11.18}$$

因此

$$\frac{\overline{C}_{fc}}{C_f} = \frac{1}{2}\left(1 + \frac{C_c}{C_f}\right) = \frac{2Q_f C_f - Q_p C_f - Q_s}{2(Q_f - Q_p)C_f} \tag{11.19}$$

将式（11.15）、式（11.19）代入式（11.14），可得：

$$\overline{\pi}_m = \pi_f \frac{2Q_f C_f - Q_p C_f - Q_s}{2(Q_f - Q_p)C_f} \times e^{\zeta Q_p/Q_f} \quad (MPa) \tag{11.20}$$

③ 膜元件产水侧渗透压 $\overline{\pi}_p$：

$$\overline{\pi}_p \approx \overline{\pi}_m \frac{C_p}{C_f} = \overline{\pi}_m \times \frac{Q_s}{C_f Q_p} \quad (MPa) \tag{11.21}$$

④ 反渗透膜元件给浓水侧膜表面盐浓度 $\overline{C}_m$：

$$\overline{C}_m = \overline{C}_{fc}\beta \quad (mg/L) \tag{11.22}$$

将式（11.15）、式（11.17）及式（11.18）代入式（11.22），可得 $\overline{C}_m$。

⑤ 反渗透膜元件产水侧含盐量 $\overline{C}_p$：

$$\overline{C}_p \approx C_p = \frac{Q_s}{Q_p} \quad (mg/L) \tag{11.23}$$

如设元件产水侧压力 $P_p = 0$，将相关表达式代入式（11.8），则有式（11.24）；将相关表达式代入式（11.9），则有式（11.25）：

$$Q_p = AS\left[P_f - \frac{\zeta}{2}\left(\frac{2Q_f - Q_p}{2}\right)^\xi - P_p - \pi_f \frac{2Q_f C_f - Q_p C_f - Q_s}{2(Q_f - Q_p)C_f}\left(1 - \frac{Q_s}{Q_p C_f}\right)e^{\zeta Q_p/Q_f}\right]\Bigg|_{P_f Q_f C_f P_p} \tag{11.24}$$

$$Q_s = BS\left(\frac{2Q_f C_f - Q_p C_f - Q_s}{2(Q_f - Q_p)}e^{\zeta Q_p/Q_f} - \frac{Q_s}{Q_p}\right)\Bigg|_{Q_f C_f} \tag{11.25}$$

以上式（11.24）中的 π_f 为 C_f 的函数可不独立表征，且当元件给水的压力 P_f、流量 Q_f、含盐量 C_f 及产水压力 p_p 给定时，则式（11.24）与式（11.25）可以简化表示为：

$$\begin{cases} Q_p = AS f_A(Q_p, Q_s) \\ Q_s = BS f_B(Q_p, Q_s) \end{cases}\Bigg|_{P_f Q_f C_f P_p} \tag{11.26}$$

式中，函数 $f_A(Q_p, Q_s)$ 及 $f_B(Q_p, Q_s)$ 仅表征膜元件中透水流量 Q_p 与透盐流量 Q_s 间的函数关系；因方程数量与变量数量相等，故方程可解。该式表明，在给定外界条件 P_f、Q_f、C_f 及 P_p 给定时，影响膜元件透水流量 Q_p 及透盐流量 Q_s 数值的主要因素是元件特有的透水系数 A 及透盐系数 B。

共有 A、B、Q_p、Q_s 四个变量与两个方程的式（11.26），成为表征膜元件运行规律的非线性隐式代数方程组，也称为膜元件运行方程，或称为膜元件离散数学模型。

当 Q_p 与 Q_s 作为可测量给出时，运用式（11.26）显函数式求解变量 A 与 B 的过程称为膜元件特性系数求解；当 A 与 B 作为已知量给出时，运用式（11.26）隐函数式求解变量 Q_p 与 Q_s 的过程称为膜元件运行工况模拟。

11.2.2 串联元件离散模型

所谓串联元件系指某膜壳内串行联接的各膜元件，串联元件的重要特征是串联前后元件之间的压力、水流量及盐流量间具有特定的传递关系：

前元件 i 的给水压力 P_{fi} 为前元件压降 ΔP_{fi} 与后元件 $i+1$ 的给水压力 P_{fi+1} 之和：

$$P_{fi} = \Delta P_{fi} + P_{fi+1} \tag{11.27}$$

前元件给水流量 Q_{fi} 为前元件产水流量 Q_{pi} 与后元件给水流量 Q_{fi+1} 之和：

$$Q_{fi} = Q_{pi} + Q_{fi+1} \tag{11.28}$$

前元件给水盐流量 $Q_{fi}C_{fi}$ 为其产水盐流量 $Q_{pi}C_{pi}$ 与后元件给水盐流量 $Q_{fi+1}C_{fi+1}$ 之和：

$$C_{fi}Q_{fi} = C_{pi}Q_{pi} + C_{fi+1}Q_{fi+1} \tag{11.29}$$

如设串联各元件中首支元件的给水含盐量为 C_f^*、各元件的总产水流量为 Q_p^*、各元件的总回收率为 R_e^*，则有下列关系：

$$\sum_{i=1}^{n} Q_{pi} = Q_p^* \qquad \sum_{i=1}^{n} Q_{pi}/Q_{f1} = R_e^* \qquad C_{f1} = C_f^* \tag{11.30}$$

将膜元件运行方程的式（11.26）与串联元件的特征方程相结合，则可得到 n 支性能不同（透过系数 A_i 与 B_i 不同）元件串联运行的离散数学模型：

$$\begin{cases} Q_{pi} = A_i S f_A(Q_{pi}, Q_{si}, P_{fi}, Q_{fi}, C_{fi})|_{P_p=0} & (i=1,2,3,\cdots,n) \\ Q_{si} = B_i S f_B(Q_{pi}, Q_{si}, P_{fi}, Q_{fi}, C_{fi}) & (i=1,2,3,\cdots,n) \\ P_{fi} = \zeta_i(Q_{fi} - Q_{pi}/2)^{\xi_i} + P_{fi+1} & (i=1,2,\cdots,n-1) \\ Q_{fi} = Q_{pi} + Q_{fi+1} & (i=1,2,\cdots,n-1) \\ Q_{fi}C_{fi} = Q_{si} + Q_{fi+1}C_{fi+1} & (i=1,2,\cdots,n-1) \\ \sum_{i=1}^{n} Q_{pi} = Q_p^* \qquad \sum_{i=1}^{n} Q_{pi}/Q_{f1} = R_e^* \qquad C_{f1} = C_f^* \end{cases}$$

$$\tag{11.31}$$

式中，变量 Q_{pi}，Q_{si}，P_{fi}，Q_{fi}，C_{fi}（$i=1$，2，3，$\cdots$，n）共计 $5n$ 个，且方程共计 $5n$ 个，故给定各元件透过系数 A_i 与 B_i 的条件下，串联膜元件结构的运行工况可解。

11.2.3 并联膜壳离散模型

所谓并联膜壳系指某膜段内并行联接的各膜壳，并联膜壳的重要特征是各膜壳之间的压力、水流量及盐流量间具有的特定关系。该关系的主要特征包括两种情况：任意相互并联膜壳的给水压力 P_{fj}、膜壳压降 $\Delta P_{fc,j}$ 及浓水压力 P_{cj} 均相等；各膜壳的给水含盐量 C_f^* 相等，而给水流量、产水流量与浓水流量可能不等。但是，各膜壳总产水流量 Q_p^* 及各膜壳并联所成膜段的总回收率 R_e^* 可以设定。

因此，有 m 只性能不同元件构成膜壳并联运行的离散数学模型：

$$
\begin{cases}
P_{fj} = P_{f(j+1)} & (j=1,2,\cdots,m-1) \\[2mm]
\Delta P_{fc,j} = \Delta P_{fc,j+1} & (j=1,2,\cdots,m-1) \\[2mm]
C_{fj} = C_f^* & (j=1,2,3,\cdots,m) \\[2mm]
\displaystyle\sum_{j=1}^{m} Q_{pj} = Q_p^* \qquad \displaystyle\sum_{j=1}^{m} Q_{pj} \Big/ \sum_{j=1}^{m} Q_{fj} = R_e^*
\end{cases}
\tag{11.32}
$$

式中，各膜壳给水压力 P_{fj} 为各壳内首支元件给水压力 $P_{f1,j}$，膜壳给水流量 Q_{fj} 为壳内首支元件的给水流量 $Q_{f1,j}$，膜壳给水含盐量 C_{fj} 为壳内首支元件的给水含盐量 $C_{f1,j}$，膜壳压降 $\Delta P_{fc,j}$ 为壳内各膜元件压降之和 $\sum \Delta P_{fc,i,j}$，膜壳产水流量 Q_{pj} 为壳内各膜元件产水流量之和 $\sum Q_{pi,j}$。

11.2.4　单一膜段离散模型

假设系统膜堆的某一膜段中并联 m 只膜壳，每只膜壳中串联 n 支元件，根据上述串联结构的式（11.31）与并联结构的式（11.32），整个膜段运行的数学模型如式（11.33）描述。

方程组式（11.33）中，第 1 项与第 2 项分别表示元件的透水量及透盐量关系，第 3～第 5 项分别表示前后串联元件之间的给水压力、水流量与盐流量关系，第 6 项表示并联膜壳的内部压降相等，第 7 项表示并联膜壳的给水压力相等，第 8 项表示各膜壳首端元件的给水含盐量为系统给水含盐量，第 9 项与第 10 项分别表示膜段特定的总产水量与总回收率。

此模型中有 Q_{pij}，Q_{sij}，P_{fij}，Q_{fij}，C_{fij}（$i=1$，2，3，$\cdots$，n；$j=1$，2，3，$\cdots$，m）共计 $5nm$ 个变量，且有 $5nm$ 个方程，故该方程可解。式（11.33）构成了具有特定产水量与回收率的单一膜段结构系统的运行数学模型。

$$
\begin{cases}
Q_{pij} = A_{ij} S f_A (Q_{pij}, Q_{sij}, P_{fij}, Q_{fij}, C_{fij}) \big|_{P_p=0} & (i=1,2,3,\cdots,n)(j=1,2,3,\cdots,m) \\[2mm]
Q_{sij} = B_{ij} S f_B (Q_{pij}, Q_{sij}, P_{fij}, Q_{fij}, C_{fij}) & (i=1,2,3,\cdots,n)(j=1,2,3,\cdots,m) \\[2mm]
P_{fij} = \zeta_{ij} (Q_{fij} - Q_{pij}/2)^{\xi_{ij}} + P_{fi+1,j} & (i=1,2,\cdots,n-1)(j=1,2,3,\cdots,m) \\[2mm]
Q_{fij} = Q_{pij} + Q_{fi+1,j} & (i=1,2,\cdots,n-1)(j=1,2,3,\cdots,m) \\[2mm]
Q_{fij} C_{fij} = Q_{sij} + Q_{fi+1,j} C_{fi+1,j} & (i=1,2,\cdots,n-1)(j=1,2,3,\cdots,m) \\[2mm]
\displaystyle\sum_{i=1}^{n} \zeta_{ij} (Q_{fij} - Q_{pij}/2)^{\xi_{ij}} = \sum_{i=1}^{n} \zeta_{ij+1} (Q_{fi,j+1} - Q_{pi,j+1}/2)^{\xi_{i,j+1}} & (j=1,2,\cdots,m-1) \\[2mm]
P_{f1,j} = P_{f1,j+1} & (j=1,2,\cdots,m-1) \\[2mm]
C_{f1,j} = C_f^* & (j=1,2,3,\cdots,m) \\[2mm]
\displaystyle\sum_{i=1}^{n} \sum_{j=1}^{m} Q_{pij} = Q_p^* \\[2mm]
\displaystyle\sum_{j=1}^{m} Q_{f1,j} = Q_p^* / R_e^*
\end{cases}
$$

$$\tag{11.33}$$

11.2.5　多段系统离散模型

所谓多段系统系指串联两段或三段的膜堆系统。多段系统的数学模型类似于串联元件的数学模型，主要特点包括：

前段 k 的给水压力 P_{fk} 为前段压降 ΔP_{fk} 与后段 $k+1$ 的给水压力 $P_{f(k+1)}$ 之和：

$$P_{fk} = \Delta P_{fk} + P_{f(k+1)} \tag{11.34}$$

前段 k 的给水流量 Q_{fk} 为前段产水流量 Q_{pk} 与后段 $k+1$ 的给水流量 $Q_{f(k+1)}$ 之和：

$$Q_{fk} = Q_{pk} + Q_{f(k+1)} \tag{11.35}$$

前段 k 的给水盐流量 $Q_{fk}C_{fk}$ 为前段产水盐流量 $Q_{pk}C_{pk}$ 与后段给水盐流量 $Q_{f(k+1)}$ $C_{f(k+1)}$ 之和：

$$Q_{fk}C_{fk} = Q_{pk}C_{pk} + Q_{f(k+1)}C_{f(k+1)} \tag{11.36}$$

如设串联 K 段中的首段首支元件的给水含盐量为 C_f^*、各膜段的总产水流量为 Q_p^*、各膜段的总回收率为 R_e^*，则有下列关系：

$$\sum_{k=1}^{K} Q_{pk} = Q_p^* \qquad\qquad \sum_{k=1}^{K} Q_{f11k} = Q_p^* / R_e^* \qquad\qquad C_{f11} = C_f^* \tag{11.37}$$

类似式(11.33)，多膜段、多膜壳、多元件的膜系统运行数学模型的展开方程式更为复杂，这里不予展开。

11.3 膜系统的管路数学模型

本章上述多膜段、多膜壳、多元件的膜系统运行模型只针对纯元件膜系统，实际膜系统中膜壳与膜壳及膜段与膜段之间还存在管路联接，其中包括给水、浓水及产水三类管路，而各类管路的存在必然形成压力损失也称管路压降。三类管路压降合成的结果造成了各膜壳的给水压力、浓水压力及淡水背压失衡，进而造成了各膜壳的产水通量失衡。

在海水或亚海水淡化系统中，由于系统工作压力较高，这些压力失衡对于系统运行的影响尚可忽略。对于多数苦咸水淡化系统的影响已经明显，对于低给水含盐量、高工作温度、低工作压力膜系统的影响更为突出，特别对于纳滤膜系统则尤为严重。

膜系统的给浓水管路形式可分为"管道结构"与"壳联结构"两类，产水管路则只有"管道结构"一类形式。

11.3.1 给浓水管道结构模型

管道结构系指由专用金属或塑料管道联接膜壳的给水进口与浓水出口，以构成膜堆及系统的给水及浓水径流通路，是膜系统的传统管路结构。无论是端口膜壳或侧口膜壳均可采用管道结构。相同规模系统的膜堆排列结构形式多种多样，并无标准形式，本章只以图 11.3 所示给浓水管道结构加以说明。

如设 ρ（1000kg/m³）为水体密度、g（m/s²）为重力加速度、z（m）为水体高程、p（kPa）为水体压强、v（m/s）为水体流速、$h_{局部}$（m）与 $h_{沿程}$（m）分别为流程中的局部与沿程水头损失，则管道首末端水体的能量守恒规律可以伯努利方程形式予以表征：

$$z_1 + \frac{p_1}{\rho g} + \frac{v_1^2}{2g} = z_2 + \frac{p_2}{\rho g} + \frac{v_2^2}{2g} + h_{局部} + h_{沿程} \tag{11.38}$$

式中，z_1 与 z_2 为管道首端与末端的流体高程即位能；$p_1/\rho g$ 与 $p_2/\rho g$ 为管道首端与末端的流体压能；$v_1^2/2g$ 与 $v_2^2/2g$ 为管道首端与末端的流体动能。如果忽略了水体密度 ρ 在系统流程不同位置上的差异，则有 $\rho = \rho_1 = \rho_2$。

伯努利方程即式(11.38) 可解释为管道中水体的机械能为位能、压能与动能之和；且水

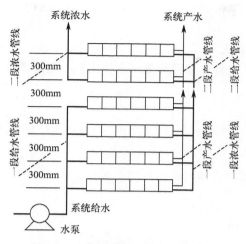

图 11.3　两段系统的管道结构示意

体从管道中的位置 1 流至位置 2 时，机械能之差为流道阻力造成的局部水头损失 $h_{局部}$ 与沿程水头损失 $h_{沿程}$。故管道首/末端的压降 ΔP 可表征为：

$$\Delta P = p_1 - p_2 = \rho g(z_2 - z_1) + \frac{8\rho}{\pi^2}\left(\frac{Q_2^2}{d_2^4} - \frac{Q_1^2}{d_1^4}\right) + \rho g(h_{局部} + h_{沿程}) \tag{11.39}$$

式中，Q_1 与 Q_2 为流体的首端与末端的管道流量；d_1 与 d_2 为流体的首端与末端的管道直径。本章中流量 Q 的单位为 m^3/s，D 为管道母管的管径、d 为管道支管直径（与膜壳侧口直径相同）、D_S 为膜壳端部腔体的等效直径、L_D 为膜壳间高差、L_d 为管道支管与膜壳侧口的长度之和，这些参数的单位均为 m。

（1）位能压力差

设备膜壳间高度差为 L_D，则给水母管入口处至第 j 只膜壳给水入口处之间的高程差形成的位能压差（即高程压差）为：

$$\rho g(z_2 - z_1) = j\rho g L_D \tag{11.40}$$

（2）动能压力差

设给水母管入口流量为 Q_{f0}，入口管径为 D，第 j 只膜壳首支元件给水流量为 Q_{fj}，壳腔等效直径为 D_S；则给水母管入口处至第 j 只膜壳首支元件给水端之间的流速差形成的动能压差（即速度压力差）为：

$$\frac{8\rho}{\pi^2}\left(\frac{Q_2^2}{d_2^4} - \frac{Q_1^2}{d_1^4}\right) = \frac{8\rho}{\pi^2}\left(\frac{Q_{fj}^2}{D_S^4} - \frac{Q_{f0}^2}{D^4}\right) \tag{11.41}$$

（3）管路沿程水头损失

管道中的母管沿程水头损失 h_D 与支管沿程水头损失 h_d 分别为：

$$h_D = \lambda_D \frac{L}{D} \times \frac{v^2}{2g} = \lambda_D \frac{8LQ_D^2}{g\pi^2 D^5} \quad \text{与} \quad h_d = \lambda_d \frac{l}{d} \times \frac{v_d^2}{2g} = \lambda_d \frac{8lQ_d^2}{g\pi^2 d^5} \tag{11.42}$$

式中，λ 为沿程阻力系数；L 为两组件间距；l 为组件支管长度。

当 $v \leqslant 1.2 \text{m/s}$ 时，$\lambda_D = \dfrac{0.0179}{D^{0.3}}\left(1 + \dfrac{0.867}{v_D}\right)^{0.3}$ 或 $\lambda_d = \dfrac{0.0179}{d^{0.3}}\left(1 + \dfrac{0.867}{v_d}\right)^{0.3} \tag{11.43}$

当 $v > 1.2\mathrm{m/s}$ 时，$\lambda_D = \dfrac{0.021}{D^{0.3}}$ 　　　或　$\lambda_d = \dfrac{0.021}{d^{0.3}}$ 　　　　(11.44)

（4）扩缩径局部水头损失

直径 D 母管至直径 d 支管的缩径局部水头损失 h_{Dd} 与直径 d 支管至直径 D 母管的扩径局部水头损失 h_{dD} 分别为：

$$h_{Dd} = \zeta_{Dd}\frac{v_d^2}{2g} = 0.5\left(1 - \frac{d^2}{D^2}\right)\frac{v_d^2}{2g} \quad 与 \quad h_{dD} = \zeta_{dD}\frac{v_d^2}{2g} = \left(\frac{d^2}{D^2} - 1\right)^2\frac{v_D^2}{2g} \quad (11.45)$$

（5）三通局部水头损失

图 11.4 所示管道三通的直路或弯路局部水头损失为：

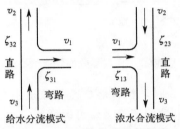

图 11.4　三通结构的局部损失

$$h_{局部} = \zeta\frac{v_3^2}{2g} = \zeta\frac{8Q_3^2}{g\pi^2 d^4} \tag{11.46}$$

式中，分流三通与合流三通的直路及弯路局部水头损失各系数 ζ 与分流或合流模式相关，即 ζ_{13} 与 ζ_{23} 为分路系数，又 ζ_{31} 与 ζ_{32} 为合路系数，且与流量 Q_1 与 Q_3 的比例 $x = Q_1/Q_3$ 相关具体数值如图 11.5 所示。

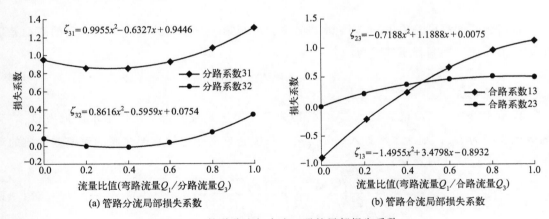

图 11.5　管道分流与合流三通的局部损失系数

设膜段中管道结构如图 11.6 所示，膜段给水母管入口至膜壳首支元件给水端之间存在高程差、速度差、母管沿程、三通直路、三通弯路、母管至支管缩径、支管沿程、支管至壳腔扩径 8 项水头损失的内容。

汇总以上 8 项水头损失，如设 n 为系统某段中并联膜壳数量，下进水模式的给水母管入口至第 j 膜壳首支元件给水端的压力差值 ΔP_{fj} $(Q_{f\cdots})$ 可用式（11.47a）表征，上进水模式的给水母管入口至第 j 膜壳首支元件给水端的压力差值 ΔP_{fj} $(Q_{f\cdots})$ 可用式（11.47b）表征。

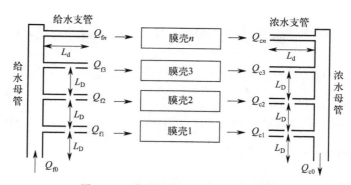

图 11.6　膜段的给水与浓水管道结构

$$\Delta P_{\mathrm{f}j}(Q_{\mathrm{f}\cdots}) = j\rho g L_{\mathrm{D}} + \frac{8\rho}{\pi^2}\left[\left(\frac{Q_{\mathrm{f}j}^2}{D_{\mathrm{S}}^4} - \frac{Q_{\mathrm{f}0}^2}{D^4}\right) + \lambda_{\mathrm{D}}\frac{L_{\mathrm{D}}-2D}{D^5}\sum_{k=1}^{j}\left(\sum_{i=k}^{n}Q_{\mathrm{f}i}\right)^2 + \frac{1}{D^4}\sum_{k=1}^{j-1}\zeta_{32k}\left(\sum_{i=k}^{n}Q_{\mathrm{f}i}\right)^2\right.$$

$$\left. + \frac{\zeta_{31}}{D^4}\left(\sum_{i=j}^{n}Q_{\mathrm{f}i}\right)^2 + \zeta_{\mathrm{Dd}}\frac{Q_{\mathrm{f}j}^2}{d^4} + \lambda_{\mathrm{d}}\frac{L_{\mathrm{d}}Q_{\mathrm{f}j}^2}{d^5} + \zeta_{\mathrm{dD_S}}\frac{Q_{\mathrm{f}j}^2}{d^4}\right] \qquad (j=1\sim n) \qquad (11.47\mathrm{a})$$

$$\Delta P_{\mathrm{f}j}(Q_{\mathrm{f}\cdots}) = (j-1-n)\rho g L_{\mathrm{D}} + \frac{8\rho}{\pi^2}\left[\left(\frac{Q_{\mathrm{f}j}^2}{D_{\mathrm{S}}^4} - \frac{Q_{\mathrm{f}0}^2}{D^4}\right) + \lambda_{\mathrm{D}}\frac{L_{\mathrm{D}}-2D}{D^5}\sum_{k=j}^{n}\left(\sum_{i=1}^{k}Q_{\mathrm{f}i}\right)^2 + \frac{1}{D^4}\sum_{k=j}^{n-1}\zeta_{32k}\right.$$

$$\left. \left(\sum_{i=1}^{k+1}Q_{\mathrm{f}i}\right)^2 + \frac{\zeta_{31}}{D^4}\left(\sum_{i=1}^{j}Q_{\mathrm{f}i}\right)^2 + \zeta_{\mathrm{Dd}}\frac{Q_{\mathrm{f}j}^2}{d^4} + \lambda_{\mathrm{d}}\frac{L_{\mathrm{d}}Q_{\mathrm{f}j}^2}{d^5} + \zeta_{\mathrm{dD_S}}\frac{Q_{\mathrm{f}j}^2}{d^4}\right] \qquad (j=1\sim n)$$

$$(11.47\mathrm{b})$$

与其相仿，下出水模式的第 j 膜壳末支元件浓水端至浓水母管出口的压力差值 $\Delta P_{\mathrm{c}j}$ $(Q_{\mathrm{c}\cdots})$ 可用式（11.48a）表征，上出水模式的第 j 膜壳末支元件浓水端至浓水母管出口的压力差值 $\Delta P_{\mathrm{c}j}$ $(Q_{\mathrm{c}\cdots})$ 可用式（11.48b）表征。

$$\Delta P_{\mathrm{c}j}(Q_{\mathrm{c}\cdots}) = -j\rho g L_{\mathrm{D}} + \frac{8\rho}{\pi^2}\left[\left(\frac{Q_{\mathrm{c}0}^2}{D^4} - \frac{Q_{\mathrm{c}j}^2}{D_{\mathrm{S}}^4}\right) + \lambda_{\mathrm{D}}\frac{L_{\mathrm{D}}-2D}{D^5}\sum_{k=1}^{j}\left(\sum_{i=k}^{n}Q_{\mathrm{c}i}\right)^2 + \frac{1}{D^4}\sum_{k=1}^{j-1}\zeta_{23k}\left(\sum_{i=k}^{n}Q_{\mathrm{c}i}\right)^2\right.$$

$$\left. + \frac{\zeta_{13}}{D^4}\left(\sum_{i=j}^{n}Q_{\mathrm{c}i}\right)^2 + \zeta_{\mathrm{dD}}\frac{Q_{\mathrm{c}j}^2}{d^4} + \lambda_{\mathrm{d}}\frac{L_{\mathrm{d}}Q_{\mathrm{c}j}^2}{d^5} + \zeta_{\mathrm{D_Sd}}\frac{Q_{\mathrm{c}j}^2}{d^4}\right] \qquad (j=1\sim n) \qquad (11.48\mathrm{a})$$

$$\Delta P_{\mathrm{c}j}(Q_{\mathrm{c}\cdots}) = (n+1-j)\rho g L_{\mathrm{D}} + \frac{8\rho}{\pi^2}\left[\left(\frac{Q_{\mathrm{c}0}^2}{D^4} - \frac{Q_{\mathrm{c}j}^2}{D_{\mathrm{S}}^4}\right) + \lambda_{\mathrm{D}}\frac{L_{\mathrm{D}}-2D}{D^5}\sum_{k=j}^{n}\left(\sum_{i=1}^{k}Q_{\mathrm{c}i}\right)^2 + \frac{1}{D^4}\sum_{k=j+1}^{n}\zeta_{23k}\right.$$

$$\left. \left(\sum_{i=1}^{k}Q_{\mathrm{c}i}\right)^2 + \frac{\zeta_{13}}{D^4}\left(\sum_{i=1}^{j}Q_{\mathrm{c}i}\right)^2 + \zeta_{\mathrm{dD}}\frac{Q_{\mathrm{c}j}^2}{d^4} + \lambda_{\mathrm{d}}\frac{L_{\mathrm{d}}Q_{\mathrm{c}j}^2}{d^5} + \zeta_{\mathrm{D_Sd}}\frac{Q_{\mathrm{c}j}^2}{d^4}\right] \qquad (j=1\sim n)$$

$$(11.48\mathrm{b})$$

式中，膜壳 j 的浓水流量 $Q_{\mathrm{c}j}$ 为给水流量 $Q_{\mathrm{f}j}$ 与产水流量 $Q_{\mathrm{p}j}$ 的差值：$Q_{\mathrm{c}j}=Q_{\mathrm{f}j}-Q_{\mathrm{p}j}$。

不计膜段管道压降时"并联各膜壳内部压降相等"的压力降关系，在计及膜段管道压降后转变为"给水母管入口压力经各膜壳内部压降至浓水母管出口压力之间的压降相等"的压力降关系，即式（11.33）中第 6 项的膜壳内部压降项应在增加给浓水管道压降后改为式（11.49）。而且，"并联各膜壳给水压力相等"关系转变为"给水母管入口至各膜壳首支元件给水端的压差与各膜壳首支元件给水压力之和相等"关系（因只有一个给水母管入口处压力，故此乃自然现象），即式（11.33）中第 7 项的各膜壳给水压力应在增加相关给水管道压降后改为式（11.50）。

$$\Delta P_{\mathrm{f}j}(Q_{\mathrm{f}\ldots}) + \sum_{i=1}^{n} \zeta_{ij}(Q_{\mathrm{f}ij} - Q_{\mathrm{p}ij}/2)^{\xi_{ij}} + \Delta P_{\mathrm{c}j}(Q_{\mathrm{c}\ldots})$$

$$= \Delta P_{\mathrm{f}j+1}(Q_{\mathrm{f}\ldots}) + \sum_{i=1}^{n} \zeta_{i,j+1}(Q_{\mathrm{f}i,j+1} - Q_{\mathrm{p}i,j+1}/2)^{\xi_{ij+1}} + \Delta P_{\mathrm{c}j+1}(Q_{\mathrm{c}\ldots}) \qquad (11.49)$$

$$\Delta P_{\mathrm{f}j}(Q_{\mathrm{f}\ldots}) + P_{\mathrm{f}1,j} = \Delta P_{\mathrm{f}j+1}(Q_{\mathrm{f}\ldots}) + P_{\mathrm{f}1,j+1} \qquad (11.50)$$

做此两项改变后的式(11.33) 即为"计及管道压降损失影响的单一膜段运行模型"。

11.3.2 产淡水管道结构模型

8in 膜元件产水中心管内径为 30mm，一般 8in 膜壳产水口管径为 1.5in。膜段产水径流的方向可以与给浓水径流方向相同也可以相反，甚至有些膜段的产水从膜壳给水与浓水两方向流出。图 11.7 所示范例中的产水径流方向与给浓水方向相同。由于膜壳内产水中心管的长度远大于壳外产水管道的支管长度，故后者的压降可以忽略不计。

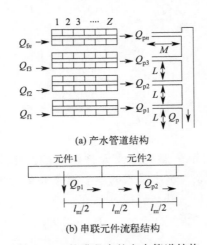

(a) 产水管道结构

(b) 串联元件流程结构

图 11.7　某膜段中的产水管道结构

图 11.7 所示串联元件结构中，膜元件 k 的分布式产水流量 Q_{k}，可近似为集中产出于元件中间部位；产水流量 Q_{k} 从某端流出时，对 k 元件运行形成的产水背压，可近似为该流量 Q_{k} 在直径 d_{m}、长度 l_{m}、阻力系数 λ_{dm} 的产水中心管中的沿程压力损失 $\Delta P_{\mathrm{mk}} = \lambda_{\mathrm{dm}} 8 l_{\mathrm{m}} Q_{\mathrm{pk}}^{2}/(\pi^{2} d_{\mathrm{m}}^{5}) = E_{\mathrm{m}} Q_{\mathrm{pk}}^{2}$ 的一半，即 $0.5 E_{\mathrm{m}} Q_{\mathrm{pk}}^{2}$。

图 11.7(b) 中，串联结构中，只有第 1 支膜元件时，其产水背压增量为 $0.5 E_{\mathrm{m}} Q_{\mathrm{p}1}^{2}$。如有第 2 支膜元件时，第 1 支膜元件产水背压增量为 $E_{\mathrm{m}} Q_{\mathrm{p}1}^{2} + 0.5 E_{\mathrm{m}}(Q_{\mathrm{p}1} + Q_{\mathrm{p}2})^{2}$，第 2 支膜元件产水背压增量为 $0.5 E_{\mathrm{m}}(Q_{\mathrm{p}1} + Q_{\mathrm{p}2})^{2}$。由此，可以得出对于 m 支元件的串联膜壳，从始端起的第 i 支元件在中心管中的产水背压增量约为：

$$\Delta P_{\mathrm{m}i} = C Q_{\mathrm{p}i}^{2} + \lambda_{\mathrm{dm}} \frac{8 l_{\mathrm{m}}}{\pi^{2} d_{\mathrm{m}}^{5}} \left[\sum_{k=i+1}^{n} \left(\sum_{l=1}^{k} Q_{\mathrm{p}l} \right)^{2} + \frac{1}{2} \left(\sum_{l=1}^{k} Q_{\mathrm{p}l} \right)^{2} \right] \qquad (11.51)$$

式中，首项 $C Q_{\mathrm{p}i}^{2}$ 表示膜元件中淡水隔网形成的产水流道压力损失；C 为相关阻力系数，与元件的隔网厚度及膜袋长度相关。

参考式(11.48a)，可以得式(11.52) 所示膜壳产水支管出口至系统产水母管向下出口间的产水背压增量：

$$\Delta P_{pj}(Q_{p\cdots}) = -j\rho gL + \frac{8\rho}{\pi^2}\left[\left(\frac{Q_{p0}^2}{D^4} - \frac{Q_{pj}^2}{d^4}\right) + \lambda_D\frac{L}{D^5}\sum_{k=1}^{j}\left(\sum_{l=k}^{n}Q_{pl}\right)^2 + \frac{1}{D^4}\sum_{k=1}^{j-1}\zeta_{23k}\left(\sum_{l=k}^{n}Q_{pl}\right)^2\right.$$

$$\left. + \frac{\zeta_{13j}}{D^4}\left(\sum_{l=1}^{j}Q_{pl}\right)^2 + \zeta_{dD}\frac{Q_{pj}^2}{d^4} + \lambda_d\frac{MQ_{pj}^2}{d^5}\right] \quad (j=1\sim n) \tag{11.52}$$

式中，L 为膜壳间高度差；M 为膜壳产水支管长度；Q_{p0} 为膜段产水流量；Q_{pj} 为第 j 只膜壳中各元件产水流量之和；D 为产水母管直径；d 为膜壳产水支管直径，且 λ_D、λ_d、ζ_{23}、ζ_{13} 分别是与产水支管及母管相关的沿程或局部水头损失系数。

如以图 11.7 中的产水母管出口处压力为 0，则将式（11.51）与式（11.52）叠加在一起即可得系统膜段中第 j 层膜壳第 i 支元件产水背压的数学模型：

$$P_{mji} = \Delta P_{mi} + \Delta P_{pj}(Q_{p\cdots}) \tag{11.53}$$

如将式（11.33）中第 1 项的 $P_p=0$ 条件改为式（11.53）的 $P_p=P_{mji}=\Delta P_{mi}+\Delta P_{pj}$ $(Q_{p\cdots})$，即可得到计及产水背压的膜段运行模型。

11.3.3　给浓水壳联结构模型

所谓壳联结构系指膜堆中各膜壳间给水及浓水径流，通过膜壳给水及浓水侧口与连接器，直接在膜壳端部腔体之间流动，无需给水及浓水的外联管道。该结构节省了大量管道的材料成本与安装成本，有效降低了管路压力损耗，但大大提高了对于膜壳的技术要求。首先要求膜壳具有两个给水侧口与浓水侧口，以便给水与浓水进出壳腔；其次要求膜壳给水侧口及浓水侧口的规格加大，以降低径流进出壳腔时的局部压力损失；再则要求各膜壳给水侧口与浓水侧口的间距一致；且要求相联两膜壳给水与浓水两侧口高度一致（不论其口径是否一致）。

图 11.8 示出壳联系统结构中的给浓水径流通路，目前国内生产的膜壳侧口有 1.5in、2.0in、2.5in、3.0in、4.0in 5 个规格，其侧口内径分别为 36mm、48mm、60mm、74mm、96mm。

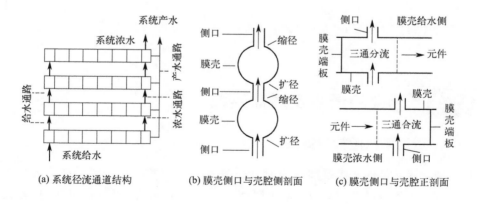

图 11.8　系统管路的壳联结构

壳联结构中膜段给水入口至膜壳中首支元件给水端之间的水头损失存在高程差、速度差、多个侧口沿程、多个侧口至壳腔的扩径、多个壳腔至侧口的缩径、壳腔内等效三通直路与三通弯路 7 项水头损失的内容。

参照式(11.47a) 可得式(11.54a) 对应的下进水方式壳联给水径流的压力损失。

$$\Delta P_{fj}(Q_{f\cdots}) = (2j-1)(L_d + \frac{D_S}{2})\rho g + \frac{8\rho}{\pi^2}\left[\left(\frac{Q_{fj}^2}{D_S^4} - \frac{Q_{f0}^2}{d^4}\right) + \lambda_d \frac{2L_d}{d^5}\sum_{k=1}^{j}\left(\sum_{i=k}^{n}Q_{fi}\right)^2\right.$$

$$\left. + \frac{\zeta_{dD_S}}{d^4}\sum_{k=1}^{j}\left(\sum_{i=k}^{n}Q_{fi}\right)^2 + \frac{\zeta_{D_S d}}{d^4}\sum_{k=1}^{j-1}\left(\sum_{i=k+1}^{n}Q_{fi}\right)^2 + \frac{1}{D_S^4}\sum_{k=1}^{j-1}\zeta_{32k}\left(\sum_{i=k}^{n}Q_{fi}\right)^2 + \frac{\zeta_{31}}{D_S^4}\left(\sum_{i=j}^{n}Q_{fi}\right)^2\right]$$

$$(11.54a)$$

参照式(11.47b) 可得式(11.54b) 对应的上进水方式壳联给水径流的压力损失。

$$\Delta P_{fj}(Q_{f\cdots}) = -(2n-2j+1)(L_d + \frac{D_S}{2})\rho g + \frac{8\rho}{\pi^2}\left[\left(\frac{Q_{fj}^2}{D_S^4} - \frac{Q_{f0}^2}{d^4}\right) + \lambda_d \frac{2L_d}{d^5}\sum_{k=j}^{n}\left(\sum_{i=1}^{k}Q_{fi}\right)^2\right.$$

$$\left. + \frac{\zeta_{dD_S}}{d^4}\sum_{k=j}^{n}\left(\sum_{i=1}^{k}Q_{fi}\right)^2 + \frac{\zeta_{D_S d}}{d^4}\sum_{k=j}^{n-1}\left(\sum_{i=1}^{k}Q_{fi}\right)^2 + \frac{1}{D_S^4}\sum_{k=j}^{n-1}\zeta_{32k}\left(\sum_{i=1}^{k+1}Q_{fi}\right)^2 + \frac{\zeta_{31}}{D_S^4}\left(\sum_{i=1}^{j}Q_{fi}\right)^2\right]$$

$$(11.54b)$$

参照式(11.48a) 可得式(11.55a) 对应的下出水方式壳联浓水径流的压力损失。

$$\Delta P_{cj}(Q_{f\cdots}) = -(2j-1)(L_d + \frac{D_S}{2})\rho g + \frac{8\rho}{\pi^2}\left[\left(\frac{Q_{c0}^2}{d^4} - \frac{Q_{cj}^2}{D_S^4}\right) + \lambda_d \frac{2L_d}{d^5}\sum_{k=1}^{j}\left(\sum_{i=k}^{n}Q_{ci}\right)^2\right.$$

$$\left. + \frac{1}{d^4}\sum_{k=1}^{j}\zeta_{dD_S}\left(\sum_{i=k}^{n}Q_{ci}\right)^2 + \frac{\zeta_{D_S d}}{d^4}\sum_{k=1}^{j}\left(\sum_{i=k}^{n}Q_{ci}\right)^2 + \frac{1}{D_S^4}\sum_{k=1}^{j}\zeta_{22k}\left(\sum_{i=k}^{n}Q_{ci}\right)^2 + \frac{\zeta_{13}}{D_S^4}\left(\sum_{i=j}^{n}Q_{ci}\right)^2\right]$$

$$(11.55a)$$

参照式(11.48b) 可得式(11.55b) 对应的上出水方式壳联浓水径流的压力损失。

$$\Delta P_{cj}(Q_{f\cdots}) = (2n-2j+1)(L_d + \frac{D_S}{2})\rho g + \frac{8\rho}{\pi^2}\left[\left(\frac{Q_{c0}^2}{d^4} - \frac{Q_{cj}^2}{D_S^4}\right) + \lambda_d \frac{2L_d}{d^5}\sum_{k=j}^{n}\left(\sum_{i=1}^{k}Q_{ci}\right)^2\right.$$

$$\left. + \frac{1}{d^4}\sum_{k=j}^{n}\zeta_{dD_S}\left(\sum_{i=1}^{k}Q_{ci}\right)^2 + \frac{\zeta_{D_S d}}{d^4}\sum_{k=j}^{n}\left(\sum_{i=1}^{k}Q_{ci}\right)^2 + \frac{1}{D_S^4}\sum_{k=j}^{n}\zeta_{22k}\left(\sum_{i=1}^{k}Q_{ci}\right)^2 + \frac{\zeta_{13}}{D_S^4}\left(\sum_{i=1}^{j}Q_{ci}\right)^2\right]$$

$$(11.55b)$$

以上式(11.54) 及式(11.55) 中，d 为膜壳侧口直径即管道支管直径，D_S 为膜壳端头腔体等效直径。

11.4 元件的透水及透盐系数

11.4.1 透过系数函数与算法

分析表明，膜元件的透水系数 A 与透盐系数 B 并非常数，而是随元件的运行工况而变化。虽然在理论上两透过系数均应与给水温度 T_e、透水流量 Q_p 及透盐流量 Q_s 相关，但是在实际上也可以换算为与给水温度 T_e、给水含盐量 C_f、给水流量 Q_f 及给水压力 P_f 相关（设产水压力 $P_p=0$），因此式(11.26) 可表征为：

$$\begin{cases} Q_p = A(T_e, C_f, Q_f, P_f)Sf_A(Q_p, Q_s) \\ Q_S = B(T_e, C_f, Q_f, P_f)Sf_B(Q_p, Q_s) \end{cases}\bigg|_{R_f Q_f C_f} \quad (11.56)$$

A 与 B 两透过系数可近似用幂函数多项式表征：

$$
\begin{cases}
A(T_e,C_f,Q_f,P_f)=a_0+a_1T_e+a_2C_f+a_3Q_f+a_4P_f+a_5T_eC_f+a_6T_eQ_f+a_7T_eP_f \\
\qquad +a_8C_fQ_f+a_9C_fP_f+a_{10}Q_fP_f+a_{11}T_e^2+a_{12}C_f^2+a_{13}Q_f^2+a_{14}P_f^2 \\
B(T_e,C_f,Q_f,P_f)=b_0+b_1T_e+b_2C_f+b_3Q_f+b_4P_f+b_5T_eC_f+b_6T_eQ_f+b_7T_eP_f \\
\qquad +b_8C_fQ_f+b_9C_fP_f+b_{10}Q_fP_f+b_{11}T_e^2+b_{12}C_f^2+b_{13}Q_f^2+b_{14}P_f^2
\end{cases}
$$

$$(11.57)$$

欲求解膜元件两透过系数中的待求常数 a_i 与 b_i（$i=0$，1，2，…，14），只有通过相关试验来完成。可以借用海德能设计软件的计算，模拟对膜元件 CPA3-LD 的相关试验过程：

① 对于任何一组给定的试验条件 T_e、C_f、Q_f 及 P_f，总可以通过试验（即计算）得出元件 CPA3-LD 的透过量 Q_p 与 Q_s 以及 A 与 B 两透过系数的数值解。

② 按照正交设计规则，将试验条件 T_e、C_f、Q_f 及 P_f 进行 4 变量 5 水平数值设置，则可得到 25 组试验条件。进而得到 25 组透过系数 A 与 B 的数值解。

③ 将上述 25 组 T_e、C_f、Q_f 及 P_f 的试验条件以及 A 与 B 的数值解分别代入式(11.57)，即可得到 25 组（50 个）线性无关的线性方程。由于线性方程数量大于幂函数多项式中待求常数 a_i 与 b_i 的数量（30 个），运用数值拟合算法，不仅可以得到各常数 a_i 与 b_i 的数值解，而且可以在很大程度上消除试验数据的误差。

11.4.2　透过系数的特性表征

受篇幅所限，这里省略了式(11.57)各系数的求解过程（可参照本书第 17 章内容），而直接由图 11.9～图 11.12 分别给出 CPA3-LD 两透水系数 A 及 B 关于 T_e、C_f、P_f 及 Q_f 各单变量的二维特性曲线族，以表征各单变量对于两透过系数的影响。该四图表明，给水温度与给水压力的增加将导致膜元件透水系数的明显上升；给水温度、给水含盐量及给水流量的增加将导致透盐系数的明显上升，而给水压力的增加将导致透盐系数的下降。

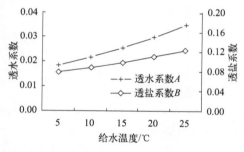

图 11.9　膜元件两透过系数的温度特性

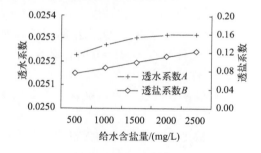

图 11.10　膜元件两透过系数的含盐量特性

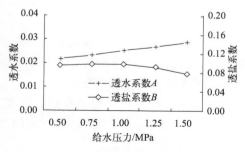

图 11.11　膜元件两透过系数的压力特性

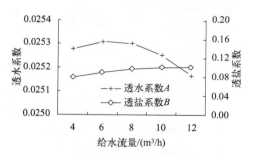

图 11.12　膜元件两透过系数的流量特性

透水系数随温度增高而上升可理解为：水的黏度系数的降低、水的表面张力的减小、膜表面积增大以及膜孔（如视为有孔膜）扩张。透盐系数随温度增高而上升也可理解为膜表面积增大以及膜孔（如视为有孔膜）扩张。这里不再具体解释四图中其他曲线的含义。

11.5 元件的阻力与极化系数

除透水及透盐两系数之外，膜元件运行过程中还存在重要的给浓水流道的阻力系数与膜表面的浓差极化系数。

11.5.1 给浓水流道阻力系数

膜元件运行模型式（11.11）$\Delta P_{fc}=k_1 \overline{Q}_{fc}^{k_2}$ 中尚有表征膜元件给浓水道阻力特征的两个常数 k_1 与 k_2 待求。因浓水隔网的存在，流道中的径流状态趋于复杂，常数 k_2 应不等于伯努利方程中的数值。对式（11.11）两端取对数则有：

$$\ln(\Delta P_{fc})=\ln(k_1)+k_2\ln(\overline{Q}_{fc}) \tag{11.58}$$

这里，如以 ΔP_{fc} 与 $\overline{Q}_{fc}$ 为测试值，而以 k_1 与 k_2 为待求量，则取线性无关的 $n>2$ 组 ΔP_{fc} 与 $\overline{Q}_{fc}$ 测试值，运用回归分析可求解 k_1 与 k_2 两常数值。给浓水流道阻力只与给浓水流道宽度及浓水隔网结构相关，甚至与膜片的材料及膜表面形态相关，而与透水及透盐两系数无关。

11.5.2 膜元件浓差极化系数

膜元件运行模型的式（11.15）$\beta=\exp(\zeta R_e)$ 中有表征元件浓差极化度的待求常数 ζ。

首先，根据浓差极化的定义，反渗透膜元件的浓差极化度主要与元件回收率 R_e 相关，即有函数 $\beta=f(R_e)$。根据定义，函数 $\beta=f(R_e)$ 应有以下特点：

① 元件回收率 $R_e=Q_p/Q_f$ 的定义域为 $[0, 1]$。
② 当元件回收率 $R_e=0$ 时，必有 $\beta=1$。
③ 元件回收率 $0<R_e \leqslant 1$ 时，必有 $\beta>1$。

根据该函数特征，可以确认浓差极化度 $\beta=f(R_e)$ 的最简捷的形式应为：

$$\beta=\exp(\zeta R_e) \tag{11.59}$$

而常数 ζ 应与水体中的无机盐成分及膜元件对各盐分的透过率相关。

11.6 元件的污染层透过系数

反渗透系统设计与运行分析的基础之一是系统运行状态的模拟，而准确的系统运行模拟不仅要掌握洁净膜元件的透过系数，还要掌握污染膜元件的透过系数。因此，掌握不同性质及厚度污染层的透过系数，是准确模拟各种污染条件下系统运行状态的重要环节。

对一般性污染运行过程而言，膜元件性能指标的变化量可视为污染层的作用。换言之，污染前后元件的指标差异可视为所增污染层的指标差异，清洗前后元件的指标差异可视为所减污染层的指标差异。

如本书 11.4.1 部分所述，膜元件的两透过系数受给水温度 x_1、给水含盐量 x_2、给水

流量 x_3 及给水压力 x_4 的影响，故可表征为此 4 变量的函数。如果将膜元件分为新（洁净）元件与旧（污染）元件，则两类元件的透过系数均受 4 因素的影响，均为 4 变量的函数。

如设式(11.54) 表征的 $A(T_e, C_f, Q_f, P_f)$ 与 $B(T_e, C_f, Q_f, P_f)$ 为新元件的两透过系数，且设旧元件的两透过系数为：

$$\begin{cases}
A^*(T_e, C_f, Q_f, P_f) = a_0^* + a_1^* T_e + a_2^* C_f + a_3^* Q_f + a_4^* P_f + a_5^* T_e C_f + a_6^* T_e Q_f + a_7^* T_e P_f \\
\qquad\qquad\qquad\quad + a_8^* C_f Q_f + a_9^* C_f P_f + a_{10}^* Q_f P_f + a_{11}^* T_e^2 + a_{12}^* C_f^2 + a_{13}^* Q_f^2 + a_{14}^* P_f^2 \\
B^*(T_e, C_f, Q_f, P_f) = b_0^* + b_1^* T_e + b_2^* C_f + b_3^* Q_f + b_4^* P_f + b_5^* T_e C_f + b_6^* T_e Q_f + b_7^* T_e P_f \\
\qquad\qquad\qquad\quad + b_8^* C_f Q_f + b_9^* C_f P_f + b_{10}^* Q_f P_f + b_{11}^* T_e^2 + b_{12}^* C_f^2 + b_{13}^* Q_f^2 + b_{14}^* P_f^2
\end{cases}$$

(11.60)

根据污染层透过系数为旧膜透过系数与新膜透过系数之差的概念，可定义元件污染层的透过系数为：

$$\begin{cases}
\hat{A}(T_e, C_f, Q_f, P_f) = A^*(T_e, C_f, Q_f, P_f) - A(T_e, C_f, Q_f, P_f) \\
\hat{B}(T_e, C_f, Q_f, P_f) = B^*(T_e, C_f, Q_f, P_f) - B(T_e, C_f, Q_f, P_f)
\end{cases}$$

(11.61)

因此，污染层两透过系数 $\hat{A}$ 与 $\hat{B}$ 中的各项系数分别为

$$\hat{a}_i = a_i^* - a_i; \hat{b}_i = b_i^* - b_i (i = 0, 1, 2, \cdots, 14)$$

(11.62)

即污染层透过系数中各项常数为旧膜透过系数与新膜透过系数中各项系数之差。污染层透过系数为正值或负值时分别表示污染层增强或削弱了膜元件的透水或透盐性能。

11.6.1 有机污染层特性

图 11.13～图 11.18 各曲线示出有机污染层两透过系数具有以下特征：

① 有机污染层的透水系数小于零，即有机污染层的存在形成了附加的透水阻力，降低了污染元件的透水性能。

② 有机污染层的透盐系数小于零，即有机污染层的存在降低了膜表面无机盐浓度，从而提高了污染膜元件的脱盐性能。

③ 有机污染层的透盐系数对温度变化不很敏感；而透水系数随温度上升而下降。温度升高时，虽然水体活性增强，易于透过污染层，但污染层体积也不断膨胀，致使污染层透水性降低。

④ 有机污染层的透水系数与透盐系数对于给水压力及给水含盐量的变化均不敏感。

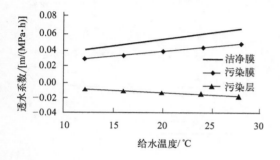

图 11.13　有机污染层透水系数的温度特性

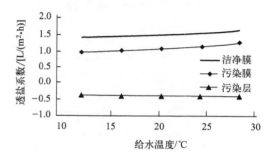

图 11.14　有机污染层透盐系数的温度特性

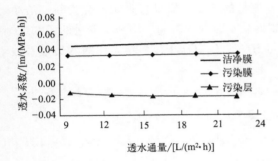

图 11.15 有机污染层透水系数的水通量特性

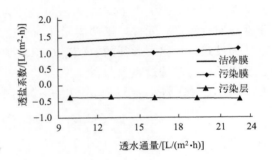

图 11.16 有机污染层透盐系数的水通量特性

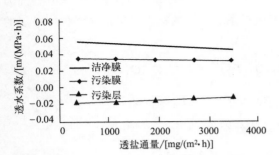

图 11.17 有机污染层透水系数的盐通量特性

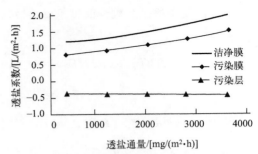

图 11.18 有机污染层透盐系数的盐通量特性

11.6.2 无机污染层特性

图 11.19～图 11.24 各曲线示出无机污染层两透过系数具有以下特征：

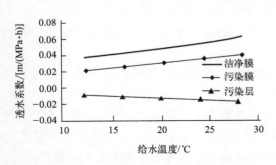

图 11.19 无机污染层透水系数的温度特性

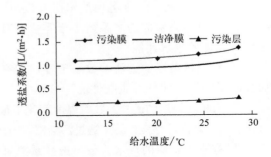

图 11.20 无机污染层透盐系数的温度特性

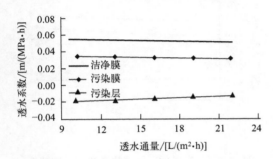

图 11.21 无机污染层透水系数的水通量特性

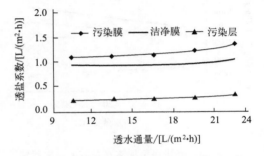

图 11.22 无机污染层透盐系数的水通量特性

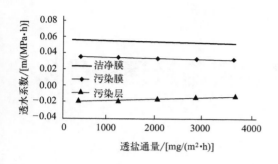

图 11.23　无机污染层透水系数的盐通量特性

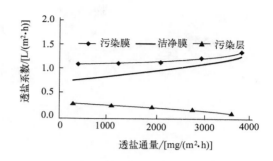

图 11.24　无机污染层透盐系数的盐通量特性

① 无机污染层的存在形成了附加的透水阻力，降低了污染元件的透水系数，增加了透水阻力。

② 无机污染层的透水系数仍对给水温度的敏感度较强，而对水通量及盐通量的敏感度较弱。

③ 无机污染层的存在提高了膜表面无机盐浓度，从而降低了污染膜元件的脱盐能力。

④ 无机污染层的透盐系数对给水温度的变化敏感度程度较弱。

图 11.21～图 11.24 中的横坐标分别为透水通量与透盐通量，可将其分别理解为给水压力与给水含盐量的转换形式。

膜元件的有机与无机污染特性，自然应与污染物的种类性质及污染程度相关，混合污染及生物污染的特性也会更加复杂，这里给出的相关特性仅作为单一性质污染予以讨论。

第12章

元件、管路及通量优化

膜元件具有产水量、透盐率及膜压降三项外部特性指标，各元件三项指标可能具有一定差异，差异的产生主要包括制备、污染及清洗等原因。针对各元件性能指标的差异，系统的设计、安装及更换过程中存在元件的安装位置优化问题。

各膜壳间的管路分为管道与壳联两种结构。管道结构中的主管与支管直径，壳联结构中膜壳的侧口直径，管道与壳联结构中的给水及浓水的径流方向等参数对于系统运行效果均有一定影响，因此系统的设计过程中还存在管路结构及管路参数的优化问题。

在设计导则允许范围内，高通量将导致低投资成本和高运行费用，低通量将导致高投资成本和低运行费用，实现投资与运行费用最低的系统通量也是系统设计的重要内容。本章将讨论系统设计与系统运行过程中的上述三项优化问题，使设计方案与运行方式更加完善与合理，以充分发挥反渗透工艺的潜在优势。

为了能够模拟反渗透系统中的上述特定问题，需要具有特定功能的系统模拟软件，目前国内外各膜厂商推出的所谓"系统设计软件"均不具备这些功能。为了深入研究反渗透系统的特性与潜能，笔者自行开发了具有特殊功能的"反渗透系统运行模拟软件"（见本书第17章膜系统的运行模拟软件），本章以下分析内容均是利用该软件进行计算的结果，并均是针对恒流量即恒通量系统。

12.1 系统元件的优化配置

根据膜厂商公布的数据，同品种新膜元件在标准测试条件下的产水量存在 $\pm 15\%$ 甚至 $\pm 20\%$ 的差异，而且存在最低透盐率与标称透盐率的区别。图12.1示出的某厂商部分膜元件的产水量及透盐率两项指标的二维分布图中，并未显现出两项指标明显的相关性。此外，元件的膜压降指标仅与浓水隔网高度及卷制工艺参数相关。因此，可以认为新膜元件的产水量、透盐率及膜压降三项性能指标相互独立及互不相关。而且，经离线清洗后的旧膜元件或纳滤膜元件的三项性能指标的差异将会更大。

12.1.1 元件差异与系统透盐率

反渗透系统设计及运行的主要内容之一为系统透盐率，故这里首先讨论膜元件性能偏差对系统透盐率的影响。

为明确某个单项性能指标存在差异的膜元件，安装在系统流程中不同位置时，对于系统运行性能的影响，这里设有典型系统（1000mg/L，15℃，75%，ESPA2，2-1/6，17m³/h，0a），且全部18支元件均具有标准技术指标，即透盐率0.4%、产水量34.1m³/d、膜压降

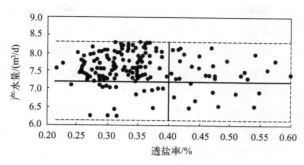

图 12.1　某厂商膜元件抽样的指标分布

0.03MPa。该系统运行的结果是产水含盐量 11.28mg/L，段通量比 28.451L/(m^2 · h)/18.955L/(m^2 · h)＝1.50,端通量比 32.443L/(m^2 · h)/14.504L/(m^2 · h)＝2.237。

（1）元件透盐率偏差与系统透盐量

设某一支膜元件仅透盐率增加 15%，达到 1.15×0.4%＝0.46%，而其他技术指标维持标准水平。将该元件分别置于系统的各个不同流程位置，并分别计算相应系统透盐量的增量，即得到图 12.2 中"单元件透盐率增 15%"的系统透盐增量曲线。

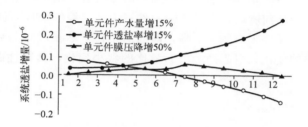

图 12.2　某膜元件指标差异与全系统透盐增量的关系曲线

该曲线表明，高透盐率元件无论置于系统流程中的任何位置，均将造成系统透盐量的上升。由于系统末端元件的给水含盐量远高于首端元件，将高透盐率元件安装在系统末端位置时，系统透盐量的增量远高于将其安装在系统前端位置。

（2）元件产水量偏差与系统透盐量

设某一支元件仅产水量指标增长 15%，达到 1.15×34.1m^3/d＝39.2m^3/d，而其他技术指标维持标准水平。将该元件分别置于系统的各个不同流程位置并计算相应的系统透盐量的增量，即得到图 12.2 中"单元件产水量增 15%"的相应曲线。该曲线表明，高产水量元件置于系统首端时系统透盐量增大；置于系统末端时系统透盐量降低；而置于系统流程的中间位置时并不对系统透盐量产生明显影响（当该支元件产水量增大时，仍保持系统产水量恒定）。

比较元件产水量与透盐率指标偏差的特性曲线可知，在系统流程不同位置上，两指标的相同比例偏差对系统透盐量的影响程度并不相同。相同性能指标差异的元件，位于系统流程后 1/2 位置时的作用大于位于系统流程前 1/2 位置。

（3）元件膜压降偏差与系统透盐量

设某一支元件仅膜压降指标增长 50%，达到 1.50×0.03MPa＝0.045MPa。将该元件分别置于系统流程中的各个不同位置并分别计算系统透盐量的增量，将得到图 12.2 中"单元件膜压降增 50％"的相应曲线。该曲线表明，某流程位置元件膜压降的增加，总会导致该位置前部元件工作压力上升与后部元件工作压力下降，即前部元件产水量增加与后部元件产水量下降。与前节同理，前后部元件产水量失衡将加剧系统透盐量的上升，且该现象在高膜压降元件置于后段前端时达到极致。

进一步的系统计算表明，当元件的透盐率、产水量及膜压降指标为相同幅度的负偏差时，图 12.2 所示系统透盐增量曲线将呈横轴对称形式。可以近似认为元件指标的线性变化，使系统透盐量产生线性涨落，从而运用图 12.2 曲线易得到不同流程位置上各类元件指标不同幅度变化所产生的系统响应。

12.1.2　元件差异与两段通量比

反渗透系统设计及运行的另一目标是通量均衡，这里主要讨论膜元件性能偏差对系统通量均衡程度的影响。

与单个膜元件指标差异对系统透盐量影响的分析相似，图 12.3 给出不同流程位置上单个膜元件的透盐率、产水量及膜压降指标变化与系统前后段通量比的关系曲线。该曲线表明，在恒通量系统中，前段元件产水量的增加必然加大前后段通量比的数值，后段元件产水量增加的作用则相反。如前所述，高膜压降元件置于某流程位置时，总会导致该位置前部元件工作压力上升与后部元件工作压力下降，即前部元件产水量增加与后部元件产水量下降。由于单支元件透盐率的变化只引起系统段通量比的微小变化，其特性曲线与图 12.3 中的横轴基本重合。

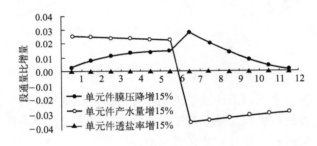

图 12.3　某膜元件指标差异与全系统段通量比的关系曲线

12.1.3　单指标差异元件的配置

透盐率、产水量与膜压降三者任意单一指标存在差异的膜元件放置在膜系统的任何位置，对于系统工作压力的影响均十分有限，但对于系统的透盐率及通量比两指标均会产生相对较大的影响。根据图 12.2 与图 12.3 的分析可得出以下结论：

① 如以系统透盐率低为目标，元件产水量应按照由小至大的顺序沿系统流程从首端至末端依次配置，而元件透盐率应按照由大至小顺序沿系统流程从首端至末端依次配置，而元件膜压降应按照由小至大顺序从系统流程中部向两端依次配置。

② 如以系统段通量比小为目标，元件产水量大的位于系统后段配置，产水量小的位于系统前段配置；元件按照膜压降由小至大从系统流程中部向两端依次配置；元件透盐率的高

低及其在系统流程中的位置，对于系统段通量比指标的影响不大。

综合系统透盐率及系统段通量比两项目标的要求，透盐率低及产水量大的元件应置于系统末端，相反性能指标元件应置于系统首端；而膜压降低的元件应置于系统中端。

12.1.4　优化配置与系统透盐率

（1）膜元件优化配置的数学模型

正如图 12.1 所示，实际膜元件同时具有不同的产水量、透盐率及膜压降三项指标，且三项指标相互独立线性无关，故实际上无法用简单方法确定各元件在系统流程中的优化排列。以系统透盐率最低为目标时，具有三项不同指标的多支元件的最优安装位置问题，在数学领域中属于"全微分概念"与"0-1 整数规划算法"。

设膜系统中共有 n 支膜元件，编号为 $i(i=1,2,\cdots,n)$；且系统中共有 m 个膜元件位置，编号为 $j(j=1,2,\cdots,m)$，系统中的元件支数与位置个数相等（即 $m=n$），采用不同符号仅为区别内涵。

所谓全微分法，首先要分别计算系统流程各位置 j 上，膜元件 i 的产水量 Q_i、透盐率 S_i 及膜压降 D_i 在其平均值基础上单位增量对系统透盐率 P_s 的偏导数。设系统中各元件三项性能指标都取其平均值 Q_p^*、S_p^* 及 D_m^* 时对应系统透盐率为 P_s^*，当只有流程位置 j 上某元件 i 的产水量发生单位增量 ΔQ_{pj} 时，系统透盐率 P_s 将产生增量 ΔP_s^*。

当 ΔQ_{pj} 趋于无穷小时有系统透盐率 P_s^* 对位置 j 上元件产水量 Q_{pj} 的偏导数：

$$\lim_{\Delta Q_{pj}\to 0}\frac{\Delta P_s^*}{\Delta Q_{pj}}=\frac{\partial P_s^*}{\partial Q_{pj}} \tag{12.1}$$

依此类推，可得系统透盐率 P_s^* 对位置 j 上元件透盐率 S_{pj} 及膜压降 D_{mj} 的偏导数：

$$\lim_{\Delta S_{pj}\to 0}\frac{\Delta P_s^*}{\Delta S_{pj}}=\frac{\partial P_s^*}{\partial S_{pj}} \tag{12.2}$$

$$\lim_{\Delta D_{mj}\to 0}\frac{\Delta P_s^*}{\Delta D_{mj}}=\frac{\partial P_s^*}{\partial D_{mj}} \tag{12.3}$$

进而可以得出系统透盐率 P_s^* 对各位置 j 上各元件 i 的产水量 Q_{pj}、透盐率 S_{pj} 及膜压降 D_{mj} 三项指标增量的全微分：

$$\mathrm{d}P_s^* = \sum_{i=1}^{N}\sum_{j=1}^{M}\left(\frac{\partial P_s^*}{\partial Q_{pj}}\mathrm{d}Q_{pi} + \frac{\partial P_s^*}{\partial S_{pj}}\mathrm{d}S_{pi} + \frac{\partial P_s^*}{\partial D_{mj}}\mathrm{d}D_{mi}\right) \tag{12.4}$$

由于反渗透系统中，任何一个系统流程位置上只能配置 1 支元件，且任何 1 支元件只能置于 1 个流程位置，故以系统透盐率 P_s^* 最低为目标的最优元件位置属于 0-1 整数规划问题：

$$\min \mathrm{d}P_s^* = \sum_{i=1}^{N}\sum_{j=1}^{M}\left(\frac{\partial P_s^*}{\partial Q_{pj}}\mathrm{d}Q_{pi} + \frac{\partial P_s^*}{\partial S_{pj}}\mathrm{d}S_{pi} + \frac{\partial P_s^*}{\partial D_{mj}}\mathrm{d}D_{mi}\right)X_{ij}$$

$$\mathrm{st}\begin{cases} \sum_{i=1}^{N}X_{ij}=1 & (i=1,2,3,\cdots,N) \\ \sum_{j=1}^{M}X_{ij}=1 & (i=1,2,3,\cdots,M) \\ X_{ij}=0/1 & (i=1,2,3,\cdots,N;j=1,2,3,\cdots,M) \end{cases} \tag{12.5}$$

式中，X_{ij} 为元件安装位置变量，元件 i 配置于 j 位置时 X_{ij} 为 1，否则为 0。

全微分法的计算过程中，首先需要对 M 个流程位置分别进行 3 项性能指标的偏导数计算 $3M$ 次，最后需要进行一次 $N \times M$ 个变量的 0-1 整数规划计算。这里，系统透盐率 P_s^* 及偏导数的求取需使用"膜系统的运行模拟软件"的 $1+3M$ 次计算，而整数规划可采用 matlab 等商业软件 1 次完成。

该数学模型合成了全微分与整数规划，故以系统透盐率最低为目标的不同性能膜元件位置的优化方法也称为"全微分-整数规划法"。

（2）膜元件优化配置的实际算例

这里给出以系统透盐率最低为目标的膜元件最优配置方案的计算示例。设某特定系统为 2-1/6 结构，具有 18 支 CPA3 新膜元件，系统运行参数为：给水含盐量 1000mg/L、给水温度 15℃、平均通量 20L/（$m^2 \cdot h$）及系统回收率 75%。18 支膜元件的平均性能指标为：产水量 $Q_p^* = 41.6 m^3/d$、透盐率 $S_p^* = 0.4\%$ 及膜压降 $P_d^* = 30 kPa$。18 支膜元件的实际产水量 $Q_p = (41.6 \pm 6.24) m^3/d$、实际透盐率 $S_p = (0.4 \pm 0.1)\%$ 与实际膜压降 $P_d = (30 \pm 5) kPa$。特定系统中 18 支膜元件的实际指标分别在三维空间波动范围内随机分布的具体数值如表 12.1 所列。

表 12.1 特定系统中 18 支膜元件的三项具体性能指标

元件序号	1	2	3	4	5	6
产水量/（m^3/d）	42.26	41.62	40.14	46.72	40.71	45.21
透盐率/%	0.39	0.31	0.48	0.38	0.30	0.40
膜压降/kPa	29	26	31	28	28	34
元件序号	7	8	9	10	11	12
产水量/（m^3/d）	42.94	42.00	42.00	47.86	43.24	42.00
透盐率/%	0.35	0.32	0.44	0.40	0.42	0.41
膜压降/kPa	33	29	32	32	28	31
元件序号	13	14	15	16	17	18
产水量/（m^3/d）	45.78	42.00	42.03	41.43	45.78	47.48
透盐率/%	0.50	0.34	0.39	0.43	0.49	0.38
膜压降/kPa	33	28	33	26	32	35

在 2-1/6 结构系统中的 12 个流程位置上，各元件指标对系统透盐率的三项偏导数 $\partial P_s^*/\partial Q_{pj}$、$\partial P_s^*/\partial S_{pj}$ 及 $\partial P_s^*/\partial D_{mj}$ 的量值示于表 12.2。

表 12.2 特定系统中系统透盐率对各流程位置上膜元件各项性能指标的偏导数

系统流程位置	1	2	3	4	5	6
对产水量的偏导数	0.116	0.097	0.081	0.065	0.039	0.013
对透盐率的偏导数	0.675	0.775	0.875	1.000	1.200	1.450
对膜压降的偏导数	0.063	0.070	0.073	0.070	0.060	0.047
系统流程位置	7	8	9	10	11	12
对产水量的偏导数	-0.013	-0.048	-0.077	-0.114	-0.159	-0.206
对透盐率的偏导数	1.900	2.150	2.475	2.850	3.325	3.900
对膜压降的偏导数	0.250	0.210	0.167	0.120	0.073	0.023

经典意义的偏导数应是根据理想中的系统透盐率函数解析式求取，但由于该函数解析式极其复杂，故所谓偏导数是以增量 $\partial P_s^*/\partial Q_{pj} \approx \Delta P_s^*/\Delta Q_{pj}$ 等形式表征。且因该函数与三个单一变量均为非线性关系，则偏导数的数值与增量 ΔQ_{pj} 所取的增幅相关。鉴于各膜元件

的产水量指标在 $Q_p = (41.6 \pm 6.24)\text{m}^3/\text{d}$ 范围内随机分布，且经过分析比较，增量取其单向波动范围的中值 $\Delta Q_{pj} = 3.12\text{m}^3/\text{d}$ 为宜。类似的有 $\Delta S_{pj} = 0.05\%$ 及 $\Delta D_{mj} = 2.5\text{kPa}$。

如果仅按照元件透盐率指标从系统流程首端至末端降序排列，可视为元件安装方案中的一种次优方案；如果仅按照元件透盐率指标从系统流程末端至首端降序排列，可视为元件安装方案中的一种次劣方案。次优与次劣方案的元件排列顺序见表 12.3。

表 12.3　不同算法对应的特定系统中各膜元件优劣安装位置方案

系统流程位置	1		2		3		4		5		6	
全微分最劣位置元件	08	02	14	05	18	07	10	04	15	06	01	11
透盐率次劣排序元件	05	02	14	08	18	07	15	04	01	06	10	12
透盐率次优排序元件	13	17	03	09	16	11	12	10	01	06	15	04
全微分最优位置元件	13	03	09	17	12	16	01	11	15	06	10	18

系统流程位置	7	8	9	10	11	12
全微分最劣位置元件	12	09	16	17	13	03
透盐率次劣排序元件	11	16	09	03	17	13
透盐率次优排序元件	18	07	14	08	02	05
全微分最优位置元件	04	14	07	08	02	05

根据表 12.1 与表 12.2 数据，采用式（12.5）所示 0-1 整数规划模型算得系统中 18 个膜元件的最优安装位置方案示于表 12.3。如将上述式（12.5）的规划目标改为系统透盐率最高即 $\max dP_s$，得出的最劣安装位置也示于表 12.3。

如果将平均性能指标各元件对应的系统透盐率，视为不同性能指标元件 $N!$ 种安装位置方案对应的系统透盐率的均值，则表 12.4 给出的 5 组数值表明：全微分法的膜元件最优安装方案对应的系统透盐率，较 $N!$ 种安装方案的系统透盐率平均值下降 $(1.1548 - 1.0713)/1.1548 = 7.23\%$，较最劣安装方案的透盐率下降 $(1.2471 - 1.0713)/1.2471 = 14.1\%$，从而充分证明了按照全微分法进行元件优化安装方案对于降低系统透盐率的效果，特别是避免了安装位置随意化可能造成的系统透盐率过高。同时，如果仅根据元件透盐率进行安装位置优化，也能得到较低的系统透盐率。

表 12.4　不同算法对应膜元件优劣安装位置方案的系统透盐率

项目	全微分最优元件位置	按照透盐率次优排序	按照各元件均值排序	按照透盐率次劣排序	全微分最劣元件位置
系统透盐率/%	1.0713	1.0746	1.1548	1.2418	1.2471
透盐率降幅/%	7.23	6.94	0	-7.53	-7.99

计算数据表明：如果特定系统中 CPA3 元件的平均透盐率 S_p 由 0.4% 降至 0.3708%，则各元件均值系统的透盐率方可达到 1.0713%；如果特定系统中 CPA3 元件的平均透盐率 S_p 由 0.4% 升至 0.4328%，则各元件均值系统的透盐率方可达到 1.2471%。换言之，采用最优元件位置方案时，相当于提高了膜产品的硬件性能指标；采用最劣元件位置方案时，相当于降低了膜产品的硬件性能指标。

本节所举的特定系统算例是基于新膜系统，旧膜系统中各元件性能指标的差异会更大，优化元件配置的效果会更加明显。尽管不同性能元件安装位置的优化效果有限，但工程公司新装系统时，或清洗公司重装系统时，系统透盐率指标的有限差异就可能决定了用户方对系统质量的评判。

12.1.5 优化配置与两段通量比

观察图 12.3 所示曲线不难想到，如将产水量较小与较大膜元件分别配置于系统流程的首端与末端，系统前后两段的通量之比将趋于平衡。因此，不同性能膜元件安装位置的优化，成为本书 7.1 节所述系统通量均衡工艺的又一项内容。

(1) 膜元件优化配置的数学模型

观察图 12.3 所示曲线可以意识到，不同透盐率元件的配置对段通量比的影响可以忽略，但不同膜压降元件的配置对段通量比尚有一定影响。严格意义上，以段通量比最小为目标的不同性能膜元件位置的优化仍可采用全微分与 0-1 整数规划方法。

同样设膜系统中共有 n 支膜元件，编号为 $i(i=1,2,\cdots,n)$；且系统中共有 m 个膜元件位置，编号为 $j(j=1,2,\cdots,m)$。这里的全微分法，首先要分别计算系统流程各位置 j 上，膜元件 i 的产水量 Q_i 及膜压降 D_i 在其平均值基础上单位增量对段通量比 R_f 的偏导数。设系统中各元件两项性能指标都取其平均值 Q_p^* 及 D_m^* 时对应着段通量比 R_f^*，当只有流程位置 j 上某元件 i 的产水量发生单位增量 ΔQ_{pj} 时，段通量比将产生增量 ΔR_f^*。

当 ΔQ_{pj} 趋于无穷小时有段通量比 R_f^* 对位置 j 上元件产水量 Q_{pj} 的偏导数：

$$\lim_{\Delta Q_{pj}\to 0}\frac{\Delta R_f^*}{\Delta Q_{pj}}=\frac{\partial R_f^*}{\partial Q_{pj}} \tag{12.6}$$

依此类推，可得段通量比 R_f^* 对位置 j 上元件膜压降 D_{mj} 的偏导数：

$$\lim_{\Delta D_{mj}\to 0}\frac{\Delta R_f^*}{\Delta D_{mj}}=\frac{\partial R_f^*}{\partial D_{mj}} \tag{12.7}$$

进而可以得出段通量比 R_f^* 对各位置 j 上各元件 i 的产水量 Q_{pj} 及膜压降 D_{mj} 两项指标的全微分（这里彻底忽略了元件透盐率对段通量比的影响）：

$$dR_s^*=\sum_{i=1}^{N}\sum_{j=1}^{M}\left(\frac{\partial R_f^*}{\partial Q_{pj}}dQ_{pi}+\frac{\partial R_f^*}{\partial D_{mj}}dD_{mi}\right) \tag{12.8}$$

由于系统中，任何一个系统流程位置上只能配置 1 支元件，且任何 1 支元件只能置于 1 个流程位置，故以段通量比 R_f^* 最低为目标的最优元件位置属于 0-1 整数规划问题：

$$\mathrm{min}dR_f^*=\sum_{i=1}^{N}\sum_{j=1}^{M}\left(\frac{\partial R_f^*}{\partial Q_{pj}}dQ_{pi}+\frac{\partial R_f^*}{\partial D_{mj}}dD_{mi}\right)X_{ij}$$

$$\mathrm{st}\begin{cases}\sum_{i=1}^{N}X_{ij}=1 & (i=1,2,3,\cdots,N)\\[2mm]\sum_{j=1}^{M}X_{ij}=1 & (j=1,2,3,\cdots,M)\\[2mm]X_{ij}=0/1 & (i=1,2,3,\cdots,N;j=1,2,3,\cdots,M)\end{cases} \tag{12.9}$$

式中，X_{ij} 为元件安装位置变量，元件 i 配置于 j 位置时 X_{ij} 为 1，否则为 0。

全微分法的计算过程中，首先需要对 M 个流程位置分别进行 2 项性能指标的偏导数计算 $2M$ 次，最后需要进行一次 $N\times M$ 个变量的 0-1 整数规划计算。这里，段通量比 R_f^* 及偏导数的求取需使用"膜系统的运行模拟软件"的 $1+2M$ 次计算，而整数规划可采用 matlab 等商业软件 1 次完成。

该数学模型合成了全微分与整数规划，故以段通量比最小为目标的不同性能膜元件位置的优化方法同样称为"全微分-整数规划法"。

（2）膜元件优化配置的实际算例

这里给出以系统段通量比最低为目标的膜元件最优配置方案的计算示例。所设特定系统参数仍为表 12.1 所列数据，只是省略了元件透盐率的相关参数。该系统的 12 个流程位置上，各元件指标对段通量比 R_f^* 的两项偏导数 $\partial R_f^* / \partial Q_{pj}$ 与 $\partial R_f^* / \partial D_{mj}$ 的量值列于表 12.5。

表 12.5　特定系统中系统段通量比对各流程位置上元件各项性能指标的偏导数

系统流程位置	1	2	3	4	5	6
对产水量的偏导数×10⁻⁴	0.1235	0.1218	0.1193	0.1191	0.1188	0.1186
对膜压降的偏导数	0.0074	0.0153	0.0202	0.0227	0.0211	0.0195
系统流程位置	7	8	9	10	11	12
对产水量的偏导数×10⁻⁴	−0.1896	−0.1792	−0.1706	−0.1648	−0.1591	−0.1552
对膜压降的偏导数	0.1254	0.0865	0.0575	0.0349	0.0155	0.0058

由式（12.9）可知，两个偏导的数值与增量 ΔQ_{pj} 与 ΔD_{mj} 所取增幅相关。鉴于各膜元件的产水量指标在 $Q_p = (41.6 \pm 6.24) \, \text{m}^3/\text{d}$ 与 $D_m = (30 \pm 5) \, \text{kPa}$ 范围内随机分布，故增量仍取其单向波动范围的中值 $\Delta Q_{pj} = 3.12 \, \text{m}^3/\text{d}$ 与 $\Delta D_{mj} = 2.5 \, \text{kPa}$。

根据表 12.1 与表 12.2 数据，采用式（12.5）所示 0-1 整数规划模型算得系统中 18 个膜元件的最优安装位置方案示于表 12.6。如将上述式（12.9）的规划目标改为段通量比最高即 $\max dP_s$，得出的最劣安装位置示于表 12.6。

表 12.6　不同算法对应的特定系统中各元件优劣安装位置方案

系统流程位置	1		2		3		4		5		6	
全微分最劣位置元件	10	18	04	17	06	13	07	11	01	15	08	12
产水量次劣排序元件	10	18	04	17	06	13	07	11	01	15	14	12
产水量次优排序元件	03	05	02	16	08	09	12	14	01	15	07	11
全微分最优位置元件	03	05	09	16	02	12	08	14	01	15	07	11
系统流程位置	7		8		9		10		11		12	
全微分最劣位置元件	03		05		09		16		02		14	
产水量次劣排序元件	09		08		02		16		05		03	
产水量次优排序元件	06		13		17		04		18		10	
全微分最优位置元件	10		18		04		17		13		06	

如将仅按照元件产水量指标从系统流程首端至末端升序排列，视为元件排序方案中的一种次优方案；并将仅按照元件产水量指标从系统流程首端至末端降序排列，视为元件排序方案中的一种次劣方案；两种排序方案也列于表 12.6。

如果将平均性能指标各元件对应的段通量比视为不同性能指标元件 $N!$ 种安装位置方案对应的段通量比均值，则表 12.7 给出的 5 组数值表明：全微分法的膜元件最优安装位置方案对应的段通量比较各元件均值段通量比下降 $(1.3248 − 1.2167)/1.3248 = 8.16\%$，较最劣安装位置方案的段通量比下降 $(1.4497 − 1.2167)/1.4497 = 16.1\%$，从而充分证明了按照全微分法进行元件优化安装位置对于降低段通量比的效果，特别是避免了安装位置随意化可能造成的段通量比过高。同时，如果仅根据元件产水量进行安装位置优化，也能得到较低的段通量比。

表 12.7　不同算法对应膜元件优劣安装位置方案的系统段通量比

项目	全微分最优元件排序	按产水量升序排列	按各元件均值排序	按产水量降序排列	全微分最劣元件排序
系统段通量比	1.2167	1.2220	1.3248	1.4399	1.4497
段通量比降幅/%	＋8.16	＋7.76	0	－8.69	－9.43

本节所举的特定系统算例是基于新膜系统，旧膜系统中各元件性能指标的差异会更大，优化元件配置的效果会更加明显，这里不再赘述。

12.1.6　洗后及新旧元件的配置

污染膜元件经离线清洗后，由于运行年份、污染性质、污染程度、清洗效果等多种因素的影响，元件的产水量、透盐率与膜压降三项指标的差异一般大于新膜元件，而且清洗结束时一般可测得元件的三项指标。因此，离线清洗后的膜元件更有必要按照 0-1 整数规划模式重新进行安装配置。

此外，离线清洗不可能将原有污染彻底清除。本书 10.4 节已经讨论过，离线清洗后将元件原位配置与换位配置的各自优劣。因此，按照式(12.5) 或式(12.9) 进行的元件优化配置，主要是优化了系统重装后短时间内的运行效果，优化长期运行效果的数学模型还有待进一步讨论。

如本书第 10 章所述，一般膜系统中后段元件的污染总是较前段元件重、经过长期运行及反复清洗后的后段元件性能衰减幅度也远大于前段元件。由于新膜元件的产水量、透盐率与膜压降三项指标普遍优于旧膜元件，根据元件优化配置的理论，如果只更换部分元件，应该保持系统前段及前端元件的原有位置，只更换系统末段或末端元件。

如果仅仅为了操作方便，而以膜壳为单位进行换膜，将造成并联膜壳之间产水流量即污染速率的严重失衡。这种换膜方式，不仅换膜的直接效果欠佳，还会加速系统污染。图 12.4 示出对错不同的换膜方式。

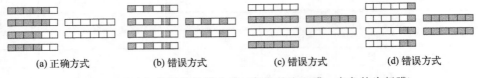

(a) 正确方式　　　　(b) 错误方式　　　　(c) 错误方式　　　　(d) 错误方式

图 12.4　正确与错误的换膜方式（灰色的为旧膜，白色的为新膜）

12.1.7　系统中的元件更换方式

对于泵特性运行系统而言，运行的限制性指标主要包括最小产水流量与最差产水水质，对于恒通量运行系统而言，运行的限制性指标主要包括最高工作压力与最差产水水质。当系统运行指标不能达到要求时，需要进行相应的在线清洗或离线清洗，而当清洗过于频繁时则需要膜元件更换。膜元件的更换有两种方式，一种是全部元件的整体更换，其系统操作简单且技术效果明显；另一种是部分元件的分批更换，其系统操作复杂而经济效果明显。

为了便于分析比较，系统运行模拟针对特定的参考系统 [1000mg/L，15℃，15m³/h，ESPA1，2-1/6，75%，且膜元件的透盐年增率 7%，透水年衰率 10%，全年运行 8760h，平均电价 0.8 元/(kW·h)，膜元件单价 4000 元]。相关的系统模拟计算采用笔者开发的"系统运行模拟软件"。

（1）整体换膜方式的经济技术分析

参考系统运行过程中的经济技术数据示于表 12.8。如以产水含盐量 23.63mg/L 为系统运行指标上限，则系统运行至 3 年末时应该进行膜元件的整体更换。每 3 年整体换膜方式的相关参数为：系统运行期内的产水含盐量范围是 19.15～23.63mg/L，段通量比范围是 1.48～1.64，平均年换膜成本 2.4 万元，平均年耗电成本 4.2 万元。而且，随后的每 3 年期，上述现象重复再现。

表 12.8　每 3 年整体换膜方式的经济技术分析数据

时间	1 年初	1 年末	2 年末	3 年末	随后每 3 年间
工作压力/MPa	0.802	0.840	0.884	0.936	0.802～0.936
产水含盐量/(mg/L)	19.15	20.70	22.20	23.63	19.15～23.63
首段膜通量/[L/(m² · h)]	25.784	25.569	25.346	25.128	25.78～25.13
末段膜通量/[L/(m² · h)]	15.702	16.135	16.567	17.007	15.70～17.01
段通量比	1.6421	1.5847	1.5299	1.4775	1.642～1.478
电能耗率/(kW · h/m³)	0.37	0.39	0.41	0.43	0.37～0.43
全年电费/万元		3.99	4.20	4.42	3.99～4.42

（2）分批换膜方式的经济技术分析

在每年分批换膜方式下，如系统膜元件数量为 M 支，且全部更换周期为 N 年，则每年换膜数量为 $K = M/N$。如设全部膜元件三年更换一遍，每年更换全部膜元件的 1/3。根据不同性能指标膜元件的最优系统配置理论，换膜时的最新膜元件应置于系统流程末端，半旧膜元件应置于系统流程中间，最旧膜元件应置于系统流程首端。

表 12.9 数据为每运行年末更换 1/3 膜元件的系统运行参数。该换膜方式之下，系统运行指标每年下降直至第 3 年方能达到稳定状态，且其后各年与第 3 年相同。比较表 12.8 与表 12.9 数据可知，分批换膜方式的产水含盐量、段通量比、电能耗率等技术指标的数值居中且波动较小，属于较理想方式。但由于换膜费用发生较早，如计及费用利率，则其经济指标较差。

表 12.9　每年换膜 1/3 方式的经济技术分析数据

时间	1 年初	1 年末	2 年初	2 年末	3 年初	3 年末	以后各年
工作压力/MPa	0.802	0.840	0.830	0.874	0.848	0.892	0.848～0.892
产水含盐量/(mg/L)	19.15	20.70	19.22	20.71	19.30	20.80	19.30～20.80
首段膜通量/[L/(m² · h)]	25.784	25.569	25.203	25.002	24.916	24.000	24.00～24.92
末段膜通量/[L/(m² · h)]	15.702	16.135	16.849	17.408	17.501	18.050	17.50～18.05
段通量比	1.6421	1.5847	1.4958	1.4362	1.4237	1.3296	1.330～1.424
电能耗率/(kW · h/m³)	0.37	0.39	0.41	0.40	0.39	0.41	0.39～0.41
年耗电费/万元	3.99		4.26		4.20		4.20

（3）不同的定时分批换膜方式比较

系统的换膜方式也可分为：三年一换每次更换 1/1，两年一换每次更换 1/2，一年一换每次更换 1/3，半年一换每次更换 1/6。图 12.5 与图 12.6 分别表示一年一换的较长周期及半年一换的较短周期两种方式的系统产水含盐量与段通量比指标。

两图所示曲线表明，较长周期大批量换膜方式的系统产水含盐量与平均通量比波动较大，其峰值均高于短周期小批量方式。换言之，换膜的周期越短或频率越高，系统的产水含

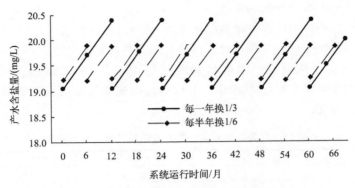

图 12.5　长短换膜时间的产水含盐量

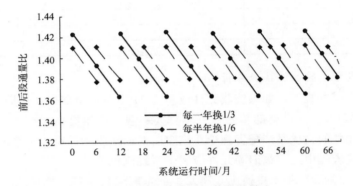

图 12.6　长短换膜时间的段通量比

盐量及段通量比两指标越平稳，指标上限越低。

另一方面，过于频繁地更换膜元件，将因操作过于繁复导致相关器件过早损坏，故换膜周期也不宜过短。

12.2　管道结构参数的优化

反渗透膜系统中连接膜壳的管路也是系统的重要组成部分，而管路结构又分为管道与壳联两种形式。如图 12.7 所示，管道形式中各膜壳的给水及浓水分别由母管与支管导入或导出，膜壳的产水由产水的支管及母管导出。

12.2.1　系统管道结构的影响

系统管道不仅为给水、浓水及产水提供径流通道，管道中形成的压降也在一定程度上影响着每只膜壳的给水、浓水及产水压力，从而影响着系统的运行状态，特别是造成了同段各膜壳中膜元件平均通量的差异。这种差异，不仅会降低系统的脱盐率，还将造成各膜壳间运行负荷及污染负荷的失衡。

本书第 10 章中图 10.3 示出了某系统前段 5 只不同安装高程膜壳运行污染后的膜元件质量分布。造成该质量差异即污染物质量差异的原因是，给浓水管道压降差异造成各膜壳元件的通量差异及污染负荷差异。而且，重污染膜壳中元件浓水流道内的污染物加大了流道阻

图 12.7 反渗透系统的管道结构

力，降低了流道中的给浓水流速，进一步加快了重污染膜壳中元件的污染速度，进而缩短了系统清洗周期与换膜周期。

因此，研究反渗透系统管道结构问题时，不仅应计算设备成本，更应该关注同段系统中各膜壳的通量均衡程度，尽量降低膜壳的通量失衡程度即污染失衡程度。

系统管道的结构形式中存在系统给浓水径流的不同方向。根据系统排气的需要，系统各段给浓水径流方向应是下进/上出，但还需从均衡通量观点具体分析给浓水径流方向的优劣。本节关于管道结构的计算，均基于本书第 11 章关于管道压降的数学模型及"模拟软件"计算。

12.2.2 给浓水管道压差分析

设某系统参数为：产水量 $70 m^3/h$，系统回收率 75%，两段膜堆 10-5/6 排列，首段各膜壳平均给水流量 $10.3 m^3/h$，首段 10 层膜壳中下层序号为 1、上层序号为 10，层间距 300mm，支管径 DN40，给水母管径流方向自下而上。如该系统的母管径分别为 DN100、DN125、DN150，则平均流速分别为 $1.82 m/s$、$1.16 m/s$、$0.81 m/s$，采用本书第 11 章中式 (11.47) 计算的系统首段膜堆中各膜壳给水侧的管道水头损失示于表 12.10。该表数据表明，管道系统中高差水头损失、速度水头损失、三通弯路损失占总水头损失的主要部分。因给水径流自下而上，高程压力损失与沿程压力损失方向一致，母管直径越大，各膜壳给水压力差越小。

表 12.10 系统首段膜堆各膜壳的给水侧管道水头损失列表 单位：m

母管直径	容器序号	高差损失	速度损失	母管沿程	三通直路	三通弯路	支管沿程	最大壳压差/MPa
100mm	1	0.30	−3.323	0.3432	0.0000	2.3410	0.1676	0.056
	10	3.00	−3.323	1.3215	1.5528	3.1923	0.1676	
125mm	1	0.30	−2.234	0.1125	0.0000	2.3410	0.1676	0.044
	10	3.00	−2.234	0.4330	0.6360	3.1923	0.1676	
150mm	1	0.30	−1.077	0.0452	0.0000	2.3410	0.1676	0.039
	10	3.00	−1.077	0.1740	0.3067	3.1923	0.1676	

　　各膜壳之间 0.06MPa 量级的给水压差，对于 1.5MPa 工作压力的高压膜系统的影响如可忽略，则对 1.0～0.7MPa 工作压力的低压或超低压膜系统中各膜壳间产水通量，将产生一定程度的影响，且将造成 0.5MPa 工作压力的纳滤膜系统各膜壳间产水通量的严重失衡。

　　采用式(11.48) 计算的系统首段膜堆中，浓水径流自上而下，各膜壳浓水侧的管道水头损失示于表 12.11。该表数据表明，由于浓水流量低于给水流量，相同母管直径条件下的浓水侧管压降较小。因高程压力损失与沿程压力损失方向相反，母管直径越大，由高程压力损失为主要作用的各膜壳浓水压力差越大。

表 12.11　系统首段膜堆各容器浓水侧管道水头损失列表　　　　　单位：m

母管直径	容器序号	高差损失	速度损失	母管沿程	三通直路	三通弯路	支管沿程	最大壳压差/MPa
100mm	1	−0.30	0.6104	0.0630	0.3002	0.5003	0.0308	0.0211
	10	−3.00	0.6104	0.2427	1.1558	0.0130	0.0308	
125mm	1	−0.30	0.0190	0.0207	0.1230	0.2049	0.0308	0.0244
	10	−3.00	0.0190	0.0795	0.4734	0.0053	0.0308	
150mm	1	−0.30	−0.1934	0.0083	0.0593	0.0988	0.0308	0.0255
	10	−3.00	−0.1934	0.0320	0.2283	0.0026	0.0308	

　　值得注意的是，与系统流程中部元件的较大膜压降对于系统脱盐率及通量比极为不利相似，两段结构之间管道（即首段浓水管道及末段给水管道）的压力损失对于系统脱盐率及段通量比的影响较大。因此，两段之间管道的压力损失既影响各段的通量均衡，也影响段中各膜壳的通量均衡，是一个较为敏感的区域。

12.2.3　膜段的各项管道压降

　　本书 12.2 节以下部分讨论以表 12.12 所列"算例系统"设计参数为基础的具体算例分析。其中，给浓水径流的"下进上出"表示给水下端进水与浓水上端出水，产淡水径流的"顺向下出"表示产水自给水侧流向浓水侧且下端出水。

表 12.12　算例系统的运行参数（工作压力 1.0737MPa，产水含盐量 11.645mg/L）

给水含盐量/ (mg/L)	1000	产水通量/ [L/(m²·h)]	20	系统结构	10-5/6	给母管径/mm	125.6/84.4	给母流速/ (m/s)	2.0
给水温度/℃	15	系统回收率/%	75	给浓径流	下进上出	浓母管径/mm	84.4/63.1	浓母流速/ (m/s)	2.0
产水流量/ (m³/h)	67	元件品种	CPA3	产淡径流	顺向下出	产母管径/mm	93.2/56.1	产母流速/ (m/s)	2.0

　　表中各母管管径符号 ＊＊＊/＃＃＃ 中，＊＊＊ 代表一段管径，＃＃＃ 代表二段管径。据此，给水、浓水及产水的一段与二段母管最高流速均为 2.0m/s。图 12.8 示出的算例系统的第一段膜堆为直列 10 层，各膜壳高程相差 300mm。这里，重点讨论给、浓、产水管道的径流方向对系统运行工况的影响。

　　算例系统的各段给水与浓水径流分别存在下进上出（FL-CH）、下进下出（FL-CL）、上进上出（FH-CH）、上进下出（FH-CL）四种方向的组合。表 12.13 示出给水下进浓水上出（FL-CH）及产水顺向下出径流条件下的第一段系统各膜壳的各项压降参数。

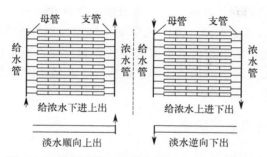

图 12.8　算例系统一段膜堆与给浓产水径流方向

表 12.13　算例系统中的给水管道压降与浓水管道压降（FL-CH）　　　单位：kPa

项目		高程压降	速差压降	母管沿程	三通直路	三通弯路	母支变径	支管沿程
水管	第 10 壳	29.430	−0.205	0.722	0.091	0.027	0.802	0.240
	第 9 壳	26.487	−0.214	0.720	0.091	0.071	0.798	0.238
	第 8 壳	23.544	−0.223	0.712	0.096	0.154	0.794	0.237
	第 7 壳	20.601	−0.231	0.695	0.103	0.274	0.791	0.236
	第 6 壳	17.658	−0.237	0.665	0.107	0.432	0.788	0.235
	第 5 壳	14.715	−0.243	0.618	0.107	0.628	0.785	0.235
	第 4 壳	11.772	−0.248	0.550	0.099	0.861	0.783	0.234
	第 3 壳	8.829	−0.252	0.458	0.081	1.131	0.781	0.233
	第 2 壳	5.886	−0.254	0.338	0.049	1.438	0.780	0.233
	第 1 壳	2.943	−0.256	0.187	0.000	1.783	0.779	0.233
第一段浓水管道压降	第 10 壳	2.943	1.609	0.275	0.000	−1.108	0.216	0.049
	第 9 壳	5.986	1.613	0.497	0.236	−0.838	0.213	0.049
	第 8 壳	8.829	1.617	0.672	0.444	−0.605	0.211	0.048
	第 7 壳	11.772	1.621	0.805	0.626	−0.409	0.209	0.048
	第 6 壳	14.715	1.624	0.902	0.782	−0.249	0.207	0.047
	第 5 壳	17.658	1.626	0.970	0.912	−0.125	0.206	0.047
	第 4 壳	20.601	1.628	1.013	1.017	−0.036	0.204	0.047
	第 3 壳	23.544	1.630	1.037	1.098	0.017	0.203	0.047
	第 2 壳	26.487	1.632	1.048	1.154	0.036	0.202	0.046
	第 1 壳	29.430	1.633	1.051	1.187	0.021	0.202	0.046

如表 12.13 所列，各母管最高 2m/s 流速条件下，算例系统各膜壳对应管道压降中高程压降数值远大于其他压降数值，故有图 12.9 所示规律：无论给浓水径流方向如何，底层膜壳的给浓水压力总大于顶层膜壳的给浓水压力（图 12.9 曲线斜率的内涵）。

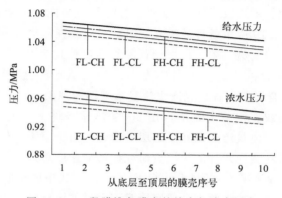

图 12.9　一段膜堆各膜壳的给水与浓水压力

但是，对于特定膜壳而言，其给水、浓水及产水管道处于同一高程位置，给浓水的高程压力与产淡水的高程压力完全抵消，对于纯驱动压即产水量并无影响。表 12.13 中的第 2、第 6、第 7 项压降与膜壳给浓水流量或给浓水流速相关，即与流量和管径相关；而第 3、第 4 及第 5 项的母管沿程压降与三通局部压降（包括三通直路压降与三通弯路压降）同时与母管径流的方向及流速相关。

12.2.4 径流方向的系统影响

（1）产水径流方向的影响

产水径流是系统的给、浓、产水三大径流之一。除产水管道的高程压降抵消了给浓水的高程压降外，其他压降项形成系统产水的附加背压。产水径流的方向还存在顺向与逆向及上出与下出的区别，产水顺向时其流向与给浓水流向一致，产水逆向时则相反。产水下出时产水从膜堆底端流出；产水上出时从顶端流出。表 12.14 给出的算例系统中各种产水径流方向组合的运行参数表明，产水上出时产水管道中形成较高产水背压，故系统工作压力较高。

表 12.14 算例系统各种产水径流方向条件下的运行参数

径流方向	顺向下出	顺向上出	逆向下出	逆向上出
工作压力/MPa	1.074	1.101	1.073	1.101
透过盐率/%	1.165	1.151	1.166	1.153

由于膜元件内部螺旋形产水流道狭长，产水格网中的产水流速快于中心管内水中盐分向元件内部的扩散速度。因此，无论中心管内径流为顺向还是逆向，均不会影响膜过程中产水侧淡水的盐浓度与渗透压，而只有中心管内的压力对膜过程的影响。

产水径流顺向时，壳内各元件的产水背压自给水端至浓水端依次递减，该趋势与壳内各元件的给浓水压力的递减趋势一致，各元件产水的纯驱动压较为均衡，产水通量分布较为均衡，故系统透盐率略低。反之，产水径流逆向时的系统透盐率略高。该现象符合"系统通量均衡程度与系统脱盐率正相关"理论。

（2）壳产水量与污染负荷

由于除高程压降之外，其他各项压降方向多与径流方向一致，故排除被产水高程抵消掉的给浓水高程压降后，下进上出（FL-CH）组合的底层膜壳给浓水平均压力自然最高，上进下出（FH-CL）组合的底层膜壳给浓水平均压力自然最低。下进下出（FL-CL）与上进上出（FH-CH）组合时，各膜壳给水及浓水压力的高低则取决于母管沿程压降与三通局部压降的合成效果。由此，即形成了图 12.9 所示各种径流方向组合对应给浓水压力曲线的高低差异，且形成了图 12.10 所示各种径流方向组合对应膜壳产水流量的高低差异。

由于算例系统中各段的给、浓、产水母管的最高流速均为 2m/s，在排除被抵消掉的高程压降后，特定径流组合的位置高低各膜壳产水的纯驱动压已较为接近，故而呈现出图 12.10 所示特定径流组合对应的各膜壳产水流量基本均衡现象。

但是，图 12.10 曲线在细节上显示，在 2m/s 流速条件下，无论管道径流方向如何组合，膜堆底层膜壳的产水流量还总是高于上层各膜壳。由于膜壳元件的产水流量与其元件的污染负荷正相关，故底层膜壳元件的污染负荷或称污染速度总是大于上层膜壳元件。由于图 12.10 所示给水上进两径流组合（FH-CH 与 FH-CL）方式中底层膜壳产水流量高于上层膜壳产水量的现象更加明显，故该两组合的底层膜壳元件的污染负荷也更大。

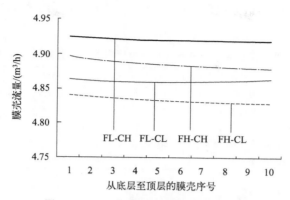

图 12.10　一段膜堆各膜壳的产水流量

(3) 全壳错流比与膜污染

在算例系统中，系统参数、膜堆结构、元件性能与管道压降合成的结果形成了图 12.11 所示一段膜堆中各膜壳给浓水两侧压力的差异。由于膜壳给浓水两侧压差与膜壳给浓水平均流量正相关，因而形成与图 12.11 曲线相仿的一段膜堆各膜壳给浓水平均流量差异。由于给浓水平均流量为膜表面的切向流，有利于降低膜表面的浓差极化度，与膜清污力度正相关，各壳给浓水平均流量的差异意味着各壳运行过程中的清污力度的差异。

由于膜的污染速度与膜面垂向的产水流量正相关，而膜的清污力度与膜面切向的给浓水流量正相关，为了更全面地表征膜壳内各膜元件运行过程中的清污力度，仿照单一膜元件运行指标的浓淡比指标，在计及管道压降的系统中可定义膜壳运行的"全壳错流比"指标，即膜壳给浓水平均流量 $\overline{Q}_{fc}=(Q_f+Q_c)/2$ 与膜壳产水流量 Q_p 的比值 $k_{fc/p}$

$$k_{fc/p}=\overline{Q}_{fc}/Q_p=0.5\times(Q_f+Q_c)/Q_p \tag{12.10}$$

式中，Q_f、Q_c 与 Q_p 分别为膜壳中各元件总的给水、浓水与产水流量。

根据全壳错流比的定义，膜堆中各壳的全壳错流比值越高，膜清污力度越大；且各壳的全壳错流比越均衡，清污效果越均匀。根据图 12.12 所示各膜壳的壳均错流比指标，浓水下出两组合（FL-CL 与 FH-CL）的错流比值较高，而浓水上出（FH-CH 与 FL-CH）两组合的错流比值较低。换言之，目前实际工程中常用的下进上出（FL-CH）组合的膜清污力度最小。

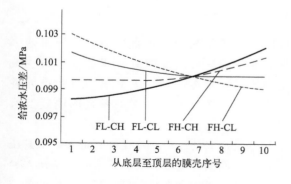

图 12.11　一段膜堆各膜壳的给浓水压差

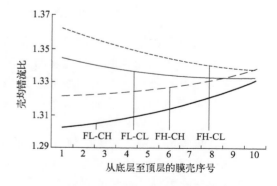

图 12.12　一段膜堆各膜壳的壳均错流比

表 12.15 给出的算例系统各种径流方向组合的运行数据中，冠以 * 符号的为相应项目的

最佳数值，冠以♯符号的为最差数值。因全壳产水量直接加剧了污染，而全壳错流比间接减缓了污染。

表 12.15　不同径流方向条件下一段系统及一段管道的运行参数（方差数值放大 1000 倍）

径流方向	工作 压力/MPa	透过 盐率/%	给浓水流量 均值/(m³/h)	给浓水流 量方差	全壳错流 比均值	全壳错流 比方差	全壳产水 量均值/(m³/h)	全壳产水 量方差
♯下进上出	♯1.074	♯1.165	6.496	1.869	♯1.314	♯0.0861	*4.9200	0.0054
*下进下出	1.062	1.153	6.496	*0.386	1.336	*0.0150	4.8607	*0.0012
上进上出	1.034	1.158	♯6.484	0.407	1.328	0.0228	4.8844	♯0.0276
上进下出	*1.024	*1.148	*6.510	♯1.895	*1.347	0.0658	♯4.8324	0.0104

（4）长期运行的污染积累

上述计算分析仅揭示了新膜系统中各膜壳初始污染趋势的差异，这些差异在短时间内并不会使系统运行产生大的变化。但是，系统长期运行过程中，污染层将逐渐形成并不断演化。

膜表面形成了污染层之后，一方面会增加透水阻力与降低全壳产水量（即降低污染速度），另一方面会增加流道阻力与降低全壳错流比（即降低清污力度），这两个相反趋势以及膜过程中的物理、化学与生物污染趋势的合成将最终决定系统污染的走向。

图 12.13 示出某上进下出径流、有机污染为主、母管 2m/s 流速的实际系统，一年运行后不同安装高程各膜壳元件积累的污染物质量曲线。综合分析图 12.10～图 12.13 曲线可以得出如下观点：尽管上进下出径流组合系统中底层膜壳的全壳错流比值较大（清污力度较大），但因底层膜壳的全壳产水量较高（污染速度较快）起主要作用，底层膜壳中元件的污染速度仍然较快，长期运行产生的底层膜壳中的污染物累计量仍然较多。

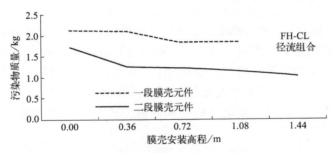

图 12.13　膜壳安装高程与污染物质量关系曲线

根据相关研究结论，系统的污染失衡造成的产水通量失衡，将直接造成系统脱盐率下降。而且，由于膜元件的污染程度与其清洗难度及清洗后的性能衰减程度呈非线性关系，严重的系统污染失衡会大幅增加重污染元件的清洗难度，且会大幅增加重污染元件清洗后的性能衰减程度，从而缩短系统中膜元件的平均运行寿命，增加系统的洗膜及换膜成本。

因此，反渗透系统运行模拟领域中，给水、浓水及产水的流向与流速等管道参数及其压降分析十分必要。分析的重点之一是降低同一各膜段中不同安装高程膜壳的各全壳产水量差异与各全壳错流比差异。分析的目标之一是优化管道设计，以均衡系统污染，降低系统的清洗与换膜成本。

12.2.5 管道结构优化的措施

综上所述，管道结构中各膜壳给水及浓水压力失衡的重要原因是给水及浓水管道中不可避免的沿程压力损失与局部压力损失。降低或平衡此两项压力损失的方法，除了合理选择给浓水母支管的管径及给浓水径流的流向之外，还有两项措施：一是给浓水母管采用沿程逐层变径；二是给浓水母管对应的沿程支管及沿程膜壳侧口采用逐层变径。变径的原则是压力较高膜壳对应的母管、支管及膜壳侧口的直径要小，使其压力损失增高；压力较低膜壳对应的母管、支管及膜壳侧口的直径要大，使其压力损失降低；从而使各膜壳给水压力与浓水压力趋于平衡。

12.3 壳联结构参数的优化

反渗透系统中另一种管路结构为壳联形式。图 12.14 所示壳联结构形式是由膜壳两侧口用连接器直接相连，而无需任何管道。早期的膜壳尚不能制造大规格侧口时，反渗透系统主要采用管道结构；当膜壳能够制成大规格侧口时，采用壳联结构则成为可能。

图 12.14 壳联结构反渗透系统

壳联结构具有结构简单、节省材料、便于安装等优势，但也受到侧口规格限制而具有较大压力损失等劣势。因此，选择适于壳联结构的系统规模、选用合适的侧口规格、设计合理的给水与浓水径流方向等，均为壳联结构领域中典型的系统优化设计问题。

与管道结构系统相同，壳联结构系统中的重要问题仍然是不同高程位置各膜壳的通量均衡问题。壳联结构中不同高程位置膜壳给水侧及浓水侧的压力不同的原因主要有四个部位压降：一是水体从侧口管段流入膜壳端部腔体时的扩径压降；二是水体从膜壳端部腔体流入侧口管段时的缩径压降；三是水体在膜壳给水侧端部腔体中的分流压降；四是水体在膜壳浓水侧端部腔体中的合流压降。四项压降对应的结构如图 11.8 所示，相关数学模型见本书 11.3.3 部分内容，这里不再赘述。

本书也设置了一个特定"算例系统"用于计算分析，其特定参数包括：给水含盐量 2000mg/L，给水温度 15℃，系统回收率 75%，系统通量 20L/(m² · h)，元件品种 CPA3。膜壳侧口包括 1.5in、2.0in、2.5in、3.0in 及 4.0in 五种规格，系统给浓水的径流方向包括图 12.15 所示"下进上出"等四类模式。

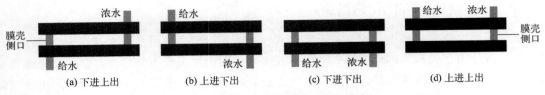

图 12.15　系统给水与浓水径流模式

本节重点针对 $13m^3/h$、$27m^3/h$、$40m^3/h$、$54m^3/h$ 及 $67m^3/h$ 五个产水量规模系统，即分别为 2-1/6、4-2/6、6-3/6、8-4/6 及 10-5/6 的系统结构进行分析，试图找到不同规模及结构系统的最佳膜壳侧口规格以及给浓水径流模式。

当忽略系统给浓水管道的影响时，这五个特定系统的透盐率均为 1.783%；单位产水能耗即系统能耗与产水流量之比均为 $0.454kW \cdot h/m^3$；系统前段中的各壳通量比为 1.0。

12.3.1　系统规模与侧口规格

假设各规模系统前后两段的给水与浓水径流方向均为常见的"下进上出"模式，且各膜壳侧口统一为某个规格。图 12.16～图 12.18 分别给出不同规模系统及不同规格侧口的系统透盐率、前段壳通量比及单位产水能耗。

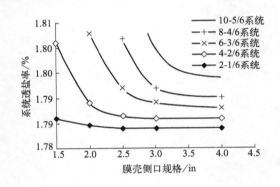

图 12.16　不同系统的透盐率指标

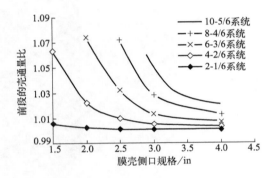

图 12.17　不同系统的首段壳通量比

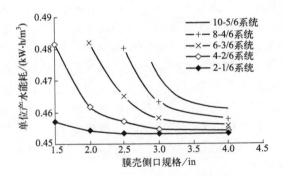

图 12.18　不同系统的单位产水能耗

首先，通过该三图曲线标出的数值可知，无论膜壳侧口采用何种规格，只要计及膜壳侧口及膜壳给浓水两侧腔体在某个给浓水流速条件下所产生的压力损失，系统的透盐率、壳通量比及单位产水能耗均高于不计管道影响的相应系统指标。

其次，该三图曲线表明，对于 $13.5m^3/h$ 产水量规模即 2-1/6 结构系统为而言，采用规格小于 2.0in 的膜壳侧口时，系统透盐率、壳通量比及单位产水能耗三项指标将有较大幅度上涨。因此，该系统采用 2.0in 的膜壳侧口规格较为合理，届时的系统给水侧口最高流速为 1.9m/s。

同理，$27m^3/h$ 规模即 4-2/6 结构系统中各膜壳可采用 2.5in 的侧口，系统给水侧口最高流速 2.5m/s；$40m^3/h$ 规模即 6-3/6 结构系统中各膜壳可采用 3.0in 的侧口，系统给水侧口最高流速 2.6m/s；而 $54m^3/h$ 规模即 8-4/6 结构系统与 $68m^3/h$ 规模即 10-5/6 结构系统中各膜壳则只能均采用 4.0in 的侧口（因为目前 8in 膜壳尚不能生产大于 4.0in 规格的侧口），系统给水侧口最高流速分别为 1.9m/s 与 2.4m/s。

根据图 12.17 所示曲线，如果各规模系统采用上述相应膜壳侧口规格，仍将造成系统前段各膜壳通量比值加大，且因产水通量失衡会加大系统透盐率，则必然形成图 12.16 所示相应系统的透盐率上升趋势。

由于系统前段及后段间的径流也流经相应膜壳侧口，前段及后段之间也有相应压降。

12.3.2　径流模式与运行指标

壳联结构系统中，除各规模系统应采用的侧口规格问题之外，还存在系统给水与浓水径流模式问题。根据本书 12.3.1 部分得出的不同规模系统的侧口规格，表 12.16 列出给水与浓水径流四类不同模式对应的系统运行指标。

表 12.16 数据表明，不同的给水与浓水径流模式对系统运行的多项指标均有一定程度的影响。例如，在 $67m^3/h$ 规模即 10-5/6 结构系统中，"上进下出"模式的系统透盐率与产水能耗最低，前段系统的壳通量最均衡。其他各规模系统中"上进下出"模式的三项技术指标也几乎是最优，由此可得出结论："上进下出"模式为各规模系统给水与浓水径流的优选模式。

表 12.16　四类不同给水与浓水径流模式下的系统运行指标

系统规模/ (m^3/h)	系统结构	侧口规格/in	径流模式	透盐率/%	首段壳通量比	单位产水能耗/ $(kW \cdot h/m^3)$	最高流速/ (m/s)
13.39	2-1/6	2.0	下进上出	1.785	1.002	0.454	1.922
			上进下出	1.783	0.999	0.453	
			下进下出	1.784	1.002	0.454	
			上进上出	1.785	0.999	0.453	
26.78	4-2/6	2.5	下进上出	1.786	1.010	0.457	2.460
			上进下出	1.782	0.995	0.454	
			下进下出	1.785	1.011	0.456	
			上进上出	1.785	0.994	0.455	
40.17	6-3/6	3.0	下进上出	1.789	1.014	0.458	2.562
			上进下出	1.783	0.996	0.454	
			下进下出	1.784	1.016	0.457	
			上进上出	1.787	0.994	0.455	
53.56	8-4/6	4.0	下进上出	1.790	1.013	0.458	1.922
			上进下出	1.781	1.002	0.452	
			下进下出	1.784	1.015	0.456	
			上进上出	1.786	1.000	0.453	
66.95	10-5/6	4.0	下进上出	1.794	1.021	0.461	2.402
			上进下出	1.781	0.999	0.453	
			下进下出	1.785	1.025	0.459	
			上进上出	1.789	0.994	0.455	

表 12.17 所列产水量 54m³/h 规模、8-4/6 结构及上进下出径流模式系统的运行参数（表底层膜壳序号为 1，顶层膜壳序号为 8）表明：在重力作用下，1 号膜壳位置的给水及浓水的静压最高，8 号膜壳位置最低；且沿高程位置的上升，膜壳所受静压呈线性降低。因系统给水与浓水为上进下出模式，在径流与阻力作用下，1 号膜壳位置的给水及浓水的动压最低，8 号膜壳位置最高；且沿高程位置的上升，膜壳所受动压呈非线性增长。

表 12.17　产水量 54m³/h 规模、8-4/6 结构及上进下出径流模式系统的运行参数表

膜壳序号	给水压力/MPa	浓水压力/MPa	平均通量/[L/(m²·h)]	产水流量/(m³/h)	给水流量/(m³/h)	浓水流量/(m³/h)	给母流速/(m/s)	浓母流速/(m/s)
8	1.2194	1.1199	22.676	5.0614	9.0209	3.9595	2.45	0.136
7	1.2187	1.1210	22.649	5.0553	8.9570	3.9017	2.14	0.269
6	1.2185	1.1221	22.636	5.0523	8.9129	3.8606	1.83	0.402
5	1.2188	1.1231	22.635	5.0521	8.8876	3.8355	1.53	0.533
4	1.2194	1.1239	22.645	5.0543	8.8800	3.8257	1.22	0.664
3	1.2203	1.1246	22.664	5.0586	8.8891	3.8305	0.92	0.795
2	1.2215	1.1251	22.691	5.0646	8.9136	3.8490	0.61	0.927
1	1.2227	1.1253	22.723	5.0718	8.9522	3.8804	0.31	1.060

在各膜壳给水及浓水的静压与动压的合成作用之下，沿膜壳序号的各膜壳通量均呈现出二次曲线变化过程，进而使系统前段膜壳中顶层膜壳中的元件通量最高即污染较快，而中间的 5 层膜壳中的元件通量最低即污染较慢。

12.3.3　设计参数与结构优化

上述计算数据及分析结论均针对特定的系统设计参数，不同的系统设计参数将会得出不同的分析结论。例如，系统平均通量较小时，各膜壳侧口流速会降低，可能会选择较小规格的膜壳侧口。再如，系统回收率较低时，系统给水膜壳侧口的流速会提高，可能会选择较大规格的膜壳侧口。总之，针对不同的系统设计参数可能得到不同的膜壳侧口规格等壳联结构，而具体侧口规格选取应该参考本节前述分析方法。

此外，由于系统后段膜壳侧口的流速远低于系统前段膜壳侧口，且各段膜壳的浓水侧口流速均低于给水侧口，如在系统后段及在各段浓水侧采用较小规格侧口并不会产生较大压力损失。特别是如本书 12.2.5 部分所述，合理变换不同位置膜壳的侧口规格，可以更有效地平衡各膜壳给水压力与浓水压力。

将图 12.16～图 12.18 所示曲线及表 12.16 所列数据进行比较可知，较大规模系统的壳通量比等各项技术指标均趋于恶化，故对于较大规模系统而言，应采用壳联结构还是管道结构，需要严格的经济技术比较。

12.4　通量优化与通量调整

如本书第 6 章所述，系统设计通量取决于系统的水源性质及预处理工艺水平，即取决于系统给水的有机污染物浓度。确定设计通量的主要判据是系统设计导则，而设计导则一般给出的是设计通量的适宜范围而非确切数值。如本书第 8 章所述，膜堆结构是在 2-1/6 结构的整倍数基础上略加调整，即大型系统的元件数量多为 6 的整倍数。因此，对于特定系统产水流量，可行的系统设计通量 $F_p[L/(m^2 \cdot h)]$ 应为一个数值系列：

$$F_p = \frac{1000 \times Q_p}{6 \times N_s \times S} \qquad (N_s \text{ 为正整数}) \qquad (F_p \text{ 定义域：系统设计导则规定范围})$$

$$(12.11)$$

式中，Q_p 为系统产水流量，m^3/h；S 为元件膜面积，m^2；N_s 为膜壳数量。

例如，表 6.2 所列设计导则规定的地表水用超微滤作预处理时，给水系统的设计通量范围是 18.7～28.9$L/(m^2 \cdot h)$。如系统为 100m^3 产水量，采用 8in 规格 37.2m^2 膜面积元件，则 6m 长膜壳的可行数量是 16～24 只，元件数量为 96～144 支，具体数据见表 12.18。

表 12.18　100m^3/h 产水量系统的可行平均通量系列（元件面积 37.2m^2，膜壳长度 6m）

膜壳数量/只	16	17	18	19	20	21	22	23	24
排列结构	11-5/6	12-5/6	12-6/6	13-6/6	14-6/6	14-7/6	15-7/6	16-7/6	16-8/6
元件数量/支	96	102	108	114	120	126	132	138	144
平均通量/[L/(m²·h)]	28.0	26.4	24.9	23.6	22.4	21.3	20.4	19.5	18.7

面对如此宽泛的设计通量，系统设计应合理选择元件品种与水泵压力等相关参数，在保证产水水质条件下，力求系统的设备投资、运行电费、药剂成本、系统清洗及更换元件等总成本最低。

12.4.1　峰谷性系统流量调整

电力系统中负荷的峰谷波动是一个普遍规律，峰值负荷时系统需要投入大量的高成本调峰机组，低谷负荷时系统需要维持大量的高成本热备用机组。为有效降低电力运行成本，尽量要求削峰填谷保持系统负荷的平稳。作为调峰的价格杠杆，电力系统对电力用户实行峰谷电价，表 12.19 给出某地区峰谷时段及相应的峰谷电价。

表 12.19　某地区峰谷电价[正常电价 1 元/(kW·h)]

时间段	相应时间	电价涨落/%
高峰段	8:00—11:00,18:00—23:00	150
正常段	7:00—8:00,11:00—18:00	100
低谷段	0:00—7:00,23:00—24:00	50

对于高给水含盐量及高压膜系统（2000mg/L，100m^3/h，75%，15℃，2a，14-7/6，CPA3-LD），如采用昼夜恒定 21.4$L/(m^2 \cdot h)$ 通量（产水流量 100m^3/h），产水功耗为 68.6kW，每日运行电费为 68.6×24×1.0=1646.4（元）。如果峰谷常三时间段分别采用 19.2$L/(m^2 \cdot h)$、23.5$L/(m^2 \cdot h)$ 及 21.4$L/(m^2 \cdot h)$ 三个不同通量（产水流量分别为 90m^3/h、110m^3/h、100m^3/h），产水功耗分别为 57.0kW、81.7kW、68.6kW，则每日运行电费将降至 57.0×8×1.5+81.7×8×0.5+68.6×8×1.0=1559.6(元)，即恒通量运行较变通量运行多付电费(1646.4－1559.6)/1559.6×100%=5.57%。

对于低给水含盐量及低压膜系统（500mg/L，100m^3/h，75%，15℃，0a，14-7/6，ESPA2,），如采用昼夜恒定 21.4$L/(m^2 \cdot h)$ 通量，产水功耗为 42.2kW，每日运行电费为 42.2×24×1.0=1012.8(元)。如果峰谷常三时间段分别采用 19.2$L/(m^2 \cdot h)$、23.5$L/(m^2 \cdot h)$ 及 21.4$L/(m^2 \cdot h)$ 三个不同通量，则每日运行电费将降至 34.5×8×1.5+50.6×8×0.5+

42.2×8×1.0＝954（元），即恒通量运行较变通量运行多付电费（1012.8－954）/954×100％＝6.16％。

通过两系统运行电费比较可知：

① 如峰谷电价差±50％，而峰谷通量差±10％，则系统恒通量与变通量的运行电费相差 5.0％～6.5％。如峰谷电价相差更多或峰谷通量相差更大，变通量运行的经济效果更明显。

② 膜品种工作压力越低、给水含盐量越低、给水温度越高，则系统变通量运行的经济效果越明显。

③ 变通量运行时，只需适度增加水泵规格与产水箱容量，而无需增加其他设备，并根据时段调整产水流量即可达到节能增效的目的。

12.4.2 时变性系统流量调整

目前，新能源技术快速发展，风电与光电（光伏与光热发电）等分布式电源大量涌现，它们除具有可再生优势之外，也存在输出功率不稳定的缺陷。为保持电力系统的运行稳定，可采取以下相应措施：a. 电力系统保持足够的热备用容量；b. 分布电源配备足够的蓄电池容量；c. 配设足够的可变负荷以吸收分布式电源的随机输出功率。前两项措施均需要较大的投资与运行成本，可变负荷是吸收电源随机功率的最经济措施，而反渗透水处理系统即为典型的可变电力负荷之一。

在风电或光电集中或附近区域，作为电力负荷的中小型反渗透系统，如果产水箱容量足够大，在风电或光电的高峰期产水而在其低谷期停运，既可有效吸收分布式电源的发电容量，又可完全满足系统的产水需求。

第13章 两级系统与超纯水工艺

如本书 7.5 节所述，当一级反渗透工艺的产水含盐量不能满足设计要求时，可以采用两级反渗透工艺。与一级系统给水相比，二级系统的给水具有三项特点：a. 总含盐量很低；b. 难溶盐含量极少；c. pH 值偏低。正是基于这三项给水特点，二级系统设计具有相应特征。

13.1 两级系统的工艺结构

制药等行业用纯水要求电阻率为 $2M\Omega \cdot cm$，一般要求两级反渗透工艺脱盐；微电子芯片冲洗水及超临界锅炉补给水等需要电阻率约 $15\sim18M\Omega \cdot cm$，不仅要求两级反渗透工艺，还要求后续的电去离子工艺及精混树脂交换工艺。总之，深度脱盐领域中存在多种原因要求两级反渗透脱盐工艺。

图 13.1 所示的两级系统的工艺结构中，一级系统与二级系统相串联，一级系统的产水成为二级系统的给水，一级系统的浓水成为两级系统的排放浓水，二级系统的产水成为两级系统的终端产水。由于二级系统浓水的含盐量低于一级系统原水的含盐量，故二级系统的浓水全部回流至一级系统进水侧，与一级系统进水混合后构成一级系统的给水。该回流工艺不仅提高了全系统的回收率，也因降低了一级系统给水的含盐量，从而降低了全系统的透盐率。

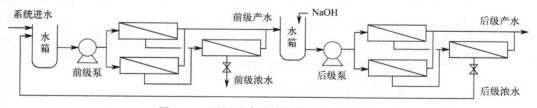

图 13.1　两级反渗透系统的串联工艺结构

图 13.1 所示两级系统之间设有中间水箱，故两级之间只有流量与水质的传递，而无压力的传递，故称之为串联系统，大型两级系统一般多采用该串联结构。如果省略中间水箱则可形成图 13.2 所示的直联结构，该结构可避免开放式水箱的二次污染，但要求调整前后两级水泵压力，以使两级间的流量平衡。图 13.2 中，系统启动时要先启动前级再启动后级，系统停运时要先停运后级再停运前级，两级之间的止回阀用于防止后级系统对前级系统产生的产水背压与水锤冲击。

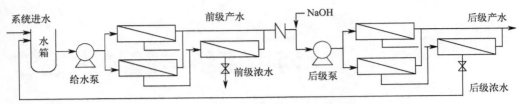

图 13.2　两级反渗透系统的直联工艺结构

13.2　二级系统的工艺特征

13.2.1　设计通量与产水回收率

（1）二级系统的设计通量

如本书 6.4 节系统设计导则所述，膜系统的设计通量作为系统设计的重要参数，主要取决于系统的有机污染。二级系统给水的污染物含量远低于一级系统，具有很高的运行稳定性，因此表 6.2 所列设计导则中规定，二级系统的设计通量 $30\sim40L/(m^2 \cdot h)$ 远高于一级系统的设计通量 $10\sim30L/(m^2 \cdot h)$。二级系统通量的提高不仅减少了二级系统的元件数量及降低了设备成本，还可有效降低二级系统及整个两级系统的透盐率。

（2）二级系统的产水回收率

由于二级系统给水中无机污染物浓度远低于一级系统给水，二级系统回收率多为 $85\%\sim90\%$，也远高于一级系统 $70\%\sim80\%$ 的回收率。尽管二级系统回收率较一级系统具有明显提高，实际工程中二级系统的污染速度还是低于一级系统。

设两级系统的进水流量为 Q_r，二级系统回收率为 $R_{e2}=Q_{p2}/Q_{f2}=Q_{p2}/Q_{p1}$，一级系统回收率为 $R_{e1}=Q_{p1}/Q_{f1}$，则有两级全系统回收率

$$R_{e,sys}=\frac{Q_{p2}}{Q_r}=\frac{Q_{p2}}{Q_{p2}+Q_{c1}}=\frac{R_{e2}Q_{p1}}{R_{e2}Q_{p1}+Q_{c1}}=\frac{R_{e2}}{R_{e2}+Q_{c1}/Q_{p1}}=\frac{R_{e2}}{R_{e2}-1+1/R_{e1}} \quad (13.1)$$

该式表明，当一级与二级系统回收率分别为 75% 与 85% 时，两级全系统回收率为 71.8%，且任何一级系统回收率的提高均可提高全系统回收率。一级系统回收率从 75% 增至 76% 时，全系统回收率增至 72.9%；二级系统回收率从 85% 增至 86% 时，全系统回收率增至 72.1%。因一级回收率的提高直接降低排放流量 Q_{c1}，而二级回收率的提高间接降低排放流量 Q_{c1}，故提高一级回收率对全系统回收率的提高更加明显。

13.2.2　浓差极化与元件品种

（1）二级系统浓差极化度

膜系统的浓差极化度指标属于流体力学范畴，除固有的浓水隔网及膜表面形态之外，该指标取决于元件或系统的回收率或浓淡水流量比例。设计导则中关于一级系统浓差极化度的 1.2 上限值，是基于普通一级系统中给浓水的有机与无机污染物浓度而定。由于二级系统中给浓水的污染物浓度远低于一级系统，设计导则中关于二级系统的浓差极化度上限增至 1.4。

对于单支膜元件而言，浓差极化度 1.2 对应的回收率为 18.5%，对应的浓淡比为 $4.41:1$；浓差极化度 1.4 对应的回收率可达 31.5%，对应的浓淡比仅为 $2.17:1$。

（2）二级系统的元件品种

表 13.1 示出一级系统与二级系统分别采用高低压两种元件品种的运行参数。

表 13.1　一级系统与二级系统采用高低透水压力膜品种时的段通量比差异

[25℃,2-1/6,75%,0a,一级通量 20L/(m²·h)，二级通量 30L/(m²·h)]

系统类别	给水含盐量/(mg/L)	元件品种	透盐率/%	透水压力/kPa	工作压力/kPa	产水含盐量/(mg/L)	前段通量/[L/(m²·h)]	后段通量/[L/(m²·h)]	浓极化度
一级	2000	ESPA2	0.4	47	930	55.2	25.5	9.1	1.19/1.03
		CPA3	0.3	60	1010	48.1	23.8	12.6	1.17/1.05
二级	50	ESPA2	0.4	47	580	1.208	22.1	15.9	1.17/1.10
		CPA3	0.3	60	670	1.153	21.1	17.9	1.16/1.13

在 2000mg/L 高给水含盐量的一级系统中，采用低压膜 ESPA2 与采用高压膜 CPA3 的产水含盐量相差(55.2－48.1)/48.1＝14.8%。在 50mg/L 低给水含盐量条件下，两个膜品种产水含盐量差异只有(1.208－1.153)/1.153＝4.8%。

在 2000mg/L 高给水含盐量的一级系统中，采用低压膜 ESPA2 的段通量比高至 25.5/9.1＝2.80，采用高压膜 CPA3-LD 的段通量比降为 23.8/12.6＝1.89，两膜品种的段通量比相差(2.80－1.89)/1.89＝48%。

在 50mg/L 较低给水含盐量的二级系统中，采用低压膜 ESPA2 时的段通量比仅有 22.1/15.9＝1.39，采用高压膜 CPA3 时的段通量比降为 22.1/17.9＝1.23，两膜品种的段通量比仅相差(1.39－1.23)/1.23＝9.2%。

在 2000mg/L 高给水含盐量即高渗透压（160kPa）条件下，膜品种透水压力的差异造成系统工作压力的差异只有(1010－930)/930＝8.6%。在 50mg/L 低给水含盐量即低渗透压（4kPa）条件下，膜品种透水压力的差异造成系统工作压力的差异高达(670－580)/580＝15.5%。

总之，在高给水含盐量的一级系统中采用高压膜品种时，除工作压力之外，产水含盐量、段通量比甚至浓差极化度三项运行指标对于低压膜品种的优势明显。在低给水含盐量的二级系统中采用高压膜品种时，三项运行指标对于低压膜品种的优势已不明显，而工作压力指标的劣势则十分突出。

因此，一级系统应采用高压膜品种，以小幅增大的系统能耗为代价，换取段通量比及系统透盐率的大幅降低；二级系统应采用低压膜品种，以小幅增大的段通量比及系统透盐率为代价，换取系统能耗的大幅降低；即一级与二级系统应分别采用高压与低压品种元件。

对于脱盐率要求较高的两级系统，由于高压膜品种的透盐率要低于低压膜品种，各级系统透盐率均成为了主要技术指标，则在二级系统中也应采用高压膜品种。

13.2.3　流程长度与段壳数量

（1）二级系统的流程长度

本书第 6 章中关于浓差极化极限回收率讨论的结论是：对于特定回收率系统，长流程系统的浓差极化度较小，短流程系统的浓差极化度较大。因此，受到浓差极化度 1.2 限制，对于 75% 回收率的一级系统的流程较长，一般取为每段长度 6m 即两段全长 12m，但存在系统能耗高、段通量比大等弊端。由于二级系统的浓差极化度限制大幅放宽，流程长度则可缩短，即在允许较高浓差极化度指标基础上，采用短流程结构，可有效降低系统能耗与段通量比。

表 13.2 所列数据表明，对于低给水含盐量、低压膜元件、高回收率的二级系统，当浓差极化度限值放宽至 1.4 时，二级系统的膜堆结构可为 2-1/5 甚至 2-1/4，即流程长度可缩短至 10m 甚至 8m。

表 13.2 不同流程长度二级系统的运行参数比较 [50mg/L，30L/（m²·h），85%，ESPA2]

给水温度/℃	膜堆结构	产水电导率/（μS/cm）	工作压力/MPa	前段通量/[L/(m²·h)]	后段通量/[L/(m²·h)]	前后段浓差极化度	系统功耗/（kW/m³）
25	2-1/6	1.96	0.85	32.5	25.1	1.21/1.21	0.36
	2-1/5	1.97	0.80	31.7	26.4	1.25/1.27	0.34
	2-1/4	1.99	0.76	31.3	27.5	1.31/1.36	0.32
	2-1/3	2.04	0.74	30.9	28.3	1.40/1.50	0.31
5	2-1/6	1.13	1.49	31.4	27.4	1.20/1.24	0.63
	2-1/5	1.14	1.44	31.0	28.1	1.24/1.30	0.61
	2-1/4	1.16	1.40	30.7	28.7	1.30/1.38	0.59
	2-1/3	1.18	1.37	30.5	29.1	1.39/1.52	0.58

（2）二级系统的段壳数量

根据表 13.3 数据分析，因二级系统的浓差极化度上限为 1.4，当系统回收率为 85% 时，如再采用 2:1 的段壳数量比，常出现首段的段壳浓水流量大于末段的现象。根据本书 8.4 节讨论的结论，为使末段膜壳浓水流量更大以降低污染，末段的段壳浓水流量应大于首段。因此，针对 85% 的二级高回收率系统，无论系统流程为 12m、10m 或 8m，为使段壳浓水比小于 1，其段壳数量比应接近或等于 3:1。

表 13.3 不同二级系统段壳数量比的运行参数比较[50mg/L，30L/(m²·h)，15℃，85%，ESPA2]

膜堆结构	产水电导率/（μS/cm）	工作压力/MPa	前段壳浓水/（m³/h）	后段壳浓水/（m³/h）	前段通量/[L/(m²·h)]	后段通量/[L/(m²·h)]	前段浓差极化度	后段浓差极化度
3-1/6	1.50	1.08	3.5	4.7	31.4	25.9	1.28	1.17
2-1/6	1.48	1.11	4.7	3.5	31.9	26.4	1.21	1.23
3-1/5	1.51	1.04	3.0	3.9	31.0	27.0	1.33	1.21
2-1/5	1.50	1.06	4.0	3.0	31.3	27.4	1.24	1.29
3-1/4	1.52	1.00	2.4	3.1	30.7	27.9	1.40	1.28
2-1/4	1.52	1.02	3.3	2.4	30.9	28.2	1.30	1.38

这里关于段壳数量比的分析再次验证，一级系统多采用的 2-1/6 结构，与 75% 的系统回收率相对应；而二级系统应采用的 3-1/4 结构，与 85% 的系统回收率相对应。

表 13.4 给出特定系统结构对于不同系统回收率的段壳浓水比，特别是给出的产水电导率与吨水功耗指标表明，相同产水流量与系统回收率而不同膜堆结构条件下，27-9/4 结构（3-1/4 结构的 9 倍）较 16-8/6 结构（2-1/6 结构的 8 倍）在吨水功耗与产水电导率（即脱盐率）方面均具有明显优势。

表 13.4 特定二级系统结构的运行参数比较[50mg/L，160m³/h，30L/(m²·h)，15℃，0a，ESPA2]

运行参数	膜系统结构					
	3-1/4×9=27-9/4			2-1/6×8=16-8/6		
系统回收率/%	85	80	75	80	75	70
段壳浓水比	2.43/3.15	2.86/4.47	3.34/5.95	5.39/5.03	6.15/6.70	7.01/8.62
段通量比	30.7/27.9	30.8/27.7	31.0/27.3	32.2/25.8	32.5/25.1	33.0/24.2
浓差极化度	1.40/1.28	1.34/1.20	1.29/1.14	1.18/1.16	1.16/1.11	1.14/1.08

续表

运行参数	膜系统结构					
	3-1/4×9＝27-9/4			2-1/6×8＝16-8/6		
产水电导率/uS/cm	1.52	1.47	1.43	1.43	1.39	1.35
吨水功耗/(kW/m³)	0.423	0.454	0.489	0.508	0.551	0.606

注：由于设计软件计算出的二级系统脱盐率偏高，表中产水电导率的数值偏低，这里仅供数据比较。

表 13.5 示出一个典型两级系统的运行模拟参数分布，图 13.3 示出该系统工艺及主要运行指标。

表 13.5　两级系统典型算例（系统产水流量 20m³/h）

（给水温度 15℃，给水含盐量 2000m³/h；一级系统 75%，4-2/6；二级系统 85%，3-1/4）

一级系统[通量 17.6L/(m²·h)]				二级系统[通量 33.6L/(m²·h)]			
流程位置	工作压力/MPa	产水通量/[L/(m²·h)]	浓差极化度	流程位置	工作压力/MPa	产水通量/[L/(m²·h)]	浓差极化度
1-1-1	1.07	22.2	1.105	2-1-1	1.12	35.4	1.178
1-1-2	1.06	21.4	1.114	2-1-2	1.10	34.6	1.216
1-1-3	1.05	20.8	1.126	2-1-3	1.08	34.0	1.278
1-1-4	1.04	19.7	1.137	2-1-4	1.07	33.7	1.393
1-1-5	1.03	18.6	1.152	2-2-1	1.04	32.4	1.153
1-1-6	1.02	17.3	1.168	2-2-2	1.02	31.6	1.178
1-2-1	1.00	15.6	1.084	2-2-3	1.00	31.0	1.218
1-2-2	0.99	14.5	1.086	2-2-4	0.98	30.5	1.281
1-2-3	0.98	13.4	1.087	一段壳浓水比：3.39/3.92＝0.865			
1-2-4	0.97	12.3	1.087	二段壳浓水比：2.73/3.53＝0.773			
1-2-5	0.96	11.1	1.087	两段元件数比：36/16＝2.25			
1-2-6	0.95	9.9	1.085				

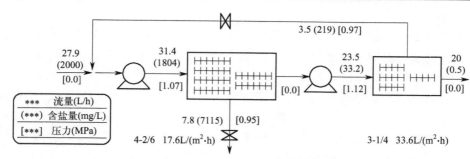

图 13.3　典型的两级系统工艺及主要运行指标

13.3　二级系统的给水脱气

基于本书 5.4.4 部分的分析，一级系统对于 CO_2 气体的截留率极低，因一级系统的给水 pH 值一般接近 7，则其产水的 pH 值普遍低于 7。据图 5.35 所示水溶液中碳酸盐的平衡关系，如二级系统给水的 pH 值低于 7，则给水中将含有大量的 CO_2 气体。

反渗透系统特别是二级反渗透系统的透盐率常以产水与给水的电导率（μS/cm）之比加以表征，而非以两者的含盐量即总固含量 TDS（mg/L）之比加以表征。二氧化碳等气体在水体中虽不影响含盐量，但会增加电导率。由于二级反渗透仍不能脱除溶解的 CO_2 气体，如不设法预先脱除给水中的二氧化碳气体，则二级系统透盐率将会大幅提高。

为此，一般在两级系统之间需加入一个脱除二氧化碳工艺，相关工艺包括：脱气塔、脱气膜或加碱调整 pH 值。

脱气塔的结构多为圆柱形塔式结构，由配水装置、填料层（多面空心塑料球或波纹板等）和风机组成。水体从脱气塔上部进入塔体，经配水装置均匀地喷淋在填料表面形成水膜，经填料层与空气接触后，流入下部集水箱（中间水箱）。空气由风机从塔顶抽出，在通过填料层时与水流方向形成逆向气流，以吹脱水膜中的二氧化碳。经脱气塔工艺处理后，水体中的二氧化碳含量可低于 5mg/L。

脱气膜工艺是利用扩散原理将液体中的二氧化碳气体脱除的膜分离工艺。脱气膜容器内装有大量的中空纤维疏水超滤膜，水分子不能通过疏水超滤膜上的微孔，而气体分子却能够通过。脱气膜设备运行时，水体在特定压力下从中空超滤膜一侧切向通过，水中的二氧化碳等气体在中空超滤膜另一侧真空泵的负压作用下被不断脱出，从而达到去除水中包括二氧化碳等气体的目的。脱气膜装置的脱气效率可高达 99.99%，产水的二氧化碳浓度可小于 1mg/L。

随着二氧化碳等气体从水体中的脱除，水体的总固含量保持不变，但电导率相应降低，且 pH 值将随之上升。脱气塔的工艺成本低于脱气膜，但会在一定程度上受到空气中灰尘的污染。

13.4 加碱提高给水的 pH 值

脱气塔工艺与脱气膜工艺虽在脱气的同时，使水体的电导率下降，但均需增加设备及其成本。加碱以提高 pH 值的工艺，在去除二氧化碳的同时，虽略增了水体的含盐量，但工艺设备相对简单。

反渗透工艺是水与膜的合成作用，除水中气体成分的作用之外，膜体本身的脱盐过程也存在最佳的 pH 值。因此，膜元件透盐率最低的 pH 值是给浓水最佳 pH 值与膜过程最佳 pH 值合成的结果。

此外，反渗透系统的透盐率对于 pH 值的敏感程度与水体的含盐量相关。如图 13.4 所示，某系统给水 pH 值约为 7.75 时的膜透盐率达到最低值，且低给水含盐量条件下透盐率对于 pH 值的敏感程度远大于高给水含盐量条件。由此可知，二级系统的透盐率对于 pH 值的敏感程度远高于一级系统，故欲使两级系统总透盐率达到最低水平，应有效调整二级系统给水的 pH 值。

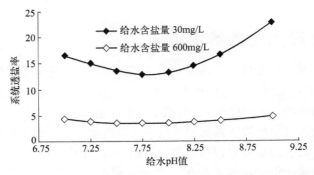

图 13.4　某系统不同给水含盐量的透盐率

　　而且，反渗透系统具有较长的系统流程，沿流程各元件的给浓水 pH 值逐渐升高，欲使系统透盐率最低，应该使系统各流程位置元件的总透盐率最低。例如，某 6m 流程二级系统中透盐率最低状态对应的给水 pH 值为 7.75，而根据表 13.6 所列数据，该系统中各流程位置元件以产水流量加权平均的系统透盐率最低 pH 值为 7.90。如果认为系统各元件最佳给浓水加权平均 pH 值为恒定数值，则最佳系统给水 pH 值与系统流程长度相关，即系统流程长度较短时，最佳给水 pH 值较高；而系统流程长度较长时，最佳给水 pH 值较低。

$$各元件给浓水加权平均 pH 值 = \frac{\sum(给浓水 pH 值 \times 透盐率 \times 产水量)}{\sum(透盐率 \times 产水量)} = \frac{12.79 + 15.33 + 13.81}{1.64 + 1.94 + 1.74} = 7.9$$

表 13.6　6 支 8in 膜元件二级系统的运行参数

（给水 pH 值＝7.75，各元件以产水流量加权平均的最佳给浓水 pH 值＝7.90）

膜元件	给浓水含盐量/ (mg/L)	pH 值均值	产水量/ (m³/h)	产水含盐量/ (mg/L)	透盐率/ %	pH 值×透盐率×产水量
1-2 元件	645	7.82	0.84	12.56	1.95	12.79
3-4 元件	800	7.92	0.79	19.60	2.45	15.33
5-6 元件	1035	7.95	0.67	26.84	2.59	13.81

　　正是由于系统的给水最佳 pH 值与给水条件、元件品种、系统结构甚至系统回收率等多项因素相关，针对具体系统的给水最佳 pH 值，除理论分析之外，需要一个在系统运行过程中的试验与探索过程。

13.5　两级系统的试验分析

13.5.1　透盐率与给水的 pH 值

　　在两级系统中，一级系统的污染速度远大于二级系统，两级系统的性能衰减速度及元件更换频率相差很大。在长期运行过程中，一级与二级系统的透盐率常会因元件的新旧及污染的深浅而不断地变化。因此，针对实际工程，存在两级系统不同"透盐水平"元件的优化配置问题。

　　为了便于分析，在特定的给水含盐量及给水温度条件下，根据不同产水通量定义了 1%～5% 透盐水平膜元件。在两级系统中，如果透盐水平组合为"1%-3%"形式，则表示一级系统元件为 1% 透盐水平，而二级系统元件为 3% 透盐水平。本节中，透盐水平为特定条件下元件的固有特质，而透盐率为实际条件下系统运行效果。

　　图 13.5 给出特定系统运行条件下，不同透盐水平元件及不同二级给水 pH 值条件下的两级系统透盐率。该图曲线表明，二级系统给水 pH 值对于两级系统的透盐率具有显著的影响，且特定二级系统在给水 pH 值为 7.75 处的透盐率达到最低。

13.5.2　二级系统透盐率特性

　　图 13.6 与图 13.7 所示曲线进一步揭示出两级系统元件透盐水平组合的特点：

　　① 对于相同的一级系统给水电导率（750μS/cm 或 350μS/cm），一级系统的透盐率越低，则二级系统透盐率越高。反之，一级系统的透盐率越高，则二级系统透盐率越低。

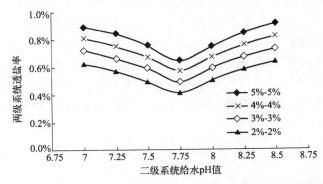

图 13.5　不同透盐水平元件及不同二级给水 pH 值条件下的两级系统透盐率

② 在特定的两级系统元件配置条件下，一级系统给水电导率越高（如 $750\mu S/cm$），两级系统透盐率越低；一级系统给水电导率越低（如 $350\mu S/cm$），两级系统透盐率越高。

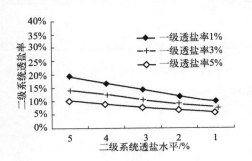

图 13.6　二级系统透盐率曲线
（给水电导率 $750\mu S/cm$）

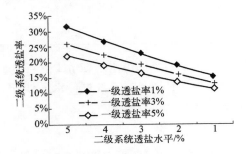

图 13.7　二级系统透盐率曲线
（给水电导率 $350\mu S/cm$）

表 13.7 列出 1%～5% 透盐水平元件，在一级系统中的透盐率均值为 3.21%，在二级系统中的透盐率均值为 15.13%。二级系统给水电导率仅为一级系统的 3%，二级系统的透盐率约为一级系统的 5 倍。

表 13.7　一级系统与二级系统的透盐率

（一级给水电导率 $550\mu S/cm$，二级给水电导率 $17\mu S/cm$）

元件透盐水平/%	1	2	3	4	5
一级产水电导率/($\mu S/cm$)	8.53	12.54	17.05	22.00	28.05
一级系统透盐率/%	1.55	2.28	3.10	4.00	5.10
二级产水电导率/($\mu S/cm$)	1.59	2.03	2.52	3.07	3.65
二级系统透盐率/%	9.35	11.94	14.84	18.06	21.45

13.5.3　两级系统元件配置

表 13.7 所列数据为各个透盐水平元件分别组成一、二级系统时的产水电导率及系统透盐率。因为二级系统产水通量约为一级系统产水通量的 1.9 倍，表 13.8 列出一、二级系统不同通量组合条件下的两级系统透盐率。

表 13.8　不同透盐水平元件构成两级系统时的合成透盐率

二级元件透盐水平/%		1	2	3	4	5
一级元件透盐水平/%	1(3)	0.24	0.31	0.39	0.47	0.56
	2(4)	0.27	0.34	0.43	0.52	0.61
	3(5)	0.29	0.37	0.46	0.56	0.67

注:括号中数字为实际透盐率。

表 13.8 中数据表明,如一级系统采用 1% 透盐水平元件(因通量较低故实际透盐水平降至 3%),而二级系统采用 3% 透盐水平元件,则两级系统透盐率为 0.39%。如一级系统采用 3% 透盐水平元件(因通量较低故实际透盐水平降至 5%),而二级系统采用 1% 透盐水平元件,则两级系统透盐率为 0.29%。

总之,如有不同透盐水平的两组元件,在两级系统中为得到最低的透盐率指标,应将透盐率较高元件置于一级系统,而将透盐率较低元件置于二级系统。换言之,二级系统元件的透盐水平更多地决定着两级系统的总透盐率。

值得指出的是,多数膜生产厂商的设计软件对于一级系统脱盐效果的计算较为准确,而常对二级系统脱盐效果估计过高。一般而言,一级系统的脱盐率为 98%～99%,二级系统的脱盐率约为 80%。

13.6　两级系统清洗与换膜

由于系统污染主要集中在一级,即一级系统清洗后的透盐水平下降幅度一般大于二级系统,故多数情况下的系统清洗是针对一级系统。

本书第 12 章中讨论的是一级系统中不同性能膜元件的最佳配置,本章中讨论的是两级系统中不同性能膜元件的最佳配置。进行配置的膜元件是新膜元件或离线清洗后的旧膜元件,而元件性能指标可理解为单一的透盐率指标,关于透盐率、膜压降及透水压力三项性能指标的配置问题,可参考本书第 12 章中的相关内容。

图 13.8 所示两级系统可分为甲、乙、丙、丁、戊、己 6 个膜区。如以系统透盐率最低为目标进行元件配置,则透盐水平元件从低至高的顺序应是丁、戊、己、甲、乙、丙,而一般系统中污染速度从快至慢或污染程度从重至轻的顺序为甲、乙、丙、丁、戊、己。

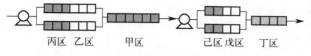

图 13.8　两级系统结构与最佳元件性能分布

图 13.8 所示两级系统中,膜元件的配置应遵循以下几种方式:

① 如果系统中一级系统为高压膜且二级系统为低压膜,则换膜过程应分别保证各级系统后段的元件较新或性能较好,而各级系统前段的元件较旧或性能较差。

② 如果系统中同时采用高压膜或同时采用低压膜,则应选择性能最好元件置于二级系统后段,并应选择性能较好元件置于二级前段,且将性能更差元件置于一级系统后段,而将性能最差元件置于一级系统前段。

③ 对于只进行了在线清洗而不知元件性能指标的系统,并假设系统洗前各膜区元件的污染程度等于元件的性能衰减程度,为进一步降低系统透盐率,可将系统中的元件进行重

装。重装过程中均应将原一级系统中甲区与丙区的元件进行调换，并将原二级系统中的己区与丁区元件进行调换，而不应在两级系统之间进行元件调换。

④ 如果两级系统元件品种一致，且仅希望更换两级系统中的部分元件，根据图 13.3 结构，可以如图 13.9 所示将二级系统换为新膜，将原二级系统旧膜置于一级系统后段，而将原一级系统后段元件废弃。

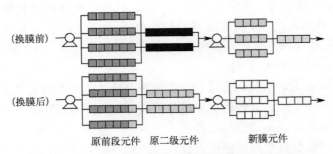

图 13.9　两级系统中更换部分元件时的元件配位方案

⑤ 离线清洗后，在已知各元件透水压力、透盐率及膜压降三项指标条件下，欲使重新配置各元件后的系统达到严格意义上的透盐率最低，还是应该仿照本书 12.1.4 部分关于"三指标差异元件的配置"的灵敏度分析加整数规划方法的计算结果加以配置。

13.7　超纯水多级制备工艺

两级反渗透工艺的产水水质只能接近电导率 $1\mu S/cm$ 的水平，但是在我国，火电厂的高压（包括亚临界、超临界及超超临界）锅炉补给水的电阻率要求高于 $10M\Omega \cdot cm$，电子级超纯水 EW-Ⅱ 标准要求电阻率 $15M\Omega \cdot cm$，EW-Ⅰ 标准要求电阻率 $18M\Omega \cdot cm$。为满足电力、制药、化工及微电子等行业所需的超纯水要求，还要在两级反渗透产水基础上再增加深度除盐工艺。典型的工艺流程如图 13.10 所示，而其中的电除盐装置（也称树脂填充电渗析或 EDI）涉及离子交换与电渗析技术。

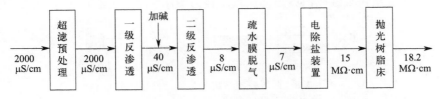

图 13.10　典型的超纯水制备工艺流程

值得指出的是，对于超纯水而言，由于水分子自身存在的解离现象，会使水体产生一定的导电性，所以在 25℃水体温度条件下，理论上最高的纯水电阻率为 $18.2M\Omega \cdot cm$。

13.7.1　离子交换树脂工艺

在水处理领域中，由于微滤、超滤、纳滤与反渗透的运行驱动力源于给水压力，故统称为压力驱动膜工艺。由于电渗析与树脂填充电渗析（EDI）的运行驱动力源于直流电场，故统称为电驱动膜工艺。电渗析与树脂填充电渗析的基础均为离子交换树脂。

　　离子交换树脂是一种带有功能基团及网状结构的高分子化合物，主要由单体、交联剂与交换基团组成。树脂的内部结构可分为高分子骨架、离子交换基团及空穴三部分，其中的离子交换基团又分为固定部分与活动部分。

　　交换基团中的固定部分被束缚在高分子骨架上，不能移动，故称为固定离子；活动部分是与固定离子以离子键结合的电荷相反的离子，故称为可交换离子。可交换离子在溶液中可以解离成自由移动的离子，在一定条件下能与相同性质电荷的其他离子发生交换反应。

　　水处理领域涉及的离子交换树脂主要分为（强酸性）阳离子交换树脂与（强碱性）阴离子交换树脂。强酸性阳离子交换树脂对水中常见离子的选择性置换次序为：

$$Fe^{3+} > Al^{3+} > Ca^{2+} > Mg^{2+} > K^+ > Na^+ > H^+ \tag{13.2}$$

　　强碱性阴离子交换树脂对水中常见离子的选择性置换次序为：

$$SO_4^{2-} > NO_3^- > Ca^{2+} > Cl^- > OH^- > F^- > HCO_3^- \tag{13.3}$$

　　根据离子交换树脂对水中离子的选择性置换次序，阳离子树脂可用自身携带的氢离子置换水中的各类金属离子，阴离子树脂可用自身携带的氢氧根离子置换水中的各类酸根离子，从而实现水体的除盐过程。

　　当水体中的氢离子与氢氧根离子浓度较高时，阳离子树脂又将自身携带的各类金属离子置换水中的氢离子，阴离子树脂可用自身携带的各类酸根离子置换水中的氢氧根离子，这一过程称为离子交换树脂的再生过程。

　　如图 13.11 所示，由阳离子交换树脂床、阴离子交换树脂床、阴阳离子交换树脂粗混床及阴阳离子交换树脂精混床构成的复式离子交换树脂床工艺可以将电导率约 $1000\mu S/cm$ 的给水制成电阻率约 $18M\Omega \cdot cm$ 的超纯水。但是，该制水工艺需要耗费大量的酸碱对树脂进行再生处理，且该再生处理过程需要树脂床不能连续工作产水。

图 13.11　复式离子交换床设备

13.7.2　电渗析设备与工艺

　　如图 13.12 所示，电渗析器主要由阴极板、阳极板、阴离子交换膜（后简称"阴膜"）、阳离子交换膜（后简称"阳膜"）与阴阳膜间的导水隔板组成，其中阴膜允许阴离子通过而截留阳离子，阳膜允许阳离子通过而截留阴离子。

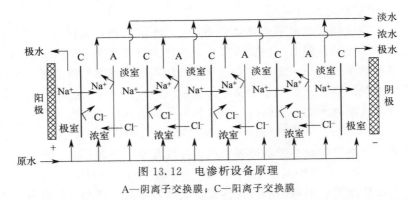

图 13.12 电渗析设备原理

A—阴离子交换膜；C—阳离子交换膜

在直流电场驱动之下，淡水室中带正电荷的阳离子（如 Na^+）透过阳膜被迁移至浓水室，淡水室中带负电荷的阴离子（如 Cl^-）透过阴膜被迁移至浓水室。但是，由于阳膜截留阴离子且阴膜截留阳离子，带正电荷的阳离子（如 Na^+）与带负电荷的阴离子（如 Cl^-）只能滞留在浓水室。

含盐量相同的原水同时进入浓淡水室后，在直流电场与阴阳膜的共同作用之下，在出水端被分成了浓水与淡水，以达到脱盐的效果。其中，淡水的含盐量与原水的含盐量之比为电渗析的透盐率，淡水流量与原水流量之比为电渗析的回收率。

如图 13.13 所示，在电渗析的极室反应过程中，阴极室有 H_2 析出，阳极室有 Cl_2 和 O_2 析出。为防止膜片上无机盐结垢，电渗析需要频繁倒极；为防止电极腐蚀，阳极与阳极多采用钛涂钌甚至钛涂铂材质。

$$H_2O \rightleftharpoons H^+ + OH^- \qquad H_2O \rightleftharpoons H^+ + OH^-$$

$$4OH^- - 4e^- \longrightarrow 2H_2O + O_2\uparrow \qquad 2H^+ + 2e^- \longrightarrow H_2\uparrow$$

$$2Cl^- - 2e^- \longrightarrow Cl_2\uparrow$$

（a）阳极室反应 　　　　　　　（b）阴极室反应

图 13.13 电渗析中阴极室与阳极室的化学反应

电渗析器中极板、膜片及隔板的长宽一般分为 $400mm \times 1600mm$ 与 $400mm \times 800mm$ 等多种规格。为了提高电渗析器的电场强度与脱盐率，电渗析器又可形成图 13.14 所示的多级多段结构（三级六段）。在隔板中特定流速条件下，阴阳离子膜对越多且进水流道越宽，设备的产水量越大；设备的流道越长且极对数越多，设备的脱盐率越高。

电渗析装置的进水水质要求一般包括以下内容：a. 给水温度 $5 \sim 40℃$；b. 耗氧量 $<3mg/L$；c. 游离氯含量 $<0.3mg/L$；d. 铁含量 $<0.3mg/L$；e. 锰含量 $<0.1mg/L$；f. 污染指数 $<3 \sim 5$；g. 浊度 $<3NTU$。

电渗析与反渗透（或纳滤）装置的三大区别如下。

① 截留无机盐的区别：反渗透元件脱盐率水平决定了其装置的脱盐率水平；电渗析在特定的水流速、膜对数、极对数及膜规格条件下，无级调整极板间的直流电位差，即可无级调整装置的脱盐率（从 0% 至 95%）。

② 截留有机物的区别：反渗透的产水与膜面呈垂向流即全量透过膜体，在截留无机盐的同时，也大量截留有机物及胶体；电渗析的产水与膜面呈切向流，只对水中的极性离子进

行迁移，而不截留其中的有机物。

③ 消耗电能性质区别：给水含盐量越高，水体的渗透压越高，反渗透工艺所需工作压力越高，水泵输入电能也就越多。给水含盐量越高，水体的电导率越高，电渗析迁移电荷流量越多，电极输入电能也就越多。

电渗析中的电流密度（即单位膜面积的电流）越大，脱盐率越高；当电流密度达到极限电流密度时，淡水室中的盐离子接近枯竭，脱盐率也达到最大值。而当电流密度超过该极限值时，淡水室中的水分子将被解离成氢离子（H^+）与氢氧根离子（OH^-），并参与电流的传递。

电渗析装置与反渗透装置的共同特点是，对于低含盐量给水的装置脱盐率较低，产出水的电导率均高于 $1\mu S/cm$，即均不可能直接产出超纯水。而且，电渗析在频繁倒极过程中，不能连续产水。

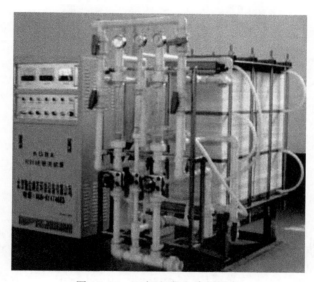

图 13.14　三级六段电渗析设备

13.7.3　树脂填充电渗析装置

树脂填充电渗析（也称 EDI）装置与电渗析装置的重要区别是其淡水室中填充了正负离子交换树脂。如果不设电极板与离子交换膜，则该装置即为阴阳离子交换树脂床，可以对给水中的阴阳离子进行吸附，以达到除盐效果。如果不填充阴阳离子交换树脂，则该装置即为电渗析装置。

树脂填充电渗析装置的前处理工艺一般为两级反渗透系统，进水水质要求一般包括以下内容：a. 温度 5～35℃；b. 电导率 1～30$\mu S/cm$；c. pH 值 7～8；d. CO_2 含量＜5mg/L；e. SiO_2 含量＜0.05mg/L；f. TOC＜0.5mg/L；g. 硬度（以 $CaCO_3$ 计）＜1.0mg/L；h. Fe、Mn 含量＜0.01mg/L；i. 氧化剂 Cl_2 含量＜0.01mg/L，O_3 含量＜0.01mg/L。

由于树脂填充电渗析装置进水中的 CO_2 含量对于其产水电阻率的影响十分敏感，如图 13.10 所示，两级反渗透系统与树脂填充电渗析装置之间，一般需采用脱气工艺，以脱除溶于水中的 CO_2 气体。

树脂填充电渗析中淡水室中的大部分盐离子被直流电场迁移出去，剩余的小部分盐离子被阴阳离子交换树脂所置换。同时，淡水室中的水体被直流电场解离为氢离子（H$^+$）与氢氧根离子（OH$^-$），而这些氢离子与氢氧根离子又成为阴阳离子交换树脂的再生剂。

因此，树脂填充电渗析（EDI）同时具备树脂床与电渗析的特点，不仅可以深度除盐以达到电阻率约 15MΩ·cm 的超纯水，而且可以在运行过程中对阴阳离子交换树脂进行同步再生，从而能够实现连续产水过程。

图 13.15 示出的是一个树脂填充电渗析（EDI）单元，其最大产水量约为 5m^3/h，而大型 EDI 系统则是由多个 EDI 单元并联组成。

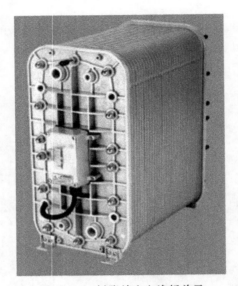

图 13.15　树脂填充电渗析单元

13.7.4　精混抛光树脂工艺

精混抛光树脂床一词源于抛光混床（polishing mixed bed），意指精密处理即为高质量的阴阳树脂混床。其中，强酸型阳离子交换树脂为 H 型，强碱型阴离子交换树脂为 OH 型，两型树脂可以直接混合使用，而无需活化再生。经过精混抛光树脂床处理，一般可保证产水电阻率达到 18.2MΩ·cm 水平，但精混抛光树脂床一旦置换饱和，其再生十分困难。

精混抛光树脂床产出的电阻率为 18.2MΩ·cm 的超纯水一般不能储存，而是将产水直接送至用水工位处使用，所谓电阻率 18.2MΩ·cm 的测量也只能在封闭式管路中用电阻仪进行在线监测。

在用水工位上使用所剩水体应仍由管路回送至精混抛光树脂床，即实行循环运行，分流用水。该超纯水的输送管路的材质应采用聚偏氟乙烯（PVDF）材质，以防止管路材质污染超纯水体。如果必须储存产出的电阻率为 18.2MΩ·cm 的超纯水，需将其置于充氮的聚偏氟乙烯水箱或钢衬聚偏氟乙烯水箱之中。

第14章 ▶▶ 海水淡化与浓盐水减排

随着膜法海水淡化技术及设备的成熟，膜法海水淡化成为我国沿海地区缺水问题的根本解决方案之一。海水的高含盐量与高渗透压使海水淡化系统的工艺、设备、参数及材料与苦咸水淡化系统有着显著的差异。而且，随着煤化工污废水等浓盐水处理问题的提出，高压力、碟管式及卷管式反渗透技术也大量应用于浓盐水的减排与零排。为简化表述，本章后续部分将海水淡化系统及工艺简称为海淡系统及海淡工艺。

14.1 海水成分与脱硼处理

14.1.1 海水成分与总含盐量

尽管全球各个海洋之间相互连通，但由于各河流入海的位置及流量的不同，不同位置的降雨量与蒸发量的区别、洋流方向的变化、海床形状及深度的差异，致使全球各个位置的海水成分及含盐量有所不同。一般认为标准海水的含盐量为 35000mg/L，但波罗的海的海水含盐量仅为 8000mg/L，而波斯湾的海水含盐量竟达 45000mg/L。我国已建淡化工厂所取海水的含盐量为 25000~35000mg/L，低于全球平均水平；而且河口区域海水的含盐量冬春季较高而夏秋季较低。一般而言，陆上水体中碳酸盐是主要结垢物质，海洋水体中硫酸盐是主要结垢物质。表 14.1 示出典型海水的化学成分。

表 14.1　典型海水的化学成分（pH 值＝8.1，TDS＝35000mg/L，π＝2.55MPa）

成分	浓度/(mg/L)	成分	浓度/(mg/L)	成分	浓度/(mg/L)	成分	浓度/(mg/L)
Ca^{2+}	410	HCO_3^-	152	Fe	＜0.02	NO_3^-	＜0.7
Mg^{2+}	1310	SO_4^{2-}	2740	Ba^{2+}	0.005	SiO_2	4
Na^+	10700	Cl^-	19300	Sr^{2+}	10	B	5
K^+	390	F^-	1.4	Mn	＜0.01	Br	65

不仅不同位置海水中的无机成分及总含盐量存在差异，其悬浮物与有机成分的差异更大。例如，我国渤海的海岸多为滩涂，湾内缺少洋流，沿岸污染严重，因此湾内海水的无机盐浓度偏低，而悬浮物、胶体与有机物的浓度偏高。

值得指出的是，当含盐量高于 10000mg/L 时，高离子强度使海水中碳酸钙的溶度积提高，判别海水中碳酸钙结垢趋势不再适用朗格利尔指数（LSI），而适用斯蒂夫和大卫饱和指数（S&DSI）。

$$S\&DSI＝pH－pCa－pAlk－K \tag{14.1}$$

式中，pH 为实测的海水 pH 值；pCa 为钙离子物质的量浓度的负对数；pAlk 为碱度物质的量浓度的负对数；K 为与温度及离子强度有关的常数。

与本书 6.5.1 部分中式（6.6）进行比较，即可得知 LSI 指标与 S&DSI 的区别。表 14.1 所列典型海水成分的 LSI 指标为 +0.1，已属于过饱和状态及结垢趋势；而其 S&DSI 指标为 -0.9，尚属于欠饱和状态及溶解趋势。

由于高价离子的渗透压低于低价离子的渗透压，故表 14.1 所列 35000mg/L 含盐量典型海水的渗透压与 32000mg/L 氯化钠溶液的渗透压相等，所以工程计算中常以后者代替典型海水进行相关分析计算。

14.1.2 元件品种与脱硼处理

硼是人体及动植物生存所必需的营养元素，能够促进碳水化合物的输送与代谢，促进细胞的生长与分裂，但长期过量吸收硼元素会对人体及动植物甚至对部分工业生产造成不利影响。海水中的硼含量为 0.5～9.6mg/L，平均值约为 5mg/L，而我国生活饮用水中硼的含量标准为低于 0.5mg/L，因此脱硼水平成为海水淡化工艺的重要指标之一。

一般反渗透膜元件对硼的脱除率为 90%，远低于对一般离子的 99% 脱除率。其主要原因是硼的分子量较小，易于透过膜体；其次是因为水中的硼主要以硼酸形式存在，属于不带电荷的质子酸，能够与膜中的氢键结合，以与碳酸或水相同的方式透过膜体。

提高反渗透系统脱硼率的措施主要包括：

① 提高给水 pH 值以有效脱硼，但高给水 pH 值会导致系统中碳酸盐等结垢。

② 两级反渗透系统可有效脱硼，但两级系统的投资与运行成本将大幅提高。

③ 一级系统附加树脂交换工艺，但相关工艺较为复杂，各项成本相应增加。

为了有效脱硼，目前各膜厂商不断研发具有高脱硼性能的膜品种。

14.2 工作压力与最高回收率

14.2.1 海水淡化系统的工作压力

海水淡化工艺与苦咸水淡化工艺的基本原理本无不同，但工艺结构与工艺参数存在较大差异。海水淡化工艺的特点主要源于海水的含盐量远高于地表水或地下水，其具体特点包括：

（1）系统给水及浓水的高渗透压

海水中每增加 1000mg/L 的 TDS 浓度则渗透压增加 69kPa，典型海水 35000mg/L 的 TDS 浓度对应约 2.5MPa 渗透压。如果系统回收率为 50%，则浓水的渗透压约为 5.1MPa。

（2）系统需要采用高压膜元件品种

图 6.30 曲线表明，给水含盐量越高，系统通量的均衡程度越差；图 6.33 曲线表明，膜元件的透水压力越低，系统通量的均衡程度越差；且表 5.6 与表 5.7 中数据表明，膜元件的透水压力越低，其透盐率越高。因此，对于高含盐量海水，为得到高的脱盐率并保持通量均衡，所用膜元件的透水压力必须很高。

（3）海水淡化系统需要很高的工作压力

正是由于海水淡化系统具有高给浓水的渗透压与高透水压力的膜品种，海水淡化系统的正常运行需要很高的工作压力。如给水含盐量 35000mg/L 的海水淡化系统回收率分别为

40%及50%，其系统浓水的渗透压将分别达到4.2MPa及5.1MPa；加之膜元件的透水压力约1.0～1.5MPa，海水淡化系统正常运行约需工作压力5.2～6.6MPa。

（4）海水淡化膜能承受的最高工作压力

反渗透膜的高分子有机材料承受很高压力时会出现蠕变，其透水及透盐性能也产生变化；膜片承受高压时也会挤压淡水流道，使产水背压上升。因此，膜片及元件的材料与结构对于工作压力形成了一定的限制。目前，时代沃顿与陶氏化学公司海水淡化膜品种产品的最高工作压力限值为6.9MPa，海德能与东玺科（TCK）公司产品为8.28MPa。目前，国内实际海水淡化系统的工作压力多为6～7MPa。

14.2.2　海水淡化系统所用柱塞泵

海水淡化系统的给水压力很高，大型系统多用苏尔寿或凯士比等品牌的高压离心泵，中小系统多用丹佛斯等品牌的高压柱塞泵。柱塞泵的泵体结构以斜盘式为主。

图14.1所示斜盘式柱塞泵的工作原理图说明，斜盘式柱塞泵中装有多组柱塞与滑靴，斜盘在传动轴带动下不断旋转，斜盘上的滑靴带动柱塞往复运动。图14.1（a）中上部柱塞被滑靴后拉而吸水，下部柱塞被斜盘前推而压水；图14.1（b）中下部柱塞被滑靴后拉而吸水，上部柱塞被斜盘前推而压水；加之各柱塞对应截止阀的配合即可实现对出水的增压。

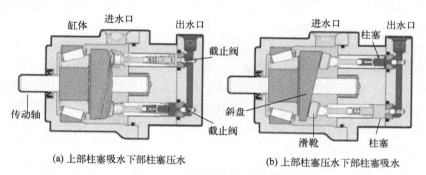

(a) 上部柱塞吸水下部柱塞压水　　(b) 上部柱塞压水下部柱塞吸水

图 14.1　斜盘式柱塞泵工作原理

由于柱塞泵的结构特征，在特定传动轴转速条件下，柱塞泵的流量取决于柱塞的数量、截面积及行程长度，柱塞泵的压力一般取决于负载的阻力。柱塞泵的流量压力特性如图14.2所示，即随水泵扬程的上升，水泵流量略有下降，而宏观上可认为柱塞泵属于恒流泵。

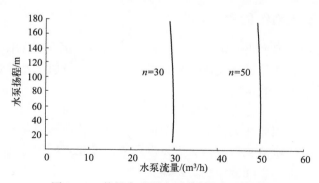

图 14.2　某斜盘式柱塞泵的扬程流量特性

由于柱塞泵近乎于恒流，故该泵从原有转速 n_1 降为现有转速 n_2 时，图 14.2 所示扬程流量特性曲线仍基本保持恒流，而其流量的变化规律为 $Q_2 = (n_2/n_1)Q_1$。值得指出的是，柱塞泵与离心泵相同，可以实现串联运行，而串联后的压力为各泵压力的叠加。

柱塞泵与离心泵除流量压力特性不同之外，离心泵输出的是连续流，柱塞泵输出的是脉冲流。柱塞泵的柱塞数量越多，传动轴转速越高，输出的脉冲越多，流量和压力就越平稳。一般而言，柱塞泵的效率高于离心泵，但柱塞泵的规格受限，而离心泵的规格可以很大。

14.2.3 设备材质与最高回收率

反渗透系统需根据含盐量与压力确定所用管路、水泵及阀门的材质。一般含盐量的苦咸水淡化系统中，可以使用 316L、316、304 不锈钢。海水淡化系统则需要采用 2205 材质双相钢，海水淡化浓水的减排及零排工艺则必须采用 2507 双相钢甚至钛合金材料。

2205 双相不锈钢是由 21% 铬、2.5% 钼及 4.5% 镍氮合金构成的复式不锈钢，具有高强度、良好的冲击韧性以及良好的抗腐蚀能力。2507 双相不锈钢由 25% 铬、4% 钼和 7% 的镍构成，具有更强的抗腐蚀能力。由于 2205 与 2507 双相钢的价格远高于 304 及 316L 等普通不锈钢，故海水淡化、高浓盐水减排或零排系统的成本很高。

一般海水淡化用膜元件的最高工作压力为 8MPa，而高回收率（包括重污染与低温）均会增加系统工作压力，且系统设计及系统运行还需对上限压力保留裕度，故海水淡化系统回收率受到膜元件最高工作压力的限制。

给水含盐量为 35000mg/L 的海水淡化系统的回收率越高，系统的浓水含盐量越高；高水体含盐量对于系统的水泵、膜壳、管路、仪表、阀门及其他相关设备的腐蚀将相当严重，相应地 2205 与 2507 双相钢设备材质的成本很高，故系统回收率受到高设备成本的限制。

在海水淡化系统中，系统回收率远低于难溶盐极限回收率，系统末端元件的产水流量一般远低于浓水流量即浓差极化度很低，因此难溶盐极限回收率与浓差极化极限回收率均不再成为海水淡化系统回收率的限制条件。

总之，受元件最高工作压力与设备材质成本的限制，海水淡化系统的设计及运行的最高回收率一般仅有 45%～50%。

14.3 温度调节与能量回收

14.3.1 海水淡化系统的温度调节

海水淡化系统中给水温度仍是影响系统工作压力的重要因素。如图 14.3 所示，随着给水温度降低，系统产水含盐量近呈线性下降趋势，给水压力呈加速上升趋势。因此，提高给水温度是降低工作压力的有效措施。

在本书 2.6 节已经说明，在苦咸水淡化系统中，给水加温所需能源成本远大于加温导致低压而节省的电费成本，因此在无低成本热源的条件下，苦咸水淡化系统中一般不宜采用给水加温工艺。但因多数海水淡化项目与火力发电厂或大型化工厂配套建设，可以利用发电厂或化工厂的余热为海水加温以降低系统的工作压力。例如，海水淡化系统与火电厂联建联运时，可将火电系统的冷凝器与海水淡化系统的换热器合一，在完成火电系统蒸汽冷凝的同时，实现海水淡化系统的给水加温。

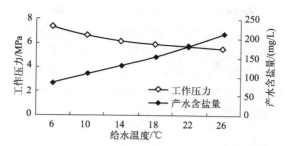

图 14.3　工作压力与产水含盐量的温度特性

($32g/L$，$4m^3/h$，45%，$6/1$，SWC5，3a)

与低温运行相反，高温运行的海水淡化系统虽然工作压力降低，但将使产水水质及通量均衡等技术指标变差，因此海水淡化系统也不希望得到过高的给水温度。海水淡化系统采水有三个方式，即表层海水、深层海水与海岸井水。表层海水的温度变化幅度较大，而深层海水与海岸井水的温度变化幅度较小。

14.3.2　海水淡化系统的能量回收

由于海水淡化系统的固有特征，相应的配套设备也具有鲜明特点。除膜元件的材料与结构之外，膜壳从苦咸水用中压膜壳，改为海水淡化用高压膜壳；给水泵从苦咸水用中压低耐腐性离心泵改为海水淡化用高压高耐腐性离心泵或柱塞泵，更主要的是增加了系统的能量回收装置。

海水淡化系统的给水压力很高，系统回收率又低，此两大特点必然导致系统排放的浓水带走相当部分的能量。如设系统回收率为 50%，且浓水压力约等于给水压力，故系统浓水排出或浪费的能量高达输入能量的约 50%，从而使浓水排放能量的有效回收关乎到海水淡化工艺的经济可行性。

早期的能量回收装置是如图 14.4 所示的涡轮式同轴联动的水轮机与离心泵，系统浓水端由水轮机代替浓水阀门，浓水径流推动水轮机转动，水轮机获得的能量通过同轴离心泵传至给水端，为系统给水再次增压。涡轮式回收装置可以部分回收浓排能量，且水轮机与离心泵的流量并不要求一致，但是水轮机与离心泵的效率有限，其次是系统运行参数不宜调整。实际工程中，涡轮机的效率最高只能达到 $70\%\sim80\%$。

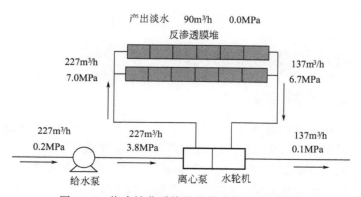

图 14.4　海水淡化系统及涡轮式能量回收装置

目前技术更为先进的是图 14.5 所示美国 ERI 公司的 PX 系列柱塞式压力交换器。该装置采用高纯度氧化铝陶瓷材料，具有极强的耐腐蚀性能与耐磨损性能。该装置的极佳设计，形成交替往复并旋转运动的多缸结构。多个缸体中的给水及浓水被循环吸入与排出，实现了在给水与浓水的混合比例极低状态下，将能量及压力从浓水侧移向给水侧。在图 14.6 所示海水淡化系统与柱塞式压力交换器体系中，柱塞两侧的流量相等，为满足系统给水的特定压力与特定流量要求，还配置了相应的给水泵与增压泵。

图 14.5　PX 系列压力交换式能量回收装置

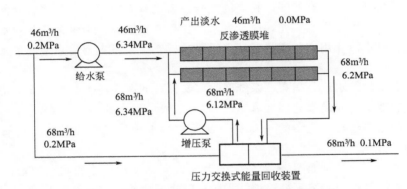

图 14.6　海水淡化系统与柱塞式压力交换器体系

柱塞式压力交换器的效率可高达 97%，它的使用可使海水淡化系统本体能耗降至 2.4kW·h/m³，与海水淡化的理论功值 0.72kW·h/m³ 已经非常接近，致使海水淡化工艺具有了实际工业价值。

14.4　海水淡化的系统设计

14.4.1　流程长度与段结构

系统流程的长度过短将使膜壳及系统成本过高，流程长度过长将使系统首末端通量比过大即导致严重的通量失衡及污染失衡。因此，典型海水淡化系统的流程长度一般串联元件数量为 6 支或 7 支。对应系统回收率约 45% 及流程长度 6～7m，系统膜堆自然应采用单段结构。对于亚海水系统，随着含盐量不断降低，系统回收率随之提高，流程长度不断增加，并呈两段结构。

无论海水淡化系统为何种运行条件，高给水含盐量均会造成系统的高端通量比或段通量比。而且端通量比或段通量比对于各种运行条件的变化十分敏感。高系统回收率、高给水含盐量、高给水温度、低平均通量、高产水量元件及长流程系统的通量比较大。

14.4.2　典型海水淡化系统

这里以 32g/L 氯化钠含量代替典型海水，进行典型海水淡化系统的设计分析。

表 14.2 数据分别给出针对相同系统通量 17L/(m² · h)，而分别采用低产水量膜品种 SWC5（压力 5.52MPa 下产水量 1.42m³/h）与高产水量膜品种 SWC6（压力 5.52MPa 下产水量 1.89m³/h）的系统运行参数。

表 14.2　单段海水淡化系统不同流程长度、系统回收率及元件品种条件下的运行参数

[32g/L,17L/(m² · h),15℃,0a]

元件品种	系统回收率/%	系统流程 1/6			系统流程 1/7			系统流程 1/8		
		工作压力/MPa	产水含盐量/(mg/L)	端通量比	工作压力/MPa	产水含盐量/(mg/L)	端通量比	工作压力/MPa	产水含盐量/(mg/L)	端通量比
SWC5	40	5.28	103	2.86	5.31	103	3.02	5.35	103	3.24
	45	5.52	110	3.58	5.54	110	3.80	5.57	110	4.04
	50	5.82	118	4.79	5.84	118	4.98	5.87	118	5.25
SWC6	40	4.85	157	3.83	4.89	157	4.11	4.93	157	4.47
	45	5.11	168	5.03	5.13	168	4.55	5.17	168	5.89
	50	5.44	182	7.10	5.45	182	7.70	5.48	181	8.25

该表数据表明：

① 无论海水淡化膜的产水量高或低，其系统透盐率仅为 0.3%～0.5%，远远低于苦咸水膜。

② 低产水量元件系统的产水含盐量低、工作压力高、端通量比小；高产水量元件相反。

③ 流程长度与回收率对系统工作压力及产水含盐量的影响小，但对端通量比的影响大。

海水淡化系统各季节的给水含盐量基本一致，但各季节的给水温度具有很大差异。表 14.3 中数据表明，随给水温度的下降，产水含盐量与端通量比单调下降，工作压力与产水能耗单调上升。因此，高产水量膜、高系统回收率、长系统流程及高给水温度等因素均可造成系统的端通量比过高，从而造成系统污染的严重失衡。

表 14.3　不同给水温度对应的海水淡化系统运行参数[32g/L,0a,SWC5,45%,17L/(m² · h),1/6]

给水温度/℃	产水含盐量/(mg/L)	工作压力/MPa	产水能耗/(kW · h/m³)	端通量比
30	198	5.16	4.21	7.10
25	169	5.22	4.26	5.68
20	136	5.33	4.36	4.51
15	109	5.53	4.43	3.59
10	87	5.88	4.71	2.84
5	68	6.45	5.17	2.28

表 14.3 数据还表明，如认为随温度变化，产水含盐量基本呈线性变化，则段通量比、工作压力及产水能耗等参数则呈非线性变化。总之，综合考虑各项经济技术指标，对于典型高含盐量海水淡化系统。应该采用低产水量膜品种，流程长度 6～7m。给水温度不宜过低，即温度调节对于海水淡化系统尤为重要。

14.4.3 亚海水的淡化系统

一般将给水含盐量介于 10～20g/L 之间的水体称为亚海水。亚海水的水源背景有多种，可以是海水倒灌的河口水体，可以是沿海地区的浅层井水，甚至各种高盐分的污废水。这里不涉及水体中难溶盐与有机物的含量，而主要只针对亚海水淡化系统的结构设计进行分析。

（1）给水含盐量 20g/L 系统

给水含盐量 32g/L 海水在回收率 45％时的浓水含盐量约为 60g/L，给水含盐量 20g/L 亚海水系统的浓水含盐量达到 60g/L 时的回收率需要约 66％。因此，给水含盐量等于或低于 20g/L 的亚海水系统的回收率不受浓水含盐量过高的严格限制，而可以采用比典型海水淡化系统更高的回收率。

亚海水系统一般可采用分段结构与段间加压工艺。而且，表 14.4 所列数据表明，无论采用低产水量 SWC5 膜品种或高产水量 SWC6 膜品种，无论采用 8m 流程或 10m 流程，4-2/4 或 4-2/5 结构系统的段壳浓水比均显示过低；而 3-2/4 结构与 3-2/5 结构及系统回收率 50％工况下，段壳浓水比与端通量比两参数均较合理。

表 14.4　给水含盐量 20g/L 系统的运行参数[15℃,17.5L/(m²·h),0a,段通量比 1.15]

膜堆结构	元件品种	回收率/%	段间加压/MPa	各段压力/MPa	产水含盐量/(mg/L)	段壳浓水比	产水能耗/(kW·h/m³)	各段通量/[L/(m²·h)]
3-2/4	SWC5	50	0.85	3.64/4.40	66.4	5.9/6.5=0.91	3.03	18.5/16.0
		55	1.05	3.71/4.68	70.4	5.1/5.3=0.96	2.87	18.5/16.0
	SWC6	50	0.85	3.24/3.99	100.9	5.9/6.5=0.91	2.74	18.5/16.0
		55	1.05	3.30/4.27	107.1	5.1/5.3=0.96	2.60	18.5/16.0
3-2/5	SWC5	50	0.90	3.69/4.43	66.0	7.2/8.2=0.88	3.09	18.5/16.0
		55	1.08	3.75/4.69	69.9	6.4/6.7=0.95	2.91	18.5/16.0
	SWC6	50	0.91	3.27/4.02	100.5	7.4/8.1=0.90	2.79	18.5/16.0
		55	1.10	3.32/4.29	106.6	6.4/6.6=0.97	2.63	18.5/16.0
4-2/4	SWC5	55	1.03	3.78/4.74	70.6	4.4/6.4=0.69	2.88	18.3/15.9
		60	1.31	3.86/5.02	75.3	3.8/5.2=0.73	2.76	18.3/15.9
	SWC6	55	1.04	3.36/4.34	107.2	4.4/6.4=0.68	2.61	18.3/15.9
		60	1.30	3.45/4.70	114.6	3.8/5.2=0.73	2.51	18.3/15.9
4-2/5	SWC5	55	1.10	3.79/4.77	70.1	5.5/8.0=0.69	2.92	18.3/15.9
		60	1.36	3.87/5.13	74.8	4.7/6.5=0.72	2.79	18.3/15.9
	SWC6	55	1.10	3.38/4.36	106.7	5.5/8.0=0.69	2.65	18.3/15.9
		60	1.34	3.37/4.56	114.1	4.7/6.5=0.72	2.54	18.3/15.9

（2）给水含盐量 15g/L 系统

表 14.5 所列数据表明，对于给水含盐量为 15g/L 的亚海水系统，为保持特定的段通量比，系统回收率越高，段间加压的要求越高，但段壳浓水比值越合理。

表 14.5　给水含盐量 15g/L 系统设计参数[15℃,17L/(m²·h),0a,段通量比 1.13]

膜堆结构	元件品种	回收率/%	段间加压/MPa	各段压力/MPa	产水含盐量/(mg/L)	段壳浓水比	产水能耗/(kW·h/m³)	各段通量/[L/(m²·h)]
4-2/4	SWC5	60	0.96	3.16/4.06	57.6	3.7/5.1=0.73	2.23	17.7/15.7
		65	1.22	3.23/4.40	61.9	3.2/4.1=0.78	2.15	17.7/15.7
	SWC6	60	0.96	2.78/3.69	87.6	3.7/5.1=0.73	2.00	17.7/15.7
		65	1.22	2.85/4.02	94.3	3.2/4.1=0.78	1.94	17.7/15.7

续表

膜堆结构	元件品种	回收率/%	段间加压/MPa	各段压力/MPa	产水含盐量/(mg/L)	段壳浓水比	产水能耗/(kW·h/m³)	各段通量/[L/(m²·h)]
4-2/5	SWC5	60	0.97	2.86/3.76	71.9	3.7/5.1=0.73	2.05	14.2/12.5
		65	1.22	2.93/4.09	77.4	3.2/4.1=0.78	1.99	14.2/12.5
	SWC6	60	0.97	2.57/3.47	109.7	3.7/5.1=0.73	1.88	14.2/12.5
		65	1.22	2.64/3.80	118.3	3.2/4.1=0.78	1.82	14.2/12.5

（3）给水含盐量 10g/L 系统

如果系统的难溶盐极限回收率为 65%～70%，膜品种可以采用高产水量海水淡化膜或低产水量海水淡化膜，系统流程可为 10～12m，膜对结构可为 4-2/6。表 14.6 所列数据表明，在所示工况条件下，回收率 70% 的段壳浓水比较高，即更为合理。

表 14.6 给水含盐量 10g/L 系统设计参数[15℃，17L/(m²·h)，0a，SWC5，段通量比 1.1]

膜堆结构	元件品种	回收率/%	段间加压/MPa	各段压力/MPa	产水含盐量/(mg/L)	段壳浓水比	产水能耗/(kW·h/m³)	各段通量/[L/(m²·h)]
4-2/5	SWC5	65	0.81	2.59/3.31	40.9	4.0/5.1=0.78	1.67	17.5/15.8
		70	1.02	2.63/3.58	44.3	3.5/4.1=0.85	1.62	17.5/15.8
	SWC6	65	0.83	2.21/2.96	61.9	4.0/5.1=0.78	1.47	17.5/15.8
		70	1.04	2.26/3.23	67.2	3.5/4.1=0.85	1.43	17.5/15.8
4-2/6	SWC5	65	0.87	2.59/3.34	40.5	4.8/6.1=0.79	1.69	17.5/15.8
		70	1.06	2.64/3.59	44.0	4.2/4.9=0.86	1.63	17.5/15.8
	SWC6	65	0.88	2.23/2.99	61.6	4.8/6.1=0.79	1.50	17.5/15.8
		70	1.08	2.28/3.25	66.9	4.2/4.9=0.86	1.45	17.5/15.8

此外，如果进一步增加段间加压幅度，则可以使段通量比更小、段壳浓水比更大、产水含盐量更低，但产水能耗更高。

如对 10g/L 的高给水含盐量系统采用苦咸水膜 CPA3，则无论膜堆结构如何，不仅产水含盐量大幅上升，而且各段内的端通量比总是很高，故不可取。

（4）给水含盐量 5g/L 系统

给水含盐量 5g/L 对应的电导率约为 10mS/cm，属于亚海水与苦咸水之间的水体。如果系统的难溶盐极限回收率为 70%～75%，膜品种可以采用海水淡化膜或高压膜，系统流程可为 12m，膜堆结构可为 4-2/6 或 5-2/6。表 14.7 所列数据表明，在所示工况条件下，4-2/6 结构及回收率 70% 的段壳浓水比较为合理，或 5-2/6 结构及回收率 75% 的段壳浓水比也较合理。

表 14.7 给水含盐量 5g/L 系统设计参数[15℃，17L/(m²·h)，0a，CPA3，段通量比 1.1]

膜堆结构	元件品种	回收率/%	段间加压/MPa	各段压力/MPa	产水含盐量/(mg/L)	段壳浓水比	产水能耗/(kW·h/m³)	各段通量/[L/(m²·h)]
SWC6	4-2/6	70	0.55	1.65/2.09	32.6	4.2/4.9=0.86	0.99	17.6/16.0
		75	0.67	1.67/2.24	35.8	3.7/3.8=0.97	0.95	17.6/16.0
	5-2/6	70	0.55	1.66/2.11	32.7	3.7/5.7=0.65	0.99	17.5/15.9
		75	0.68	1.69/2.28	35.9	3.2/4.4=0.73	0.95	17.5/15.9
CPA3	4-2/6	70	0.51	1.33/1.78	103.6	4.2/4.9=0.86	0.82	17.6/16.0
		75	0.64	1.35/1.94	113.6	3.7/3.8=0.97	0.79	17.6/16.0
	5-2/6	70	0.52	1.35/1.81	103.7	3.7/5.7=0.65	0.82	17.5/15.9
		75	0.65	1.37/1.97	113.1	3.2/4.4=0.73	0.79	17.5/15.9

从表 14.7 中数据不难看出，在相同的系统回收率及段通量比等条件下，造成段间加压及产水能耗的差异是两类膜品种透水压力的差异，造成段壳浓水比的差异是膜堆结构的差异。这也是反渗透系统领域中的特定规律，了解这些规律即可在系统设计时更准确地进行相关设计方案的选择。

14.5 浓盐水体减排与零排

我国华北地区常年缺水，生态环境十分脆弱，加之近年来发展起来的煤化工等行业排出的大量高盐废水，将对当地环境形成巨大威胁。因此，近年来对于高盐工业污废水的减排甚至零排技术得到了快速发展。

煤化工等领域高盐污废水的典型无机成分是氯化钠与硫酸钠，对其进行减排、分盐及零排的工艺流程如图 14.7 所示。在除硬除硅等预处理工艺之后，需要用海水淡化膜工艺进行水体浓缩，用分盐纳滤膜工艺将氯化钠与硫酸钠进行分离，并用碟管反渗透膜工艺对其再次浓缩。

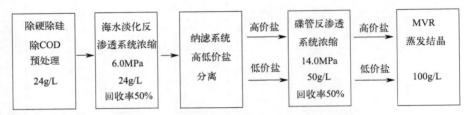

图 14.7 高盐工业废水的分盐及零排工艺流程

其后，如不设 MVR 工艺而排出极高浓度盐水时，即属减排工艺；如设 MVR 工艺且产出各类不同盐分时，即为零排工艺。正是由于在 MVR 工艺前端采用了各类多级反渗透膜浓缩工艺，可大幅降低 MVR 的设备规模与工艺能耗。关于纳滤分盐工艺的细节详见本书第 16 章内容。

值得指出的是，电渗析技术早于反渗透技术用于水体脱盐，在浓盐水浓缩工艺领域，反渗透需要较高压能以克服给浓水的超高渗透压，电渗析需要较大电能以迁移浓水区中的盐离子。利用其特有优势，电渗析技术在浓盐水减排领域也有相关应用。

14.5.1 碟管与卷管式膜组件

（1）碟管式反渗透膜组件

图 14.8 示出碟管式反渗透膜组件结构。目前该类组件分为 7.5MPa、9MPa、12MPa 及 16MPa 等不同工作压力等级，表 14.8 示出某企业碟管式反渗透膜组件产品系列。

表 14.8 某企业碟管式反渗透膜组件产品技术参数

技术参数	GDT-75	GDT-90	GDT-120	GRO-160
循环流量/(L/h)	400~1500	400~1500	400~1500	400~1500
产水流量/(L/h)	100~300	100~300	100~300	100~300
最高压力/MPa	7.5	9.0	12.0	16.0
运行压力/MPa	3.0~7.0	4.0~9.0	6.0~12.0	8.0~16.0
组件长度/mm	1400	1400	1400	1400

续表

技术参数	GDT-75	GDT-90	GDT-120	GRO-160
组件直径/mm	214	218	225	234
膜片面积/m²	9.4	9.4	9.4	9.4
进水电导率/(mS/cm)	20～60	50～100	80～150	90～180

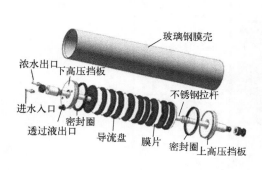

(a) 膜组件零件分解图

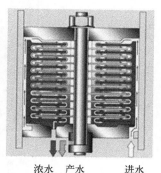

(b) 膜组件剖面结构图

图 14.8　碟管式反渗透膜组件结构

碟管式组件中，膜片与膜片之间的水通道高度达到 2.54mm（卷式膜元件的浓水流道高度仅为 0.86mm），单支膜片单侧表面的流程长度仅为 60mm（卷式膜组件流程长度为 1000mm），碟管式组件依靠给浓水的多次往返结构形成紊流（卷式膜元件依靠浓水隔网形成紊流），使得碟管式组件的进水水质的要求较低、难以污堵、易于清洗且运行稳定。这些特点不仅可有效延长碟管式组件的使用寿命，而且可有效简化其前处理工艺，使得整个工艺流程较为简单。

但是，由于其水流通道较高、流程长度较短与立式安装模式，致使碟管式组件的膜装填密度较低且占地面积较大。而且，由于其特定的结构形式，使其检修与维护的工作量较大。

（2）卷管式反渗透膜组件

卷管式反渗透膜结合了碟管式膜和卷式膜两方面的优点：其水流通道宽度≥6mm，比卷式膜宽，较碟管式膜窄；其膜装填密度大于碟管式膜，而小于卷式膜；其占地面积与检修工作量均介于卷式膜和碟管式膜之间。图 14.9 所示卷管式膜组件的设计理念源于碟管式膜组件，故两类膜组件的总体性能与应用环境基本接近。

卷管式膜组件的浓盐水从组件上端进入，经过导流盘将进水均匀地分配到膜组件进水端面。在高水压作用下，产水透过膜片，通过产水格网流入产水中心管并导出膜组件，浓水通过平行格网从浓水管流出膜组件。多只膜组件的并联运行可增加产水流量，而串联运行可提高回收率并降低运行能耗。

14.5.2　超级碟管式系列组件

超级碟管式膜产品（SUPER DT）具有独特的涡流螺旋式水力流态，改性升级后的抗污染、耐清洗反渗透/纳滤膜片，既具有优良的抗污染性能，又具有极低能耗的优势，应用领域更广泛。SUPER DT 特殊的膜组件水力学流态确保膜系统的安全性操作和高效抗压性能，增强了膜组件对不同进水料液的适应性和稳定性，特别适用于高浓度、高盐分、高有机物料液的分离、提纯、浓缩处理。

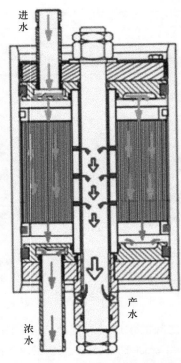

图 14.9　卷管式膜组件结构

　　超级碟管式膜组件为柱状结构。图 14.10 所示膜组件由芳香聚酰胺膜片、导流盘、中心拉杆、外壳、上下端法兰、联接螺栓、进水口、浓水口、产水口等部件组成。膜片和导流盘交替叠放一起，用中心拉杆和上下端法兰进行固定，并置入耐压膜壳中，且用螺栓拉杆固定，形成特种膜组件。SUPER DT 在结构上与传统碟管式膜有着本质的区别，优化后的膜组件内部的涡流式流态和特殊的结构设计使 SUPER DT 组件具有着明显的优越性。

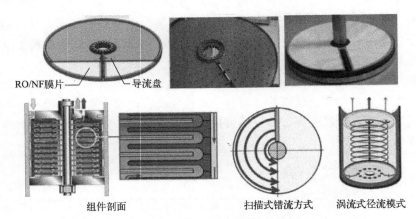

图 14.10　超级碟管式膜组件结构

　　超级碟管式膜组件具有反渗透与纳滤两个系列，表 14.9 与表 14.10 分别示出反渗透与纳滤膜组件的相关参数。

表 14.9 SUPER DT 反渗透膜组件相关参数

组件型号	耐压水平/MPa	组件膜面积/m²	膜片数量/片	流道高度/mm
SUPER-RO-0990	9	9.5	119	2.5
SUPER-RO-1190	9	11.5	155	1.5
SUPER-RO-0916	16	9.5	119	2.5

表 14.10 SUPER DT 纳滤膜组件相关参数

组件型号	切割分子量	耐压水平/MPa	组件膜面积/m²	膜片数量/片	流道高度/mm
SUPER-UF(100)-1190	100	9	11.5	155	1.5
SUPER-UF(100)-0916	100	16	9.5	119	2.5
SUPER-UF(300)-1190	300	9	11.5	155	1.5
SUPER-UF(300)-0916	300	16	9.5	119	2.5

表 14.9 与表 14.10 所列反渗透与纳滤膜组件运行参数的测试条件为：给水流量 1000L/h，给水 pH 值 7.5，给水温度 25℃，给水压力 6.0MPa。反渗透组件的测试给水溶液为 50mS/cm 氯化钠溶液，纳滤组件的测试给水溶液为 50mS/cm 硫酸镁溶液，其脱盐率也分别对应不同的盐分。

两类膜组件的运行参数为：给水流量 750～1000L/h，产水通量≥14L/(m²·h)，最小浓水流量≥450L/h，最小脱盐率≥97%。对于一级反渗透或纳滤系统，组件的给水流量取高值；对于二级反渗透或纳滤系统，组件的给水流量取低值。

14.5.3 机械蒸汽再压缩设备

就目前的工艺技术而言，各类膜技术对于水体含盐量的浓缩能力，最高可达约 200g/L 的极限水平。如欲对其继续进行浓缩处理，则需要采用 MVR 等蒸发结晶技术。

MVR(mechanical vapor recompression) 蒸发器是机械式蒸汽再压缩设备的简称。图 14.11 所示 MVR 蒸发器的工作原理是利用高能效蒸汽压缩机压缩蒸发产生的二次蒸汽，把电能转换成热能，提高二次蒸汽的焓；已提高热能的二次蒸汽被打入蒸发器进行再加热，以达到循环利用二次蒸汽已有的热能，从而在不需外部新鲜蒸汽条件下，依靠蒸发器自循环来实现蒸发浓缩的目的。

原液在进入蒸发器前，通过热交换器吸收了冷凝水的热量，使之温度升高，同时也冷却了冷凝液和完成液，进一步提高热的利用率。MVR 根据不同盐分的不同饱和度，在不断蒸发浓缩过程中，可以得到不同盐分，因此 MVR 设备不仅是一个混合结晶设备，而且还可以是一个分盐结晶设备。

随着蒸发结晶过程的不断深入，杂盐、有机物、二氧化硅及其他杂质的浓度也不断提高，故在分离器中需要外排部分浓缩液，以避免有机物及其他杂质的过多富集，而影响各类盐产品的纯度。蒸发结晶系统的外排浓液将进入杂盐处理系统。

图 14.12 示出浓盐水减排处理各工艺的能耗水平。由于机械式蒸汽再压缩工艺对应的液体含盐量极高，一般需采用钛合金设备，故其能耗成本与设备成本均远高于反渗透及其他浓盐水减排各膜相关工艺。因此，对于零排放工艺过程而言，为了降低蒸发结晶的处理水量，在反渗透浓盐水至蒸发结晶之间，采取各浓盐水减排工艺具有十分重要的意义。

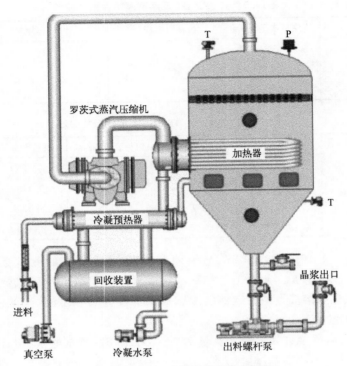

图 14.11　MVR 浓盐水蒸发结晶装置

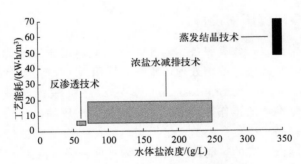

图 14.12　浓盐水处理工艺的能量消耗

脱盐纳滤系统特性分析

15.1 纳滤膜工艺技术

纳滤（NF）是 20 世纪 80 年代后期开始发展起来的一种新型分离膜技术，与反渗透及电渗析同属除盐工艺，与反渗透及超微滤同属压力驱动膜过程。纳滤膜的孔径约 1nm，故称纳滤膜。超滤膜的孔径较大，其传质过程主要是孔流形式即筛分效应；反渗透膜为无孔膜，其传质过程适合溶解-扩散理论，也具有一定的荷电效应；纳滤膜的膜孔为纳米级且大部分带负电荷，因此同时具有较强的筛分效应与荷电效应（道南效应）。

纳滤膜对于 SO_4^{2-}、Ca^{2+} 及 Mg^{2+} 等高价离子的脱除率保持较高水平，对于低价离子的脱除率随膜品种的不同而具有很大差异，对于相同电价离子中的大水合半径离子的脱除率远高于小水合半径离子。纳滤膜对阳离子的脱除率按下列顺序递增：H^+、Na^+、K^+、Mg^{2+}、Ca^{2+}、Cu^{2+}。对阴离子的脱除率按下列顺序递增：NO_3^-、Cl^-、OH^-、SO_4^{2-}、CO_3^{2-}。纳滤膜因品种的差异对 NaCl 的脱除率在 10%～95% 之间。

纳滤膜对分子量大于 2000 的有机物可基本脱除，对分子量小于 200 的有机物的脱除作用很弱，对分子量在 200～2000 之间的有机物呈现出复杂的脱除现象。纳滤膜的制备主要有复合、转化、共混及荷电等方法。目前的纳滤膜元件以卷式结构为主，其外形结构及产品规格与反渗透膜元件无异。

目前，纳滤膜的材料主要有芳香聚酰胺与聚哌嗪酰胺两大类，两者对于 $MgSO_4$ 的截留率一般高于 95%，前者对于 NaCl 的截留率仍高于 85%，后者对于 NaCl 的截留率则低至 30%。因此，前者也称为"脱盐纳滤膜"，多用于低脱盐率工艺；后者被称为"分盐纳滤膜"，多用于分盐工艺。表 15.1 给出时代沃顿公司与海德能公司的部分纳滤膜元件参数。

表 15.1 时代沃顿公司与海德能公司部分纳滤膜元件参数

时代沃顿公司产（分盐）纳滤膜元件的规格及性能				
膜元件型号	膜面积/m²	溶液种类与浓度	产水流量/(m³/d)	透盐率/%
VNF1-8040	37.2	NaCl(2000mg/L)	45.5	40～60
		MgSO₄(2000mg/L)	37.5	>96
VNF2-8040	37.2	NaCl(2000mg/L)	28.4	80～95
		MgSO₄(2000mg/L)	33.9	>96
海德能公司产（脱盐）纳滤膜元件的规格及性能				
膜元件型号	膜面积/m²	溶液种类与浓度	产水流量/(m³/d)	透盐率/%
ESNA1-K1	37.2	NaCl(500mg/L)	35.3	90
		MgSO₄(500mg/L)	39.7	97
ESNA1-LF	37.2	CaCl₂(500mg/L)	31.0	89
ESNA1-LF2	37.2	CaCl₂(500mg/L)	39.7	86

注：两公司纳滤膜共同测试条件为压力 0.5MPa，温度 25℃，回收率 15%。

如果认为反渗透工艺主要用于各类水体的脱盐，则纳滤工艺主要用于水处理及各种料液的特殊分离。本书主要讨论脱盐纳滤元件及脱盐纳滤系统在较低含盐量水体处理领域中的特征与应用，纳滤膜的分盐与负脱盐问题见本书第 16 章内容。

15.2 纳滤脱除有机物

水体中有机物的种类繁多，纳滤系统对有机物脱除的分析仅用 COD 或 TOC 的综合性指标很难加以描述，本章主要分析时代沃顿 VNF1 纳滤膜元件及膜系统对几类典型有机物的脱除效果。有机物的种类可以按照解离性、酸碱性及分子量等性质予以区别；按解离性划分，乙二胺四乙酸、富马酸、柠檬酸、吡啶、邻硝基苯胺等为解离型（离子型）有机物，乳糖、葡萄糖、乙醇、正丙醇等为难解离型（非离子型）有机物；按解离型有机物的酸碱性划分，吡啶、邻硝基苯胺呈弱碱性，乙二胺四乙酸、富马酸、柠檬酸呈弱酸性；按分子量划分，乳糖与 EDTA 的分子量在 330～350 之间，葡萄糖与富马酸的分子量在 150～180 之间，而乙醇与正丙醇的分子量在 40～60 之间。

多数有机物的分子量从 10 到 100000 不等，大分子量有机物可以被砂滤、炭滤及超微滤工艺所截留，本章主要讨论纳滤及反渗透系统对于分子量在 400～40 范围内的乙二胺四乙酸（EDTA）、富马酸（FA）、柠檬酸（CA）、乳糖（D-L）、葡萄糖（GL）、吡啶（PD）、邻硝基苯胺（ONA）、乙醇（ETOH）、正丙醇（N-PR）9 种有机物的脱除问题。

理论上认为，纳滤膜对有机物的分离既有孔膜对有机物的筛分作用，也有膜表面负极性电荷对不同电性有机物的排斥或吸引作用。因此，纳滤膜对于有机物的脱除率呈现如下规律。

(1) 有机物种类对脱除率的影响

表 15.2 示出特定系统脱盐率等条件下，纳滤系统对不同有机物的脱除率。该表数据表明，对于电中性的难解离型有机物，膜表面的吸附作用及膜孔的筛分作用成为主要的分离机理。首先，其脱除率居于阴离子与阳离子脱除率之间；其次，对大分子量有机物（乳糖）的 50％脱除率高于对低分子量有机物（葡萄糖）的 25％脱除率。

表 15.2 特定条件下纳滤系统对不同有机物的脱除率

［系统脱盐率 30％，TOC 浓度 120mg/L，温度 15℃，pH 值 7，通量 40L/(m² · h)］

有机物分类	难解离型		可解离型			
			阴离子型		阳离子型	
	乳糖	葡萄糖	乙二胺四乙酸	柠檬酸	吡啶	邻硝基苯胺
分子量	342	180	336	192	79	138
脱除率/％	50	25	99.5	94	0	0

因纳滤膜表面带有大量负电荷，对吡啶及邻硝基苯胺等阳离子型有机物存在吸附作用。届时，因荷电效应大于筛分效应，致使纳滤对阳离子有机物的脱除率极低，甚至存在吸附及染色现象。而且，吸附及污染的清洗较为困难，洗脱液中会带有大量污染物质。

因纳滤膜表面负电荷与阴离子型有机物同性，故而形成排斥作用。届时，因荷电效应与筛分效应相互叠加，致使纳滤对阴离子有机物的脱除率极高；同时也体现出对大分子量有机物（乙二胺四乙酸）的 99.5％脱除率高于对低分子量有机物（柠檬酸）的 94％脱除率。

由表 15.2 所列数据可知，纳滤膜对难解离型有机物的脱除主要取决于筛分效应，对解离型有机物的脱除则同时取决于筛分效应与荷电效应，且荷电效应的作用大于筛分效应。

（2）给水温度对脱除率的影响

表 15.3 所列不同系统给水温度的试验数据表明，给水温度对于各类有机物的脱除率具有一定影响，难解离型有机物的脱除率随温度的升高而增大，可解离的阴离子型有机物的脱除率随温度的升高而减小。而且，脱除率水平较高的大分子量有机物的脱除率温度特性较弱，而脱除率水平较低的小分子量有机物的脱除率温度特性较强。

表 15.3　不同给水温度条件下纳滤系统对有机物的脱除率

[系统脱盐率 30%，TOC 浓度 120mg/L，pH 值 7，通量 40L/($m^2 \cdot h$)]

有机物分类		难解离型		可解离型		
				阴离子型		
		乳糖	葡萄糖	乙二胺四乙酸	柠檬酸	富马酸
分子量		342	180	336	192	156
脱除率/%	15℃	50	25	99.5	94	87
	25℃	58	32	99.5	93	77
变化率/%		1.16	1.28	1.00	0.99	0.88

（3）有机物浓度对脱除率的影响

表 15.4 所列系统给水中不同有机物浓度的试验数据表明，给水中有机物浓度对于其脱除率的影响较小，或称纳滤膜对有机物的脱除率与有机物浓度基本无关。换言之，随着给水中有机物浓度的降低，有机物的透膜通量等幅降低，致使给水侧与产水侧有机物浓度的比例基本一致。

表 15.4　不同给水浓度条件下纳滤系统对各类有机物的脱除率

[系统脱盐率 30%，温度 15℃，pH 值 7，通量 40L/($m^2 \cdot h$)]

有机物分类		难解离型		可解离型			
				阴离子型		阳离子型	
		乳糖	葡萄糖	EDTA	富马酸	吡啶	邻硝基苯胺
分子量		342	180	336	156	79	138
脱除率/%	给水浓度 120mg/L	46.59	20.94	98.17	85.39	0	0
	给水浓度 60mg/L	47.86	21.19	99.16	86.51	0	0
	给水浓度 30mg/L	48.89	21.46	99.33	87.43	0	0

（4）透水通量对脱除率的影响

表 15.5 所列系统产水通量不同的试验数据表明，各类有机物的脱除率均随系统运行通量的增加而有所上升，且脱除率水平较高有机物的通量影响较小，而脱除率水平较低有机物的通量影响较大。换言之，随着水体透膜通量的上升，有机物透膜通量也在上升，只是后者的上升速度略低于前者。

（5）给水 pH 值对脱除率的影响

难解离型有机物在水中几乎不解离，水体 pH 值的变化对解离度的影响较小，对于其脱除率的影响也较小。弱酸性解离型有机物的解离程度随水体 pH 值的变化而改变，而解离程度越大其脱除率越高，故纳滤系统对弱酸性有机物的脱除率随水体 pH 值增大而上升。

（6）纳滤脱盐率与有机物脱除率

与反渗透膜不同，纳滤膜具有 5%～95% 宽泛的脱盐率（氯化钠脱除率）水平，不同透盐率纳滤膜与不同有机物脱除率的关系十分复杂，难于给出确切的结论。但从总体上应与上述规律基本一致，即脱盐率较高的纳滤膜，对有机物的脱除率也较高。但是，即使脱盐率仅有 6% 的纳滤膜元件，对于较大分子量阴离子型有机物乙二胺四乙酸的脱除率仍能保持 90%，而对较小分子量难解离型葡萄糖的脱除率已降至约 5%。

表 15.5 水通量对某纳滤膜有机物脱除率的影响

（系统脱盐率 30%，TOC 浓度 120mg/L，温度 15℃，pH 值 7）

有机物分类		难解离型		可解离型	
				阴离子型	
		乳糖	葡萄糖	乙二胺四乙酸	富马酸
分子量		342	180	336	156
脱除率/%	产水通量 20L/(m²·h)	43	17	98	77
	产水通量 30L/(m²·h)	45	20	98	80
	产水通量 40L/(m²·h)	46	25	98	83

（7）NF 膜与 RO 膜对更小分子量有机物的脱除率

一般认为，纳滤膜的截留分子量在 200 以上，反渗透膜的截留分子量在 100 左右。表 15.6 数据显示，对于分子量小于 100 的醇类难解离型有机物，反渗透膜的脱除率仅有 30%~40%，而且分子量越小，脱除率越低。纳滤膜对分子量小于 100 的有机物几乎没有脱除作用。

表 15.6 NF 膜与 RO 膜对醇类有机物的脱除率

有机物种类		乙醇	正丙醇
分子量		46	60
脱除率/%	NF 膜（透盐率 68%）	0	0
	RO 膜（透盐率 1%）	30	40

本章关于纳滤膜系统对各类有机物脱除率分析的体量不足，相关研究有待进一步深入。

15.3 纳滤膜系统应用

由于纳滤膜对于不同有机物和不同无机盐具有不同的脱除效果，与反渗透、超微滤、电渗析及软化器等工艺相比，纳滤具有其特定的应用领域。

① 脱除大分子有机物：在低脱盐率条件下，可对有机物进行浓缩、脱除或分离；脱除的有机物分子量小于超微滤，但又大于反渗透。此类应用与电渗析工艺完全相反，电渗析工艺是不脱除有机物，而只对无机盐进行浓缩或脱除。

② 脱除高价无机离子：在对低价离子具有较低脱除率的同时，对高价离子进行较高脱除率处理，可以有效降低水体中的硬度。此种降低硬度工艺较离子交换工艺的效果差，但可以同时有效脱除有机物与部分无机盐。一般而言，采用纳滤工艺以达到除硬目的时，仍与反渗透工艺类似，同样需要投加阻垢剂，以防止纳滤系统的难溶盐结垢。

③ 进行不同水平脱盐：采用不同脱盐率水平的纳滤膜品种，可对水体进行不同水平的脱盐处理。此类应用与电渗析工艺中调整电场电压及调整级段流程的效果基本相同。

④ 特殊物料的精制与浓缩：利用纳滤膜对不同切割分子量（MWCO）的脱除或截留的作用，对特殊物料进行精制或浓缩。

⑤ 工业废水处理的零排放：在工业废水的零排放（ZLD）全工艺流程中，纳滤成为重

要的分盐工艺技术。

⑥ 由于纳滤系统的脱盐率较低，产水含盐量较高，产水 pH 值高于反渗透系统。所以，纳滤系统用于市政给水工程时，较高 pH 值的产水有利于避免市政管网的腐蚀。微污染水体中抗生素含量为 10^{-9} 或 10^{-12} 两级，超微滤无法解决，可采用纳滤予以去除。

⑦ 由于纳滤系统工作压力较低，其系统管道可用硬聚氯乙烯（UPVC）等低成本材质。

15.4　氧化改性纳滤膜

15.4.1　废弃反渗透膜现状

反渗透膜元件在长期的运行过程中，总是伴随着膜表面的污染与膜性能的衰减，表面污染可以通过清洗工艺得到基本清除，性能衰减则是由于化学及物理等原因导致的不可逆过程。反渗透膜元件经过 3～5 年的运行与清洗过程后，其性能指标一般将不能满足系统运行要求，因此被迫予以废弃。废弃反渗透膜元件具有三大特点：一是行业内每年的废弃元件数量巨大；二是废弃元件残存的脱盐及透水性能尚有一定使用价值；三是废弃膜元件中的结构部件与超滤膜层保持完好可以再用。因此，如能将废弃的膜元件加以合理利用，不但可防止大量的资源浪费与固废污染，甚至还会得到可观的经济效益。

目前国内关于废弃反渗透膜元件的再利用具有多种方式，以充分发挥其剩余价值。

① 对一些性能较好的废弃膜元件，经彻底清洗，组成低性能反渗透系统，用于要求不高的工艺环境。

② 将废弃元件经清洗后组成反渗透系统的第三段（见本书 7.4.3 部分），利用前两段系统浓水的余压增加产水流量。该段产出的不合格淡水混入系统给水，以提高系统的回收率与脱盐率，并对快速污染的第三段系统单独进行频繁的清洗与更换。

③ 将废弃元件经清洗后用于污染速度较快的印染废水处理等特殊领域。

④ 对废弃元件进行深度的化学清洗与适度的氧化处理，形成所谓"氧化改性纳滤膜"元件（简称"氧化膜"）。该类元件具有较大的透盐率与透水率。利用氧化纳滤膜对硬度及有机物的较高脱除率，处理一些特殊料液或作反渗透系统的预处理。

⑤ 对废弃元件进行深度的化学清洗，并进行彻底的氧化处理，去除掉全部聚酰胺脱盐层后，作卷式超滤膜元件使用。

目前，国内外各膜厂商推出的纳滤膜品种的透盐率水平尚未覆盖 5%～95% 透盐率的理论透盐率范围。通过各个膜元件品种分析整个纳滤透盐率谱系完整工艺规律的条件尚未成熟。尽管氧化膜元件的各项性能指标与标准纳滤膜元件不尽一致，但氧化膜元件构成的透盐率水平系列，为纳滤膜系统工艺特性分析提供了较好的条件。

15.4.2　氧化膜的处理过程

反渗透系统的运行过程中，系统给水中的余氯超过 0.1mg/L 时，芳香聚酰胺膜材料将遭受氧化降解，其性能将受到损伤，致使脱盐率下降与产水量上升。由于脱盐率下降与产水量上升正是反渗透膜向脱盐纳滤膜演变的重要标志，适度增加对反渗透膜的氧化强度，则可形成不同透盐率水平的所谓"氧化纳滤膜"。

废弃反渗透膜元件总是受到较重的有机、无机或微生物污染，膜表面存在性质不同且厚度不等的污染层。直接对废弃膜元件进行氧化处理，将是对重污染层的氧化清洗，也是对未污染层的氧化改性，甚至造成未污染层的局部穿透，使其局部形成超滤膜的效果。因此，对于废弃膜元件进行氧化处理前，必须首先进行较为彻底的常规酸碱清洗。

进行氧化处理前，一般要预先设定氧化的深度，即设定氧化纳滤膜的透水率或透盐率。氧化过程要逐步或试探性进行，并及时进行膜元件的性能测试，以免氧化过度，特别是氧化过程需要在离线状态下逐支元件进行处理。氧化用药剂采用次氯酸钠即可，浓度一般控制在800～1600mg/L 范围之内，药液温度一般以 25～30℃为宜，每次氧化时间为 10～30min。

由于氧化剂残液会对膜材料产生持续的氧化作用，当氧化处理达到设定的透水率或透盐率之后，需要对膜元件进行冲洗，并用还原剂对氧化剂残液进行中和。还原剂采用 NaHSO₃ 时，药液浓度为 500mg/L。由于氧化纳滤膜具有性能指标的自恢复性质，在氧化过程处理结束之后，或将氧化纳滤膜元件尽快投入使用，或用浓度 50mg/L 的 NaHSO₃ 作保护液进行妥善保存。

15.4.3 氧化膜的性能稳定

氧化纳滤膜系统用于水处理工艺时，重要问题之一是其运行稳定性，即透盐率、膜压降及产水量（或工作压力）三项性能指标的稳定性。笔者对两支 8040 废弃反渗透膜元件进行了清洗、氧化、运行与再清洗氧化的各阶段试验，并对每个阶段进行了膜性能测试。

两支膜元件氧化与运行各阶段的性能指标如图 15.1～图 15.3 所示。其测试条件分别为：给水温度 20℃，给水含盐量 350mg/L，测试压力 0.8MPa，元件回收率 15%。

该三图曲线表明，废弃反渗透元件因受污染使产水量较低与透盐率较低（属有机污染），而膜压降较高。经彻底酸碱清洗后的产水量与透盐率升高，而膜压降下降；经氧化处理后的产水量与透盐率进一步升高，而膜压降进一步下降。氧化膜经过特定时间的运行污染后，产水量与透盐率大幅下降，膜压降大幅上升；经过再次的清洗与氧化处理，产水量与透盐率再次升高，而膜压降再次下降。

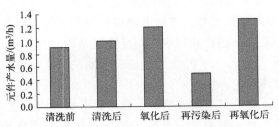

图 15.1 氧化纳滤膜元件各试验阶段的产水量

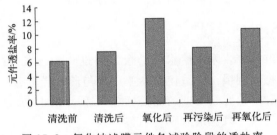

图 15.2 氧化纳滤膜元件各试验阶段的透盐率

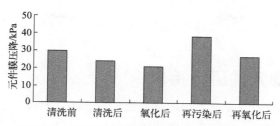

图 15.3　氧化纳滤膜元件各试验阶段的膜压降

为比较标准反渗透膜元件与氧化纳滤膜元件的稳定性，笔者进行了两类膜元件的运行对比。试验过程中，将氧化纳滤膜元件分别置于系统流程的首末两端位置，而将反渗透膜元件置于系统流程的中间位置，运行月余时间之后，重新进行各元件性能测试。表 15.7 所列对比试验数据表明，系统运行过程中氧化膜的产水量降幅与膜压降增幅均大于反渗透膜，即氧化纳滤膜比反渗透膜受到更严重的污染。

表 15.7　试验系统中反渗透膜与氧化膜运行即污染后的性能参数变化

项目	首端氧化膜元件	反渗透膜元件	末端氧化膜元件
透盐率增幅/%	−36.2	+11.6	−34.2
产水量降幅/%	+51.6	+42.8	+62.3
膜压差增幅/%	+79.8	+72.8	+132.3

表中数据中还反映出，系统运行污染后反渗透膜的透盐率普遍上升，而氧化膜的透盐率反而下降，即氧化膜的透盐率指标在运行过程中存在自恢复现象。元件运行过程中透盐率自然恢复，再次氧化时透盐率再次上升，因此氧化纳滤膜可以反复氧化反复利用。

总之，氧化纳滤膜的运行稳定性远不如标准的反渗透与纳滤膜，更易于受到有机与无机污染，需要更高频率的清洗与氧化，但经再次清洗及氧化其纳滤膜的性能仍可恢复。

15.4.4　氧化膜的工程应用

氧化纳滤膜与反渗透膜相比其透盐率产生了不同幅度的上升，已经不再适用于典型的高水平脱盐工艺，其应用主要可在如下方面：

① 脱除有机物的要求较高而脱除无机盐的要求较低的环境。

② 系统给水的污染程度严重，膜元件更换频率很高的环境。

③ 作反渗透系统的前处理，脱除有机物、硬度及部分盐分。

将氧化纳滤工艺替代软化及超滤工艺作反渗透系统的前处理工艺时，可以有效截留有机物（截留效果优于超滤），并可有效截留硬度（截留效果劣于软化工艺），且可截留部分盐分。因此，纳滤工艺不仅可以有效替代软化与超滤工艺，还因使反渗透系统给水的有机物与无机盐均有降低，进而使后续反渗透系统的工作压力降低且设计通量提高。虽然氧化纳滤膜的清洗及换膜周期较短，但上述特点与极低的膜成本仍然使其具有一定优势。

氧化纳滤膜透盐率指标在运行过程中存在的自恢复现象，可使氧化膜反复污染且反复氧化即可较长期使用，但也使每个运行期内的系统透盐率在不断降低即形成运行参数的失稳。因此，可在氧化纳滤膜系统进水处适量投加氧化剂，这不仅可使系统运行参数更加稳定，也可以降低系统的有机污染与生物污染的速度。

如果预处理系统中已经投加过氧化剂，则可省去一般反渗透系统前所需的还原剂投加工艺。这样，既可节省还原剂投加工艺的投资与运行成本，又可解决氧化纳滤系统进水的氧化剂来源问题，从而可能实现预处理与膜工艺系统全程的氧化剂杀菌或抑菌难题。

15.5 纳滤元件运行特性

本章以下内容主要讨论，针对不同浓度的氯化钠溶液，不同透盐率水平氧化膜元件及膜系统的运行规律及特性指标。对于系列氧化膜的分析，不仅在一定程度上近似于对现存商业纳滤膜的分析，甚至可以部分预测尚未面世的不同透盐水平纳滤膜品种的运行性能。

目前国内外膜厂商无一例外地采用芳香聚酰胺材料，各厂商的产品性能十分接近。纳滤膜材料具有多样性，故对纳滤膜进行统一评价十分困难。氧化纳滤膜均由聚酰胺反渗透膜氧化降解而成，将不同氧化深度的氧化膜视为实际纳滤膜系列时，具有膜材料与膜面积一致的优势。为简化文字表述，本书 15.5 节与 15.6 节中将"氧化改性纳滤膜"元件简称为"纳滤膜"。

这里所谓纳滤膜元件的运行分析系指膜元件的工作压力及透盐率两项表观运行指标随元件的脱盐水平、给水含盐量、给水温度及产水通量四项运行条件变化的特性关系。本节关于纳滤膜元件运行特性相关试验的给水仅为 NaCl 溶液，pH 值为 7，元件回收率为 15%。

（1）元件运行特性模型

纳滤膜元件运行特性分析中存在两个问题：一是确立运行指标与运行条件间的函数形式；二是求解运行指标与运行条件间的函数关系。纳滤膜元件运行特性模型中，可设脱盐水平 $x_1=P_s$、给水温度 $x_2=T_e$、给水含盐量 $x_3=C_f$ 及产水通量 $x_4=F_p$ 四个条件变量，并设工作压力 $P_{res}(x_1, x_2, x_3, x_4)$ 与透盐率 $P_{erm}(x_1, x_2, x_3, x_4)$ 两个指标函数。

运行特性的函数形式可采用四元幂函数多项式，即以四个运行条件为四个变量，两个特性函数中各含单一变量的 1～4 次幂以及交叉变量的 2～4 次幂。例如：

$$P_{res}(x_1,x_2,x_3,x_4)=a_0+a_1x_1+\cdots+a_4x_4+a_5x_1^2+\cdots+a_8x_4^2+a_9x_1x_2+\cdots+a_{14}x_3x_4+a_{15}x_1^3$$
$$+\cdots+a_{18}x_4^3+a_{19}x_1^2x_2+\cdots+a_{30}x_3x_4^2+a_{31}x_1^4+\cdots \tag{15.1}$$
$$+a_{34}x_4^4+a_{35}x_1^2x_2^2+\cdots+a_{40}x_3^2x_4^2$$

$$P_{erm}(x_1,x_2,x_3,x_4)=b_0+b_1x_1+\cdots+b_4x_4+b_5x_1^2+\cdots+b_8x_4^2+b_9x_1x_2+\cdots+b_{14}x_3x_4+b_{15}x_1^3$$
$$+\cdots+b_{18}x_4^3+b_{19}x_1^2x_2+\cdots+b_{30}x_3x_4^2+b_{31}x_1^4+\cdots \tag{15.2}$$
$$+b_{34}x_4^4+b_{35}x_1^2x_2^2+\cdots+b_{40}x_3^2x_4^2$$

特性函数的求解可采用数值拟合方法。由于每个特性函数中只有 $a_0,\cdots,a_{40}$ 或 $b_0,\cdots,$ b_{40} 等 41 个待求量，只要测试数据多于 41 组，则可用数值拟合方法求解，而测试组数越多数值拟合解越精确。

在保证数值拟合精度基础上减少测试组数的基本方法可采用正交试验方法设计相关测试。对表 15.8 所列 5 个纳滤膜元件脱盐水平（6%、34%、51%、67%、94%）中的每个脱盐水平进行其他 3 因素 5 水平正交试验的测试，则测试次数为 $5\times L_{25}(5^3)=5\times 25=125$（次）。采用合理的正交设计方法，加之 125 组测试数据对 41 个待求常数，即可以保证数值拟合的精度。

表 15.8　纳滤元件运行特性正交试验因素表

测试水平	测试因素			
	脱盐水平 $x_1/\%$	给水温度 $x_2/℃$	给水含盐量 $x_3/(mg/L)$	产水通量 $x_4/[L/(m^2 \cdot h)]$
1	6	16	400	12
2	34	20	800	16
3	51	24	1200	20
4	67	28	1600	24
5	94	32	2000	28

通过实际的数值拟合计算发现，对于特定的 5 支不同脱盐率纳滤膜，式(15.1) 与式(15.2) 中仅有其中的 20 项为有效项。

（2）纳滤元件运行特性曲线

为了更形象地表征多项式及其系数的物理意义，这里给出式(15.1) 与式(15.2) 表征的纳滤膜元件运行特性曲线，即纳滤膜元件工作压力 f_{pres} 或透盐率 f_{pene}，以脱盐水平 x_1 为第一变量，以给水温度 x_2、给水含盐量 x_3 或产水通量 x_4 中某个变量为第二变量的两变量函数曲线族，而以其他变量保持其定义域内的中值。

图 15.4～图 15.6 所示曲线表明，纳滤元件的脱盐水平接近 0% 时，在各种其他运行条件下的纳滤元件透盐率均接近 100%；纳滤元件脱盐水平接近 100% 时，在各种其他运行条件下的纳滤元件透盐率均接近 0%。换言之，接近 0% 与 100% 两个极端脱盐水平纳滤元件的透盐率与给水温度、产水通量及给水含盐量等运行条件基本无关。

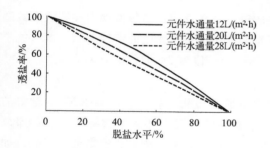

图 15.4　纳滤膜元件透盐率的产水通量特性　　　图 15.5　纳滤膜元件透盐率的给水温度特性

图 15.4 所示曲线表明，除 0% 及 100% 两个极端脱盐水平之外，纳滤元件的透盐率随产水通量的上升而降低，且接近 50% 脱盐水平的纳滤元件透盐率对产水通量的变化最为敏感。图 15.5 与图 15.6 所示曲线表明，除 0% 及 100% 两个极端脱盐水平之外，纳滤元件的透盐率随给水含温度及给水含盐量的上升而增加，且接近 50% 脱盐水平的纳滤元件透盐率对给水温度及给水含盐量的变化最为敏感。

图 15.7～图 15.9 所示曲线表明，随膜元件脱盐水平的上升，给浓水的平均渗透压上升，元件工作压力上升。而且，元件工作压力与给水温度的上升负相关，但与产水通量及给水含盐量的上升正相关。

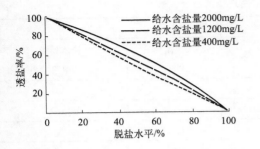

图 15.6　纳滤膜元件透盐率的给水含盐量特性

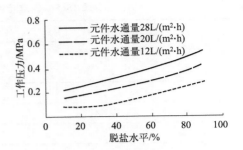

图 15.7　纳滤膜元件工作压力的产水通量特性

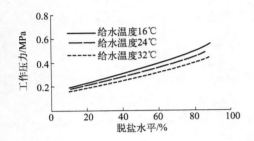

图 15.8　纳滤膜元件工作压力的给水温度特性

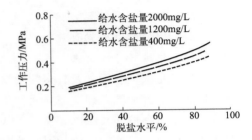

图 15.9　纳滤膜元件工作压力的给水含盐量特性

15.6　纳滤元件透过系数

所谓纳滤膜元件的透过系数分析特指膜元件的透水系数及透盐系数两项内在特性系数随元件的脱盐水平、给水温度、透水通量及透盐通量四项运行条件变化的特性关系。本节关于纳滤膜元件透过系数相关试验的给水仅为 NaCl 溶液，pH 值为 7，元件回收率为 15%。

（1）元件系数特性模型

由于脱盐纳滤膜与反渗透膜过程均属压力驱动的脱盐过程，故可借用本书第 11 章中的式（11.26）表征反渗透膜元件的系数特性方程，来表征纳滤膜元件的系数特性方程；即以 NaCl 为主要给水成分时的脱盐纳滤膜过程也适用于溶解-扩散理论及其数学模型。因此，如果膜元件的透水流量 Q_p 与透盐流量 Q_s 可测时，式（11.26）可变换为：

$$A = Q_p / [S f_A(Q_p, Q_s)] \tag{15.3}$$

$$B = Q_s / [S f_B(Q_p, Q_s)] \tag{15.4}$$

由于透过系数属于膜元件的内在特性，其影响因素不应再为外在的给水含盐量，而应改为内在的盐通量。因此，透水系数 A 及透盐系数 B 分别为透水通量 F_w、透盐通量 F_s、给水温度 T_e 及脱盐水平 D_s 的四元高次幂函数，其函数式为：

$$A(F_w, F_s, T_e, D_s) = a_0 + a_1 F_w + a_2 F_s + a_3 T_e + a_4 D_s + a_5 F_w^2 + a_6 F_s^2 + a_7 T_e^2 + a_8 D_s^2 \cdots \tag{15.5}$$

$$B(F_w, F_s, T_e, D_s) = b_0 + b_1 F_w + b_2 F_s + b_3 T_e + b_4 D_s + b_5 F_w^2 + b_6 F_s^2 + b_7 T_e^2 + b_8 D_s^2 \cdots \tag{15.6}$$

这里式（15.5）及式（15.6）与前述式（15.1）及式（15.2）的求解过程类似，只是工作压

力 P_{pres} 及透盐率 P_{pene} 可在测试过程中直接测得，但是透水系数 A 及透盐系数 B 需用测得的透水流量 Q_p 与透盐流量 Q_s 通过式(15.3) 及式(15.4) 计算得出。

（2）元件系数特性曲线

所谓纳滤膜元件系数特性曲线特指纳滤膜元件的透水系数 A 或透盐系数 B，以脱盐水平 D_s 为第一变量，以透水通量 F_w、透盐通量 F_s 或给水温度 T_e 中某个变量为第二变量的两变量函数曲线族，而其他变量保持各自定义域内的中值。

图 15.10～图 15.15 所示曲线表明，随膜元件脱盐水平的上升，膜元件的透水系数及透盐系数均呈下降趋势。且两透过系数与给水温度及透水通量正相关。

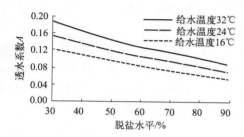

图 15.10　透水系数 A 的给水温度特性

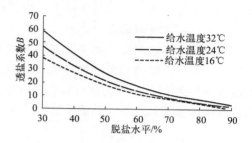

图 15.11　透盐系数 B 的给水温度特性

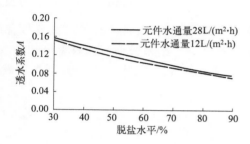

图 15.12　透水系数 A 的元件水通量特性

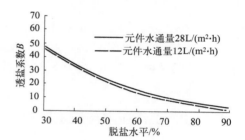

图 15.13　透盐系数 B 的元件水通量特性

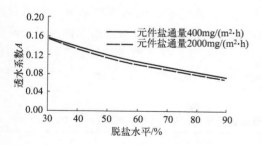

图 15.14　透水系数 A 的元件盐通量特性

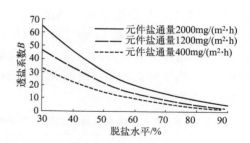

图 15.15　透盐系数 B 的元件盐通量特性

15.7　纳滤系统工艺设计

脱盐纳滤工艺与反渗透工艺既相近似又存差异，而本节仅讨论海德能公司的脱盐纳滤膜系统相关工艺设计。

15.7.1 设计通量与系统回收率

（1）纳滤系统的设计通量

国内外各膜厂商给出的系统设计导则，既适用于反渗透系统，也基本适用于脱盐纳滤系统。表6.2所列反渗透系统设计导则表明，为保证系统的稳定运行，有机物含量较低系统的设计通量较高，有机物含量较高系统的设计通量较低。

反渗透膜对分子量小于100有机物的截留率大幅下降，纳滤膜对于有机物的截留率低于反渗透膜。换言之，对于相同有机物含量给水，纳滤系统的污染速度低于反渗透系统；在系统污染速度基本保持一致的条件下，纳滤系统的设计通量应略高于反渗透系统的设计通量。

（2）纳滤系统的最高回收率

尽管纳滤系统对高价离子的脱除率高于低价离子，但对高价离子的脱除率仍低于反渗透系统。例如，反渗透膜各品种对于 $MgSO_4$ 的脱除率均高于99%，一般纳滤膜对于 $MgSO_4$ 的脱除率约为97%。因为只有被截留的难溶盐或污染性无机盐的浓度决定系统设计回收率，故同等给水水质条件下，纳滤系统的最高回收率应该高于反渗透系统。

例如，对于特定系统（1890mg/L，25℃，0a，100m³/h，14-7/6，pH＝7，$\frac{1}{2}Ca^{2+}=$ 8mmol/L，$\frac{1}{2}Mg^{2+}=4$ mmol/L，$HCO_3^-=8$ mmol/L，$\frac{1}{2}SO_4^{2-}=4$ mmol/L），如采用反渗透膜品种 BW30-400（NaCl 脱除率 99.5%）则最高回收率只有74%，如采用纳滤膜品种 NF90-400（NaCl 脱除率85%～95%，$MgSO_4$ 脱除率97%）则系统最高回收率可达75%，如采用纳滤膜品种 NF270-400（NaCl 脱除率40%～60%，$CaCl_2$ 脱除率97%）则系统最高回收率竟达83%。

15.7.2 工作压力与通量均衡

（1）纳滤系统的工作压力

针对相同的系统通量，纳滤系统的工作压力均低于反渗透系统，其原因主要有三个：一是如表15.9第一行数据所示，纳滤膜的透水压力低于反渗透膜，纳滤膜产水需克服的过膜阻力较低。二是如表15.11第二行数据所示，纳滤膜的总透盐率高，致使给水侧渗透压降低且产水侧渗透压上升，即纳滤膜产水需克服的渗透压差较低。三是纳滤膜对于高渗透压的低价盐透过率高于对低渗透压的高价盐的透过率（见本书5.1.1部分），进一步降低了纳滤膜产水所需克服的渗透压差。

表 15.9 部分反渗透及纳滤膜元件的透水压力与透盐率指标[25℃,15%,20L/(m²·h),0a]

元件品种	ESPA2(RO)	ESPA1(RO)	ESNA1-LF(NF)	ESNA1-LF2(NF)
透水压力/MPa	0.46	0.35	0.28	0.21
透盐率/%	0.04	0.07	9.00	14.00

本书5.7节介绍过膜元件透水压力的概念，表15.9给出海德能部分反渗透及纳滤元件的透水压力与透盐率指标。

（2）纳滤系统的通量均衡

根据式（5.4）的纯驱动压概念，一方面因纳滤膜元件的透盐率较高，将使系统沿程的渗透压差降低，即使系统沿程通量趋于平衡；另一方面因纳滤膜元件的透水压力较低，将使系统沿程通量失衡加剧。图 15.16 示出特定系统 $[1000\mathrm{mg/L},25℃,75\%,20\mathrm{L/(m^2 \cdot h)},2\text{-}1/6$，0a] 分别采用反渗透膜品种 ESPA2 与纳滤膜品种 ESNA1-LF2 的系统沿程给水压力与渗透压差曲线。

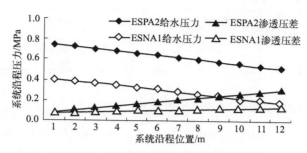

图 15.16　纳滤与反渗透系统沿程压力

图示曲线表明，由于纳滤系统的给水压力下降幅度大于渗透压差下降幅度，纳滤系统沿程纯驱动压的变化率为 $(0.40-0.08)/(0.180-0.135)=7.111$，远大于反渗透系统沿程纯驱动压的变化率 $(0.74-0.09)/(0.52-0.31)=3.095$；加之纳滤膜元件透水系数远大于反渗透膜元件的透水系数，故纳滤系统沿程通量的均衡程度远差于反渗透系统。反映到具体数量指标上，则为纳滤系统的段通量比远大于反渗透系统。

15.7.3　浓差极化与流程长度

（1）纳滤元件的浓差极化

海德能等公司的设计软件中，将不同透盐率水平反渗透膜元件的浓差极化度指标统一处理成膜元件的回收率或错流比的函数（其指标上限为 1.2），而且纳滤膜元件的该函数关系与反渗透膜元件相同。

由于各类反渗透膜元件的透盐率均低于 1%，将各类反渗透膜元件统一处理尚可满足工程计算精度。但纳滤膜对各类盐分的透过率远高于反渗透膜，故相同回收率或错流比条件下，纳滤膜元件的浓差极化度均低于反渗透膜元件，而且随膜品种透盐率的上升，膜元件的浓差极化度还会相应下降。

为了使浓差极化度指标适合纳滤元件及系统的具体情况，针对相同的元件回收率或错流比，可有两种处理方式：一是对较高透盐率的纳滤元件品种，定义较低的浓差极化度数值（上限仍为 1.2）；二是对较高透盐率的纳滤元件品种，定义较高的浓差极化度上限。本节纳滤膜元件仍然沿用反渗透膜元件与回收率或错流比的函数关系，而将纳滤膜元件浓差极化度的上限提高至 1.3~1.4 的较高水平。

如果认为表 6.2 所列设计导则中，二级反渗透系统的浓差极化度上限升至 1.4，是由于二级系统没有足够的污染物可截留；纳滤系统的浓差极化度上限也应升至约 1.4，是由于部分污染物可透过膜而不形成膜污染。

（2）纳滤系统的流程长度

克服纳滤系统通量失衡的措施仍可采用段间加压或淡水背压，但两者只能降低段通量比指标，而无法降低段内的端通量比指标，为彻底提高通量均衡程度可在采用通量均衡工艺的同时缩短系统流程长度。表 15.10 数据表明，相同产水量规模系统中，除浓差极化度较高之外（允许提高至 1.4），短流程系统同样具有首末段通量均衡、段内端通量均衡、透盐率低、工作压力低等多项优势。

表 15.10　高回收率及高通量的长短结构纳滤系统运行参数

[1500mg/L,25℃,78％,30m³/h,22.4L/(m²·h),ESNA1-LF,段间加压 0.12MPa]

系统结构	产水含盐量/ （mg/L）	工作压力/ MPa	壳浓水流量/ （m³/h）	浓差极化度	段通量比	段内端通量比	
4-2/6	458	0.59	3.8/4.2	1.16/1.07	26.2/14.9	32.4/18.8	22.8/07.2
6-3/4	431	0.52	2.7/2.8	1.24/1.14	24.8/17.8	27.5/20.2	24.0/11.2

15.7.4　流程长度与系统成本

目前国内一些纳滤系统的设计结构采用 12m 甚至 14m 流程的原因之一是采用 6 支装甚至 7 支装膜壳的长流程系统的膜壳与管道的投资成本较低。上述分析已经说明了短流程系统在技术层面上的合理性，本节分析试图说明短流程系统在经济层面上的合理性。

首先，设长流程系统为 8-4/7 结构即 14m 流程，而短流程系统为 14-7/4 结构即 8m 流程，膜壳的高程中心距 0.42m、水平中心距 0.3m。两系统均为 84 支膜元件、单支膜元件面积 37.2m²、产水流量 78.12m³/h、设计通量 20L/(m²·h)、给水含盐量 2000mg/L、给水温度 20℃、系统回收率 80％、纳滤元件的标准脱盐率 80％、标准产水量 39.7m³/d。其次，为防止管道压降过大，选择不锈钢质各段给水及浓水管道管径的原则是管道流速约为 1.5m/s。

根据以上数据，表 15.11 给出图 15.17 所示长短两流程长度系统的管道与膜壳参数表明，8m 短流程系统的管道与膜壳成本较 14m 长流程系统的管道与膜壳成本高出 1.22 万元。但是，因两系统的工作压力不同，则长短流程系统的单位产水能耗分别为 0.30kW·h/m³与 0.24kW·h/m³（设电机与泵体的工作效率分别为 93％与 83％），如果系统按照全年满负荷运行计算[全年为 8760h,设电价为 0.5 元/(kW·h)]，则短流程系统较长流程系统的年电费减少 2.05 万元。因此，短流程系统的投资成本与运行成本构成的系统综合成本远低于长流程系统。

表 15.11　长短流程两系统的可比投资及系统运行成本对比数据

成本项目	管径/mm	单价	8m 流程 系统用量	8m 流程 系统成本	14m 流程 系统用量	14m 流程 系统成本
给水母管	150	367 元/m	2.94m	1079 元	1.68m	617 元
段间母管	100	190 元/m	5.88m	1117 元	3.36m	638 元
浓水母管	65	120 元/m	2.94m	353 元	1.68m	202 元
横向支管	65	120 元/m	8.40m	1008 元	4.80m	576 元
四米膜壳		1800 只/元	21 只	37800 元		
七米膜壳		2350 只/元			12 只	28200 元
卡箍		60 个/m	42 对	2520 元	24 对	1440 元
设备投资				43877 元		31673 元
每年电费				82120 元		102650 元

15.7.5　元件位置与管路结构

本书 12.1 节中介绍了新旧反渗透膜元件普遍存在的产水量等指标的离散性，并介绍了优化元件位置以提高系统通量均衡度的概念与算法。由于纳滤膜元件性能指标的离散性大于

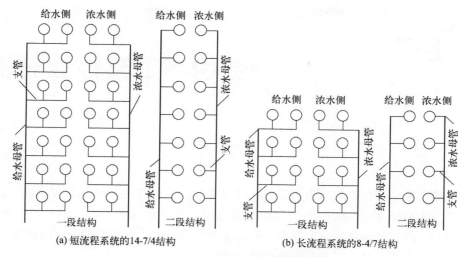

(a) 短流程系统的14-7/4结构   (b) 长流程系统的8-4/7结构

图 15.17 不同流程长度的两系统结构

反渗透元件，所以采用元件位置优化技术可以有效提高纳滤系统的沿程通量的均衡程度。

本书 12.2 节与 12.3 节介绍了反渗透系统的管路和壳联结构参数的优化概念。由于纳滤系统的工作压力远低于反渗透系统，通过管道或壳联结构及参数的优化以均衡各并联膜壳的给水压力及浓水压力的效果就越发明显，以此均衡各并联膜壳中元件的通量与污染就越发重要。

分盐纳滤工艺性能分析

反渗透膜与脱盐纳滤膜材料为芳香聚酰胺（部分脱盐膜材料为磺化聚醚砜），分盐纳滤膜材料多为聚哌嗪酰胺，其表面具有较多的负电荷。反渗透膜对一二价离子的截留率均较高；纳滤膜对二价离子呈高截留率而对一价离子呈低截留率，或称对带负电的阴离子具有排斥截留作用而对带正电的阳离子具有吸附透过作用。

分盐纳滤膜过程一般认为包含筛分原理、道南效应以及溶解扩散三种理论，同时遵循着电荷平衡规律。电荷平衡规律意味着纳滤膜过程截留的是电解质（或称盐分）而不是各阴阳离子。

分盐纳滤膜的应用可分为给水处理、污水处理与分盐处理三大类；给水处理主要是在市政及工业给水处理领域中有效截留有机物与重金属等相关物质；污水处理主要用于市政及工业污水处理领域中的脱色、除硬与截留有机物；分盐处理主要用于浓盐水中一价盐与二价盐的分离，是浓缩或蒸馏成工业用盐的前期处理。本章重点讨论纳滤膜对氯化钠/硫酸钠体系的分盐过程。

16.1 纳滤膜的单电解质截留

本节将常见的盐酸盐、硫酸盐、硝酸盐及 NaCl、KCl、$CuCl_2$、$MgCl_2$、$ZnCl_2$、$MnCl_2$、K_2SO_4、Na_2SO_4、$MnSO_4$、$CuSO_4$、$MgSO_4$、$ZnSO_4$、$NaNO_3$、KNO_3、$Mn(NO_3)_2$、$Cu(NO_3)_2$、$Zn(NO_3)_2$ 和 $Mg(NO_3)_2$ 共 18 种电解质进行单电解质（即单盐分）的截留效果分析。

这里将硫酸盐中阴阳离子均为二价的 $MnSO_4$、$CuSO_4$、$ZnSO_4$ 和 $MgSO_4$ 称为 A 型电解质，将阳离子为一价而阴离子为二价的 K_2SO_4 和 Na_2SO_4 称为 a 型电解质；将硝酸盐中阳离子为二价而阴离子为一价的 $Mn(NO_3)_2$、$Cu(NO_3)_2$、$Zn(NO_3)_2$ 和 $Mg(NO_3)_2$ 称为 B 型电解质，将阴阳离子均为一价的 KNO_3 和 $NaNO_3$ 称为 b 型电解质；将盐酸盐中阳离子为二价而阴离子为一价的 $MnCl_2$、$CuCl_2$、$ZnCl_2$ 与 $MgCl_2$ 称为 C 型电解质，将阴阳离子均为一价的 KCl 和 NaCl 称为 c 型电解质。

试验分析采用时代沃顿公司的 VNF1-4040 型分盐纳滤膜对各种单电解质溶液进行截留试验。试验操作温度为 25℃，原料液物质浓度为 1.6mmol/L，产水通量为 260L/(m² · h)，元件回收率为 14%。膜元件性能指标如表 16.1 所列。

如表 16.2 数据所示，分盐纳滤膜对 A 型电解质的截留率略高于对 a 型电解质的截留率。

表 16.1　时代沃顿 VNF1-4040 型分盐纳滤膜元件性能指标

有效膜面积/m²	测试压力/MPa	测试 pH 值	产水回收率/%	测试温度/℃	NaCl 截留率/%	MgSO₄ 截留率/%
8.4	0.69	7±0.5	15	25	30~50	≥98

表 16.2　纳滤膜对 A 与 a 型电解质的试验截留率

分型	A 型				a 型	
电解质	MnSO₄	CuSO₄	ZnSO₄	MgSO₄	K₂SO₄	Na₂SO₄
分子量	151.00	159.61	161.45	120.37	174.26	142.04
截留率/%	99.62	99.48	99.45	99.43	99.10	97.62
截留率均值/%	99.50				98.36	

如表 16.3 数据所示，分盐纳滤膜对 B 型电解质的截留率远高于对 b 型电解质的截留率。

表 16.3　纳滤膜对 B 与 b 型电解质的不同试验截留率

分型	B 型				b 型	
电解质	Mn(NO₃)₂	Cu(NO₃)₂	Zn(NO₃)₂	Mg(NO₃)₂	KNO₃	NaNO₃
分子量	178.95	187.56	189.40	148.32	101.10	84.99
截留率/%	94.98	90.97	78.54	75.67	14.97	1.02
截留率均值/%	85.04				8.00	

如表 16.4 数据所示，分盐纳滤膜对 C 型电解质的截留率明显高于对 c 型电解质的截留率。

表 16.4　分盐纳滤膜对 C 与 c 型电解质的不同试验截留率

分型	C 型				c 型	
电解质	MnCl₂	CuCl₂	ZnCl₂	MgCl₂	KCl	NaCl
分子量	125.84	134.45	136.32	95.21	74.55	58.44
截留率/%	97.57	93.10	73.39	70.34	60.62	54.34
截留率均值/%	83.60				57.48	

表 16.5 给出的六型电解质的截留率与分子量的均值比较数据说明：

① 纳滤膜对阴离子为二价电解质的截留率总高于其他形式电解质，即纳滤膜对二价阴离子的排斥作用极强。

② 纳滤膜对阴阳离子均为二价的电解质截留率最高，即电解质中即使存在二价阳离子时，纳滤膜对二价阴离子的排斥作用仍起主要作用。

③ 纳滤膜对阴阳离子均为一价的电解质截留率最低，即纳滤膜对阴阳离子的排斥与吸附作用相互抵消，而更多呈现出溶解扩散的作用。

④ 无论是盐酸盐、硫酸盐及硝酸盐，对电解质的截留率均按照匹配阳离子 Mn^{2+}、Cu^{2+}、Zn^{2+}、Mg^{2+}、K^+、Na^+ 的顺序依次下降。

⑤ 无论匹配何种阳离子，对电解质匹配阴离子的截留率均按照 SO_4^{2-}、Cl^-、NO_3^- 的顺序依次下降。

⑥ 纳滤膜对分子量较小电解质的截留率偏低，但排列顺序并不整齐。

上述结论表明，在纳滤膜对单电解质的截留效果中，道南效应占据主导地位，而筛分效应与溶解扩散作用只占次要地位。

表 16.5　六型电解质的截留率与分子量的均值比较

类型	A 型	a 型	B 型	C 型	c 型	b 型
截留率均值/%	99.50	98.36	85.04	83.60	57.48	8.00
分子量均值	148.1	158.2	176.1	123.0	66.5	93.0

16.2　纳滤膜元件的运行特性

分盐纳滤的重要应用是对氯化钠/硫酸钠混合液为主要成分的工业高盐废水的有效分离。本节讨论时代沃顿 VNF1-4040 分盐纳滤膜元件在特定工况条件下对该混合液分离的试验运行特性。所谓特定工况包括溶液浓度、氯化钠/硫酸钠的比例、元件运行通量及元件运行温度。

本节相关试验参数包括：$NaCl/Na_2SO_4$ 的给水浓度分别为 2g/L、4g/L、6g/L、8g/L、10g/L；运行通量分别为 14L/(m²·h)、17L/(m²·h)、20L/(m²·h)、23L/(m²·h)、26L/(m²·h)；运行温度分别为 10℃、15℃、20℃、25℃、30℃；$NaCl/Na_2SO_4$ 的质量浓度比例分别为 1:4、1:1、4:1。图 16.1～图 16.6 分别示出特定环境条件下纳滤膜对氯化钠与硫酸钠混合液的分离效果。

图 16.1 与图 16.2 表明，无论氯化钠与硫酸钠的浓度比例如何变化，随着产水通量的增高，纳滤膜对氯化钠及硫酸钠的截留率均呈上升趋势。图 16.3～图 16.6 表明，无论氯化钠及硫酸钠的浓度比例如何，随着给水浓度及给水温度的增高，纳滤膜对氯化钠及硫酸钠的截留率均呈下降趋势。

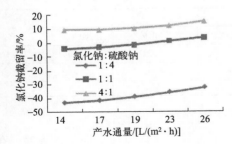

图 16.1　纳滤膜对氯化钠的截留率
（浓度 6g/L，温度 20℃）

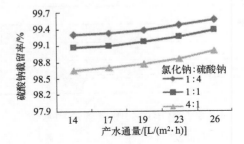

图 16.2　纳滤膜对硫酸钠的截留率
（浓度 6g/L，温度 20℃）

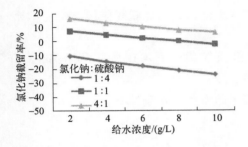

图 16.3　纳滤膜对氯化钠的截留率
[通量 29L/(m²·h)，温度 20℃]

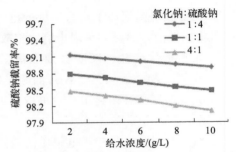

图 16.4　纳滤膜对硫酸钠的截留率
[通量 29L/(m²·h)，温度 20℃]

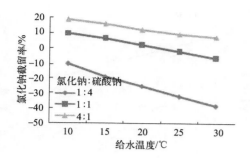

图 16.5 纳滤膜对氯化钠的截留率
[通量 29L/(m^2·h)，浓度 6g/L]

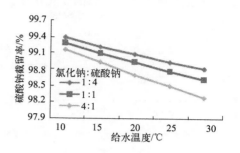

图 16.6 纳滤膜对硫酸钠的截留率
[通量 29L/(m^2·h)，浓度 6g/L]

此外，该 6 幅图曲线还表明，无论产水通量、给水浓度及给水温度如何变化，随着给水中氯化钠的比例降低，纳滤膜对氯化钠的截留率均呈下降趋势，而对硫酸钠的截留率均呈上升趋势。

特别需要注意的是，在给水浓度及给水温度提高时，或产水通量下降时，氯化钠的截留率将会出现负值，即出现所谓"负脱盐现象"。

16.3 分盐纳滤系统运行特性

由于二级反渗透系统给浓水中的无机盐浓度很低，给浓水流道中的浓差极化度不高，为降低能量损耗与提高产水水质，相同收率系统的流程长度应改为 8m，即两段系统中的各段长度均应为 4m。与其相仿，分盐纳滤系统给水中大部分的一价盐透过膜，给浓水流道中的浓差极化度很低，同为降低能量损耗与提高产水水质，其系统流程长度也应改为 8m 流程，即两段系统中的各段长度均应为 4m。

这里取与 16.2 节所示膜元件性能相似的 4 支分盐纳滤膜元件串联成 4m 流程的一段系统，通过该一段系统的运行特点揭示两段分盐纳滤全系统的运行特点。为便于比较 4 支膜系统与 1 支膜元件的特点，下面每张图中，同时给出 4 支膜系统与 1 支膜元件的试验特性曲线。

图 16.7～图 16.12 相关试验的运行参数分别为：运行通量 20L/(m^2·h)、给水温度 10～30℃、给水盐浓度 2～10g/L、NaCl 与 Na_2SO_4 比例 1:4～4:1。这里将 4 支膜元件简称为"系统"，将 1 支膜元件简称为"元件"。

图 16.7 与图 16.8 所示曲线，为特定的 NaCl 与 Na_2SO_4 比例 1:1 与给水盐浓度 6g/L 条件下、针对给水温度在 10～30℃ 范围内变化，示出了膜系统与膜元对硫酸钠及氯化钠的截留率随给水温度上升时的变化规律。

如图 16.7 与图 16.8 所示，当给水温度上升时，膜系统与膜元件对硫酸钠及氯化钠的截留率均呈下降趋势。而且，对于硫酸钠而言，膜系统的截留率低于膜元件的截留率；对氯化钠而言，膜系统的截留率高于膜元件的截留率，即膜系统的分盐效果低于膜元件的分盐效果。

图 16.9 与图 16.10 所示曲线，为特定的 NaCl 与 Na_2SO_4 比例 1:1 与给水温度 20℃ 条件下、针对给水盐浓度在 2～10g/L 范围内变化，示出了膜系统与膜元对硫酸钠及氯化钠的

截留率随给水盐浓度上升时的变化规律。

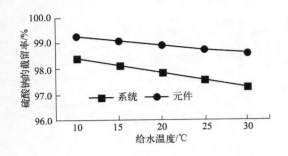

图 16.7　不同温度的硫酸钠截留率　　　　图 16.8　不同温度的氯化钠截留率

如图 16.9 与图 16.10 所示，当给水盐浓度上升时，膜系统与膜元件对硫酸钠及氯化钠的截留率均呈下降趋势。而且，对于硫酸钠而言，膜系统的截留率低于膜元件的截留率；对氯化钠而言，膜系统的截留率高于膜元件的截留率，即膜系统的分盐效果低于膜元件的分盐效果。

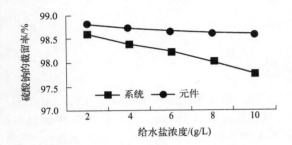
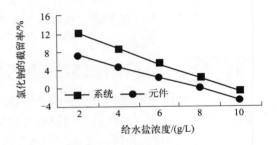

图 16.9　不同浓度的硫酸钠截留率　　　　图 16.10　不同浓度的氯化钠截留率

图 16.11 与图 16.12 所示曲线，为特定的给水盐浓度 6g/L 与给水温度 20℃ 条件下、针对 NaCl 与 Na$_2$SO$_4$ 比例在 1∶4～4∶1 范围内的变化，示出了膜系统与膜元对硫酸钠及氯化钠的截留率随给水中氯化钠对硫酸钠的比例上升时的变化规律。

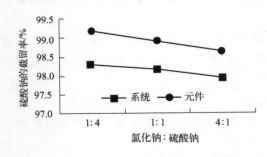
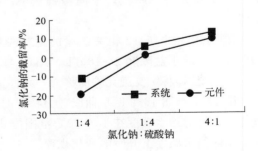

图 16.11　不同盐分比例的硫酸钠截留　　　图 16.12　不同盐分比例的氯化钠截留率

如图 16.11 与图 16.12 所示，当给水中氯化钠对硫酸钠的比例上升时，膜系统与膜元件对硫酸钠的截留率均呈下降趋势，膜系统与膜元件对氯化钠的截留率均呈上升趋势。但是，膜系统对硫酸钠的截留率仍低于膜元件，对氯化钠的截留率仍高于膜元件，即膜系统的分盐效果仍低于膜元件的分盐效果。

综上所述，无论运行参数如何变化，膜系统的分盐效果总是低于膜元件的分盐效果。

16.4　分盐纳滤的负脱盐现象

分盐纳滤过程中出现的负脱盐现象，源于聚哌嗪酰胺膜表面的大量负电荷呈现出的道南效应，而且膜两侧水体始终遵循着电荷平衡规律。图 16.13 中各图分别示出，对于原水侧不同的氯化钠及硫酸钠浓度，以及不同纳滤膜的截留率工况，在"稳定状态"下膜两侧 Cl^-、Na^+、SO_4^{2-} 三种离子的浓度分布。这里假设原水侧的氯化钠浓度始终为 40 单位；而硫酸钠浓度有 0、5、10 的单位变化；纳滤膜对钠离子的截留率分别为 0%、20% 及 40%。

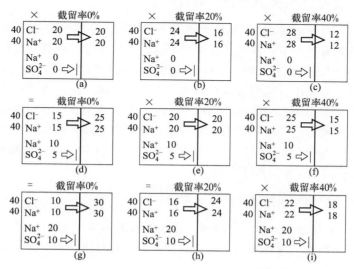

图 16.13　道南效应导致负脱盐现象示意
＝—出现了负脱盐现象；×—未出现负脱盐现象

这里根据道南效应与电荷平衡效应，纳滤膜对 SO_4^{2-} 具有 100% 的截留率，对 Na^+ 根据纳滤膜的性能差异具有不同的截留率，而对 Cl^- 的截留或透过效果始终保持与 Na^+ 及 SO_4^{2-} 的电荷数量一致。

图 16.13(a)～(c)分别表示，原水侧硫酸钠浓度为 0 单位时，不同截留率纳滤膜形成原水与透水两侧氯化钠的不同稳定平衡状态。在图 16.13(a) 中，对于截留率为 0% 的纳滤膜，根据溶解扩散原理，原水侧 40 单位浓度的氯化钠将有 20 单位浓度过膜；在图 16.13(b) 中，对于截留率为 20% 的纳滤膜，本应透过 20 单位浓度的氯化钠被截留 20% 后，只有 16 单位浓度过膜；在图 16.13(c) 中，对于截留率为 40% 的纳滤膜，本应透过 20 单位浓度的氯化钠被截留 40% 后，仅有 12 单位浓度过膜。该三图中的膜过程均呈对氯化钠的正脱盐现象。

在图 16.13(d) 中，原水侧增加为 5 单位的硫酸钠（包括 5 单位的硫酸根离子与 10 单位的钠离子），氯化钠中 40 单位钠离子外加硫酸钠中 10 单位钠离子，原水侧的钠离子浓度共计 50 单位。对于截留率为 0% 的纳滤膜，根据溶解扩散原理，则有 25 单位浓度钠离子进入透水侧。根据道南效应，带负电荷的硫酸根离子被纳滤膜全部截留即在原水侧仍保持 5 单位浓度。

届时，为保持与原水侧 5 单位硫酸根浓度的电荷平衡，有 10 单位钠离子浓度也保留在原水侧；为保持与透水侧 25 单位钠离子浓度的电荷平衡，有 25 单位氯离子浓度被迁移到透水侧。故原水侧硫酸钠仍保持 5 单位浓度。因透水侧氯化钠浓度为 25 单位，原水侧氯化钠浓度仅剩余 15 单位，从而呈现出透水侧氯化钠浓度高于原水侧浓度的所谓负脱盐现象。

在图 16.13（e）和（f）中，出现透水侧氯化钠浓度逐渐下降，仅是由于纳滤膜对钠离子的截留效果不断上升。图 16.13 中其他分图示出的现象这里不再赘述。

纵观各分图现象可以得出结论：分盐纳滤膜的对氯化钠的截留率越低，且原水侧硫酸钠的相对比例越高，越容易出现负脱盐现象，或负脱盐现象越严重。

16.5 三离子浓度的计算平衡

如果溶液中只有一种电解质（即仅有阴阳两类离子），分别检测阴阳离子的 1 价物质单元的物质的量浓度并取其均值，甚至直接测量溶液的电导率即可得到其较精确的溶液浓度。

对于氯化钠/硫酸钠体系的三种离子溶液，因检测误差的普遍存在，测得的三项离子浓度一般不符合电荷平衡规律。根据含有误差的三项离子浓度，无法得到较为合理两类电解质的浓度，故业内常只分别报出三项离子的检测浓度，而非两类电解质的浓度。

由于溶液中阴阳离子的 1 价物质单元的物质的量浓度（mmol/L）平衡等价于溶液中的电荷平衡，为满足电荷平衡必须使试验数据中各离子的 1 价物质单元的物质的量浓度平衡。1 价物质单元的物质的量浓度可用下式表征：

$$某离子 1 价物质单元的物质的量浓度 = \frac{该离子的质量浓度 \times 该离子化合价}{该离子摩尔质量} \quad (16.1)$$

如果认为氯化钠/硫酸钠体系中三项离子浓度的检测值具有相同的误差比例，则采用硫酸根离子、氯离子与钠离子的物质的量浓度的误差最小化算法，可得到较为合理的三项离子计算浓度，以满足电荷平衡规律：

$$\min \quad f = \{|a-x| + |b-y| + \delta|c-z|\}$$
$$\text{s.t} \quad x + z = y \quad (16.2)$$

式中，a 为氯离子检测物质的量浓度，mmol/L；x 为氯离子计算物质的量浓度，mmol/L；b 为钠离子检测物质的量浓度，mmol/L；y 为钠离子计算物质的量浓度，mmol/L；c 为 $\frac{1}{2}SO_4^{2-}$ 检测物质的量浓度，mmol/L；z 为 $\frac{1}{2}SO_4^{2-}$ 计算物质的量浓度，mmol/L；δ 为 $\frac{1}{2}SO_4^{2-}$ 浓度权重系数。

表 16.6 的"非加权平衡离子浓度"栏中示出用式(16.2)所得物质的量平衡的钠离子、氯离子与硫酸根的计算浓度。通过表中"原始检测离子浓度"与"非加权平衡离子浓度"两栏数据的比较可知，通过误差最小化处理可以实现水体中 $\frac{1}{2}SO_4^{2-}$、Cl^- 与 Na^+ 三者的物质的量平衡即电荷平衡。

但是，观察两栏数据中三项浓度值将发现，该电荷平衡过程主要是以改变 $\frac{1}{2}SO_4^{2-}$ 浓度为代价得以实现（$\frac{1}{2}SO_4^{2-}$ 平均浓度从 0.27mmol/L 上升至 0.31mmol/L），即 $\frac{1}{2}SO_4^{2-}$ 浓度上升了 15%，这与三项离子浓度的检测数据具有相同误差范围的假设大相径庭。产生该现

象的原因是溶液中 Cl^- 浓度与 Na^+ 浓度约为 $\frac{1}{2}SO_4^{2-}$ 浓度的 50 倍，而最小化计算仅以绝对差值最小为优化目标。

表 16.6　某纳滤膜元件水体中的电荷平衡与分盐效果

原始检测离子浓度/(mmol/L)			非加权平衡离子浓度/(mmol/L)			加权 50 平衡离子浓度/(mmol/L)			计算盐浓度/(mmol/L)	
Cl^-	$\frac{1}{2}SO_4^{2-}$	Na^+	Cl^-	$\frac{1}{2}SO_4^{2-}$	Na^+	Cl^-	$\frac{1}{2}SO_4^{2-}$	Na^+	NaCl	Na_2SO_4
13.40	0.27	13.80	13.44	0.31	13.76	13.47	0.27	13.74	13.47	0.14

为使三项离子浓度的检测数据具有相同的数量级，可将式（16.2）中 $\frac{1}{2}SO_4^{2-}$ 浓度的权重系数 δ 设为 50，加权后最优化算法可以得到表 16.6 中"加权 50 平衡离子浓度"一栏数据。通过表 16.6 中"原始检测离子浓度"与"加权 50 平衡离子浓度"两栏数据的比较可知，加权后不仅实现了溶液中三种离子的 1 价物质单元的物质的量浓度平衡即电荷平衡，而且在平衡过程中硫酸根与氯离子浓度略有上升而钠离子浓度略有下降，使三者的修正量均保持在 $\pm1\%$ 范围之内。

换言之，运用误差最小化与浓度加权平衡两项技术处理，使氯化钠/硫酸钠溶液的检测结论从各种离子浓度提升为两类电解质浓度。

16.6　分离膜的计算电荷平衡

分离膜过程的水体分为给水、浓水及产水三项径流，故膜过程相关的离子浓度检测同时存在三项径流中各离子流量平衡与各径流内部各离子电荷平衡的两项规律。

欲实现给水、浓水及产水三项径流中的离子流量平衡，需要得知各径流中的离子流量：

$$径流中的离子 1 价物质单元流量（mmol/h）=径流中的离子 1 价物质单元浓度（mmol/L）$$
$$\times 径流流量（L/h） \tag{16.3}$$

16.6.1　单电解质的电荷平衡

对于氯化钠（或其他）单电解质的阴阳两种离子体系而言，给水氯离子流量（mmol/h）应等于浓水氯离子流量（mmol/h）与产水氯离子流量（mmol/h）之和（即流量平衡）；同时，给水、浓水与产水中的氯离子流量（mmol/h）应等于钠离子流量（mmol/h）（即电荷平衡）。届时，产水与给水中的氯离子浓度 mmol/L 之比（或钠离子浓度 mmol/L 之比），则为纳滤膜元件对氯化钠的透过率。

虽然 3 项径流中共计 6 项离子流量的检测均存在检测误差，但如认为氯离子浓度与钠离子浓度的检测值具有相同的误差比例，则采用氯与钠两项离子的物质的量流量的检测误差最小化算法，可得到较为合理的两项离子计算流量，以同时满足流量与电荷双平衡规律：

$$\min \quad f=\{|a_1-x_1|+|b_1-y_1|+|c_1-z_1|+|a_2-x_2|+|b_2-y_2|+\delta|c_2-z_2|\} \tag{16.4}$$

s.t $\quad x_1=x_2 \quad$ （给水中的阴阳离子电荷平衡）

$$y_1 = y_2 \quad （浓水中的阴阳离子电荷平衡）$$
$$z_1 = z_2 \quad （产水中的阴阳离子电荷平衡）$$
$$x_1 = y_1 + z_1 \quad （给水、浓水及产水中的阴离子流量平衡）$$
$$x_2 = y_2 + z_2 \quad （给水、浓水及产水中的阳离子流量平衡）$$

式中，a_1 为给水的阴离子 1 价物质单元检测流量，mmol/h；x_1 为给水的阴离子 1 价物质单元计算流量，mmol/h；b_1 为浓水的阴离子 1 价物质单元检测流量，mmol/h；y_1 为浓水的阴离子 1 价物质单元计算流量，mmol/h；c_1 为产水的阴离子 1 价物质单元检测流量，mmol/h；z_1 为产水的阴离子 1 价物质单元计算流量，mmol/h；a_2 为给水的阳离子 1 价物质单元检测流量，mmol/h；x_2 为给水的阳离子 1 价物质单元计算流量，mmol/h；b_2 为浓水的阳离子 1 价物质单元检测流量，mmol/h；y_2 为浓水的阳离子 1 价物质单元计算流量，mmol/h；c_2 为产水的阳离子 1 价物质单元检测流量，mmol/h；z_2 为产水的阳离子 1 价物质单元计算流量，mmol/h；δ 为产水的阳离子 1 价物质单元权重系数。

氯化钠（或其他）的单电解质的透过率 k：

$$k = \frac{z_1}{x_1} \times \frac{q_X}{q_Z} \tag{16.5}$$

式中，q_Z 为产水流量，L/h；q_X 为给水流量（这里假设给水流量计与产水流量计的检测值准确），L/h。

16.6.2 双电解质的电荷平衡

对于氯化钠/硫酸钠体系的两电解质三种离子溶液而言，纳滤膜元件对其的分离效果检测同样存在给水、浓水及产水浓度的检测误差。如果认为各浓度检测误差值具有相同的误差比例，则采用 Cl^-、Na^+ 与 $\frac{1}{2}SO_4^{2-}$ 三项离子的物质的量流量的检测误差最小化算法，可得到较为合理的三项离子计算流量，且同时满足流量与电荷的双平衡规律：

$$\min f = \{ |a_1 - x_1| + |b_1 - y_1| + |c_1 - z_1| + |a_2 - x_2| + |b_2 - y_2| + |c_2 - z_2|$$
$$+ |a_3 - x_3| + |b_3 - y_3| + \delta |c_3 - z_3| \} \tag{16.6}$$

s.t $\quad x_2 = x_1 + x_3 \quad （给水中的阴阳离子流量平衡）$
$\qquad y_2 = y_1 + y_3 \quad （浓水中的阴阳离子流量平衡）$
$\qquad z_2 = z_1 + z_3 \quad （产水中的阴阳离子流量平衡）$
$\qquad x_1 = y_1 + z_1 \quad （给水、浓水及产水中的氯离子电荷平衡）$
$\qquad x_2 = y_2 + z_2 \quad （给水、浓水及产水中的钠离子电荷平衡）$
$\qquad x_3 = y_3 + z_3 \quad （给水、浓水及产水中的硫酸根电荷平衡）$

式中，a_1 为给水的 Cl^- 检测流量，mmol/h；x_1 为给水的 Cl^- 计算流量，mmol/h；b_1 为浓水的 Cl^- 检测流量，mmol/h；y_1 为浓水的 Cl^- 计算流量，mmol/h；c_1 为产水的 Cl^- 检测流量，mmol/h；z_1 为产水的 Cl^- 计算流量，mmol/h；a_2 为给水的 Na^+ 检测流量，mmol/h；x_2 为给水的 Na^+ 计算流量，mmol/h；b_2 为浓水的 Na^+ 检测流量，mmol/h；y_2 为浓水的 Na^+ 计算流量，mmol/h；c_2 为产水的 Na^+ 检测流量，mmol/h；z_2 为产水的 Na^+ 计算流量，mmol/h；a_3 为给水的 $\frac{1}{2}SO_4^{2-}$ 检测流量，mmol/h；x_3 为给水的 $\frac{1}{2}SO_4^{2-}$

计算流量，mmol/h；b_3 为浓水的 $\frac{1}{2}SO_4^{2-}$ 检测流量，mmol/h；y_3 为浓水的 $\frac{1}{2}SO_4^{2-}$ 计算

流量，mmol/h；c_3 为产水的 $\frac{1}{2}SO_4^{2-}$ 检测流量，mmol/h；z_3 为产水的 $\frac{1}{2}SO_4^{2-}$ 计算流量，

mmol/h；δ 为产水中的 $\frac{1}{2}SO_4^{2-}$ 离子的权重系数。

氯化钠的透过率 K_{NaCl}：

$$K_{NaCl} = \frac{z_1}{x_1} \times \frac{q_X}{q_Z} \tag{16.7}$$

硫酸钠的透过率 $K_{Na_2SO_4}$：

$$K_{Na_2SO_4} = \frac{z_3}{x_3} \times \frac{q_X}{q_Z} \tag{16.8}$$

式中，q_Z 为产水流量，L/h；q_X 为给水流量（这里假设给水流量计与产水流量计的检测值准确），L/h。

关于式(16.2)、式(16.4) 与式(16.6) 的误差最小化模型可采用 matlab 软件的内点法或逆牛顿法等计算方法进行处理。

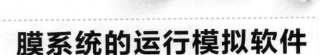

第**17**章　膜系统的运行模拟软件

17.1　系统设计与运行模拟

　　严格定义上的系统设计应是：根据给水水质、产水流量、产水水质、段通量比、浓差极化度及段壳浓水比等参数的设计依据与设计指标，以系统的投资与运行总成本最低为目标，求取包括膜品种、膜数量、膜排列、回收率、水泵规格及膜壳规格等参数的设计方案。

　　由于直接的系统设计难度极大，业内均采用多次运行模拟分析与最终人为判断相结合的方式进行系统设计。目前国内外现有的所谓"设计软件"实际上均采用运行模拟方式进行计算，故所称的各"设计软件"实质上均应属于"模拟软件"的性质，所谓"设计过程"应属于对各设计方案的"模拟分析"过程。

　　本书内容主要讨论反渗透工艺系统的设计与运行，而系统设计与运行分析的基本工具之一是系统运行模拟软件，它可广泛用于运行分析、系统设计与工艺研究。系统运行模拟软件的水平在很大程度上决定了系统运行、系统设计与工艺研究的水平。

　　目前国内外各膜厂商均无偿向市场推出与自身产品相配套的模拟软件，尽管这些"设计软件"的形式各异，但功能基本相同，主要的模拟功能包括：

　　① 给定包括水源类别、进水温度、进水盐浓度与离子分布等系统进水水源参数。

　　② 给定膜堆中元件的品种、数量与分段结构及系统回收率、产水流量等设计参数。

　　③ 给定系统中的浓水回流、段间加压、淡水背压以及产水混合等特殊工艺参数。

　　④ 计算沿系统流程的压力、流量及盐浓度的分布，进而得出沿流程各运行参数。

　　⑤ 计算各类盐分在系统中的透过及浓缩过程，得出难溶盐结垢判断与产水水质。

　　⑥ 模拟系统中各元件整体污染所致的工作压力、脱盐率及系统压降等工况变化。

　　"设计软件"的功能可满足系统分析的基本要求，从而使系统分析及系统设计可行，但尚有大量运行工况未得到有效模拟，不能满足对系统进行详尽分析与深入研究的需要。笔者所在的天津城建大学膜技术研究中心自行研究开发了一套功能更强的"模拟软件"，该软件除具有一般"设计软件"的功能之外，还具有如下特殊功能：

　　① 可以设定浓水回流、后段浓回、段间加压、淡水背压、淡水回流、后段淡回、分段供水与附加三段等多种特殊运行方式与参数，进而模拟各种特殊运行方式下的系统运行。

　　② 可以设定系统中给水、浓水及淡水各管路的流向、结构及规格，进而模拟分析管道或壳联两类管路结构及参数对系统运行的影响。

　　③ 可以修改系统中每支元件的产水量、透盐率及膜压降三项性能参数，进而模拟分析不同性能参数各膜元件安装在系统的不同流程及高程位置时，对于系统运行的影响。

④ 通过修改系统中每支元件的产水量、透盐率及膜压降三项性能参数，可以模拟沿系统各流程位置或各高程位置膜元件的有机、无机及生物三种不同污染性质与污染程度，进而分析不同污染的性质、程度及分布对系统运行的影响。

该"模拟软件"对系统进水的无机盐成分限定为氯化钠，故该"模拟软件"旨在重点模拟系统对总盐浓度的脱除效果及系统的各项运行参数分布，关于其他盐分的脱除及结垢问题可参考相关"设计软件"。

模拟软件所涉及的系统设计与系统运行领域的概念已在前述章节中加以讨论，这里主要介绍具体的软件结构与相关界面。

17.2　模拟软件的基本功能

除软件初始界面外，模拟软件主要通过基本参数输入界面、管道结构界面及壳联结构界面输入系统的各项运行条件参数；并通过运行参数输出界面及其附属的各个单项参数的沿程分布曲线，显示模拟计算的结果。

模拟软件的软件初始界面如图 17.1 所示，在该界面中点击"退出软件"命令键即可退出软件运行，点击"系统模拟"命令键即可进入图 17.2 所示基本参数输入界面。

图 17.1　软件初始界面

17.2.1　系统基本参数输入

如图 17.2 所示，基本参数输入界面中有项目概况、进水参数、运行参数、污染参数、运行方式、膜段结构、膜段参数及元件参数等项栏目。

项目概况栏中包括设计项目、设计单位、设计人员及设计时间等内容。进水参数栏中包括进水盐量、温度及 pH 值等参数。运行参数栏中包括产水流量、系统收率及膜均通量等参数。污染参数栏中包括设计运行期、透盐年增率及透水年衰率等参数。膜段结构栏中包括膜段数量参数。膜段参数栏中包括各膜段的膜元件品种、每段膜壳数及每壳元件数等参数。元件参数栏中包括各膜段及膜壳中各膜元件的产水量、透盐率及膜压差等参数。运行方式栏中包括段间加压、淡水背压、淡水回流及浓水回流等八项特殊工艺。

膜段结构栏中，膜段数量决定了膜段参数及元件参数栏中显示的膜段数量；膜段参数栏中的每段膜壳数及每壳元件数决定了元件参数栏中显示的膜壳数量与元件数量；运

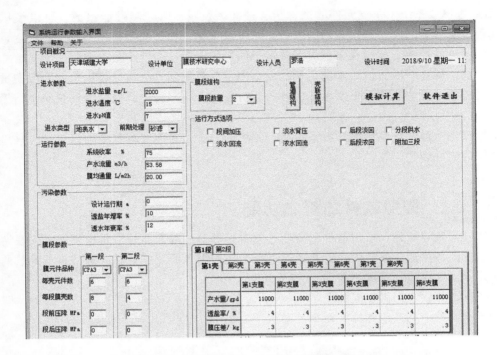

图 17.2　模拟软件的系统基本参数输入界面

行参数栏中的产水流量与膜段参数栏中的膜元件品种、每段膜壳数及每壳元件数参数决定了运行参数栏中的膜均通量。运行方式选项栏中的各参数项均为选项，如不予选择，则不做相应设置。

　　基本参数输入界面中具有"管道结构""壳联结构"两个选项键。分别点击两个选项键，则会分别弹出管道结构或壳联结构界面，以进行管道结构参数或壳联结构参数的输入。

　　基本参数输入界面中有"模拟计算"与"软件退出"两个命令键。点击"退出模拟"键，则软件退至软件初始界面。点击"模拟计算"键，则弹出运行参数输出界面，以显示模拟计算结果。

　　模拟软件已对基本参数输入界面中的基本参数赋予了相应的缺省数值。"管道结构"或"壳联结构"两选项键未被点击时，膜堆结构中的管路压降被忽略不计。运行方式栏中未选择相关选项时，视为不存在相应的特殊运行方式。

　　本版模拟软件设置了各膜段的段前压降及段后压降以及各膜壳的壳前压降及壳后压降等附加参数，但这些附加参数的缺省数值均为零，本章以下内容中也未涉及该类参数。

　　基本参数输入界面及管道结构与壳联结构等界面构成了反渗透膜系统模拟计算所需相关参数的全部输入环节。基本参数输入界面配有"文件"、"帮助"及"关于"三个下拉菜单。"文件"下拉菜单提供对于各界面输入参数所成文件的新建、打开、保存及打印功能，以便于对特定参数系统进行反复地分析与研究。"帮助"下拉菜单将给出模拟软件的软件使用说明。"关于"下拉菜单提供软件的版本说明。

17.2.2　特殊运行方式设置

　　基本参数输入界面中的运行方式栏涵盖了图 17.3 所示的浓水回流、后段浓回、段间加压、淡水背压、淡水回流、后段淡回、分段供水与附加三段 8 个系统特殊运行方式选项。

段间加压选项可以在前后两段间（1 段与 2 段之间及 2 段与 3 段之间）设置段间加压泵，以提升后段的给水压力；淡水背压选项可以在较前膜段（1 段或 2 段）设置淡水背压阀门，以增加相应膜段的淡水背压；淡水回流选项可以在系统流程末端设置淡水回流流量；浓水回流选项可以在系统流程末端设置浓水回流流量。

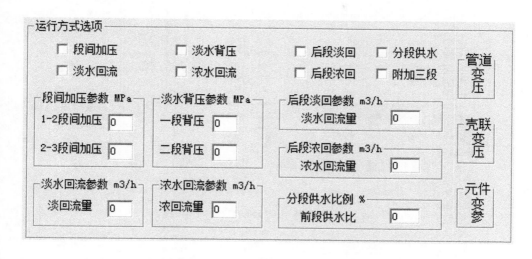

图 17.3　模拟软件基本参数输入界面的运行方式选项栏

后段淡回选项可以设定从系统后段淡水回流至系统给水位置的淡水流量；后段浓回选项可以设定系统浓水回流至后段给水处的浓水流量，并自动配设相应的段间加压工艺；分段供水选项可以设定前段供水流量占全系统淡水总量的比例；附加三段选项可以设定附加三段系统工艺，而附加三段元件的品种与数量需在膜堆的第三段参数栏中设定，且第三段加压参数需在段间加压栏中设置。

运行方式选项栏右侧可能分别呈现管道变压、壳联变压及元件变参三项提示，它们分别提示"管道结构"或"壳联结构"选项键已被选择，以及元件参数栏内元件参数已被修改。

17.2.3　运行模拟计算报告

在基本参数输入界面完成全部输入环节操作之后，点击"模拟计算"命令键即可进行系统运行的模拟计算。模拟计算结束后，将弹出图 17.4 所示运行参数输出界面，以显示系统运行参数报告。该界面主要由系统运行参数、元件运行参数、运行参数曲线、特殊参数标识、运行方式选项及运行参数报警等多个栏目组成。

系统参数曲线栏中具有"给水压力"及"给水流量"等绘制曲线按键。点击相关按键即可弹出相应参数沿系统流程的变化曲线界面。

特殊参数标识栏中可能出现管道变压、壳联变压及元件变参三个文字标识，而三个标识的出现与否，取决于基本参数输入界面中相应参数是否被修改。

运行参数报警栏中可能显示出系统运行模拟所得参数中的各类参数越界报警提示。

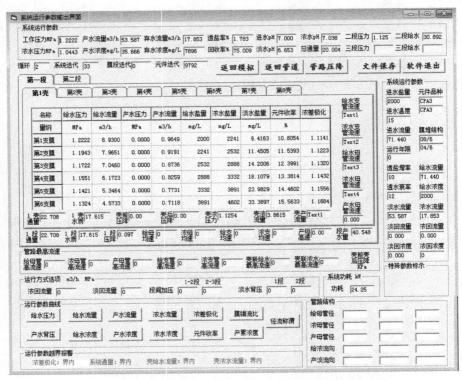

图 17.4　运行参数输出界面显示的系统运行参数报告

17.3　系统各项参数的设置

模拟软件可以灵活地设置各个元件参数、系统的管道及壳联结构等多项系统参数。

17.3.1　元件参数设置

点击基本参数输入界面的元件参数栏中各膜段、各膜壳及各膜元件的产水量、透盐率或膜压差三个参数项，均会弹出参数修改窗体，以便输入相关参数的修改数值。参数修改完成后，该窗体消失。全系统膜堆中只要存在一个元件的一个参数被修改，基本参数输入与运行参数输出界面中将出现"元件变参"标示以作标记。

17.3.2　管道参数设置

膜系统中各膜段及各膜壳之间给水、浓水及淡水的径流具有相应的管路，如果系统运行的模拟计算忽略管路的压力损失，则无须设置管路结构与参数；如需计及该压力损失，则需要设置管路的结构与参数，而系统管路又分为管道与壳联两种结构形式。

点击基本参数输入界面中的"管道结构"选项键，将弹出图 17.5 所示管道结构界面。所谓管道结构系指膜段的给水、浓水及产水径流均由相应的母管与支管导入导出，因此管道结构界面中示出膜堆各段管道的给水、浓水及产水的纵向母管与横向支管的管道直径及径流方向的缺省值，且膜堆的支管长度与膜壳间距（上下两膜壳的中心距）两参数独立设置，这些参数均可予以修改。

　　如本书第 11 章所述，管道结构中的管路压降存在沿重力方向的压力增加与沿径流方向的压力降低。为明确膜堆结构与重力方向的关系，各段中的小序号膜壳在膜堆下部，大序号膜壳在膜堆上部。换言之，给水、浓水或产水管路中，小序号膜壳受重力作用较大，大序号膜壳受重力作用较小。

　　为了有效模拟膜堆中给水、浓水及产水径流方向对于管路压降的影响，管道结构界面中设置了给水、浓水及产水径流方向的三个选择控件。各膜段的给水径流存在上进与下进两个标示，浓水径流存在上出与下出两个标示，以分别表示给水与浓水径流的进出方向。各膜段产水径流的方向则存在向上、向下、给-浓与浓-给四个组合，以分别表示产水径流从膜堆给水侧的上、下端排出或从膜堆浓水侧的上、下端排出。

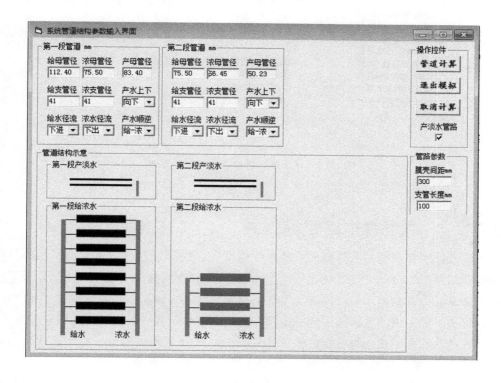

图 17.5　修改管道结构参数的窗体界面

17.3.3　壳联参数设置

　　点击基本参数输入界面中的"壳联参数"选项键，将弹出图 17.6 所示壳联结构界面。所谓壳联结构系指膜段的给水与浓水径流均在各膜壳之间通过相联的膜壳侧口导入导出，而产水径流仍需相关管道导出。

　　由于壳联结构中不存在母管与支管参数，故壳联结构输入窗体界面比管道结构输入界面相对简单。但仍然需要明确膜壳给水侧口与浓水侧口的直径与径流流向，以及产水管道的管径与径流流向。

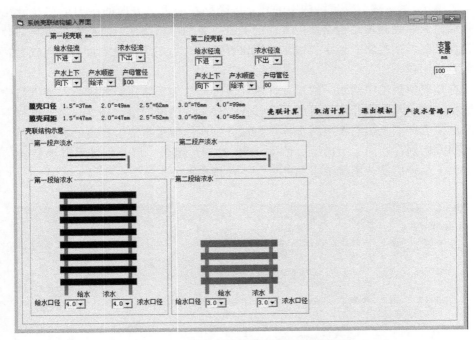

图 17.6　修改壳联结构参数的窗体界面

17.4　系统模拟的程序框图

反渗透系统运行模拟的软件程序主要由数据输入、模拟计算及数据输出三大部分组成，程序总框图如图 17.7 所示。图中的 ⬚ 形模块为数据的输入或输出部分，⬭ 形模块为程序计算部分。框图中的数据输入部分由基本参数输入界面、管道结构界面与壳联结构界面共同构成。框图中的数据输出部分由基于运行参数输出界面的运行模拟报告构成。

作为软件总框图中核心与重点的模拟计算部分，又分为系统模拟（高层迭代）、膜段模拟（中层迭代）、膜壳模拟及元件模拟（底层迭代）四个主要环节。

17.4.1　系统模拟计算框图

系统运行模拟计算也称为多段系统运行模拟计算。图 17.8 所示的系统模拟计算是以各膜段为基本计算单元，在保证各膜段内部运行规律的基础之上，实现前后膜段之间的压力、流量及含盐量的平衡关系，⬭ 形模块为程序判别部分。

① 如果不存在浓水回流或淡水回流工艺，则系统给水盐浓度（简称给水浓度）等于系统进水盐浓度，且系统给水流量等于系统进水流量。系统计算产水流量等于各段计算产水流量之和，系统回收率等于系统产水流量与系统进水流量的比值。

② 如果存在浓水回流或淡水回流工艺，则系统给水含盐量等于系统进水含盐量、浓水回流含盐量、产水回流含盐量之和（径流含盐量＝径流盐浓度×径流流量），系统给水流量等于系统进水流量、浓水回流流量及淡水回流流量之和，系统给水盐浓度为系统给水含盐量与系统给水流量之比，系统产水流量为系统淡水流量与淡水回流流量之差，系统回收率等于

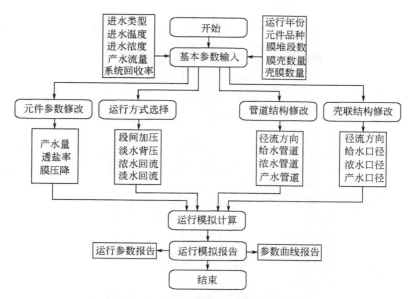

图 17.7 系统模拟软件的程序总框图

系统产水流量与系统进水流量的比值。

在确定系统给水盐浓度的基础之上，系统运行模拟计算的核心问题是：已知系统给水流量（产水流量除以系统回收率）基础上，求取合适的系统给水压力以保证相应的计算产水流量与设计产水流量相等。

系统运行模拟计算的基本算法为迭代计算（高层迭代），即首先给定系统给水流量，并初设系统给水压力，计算得到相应的产水流量；如果计算产水流量大于设计产水流量，则适量减小系统给水压力；如计算产水流量小于设计产水流量，则适量增加系统给水压力；如果计算产水流量与设计产水流量之间的差值小于允许范围，则迭代计算结束，届时的系统给水压力及相应的各系统计算参数即为最终的系统模拟计算结果。

为了加速迭代过程，系统给水压力的增减采用了 0.618 的最优步长，即在可增减的 100% 有限范围内采用 61.8% 的增减步长。作为迭代收敛判据的特定数值，也决定了模拟计算中相关参数的精度。多段系统的迭代计算是系统模拟计算的最高层迭代计算，一般需要迭代多次。

在图 17.8 所示系统运行模拟计算框图中，膜段单元的计算将在本书 17.4.2 部分加以描述。

当系统中的膜段数量大于 1 时，存在前后膜段间计算值的递推过程，其中包括给浓水径流的压力递推（前段浓水压力等于后段给水压力）、流量递推（前段浓水流量等于后段给水流量）、盐浓度递推（前段浓水盐浓度等于后段给水盐浓度），而淡水径流也存在类似的压力递推、流量递推及盐浓度递推的相应数据处理。

如果存在段间加压工艺，则后段给水压力等于前段浓水压力与段间所增压力之和；如果存在淡水背压工艺，则相关膜段的产水压力等于背压压力；如果存在淡水回流或浓水回流，还需在系统末段进行相应的回流流量处理。

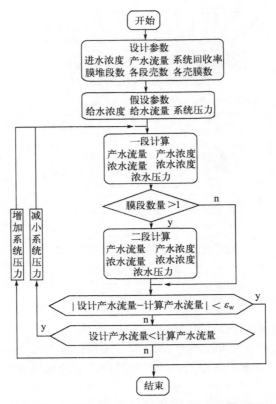

图 17.8　两段系统的"运行模拟计算"程序框图

17.4.2　膜段模拟计算框图

图 17.9 所示单一膜段的模拟计算过程中，首先需要确认数据输入界面给定该膜段的膜壳数量、元件参数、管路参数，以及多段系统计算过程中特定次迭代所假设的该膜段进水盐浓度、进水流量及进水压力，随后进行膜段运行参数的迭代计算（中层迭代）。为表述方便，本节内特将全段给水称为进水、各壳给水称为给水、各壳浓水称为浓水、全段浓水称为排水。膜段计算的关键问题是段内各膜壳给水流量的合理分配，而分配合理的判据是各膜壳回路的压降相等。

如果段内不存在元件参数修改，也不涉及管道结构或壳联结构（即全段中不计各膜壳回路的管路压降，且各元件参数一致），则各膜壳回路的各项参数相等，多膜壳并联构成的膜段计算可以简化为单一膜壳计算。届时，全膜段的进水及排水压力就是单膜壳的给水及浓水压力，全膜段的进水及排水盐浓度就是单膜壳的给水及浓水盐浓度，而全膜段的进水、排水及产水流量为单膜壳相应流量与段内并联膜壳数量的乘积。届时，膜段计算无需迭代。

如果段内存在元件参数的修改，而不涉及管道结构或壳联结构（即不计管路压力损失），则全段进水压力与各壳给水压力相等，且全段排水压力与各壳浓水压力相等，但各壳的给水流量、产水流量、浓水流量、产水含盐量及浓水含盐量各不相同。届时，每个迭代计算过程中，均需合理配置各膜壳的给水流量，但无需进行各膜壳的壳前及壳后管路压降的相关计算（图 17.9 中的两个 * 号部分）。该层迭代计算收敛的标准是各膜壳内部的压力损失相等（即各膜壳排水压力的计算值相等）。

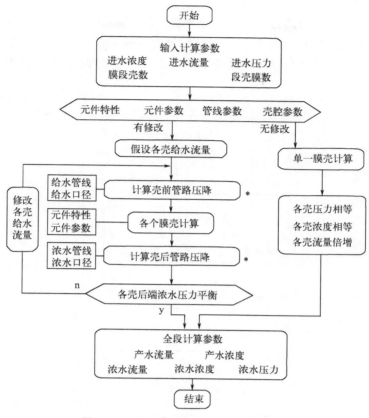

图 17.9　"单膜段模拟计算"程序框图

　　如果采用管道结构或壳联结构，则需要合理分配各膜壳的给水流量（初始分配可采取均分形式），并根据给水径流方向及给水主支管道或膜壳给水口径参数计算各膜壳前端给水径流的压力损失。届时，各个膜壳内部的模拟计算将基于相同的给水盐浓度，不同的给水流量与不同的给水压力。而且，需要根据浓水径流方向及浓水主支管道或膜壳浓水口径参数计算各膜壳后端浓水径流的压力损失，进而计算各膜壳浓水汇合处的各浓水压力。

　　各膜壳回路从进水母管入口处，经给水管路、壳内各元件给浓水流道、浓水管路，直至排水母管出口处的各项压降之和均应相等。如各膜壳回路压降不等，表明在膜段进水处分配的各膜壳给水流量不尽合理，还需要进行再分配（即再迭代）。如各膜壳回路压降相等，表明在膜段进水处分配的各膜壳给水流量合理，即可认定该膜段的模拟计算收敛。

　　多个膜壳给水流量的再分配可有多种算法，其基本要求是：既要求总量保持不变，又要求再分配趋于合理（流量过大者减小，流量过小者增大），以使该膜段迭代计算趋于收敛。

　　管道结构或壳联结构的管路压降是沿重力方向的压力增加与沿径流方向的压力降低两个趋势的合成效果，相关数学模型见本书第 11 章内容。膜段内部参数的迭代计算是系统模拟计算的中间层迭代计算，一般需要迭代多次，如段内仅有一只膜壳则迭代计算仅为一次。

17.4.3　膜壳模拟计算框图

图 17.10 所示单膜壳计算过程中需要的参数，首先是系统结构中特定膜壳的元件数量与元件参数，其次是相应膜段计算某迭代中所假设的该膜壳给水盐浓度、给水压力及给水流量。膜壳计算的基本模式为沿给浓水径流方向，逐一进行壳内各元件的递推参数计算，而无需迭代计算。

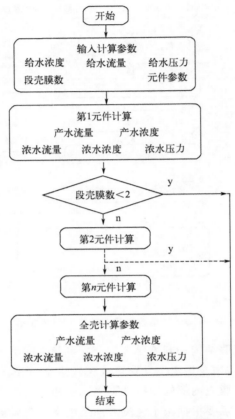

图 17.10　"单膜壳模拟计算"程序框图

当膜壳内元件数量大于 1 时，存在前后元件间计算值的递推问题，其中包括给浓水径流的压力递推（前元件浓水压力等于后元件给水压力）、流量递推（前元件浓水流量等于后元件给水流量）、盐浓度递推（前元件浓水盐浓度等于后元件给水盐浓度）。壳内末端元件的浓水流量、浓水压力及浓水盐浓度为全膜壳的浓水流量、浓水压力及浓水盐浓度。

膜壳中各元件的产水径流参数也存在类似的数据递推处理，全膜壳的产水流量为壳内各元件产水流量之和，产水盐浓度为壳内各元件产水盐浓度之加权和。

17.4.4　元件模拟计算框图

膜元件的模拟计算是系统模拟计算的最小单元，也是最为复杂的计算单元。作为膜元件性能参数的产水量、透盐率及膜压降，首先是源于基本参数输入界面的元件参数栏。如果存在元件参数的修改，则修改数据仍源于该界面。

膜元件模拟计算的离散数学模型为式(11.56)，即 A 与 B 两透过系数采用以 T_e、C_f、Q_f、P_f、P_p 为变量的实用模型。元件模拟计算过程中，根据膜壳入口参数或壳中前置元件浓水参数，可知本元件的给水压力 P_f、给水流量 Q_f、给水含盐量 C_f、产水压力 P_p 及透水系数 A 与透盐系数 B。因此，式(17.1) 可视为透水流量 Q_p 与透盐流量 Q_s 的二元隐式非线性代数方程组，需要迭代计算（底层迭代）加以求解。

$$\left.\begin{cases} Q_p = A(T_e,C_f,Q_f,P_f,P_p)Sf_A(Q_p,Q_s) \\ Q_s = B(T_e,C_f,Q_f,P_f,P_p)Sf_B(Q_p,Q_s) \end{cases}\right|_{P_f Q_f C_f P_p} \tag{17.1}$$

在图 17.11 计算框图的迭代过程中，将初始或修改的透水流量与透盐流量初值代入式(17.1) 方程的右侧函数 $f_A(Q_p,Q_s)$、$f_B(Q_p,Q_s)$ 及已成定值的透过系数 $A(T_e,C_f,Q_f,P_f,P_p)$ 与 $B(T_e,C_f,Q_f,P_f,P_p)$，则可得到式(17.1) 方程的左侧的透水流量 Q_p 与透盐流量 Q_s 的终值。当两初值与两终值的差值不满足精度要求时，需要修改两初值，并再行迭代计算；当两初值与两终值的差值满足精度要求时，迭代收敛即计算结束。每支元件的迭代计算是系统模拟计算的最内层迭代计算，一般需要迭代多次。

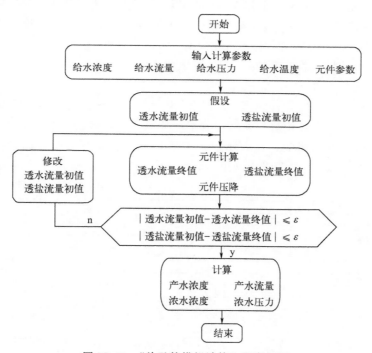

图 17.11 "单元件模拟计算"程序框图

17.5　模拟软件的应用实例

关于单一元件的单一指标（如产水量、透盐率或膜压降）变化对系统透盐率的影响已于本书 12.1.1 部分讨论，关于单一元件的单一指标（如产水量、透盐率或膜压降）变化对系统段通量比的影响已于本书 12.1.2 部分讨论。关于全系统各元件三项指标变化对系统透盐率的影响已于本书 12.1.4 部分讨论，关于全系统各元件三项指标变化对系统段通量比的影响已于本书 12.1.5 部分讨论。关于系统给浓水径流方向、产淡水径流方向的优化、系统管道与壳联参数的优化等问题的讨论已于本书 12.2 节与 12.3 节讨论。上述讨论的相关数据均基于模拟软件的计算结果。

　　总之，模拟软件的主要特点是可以设置每支膜元件的性能参数与每段管路的结构参数，并能计算得知相应参数设置后的系统响应。这样，不仅可以模拟各种系统设计方案对应的运行效果，也可以模拟沿系统流程与沿系统高程不同位置元件的污染性质与污染程度变化的运行效果。

　　此外，模拟软件的特点还包括了段间加压、淡水背压、淡水回流、浓水回流、后段淡回、后段浓回、分段供水与附加三段八项特殊运行方式，从而极大丰富了反渗透系统运行模拟的内容与功能。

17.6　元件参数的影响实例

　　本节设某"标准系统"参数为（2000mg/L，15℃，75%，27m³/h，4-2/6，CPA3，0a），且 CPA3 各元件标准的产水量为 41.6m³/d、透盐率为 0.4%、膜压降 30kPa。并设"变参系统"中用符号"a-b-c"表征第 a 膜段、第 b 膜壳、第 c 元件。设个别元件的产水量存在如下变化："1-1-2"变为 34.0m³/d、"1-3-4"变为 49.2m³/d、"2-2-3"变为 37.8m³/d。且设个别元件的透盐率存在如下变化："1-2-3"变为 0.6%、"1-4-6"变为 0.5%、"2-1-5"变为 0.3%。

　　图 17.12～图 17.17（彩图见书后）分别示出"标准系统"与"变参系统"沿系统流程各元件的产水流量、产水含盐量与元件回收率，即以图线形式表现系统中各元件特性参数变化对于全系统运行工况的影响，从而示出模拟软件在元件变参功能方面的实际效果。其中 C_1～C_4 分别表示第 1 段与第 2 段中的第 1 壳～第 4 壳。

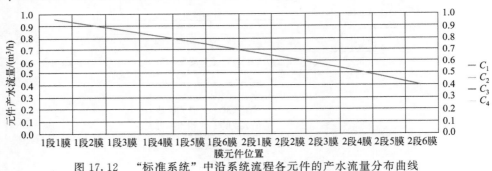

图 17.12　"标准系统"中沿系统流程各元件的产水流量分布曲线

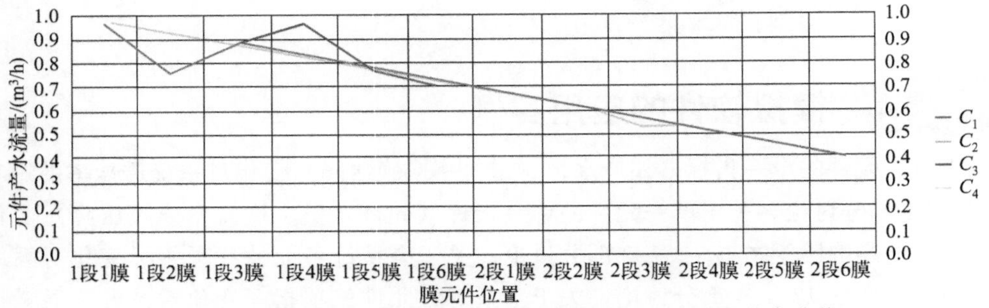

图 17.13　"变参系统"中沿系统流程各元件的产水流量分布曲线

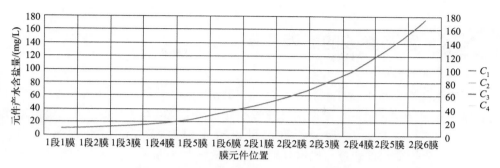

图 17.14　"标准系统"中沿系统流程各元件的产水含盐量分布曲线

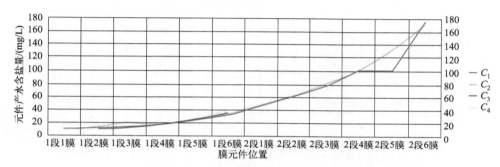

图 17.15　"变参系统"中沿系统流程各元件的产水含盐量分布曲线

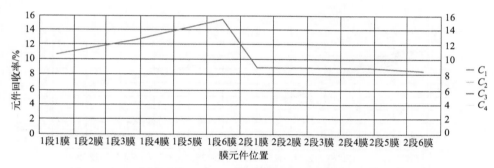

图 17.16　"标准系统"中沿系统流程各元件的元件回收率分布曲线

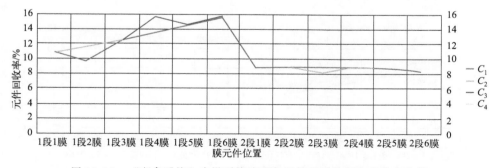

图 17.17　"变参系统"中沿系统流程各元件的元件回收率分布曲线

17.7 管路参数的影响实例

（1）管道参数的影响

设"标准系统"［2000mg/L，15℃，75％，55m³/h，21.5L/(m²·h)，8-4/6，CPA3，0a］的管路为管道结构，第一段给浓水母管管径分别为 DN80 与 DN50，第二段给浓水母管管径分别为 DN50 与 DN40。届时，第一段给浓水母管最高流速分别为 3.95m/s 与 3.99m/s，第二段给浓水母管最高流速分别为 3.99m/s 与 3.86m/s。在此较高管道流速工况条件下，系统各膜元件的给水流量、浓水流量及浓淡水错流比曲线如图 17.18～图 17.20 所示（彩图见书后），其中 C_1～C_8 为第 1 段与第 2 段中的膜壳 1～膜壳 8。

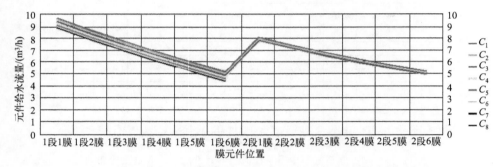

图 17.18　"标准系统"及管道参数条件下系统中各元件的给水流量分布曲线

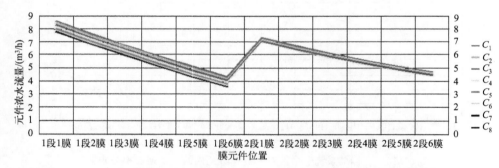

图 17.19　"标准系统"及管道参数条件下系统中各元件的浓水流量分布曲线

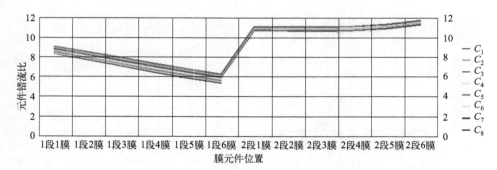

图 17.20　"标准系统"及管道参数条件下系统中各元件的错流比分布曲线

(2) 壳联参数的影响

设 "标准系统" [2000mg/L,15℃,75%,55m³/h,21.5L/(m²·h),8-4/6,CPA3,0a]的管路为壳联结构,第一段给浓水口径分别为 3.0in 与 2.5in,第二段给浓水口径分别为 2.5in 与 2.0in。届时,第一段给浓水母管最高流速分别为 4.49m/s 与 4.68m/s,第二段给浓水母管最高流速分别为 4.68m/s 与 4.74m/s。在此较高膜壳侧口流速条件下,系统各膜元件的给水流量、浓水流量及浓淡水错流比曲线如图 17.21～图 17.23 所示(彩图见书后),其中 C_1～C_8 为第 1 段与第 2 段中的膜壳 1～膜壳 8。

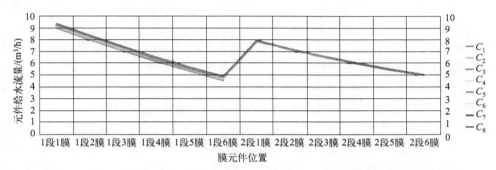

图 17.21　"标准系统"及壳联参数条件下系统中各元件的给水流量分布曲线

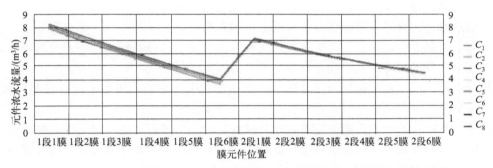

图 17.22　"标准系统"及壳联参数条件下系统中各元件的浓水流量分布曲线

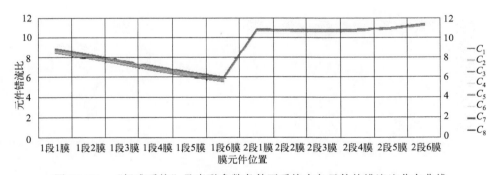

图 17.23　"标准系统"及壳联参数条件下系统中各元件的错流比分布曲线

比较管道与壳联两结构的管道口径与侧口口径,以及相应的元件给浓水流量分布曲线可知:尽管壳联结构的侧口口径小于管道结构的母管管径,但因管道结构附加的各项沿程与局部压力损失,壳联结构中各膜壳的给水与浓水压力的差异低于管道结构,因此壳联结构中各元件的给水与浓水流量的差异低于管道结构，从而体现出壳联结构的优势。

17.8 模拟软件的开发前景

尽管模拟软件在一些方面增加了传统设计软件的功能，但仍存在诸多发展空间：

① 本模拟软件的模拟范围尚未将国内外各膜品种囊括其中，如增加这部分内容，将有利于对各膜厂商不同性能膜品种系统的性能比较。

② 本模拟软件中缺乏对各类无机成分与有机成分的截留及透过分析，如增加这部分内容，将大幅度加强该软件的实用功能。

③本模拟软件与目前所有设计软件均基于定流量运行模式，如果增加水泵的流量压力特性运行模式，将能更全面、更灵活地模拟系统的各类运行模式。

④ 优化管道及壳联结构是大型系统的研发课题，管道及壳联结构中流量压力关系的研究有待深入，充分地利用模拟软件可有利于管道及壳联结构的优化设计。

⑤ 关于纳滤工艺系统的应用与研究起步较晚，其难度远大于反渗透工艺，因此具有很大开发空间，如能有效地进行纳滤系统的运行模拟，必将有力促进纳滤工艺技术的应用。

⑥ 本软件关于系统污染分布的设置是静态地改变各元件的性能参数，如能根据系统初始运行状态下的各类污染负荷分布，自动且逐步修改各流程位置及各高程位置膜元件的性能参数，则可动态地模拟系统的污染过程及运行工况的变化过程。

如能针对上述缺陷与不足进行深入开发，模拟软件将为系统模拟、系统设计及工艺研究提供更加有力的支持。而且，一个具有强大功能的系统运行模拟软件，还是分离膜水处理行业内对相关人员进行专业教学与专业培训的有力工具。

目前，国内膜厂商的重要战略方向是将产品推向国际市场，而达到此目地的前提之一，就是要有对应自身产品的系统模拟软件（也称系统设计软件）。

因笔者及团队的学识及能力所限，本版软件仅为一个雏形，还将对其不断加以完善，并非常希望业内相关人士或相关机构接续此项工作。对于该模拟软件具有进一步开发要求的学生、学者、专家或企业可与本人联系，联系电话：13902085201。

参 考 文 献

[1] 关醒凡. 现代泵技术手册 [M]. 北京：宇航出版社，1995.

[2] 邵刚. 膜法水处理技术及工程实例 [M]. 北京：化学工业出版社，2002.

[3] 朱长乐. 膜科学与技术 [M]. 北京：高等教育出版社，2004.

[4] 张葆宗. 反渗透水处理应用技术 [M]. 北京：中国电力出版社，2004.

[5] 王湛. 膜分离技术基础 [M]. 北京：化学工业出版社，2004.

[6] 冯逸仙. 反渗透水处理系统工程 [M]. 北京：中国电力出版社，2005.

[7] 王晓琳，丁宁. 反渗透和纳滤技术与应用 [M]. 北京：化学工业出版社，2005.

[8] 伍悦滨，曹慧哲. 工程流体力学 [M]. 北京：建筑工业出版社，2006.

[9] 陈观文，徐平. 分离膜应用与工程案例 [M]. 北京：国防工业出版社，2007.

[10] 郑书忠，陈爱民. 双膜法水处理运行故障与诊断 [M]. 北京：化学工业出版社，2011.

[11] 李志西，杜双奎. 试验优化设计与统计分析 [M]. 北京：科学出版社，2016.

[12] 靖大为，席燕林. 反渗透系统优化设计与运行 [M]. 北京：化学工业出版社，2016.

[13] 徐腊梅，夏罡，毕飞，等. 反渗透系统中浓差极化的影响 [J]. 工业水处理，2004，24 (1)：3.

[14] 靖大为，王春艳，梁全民. 反渗透系统给水电导率与 pH 的系统影响 [J]. 工业水处理，2006 (3)：62-64.

[15] 靖大为，罗浩，金焱，等. 反渗透膜元件及膜系统的数学模型 [J]. 工业水处理，2009，29 (12)：4.

[16] 靖大为，王雪. 反渗透膜元件的微分方程数学模型 [J]. 工业水处理，2010 (2)：4.

[17] 靖大为，朱建平，李宝光，等. 氧化改性反渗透膜元件的性能及应用 [J]. 工业水处理，2011，31 (2)：3.

[18] 黄延平，靖大为，王文凤. 氧化改性型纳滤膜元件性能的稳定性分析 [J]. 工业水处理，2015，35 (1)：3.

[19] 张智超，苑宏英，汪艳宁，等. 内压超滤膜丝单双端给水的纯水通量分布 [J]. 工业水处理，2016，36 (11)：4.

[20] 陈玉坤，苑宏英，靖大为，等. 反渗透膜元件测试指标的标准化 [J]. 工业水处理，2017，37 (8)：4.

[21] 程翠翠，程方，靖大为. 反渗透系统最低透盐率的全微分法元件位置优化 [J]. 工业水处理，2017，37 (4)：4.

[22] 张智超，苑宏英，汪艳宁，等. 中空内压超滤膜丝的数学模型与运行特性 [J]. 工业水处理，2018 (1)：4.

[23] 许尧，苑宏英，汪艳宁，等. 中空内压超滤膜组件的纯水通量与容积率 [J]. 工业水处理，2018 (7)：4.

[24] 许尧，苑宏英，汪艳宁，等. 中空内压超滤膜丝的纯水通量分析 [J]. 工业水处理，2019 (1)：4.

[25] 赵冲，员建，苑宏英，等. 反渗透系统的运行调节及其能耗分析 [J]. 工业水处理，2020，40 (7)：116-120.

[26] 韩嘉玮，苑宏英，石雪莉，靖大为. 二级反渗透系统的工艺结构特征分析 [J]. 工业水处理，2020，40 (11)：120-122.

[27] 靖大为，贾丽媛. 反渗透系统膜通量均衡工艺 [J]. 水处理技术，2005，31 (1)：5.

[28] 靖大为，罗浩，仲怀明，等. 反渗透膜元件的指标离散特性与安装位置优化 [J]. 水处理技术，2007 (10)：88-91.

[29] 靖大为，马晓莉，罗浩，等. 反渗透系统中膜元件位置优化的模型及算法 [J]. 水处理技术，2009，35 (7)：4.

[30] 靖大为，罗浩. 反渗透系统分批更换膜元件的经济技术分析 [J]. 水处理技术，2010，36 (8)：3.

[31] 李肖清，靖大为，严丹燕，等. 反渗透与纳滤系统的运行及污染对比分析 [J]. 水处理技术，2012，38 (4)：4.

[32] 程翠翠，程方，靖大为. 反渗透膜元件性能的定压与定流测试方式 [J]. 水处理技术，2017，43 (5)：4.

[33] 靖大为，罗浩，毕飞，等. 反渗透系统中设计指标与调试指标的差异分析 [J]. 膜科学与技术，2008，28 (3)：4.

[34] 靖大为，苏卫国，李肖清，等. 离散元件与管路参数的反渗透系统数学模型 [J]. 膜科学与技术，2011，31 (2)：35-38.

[35] 孙浩，靖大为. 反渗透系统中膜元件位置优化的 0-1 整数规划算法 [J]. 膜科学与技术，2012，32 (1)：55-57，74.

[36] 汪艳宁，张智超，苑宏英，等. 反渗透系统的 2m/s 流速管道与径流方向模拟分析 [J]. 膜科学与技术，2016，36 (6)：19-24.

[37] 程翠翠，程方，靖大为. 反渗透系统的通量均衡工艺与元件位置优化 [J]. 膜科学与技术，2017，37 (3)：117-121.

[38] 程翠翠，程方，安静波，等. 壳联结构反渗透系统的优化设计 [J]. 膜科学与技术，2018，38 (5)：94-98.

[39] 毕飞，刘付亮，翟丽华，等．纳滤膜系统的结构设计分析 [J]．膜科学与技术，2018，38（5）：99-103.

[40] 许尧，苑宏英，汪艳宁，等．中空外压超滤膜丝的数学模型与运行特性 [J]．膜科学与技术，2019，39（1）：81-85，92.

[41] 张小亚，苑宏英，石雪莉，等．氯化钠/硫酸钠体系的纳滤分盐试验分析 [J]．膜科学与技术，2020，40（5）：111-117.

[42] 李菁杨，靖大为，韩力伟．反渗透膜元件的动态性能参数检测方法 [J]．供水技术，2011，5（6）：22-25.

[43] 杨宇星，靖大为．纳滤膜元件的运行特性分析 [J]．供水技术，2012，6（2）：5-9.

[44] 韩力伟，靖大为，李菁杨，等．反渗透膜元件动静态特性的测试与分析 [J]．供水技术，2012，6（5）：5-9.

[45] 王文凤，靖大为．反渗透膜元件透过系数的试验与数学求解 [J]．供水技术，2013，7（6）：1-5.

[46] 王文娜，翟继超，靖大为．两级反渗透系统中给、浓、产水的 pH 值分析 [J]．供水技术，2014，8（6）：13-16.

[47] 黄延平，靖大为．纳滤及反渗透系统脱除有机物的试验研究 [J]．供水技术，2015，9（1）：7-10，15.

[48] 翟燕，王文娜，靖大为．两级反渗透系统中膜元件的优化组合 [J]．供水技术，2015，9（2）：1-4.

[49] 程翠翠，程方，陈玉坤，等．反渗透系统中的通量失衡现象与通量均衡工艺 [J]．供水技术，2018，12（2）：4.

[50] 李文静．水处理工艺中加药系统的设计与运行 [J]．供水技术，2020，14（4）：25-28.

[51] 靖大为．反渗透膜元件的性能指标与测试条件评析 [J]．净水技术，2010，29（3）：66-68.

[52] 李保光，靖大为．废弃反渗透膜元件纳滤化的初步分析 [J]．天津城市建设学院学报，2008，14（4）：271-274.

[53] 李肖清，靖大为，罗美莲，等．管路结构对反渗透系统进水压力的数学模型分析 [J]．天津城市建设学院学报，2010，16（4）：299-302.

[54] 翟燕，靖大为，杨宇星．纳滤膜元件运行特性的回归分析 [J]．天津城市建设学院学报，2012，18（4）：286-290.

[55] 杨宇星，靖大为，韩力伟，等．系列纳滤膜元件动态特性的回归分析 [J]．天津城市建设学院学报，2013，19（1）：47-61.

[56] 苑宏英，乔红伟，韩嘉伟，等．纳滤膜对不同阴阳离子的截留效果 [J]．天津城建大学学报，2022，28（6）：408-412.

[57] 赵冲．NaCl/Na₂SO₄ 混盐的纳滤脱盐效果研究 [J]．天津城建大学学报，2023，29（6）.

(给水径流方向) ↑

图 10.7　膜片表面污染物照片

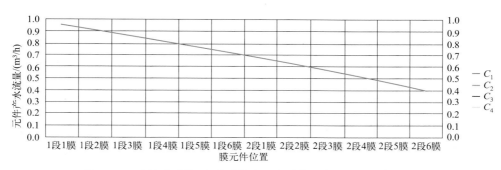

图 17.12　"标准系统"中沿系统流程各元件的产水流量分布曲线

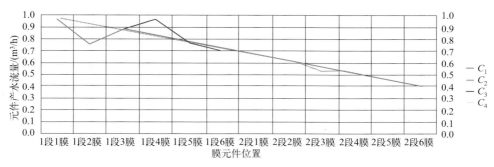

图 17.13　"变参系统"中沿系统流程各元件的产水流量分布曲线

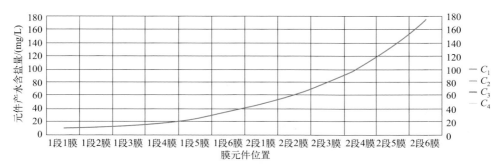

图 17.14　"标准系统"中沿系统流程各元件的产水含盐量分布曲线

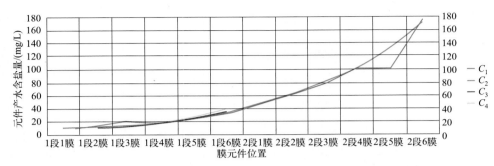

图 17.15 "变参系统"中沿系统流程各元件的产水含盐量分布曲线

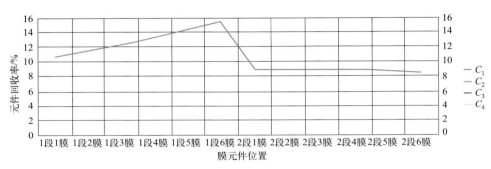

图 17.16 "标准系统"中沿系统流程各元件的元件回收率分布曲线

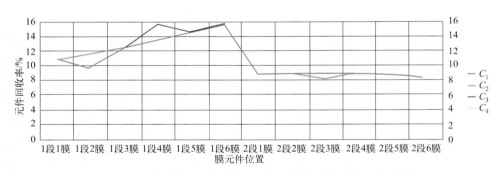

图 17.17 "变参系统"中沿系统流程各元件的元件回收率分布曲线

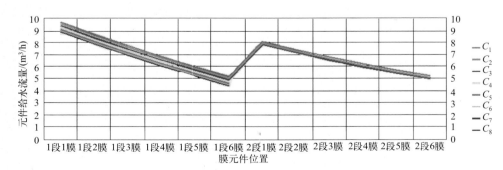

图 17.18 "标准系统"及管道参数条件下系统中各元件的给水流量分布曲线

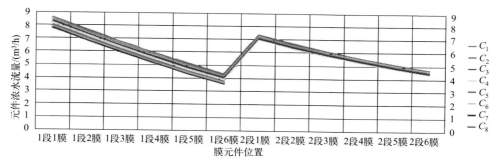

图 17.19 "标准系统"及管道参数条件下系统中各元件的浓水流量分布曲线

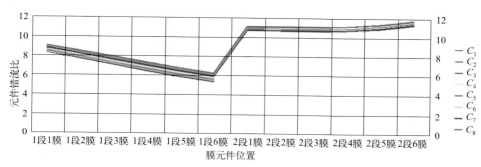

图 17.20 "标准系统"及管道参数条件下系统中各元件的错流比分布曲线

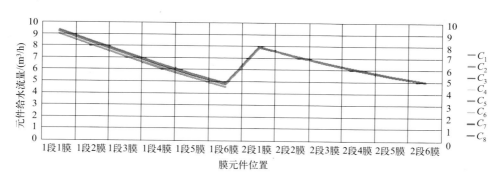

图 17.21 "标准系统"及壳联参数条件下系统中各元件的给水流量分布曲线

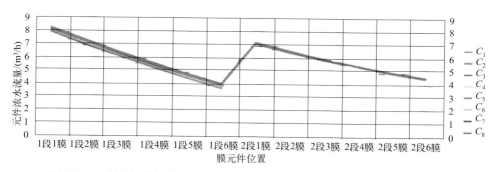

图 17.22 "标准系统"及壳联参数条件下系统中各元件的浓水流量分布曲线

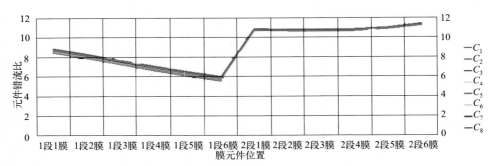

图 17.23 "标准系统"及壳联参数条件下系统中各元件的错流比分布曲线